金传达文集

五 自然地理

金传达 著

气象出版社
China Meteorological Press

内容简介

本书收录了金传达先生多年来创作的天文历法、气象地理等诸多方面的各类科普作品，主要内容包括星云万象、地球上的风、江淮晴雨、梦幻天空、自然地理、传世贤文、民间寿庆文化等，详细介绍了历法和气象基础知识、各种天气现象的成因和分类、有趣的天气现象、江淮地区天气气候、节气物候和民俗文化等相关知识，内容丰富，通俗易懂，具有很强的可读性，表现了作者对科普传播工作孜孜以求的探索精神和对祖国大好河山、优秀传统文化的热爱之情。

图书在版编目（ＣＩＰ）数据

金传达文集 / 金传达著. -- 北京 ： 气象出版社，
2022.5
ISBN 978-7-5029-7710-8

Ⅰ．①金… Ⅱ．①金… Ⅲ．①古历法－中国－文集②
气象学－中国－文集 Ⅳ．①P194.3-53②P4-53

中国版本图书馆CIP数据核字(2022)第076380号

金传达文集（五）：自然地理
Jin Chuanda Wenji（wu）：Ziran Dili

出版发行：气象出版社	
地　　址：北京市海淀区中关村南大街 46 号	**邮政编码**：100081
电　　话：010-68407112（总编室）　　010-68408042（发行部）	
网　　址：http://www.qxcbs.com	**E-mail**：qxcbs@cma.gov.cn
责任编辑：杨　辉　高菁蕾	**终　　审**：吴晓鹏
责任校对：张硕杰	**责任技编**：赵相宁
封面设计：艺点设计	
印　　刷：北京建宏印刷有限公司	
开　　本：710 mm×1000 mm　1/16	**本卷印张**：26
本卷字数：430 千字	
版　　次：2022 年 5 月第 1 版	**印　　次**：2022 年 5 月第 1 次印刷
定　　价：298.00 元	

目　录

一

花草树木

（一）万紫千红总是春 ①

"等闲识得东风面，万紫千红总是春。"这是宋代朱熹《春日》的诗句。原意形容百花盛开，色彩艳丽。在更多的场合，"万紫千红"又被用来比喻事物的繁荣兴旺和丰富多彩。

人们都爱鲜花。梅花像星，葵花像盘，报春花像个小钟，牵牛花像支喇叭。峨眉山的珙桐花像一只只白鸽，蝴蝶兰盛开时或雪白、或绯红，好似群蝶翩跹飞舞。世界上开花的植物已经知道的就有二十多万种，它们开的花究竟有多少不同的形状，简直没法说清楚。

花型更是千姿百态，有的硕大壮观，有的小巧玲珑。池塘里的浮萍，花朵最小，直径还不到 0.1 厘米，桃花、杏花、李花、樱花的直径 2～3 厘米，玫瑰花直径是 6～8 厘米，花王牡丹的直径比半尺 ② 还多呢！最大的花是大王花，它的直径有 1.4 米。大王花生在印度尼西亚苏门答腊的密林中，它有 5 个又厚又大的肉红色的花瓣，每个花瓣都有 1 尺多长。一朵大王花重 6～7 千克，花心可装进 5～6 升 ③ 水。这种大王花寄生在别的植物根上，无叶无根，一生只有这么一朵大花。

花之美，不光在于它那妩媚婀娜的形态，还在于它清奇瑰丽的色彩。有的花，还会不断地变换颜色，如木芙蓉初放时白色，后来依次变为淡红、水红、红、大红，以至成为紫色。最高明的画家也难以把花的本来颜色模拟出来！

花的色彩为什么这样美丽动人呢？

这是因为，在花瓣的细胞液里，含有花青素和胡萝卜素等色素。

花青素随细胞液的酸碱度的不同而变色。它遇到酸性溶液呈现红色，遇到碱性溶液呈现蓝色，在无酸无碱的中性状态下就显出紫色。蔷薇、玫瑰、大理花之类的花青素较多，所以为红色。向日葵、蒲公英、黄瓜花的花青素少，胡萝卜素多，就显出黄色。如果加入花青素它们就变成橙色了。类胡萝卜素有许多种，有的显黄色——黄玫瑰，有的显橘红色——金盏花，有的显

---

① 本节以及本章（二）至（六）节写于 20 世纪 70—90 年代。

② 1 尺 ≈0.33 米，下同。

③ 1 升 = 0.001 立方米，下同。

红色——郁金香。

至于那遍体缟素、格调高雅的白花，在花族中比例最大。它们的花瓣里不含任何色素，只是由于充斥着无数的小气泡才使其看起来是白色的。

此外，如果花瓣中同时含有花青素和有色体的话，我们还可以看到另外一些颜色的花朵。以菊花而言，一种叫作"绿荷"的，它的花瓣是悦目的绿色；还有一种名曰"墨菊"的，它的花瓣竟是墨色，称得上是菊花中的珍品。

有的花果的颜色还会像"变色龙"似的不断地发生变化。如杏花在含苞待放时是红色的，开放以后逐渐变淡，最后完全变成了白色。这是因为花瓣里的色素随着温度和酸、碱浓度的变化而发生变化。还有一些花，在受精以后就改变颜色。例如海桐花，本来是白色的，受精后就变成黄色了。

春天葱绿的原野，经夏入秋，便换上黄、红、赭等鲜艳的新装。原来在植物体中除了含有大量叶绿素外，还含有叶黄素、胡萝卜素、花青素等各种色素。天气冷了，叶绿素逐渐消失，不怕风寒和霜冷的叶黄素和花青素等便显示出来，使树木上出现了黄叶和红叶。枫树、槭树和乌桕树等的叶子，由于细胞液里所含糖分较多，花青素也较多，于是显出了浓艳的红色。

花的万紫千红还有生理上的需要。在野生状态下，红、橙、黄花都生长在阳光强烈的地方，它反射了含热量多的长光波，不致引起灼伤。蓝花多生长在树林下、草丛间，能吸收微弱的长光波，对它的生理有利。黑花吸热最多，容易受灼伤，自然界较少。花色艳丽，也为了诱引不同的昆虫帮助传粉受精。花色也是自然选择的结果。

1. 桃花

桃花是春天的名卉。

"桃之夭夭，灼灼其华。"这是众所周知的《诗经·周南·桃夭》的诗句，它不仅给人带来了繁花似锦、春光明媚的联翩浮想，更说明了早在三千多年前，美丽的桃花就那样繁华地装点着我国大地。《礼记·月令》里的"仲春之月，桃始华"又反映出我国劳动人民早在两千多年前，就运用桃花的物候来表示季节时令了。

不是吗？当"吹面不寒杨柳风"的阳春三月，在那山冈上、溪水边、村庄周围、庭院之内，一树树、一枝枝的桃花，明丽鲜艳，灿若云霞，宛如镶在绿满天涯的画屏里呢。如果你走进桃花林，在花光灼灼，一阵阵细细的嗡嗡声中，一些花瓣会簌簌地落在你的肩上，那是黄蜂在撩动花瓣采蜜。在这时候，你总会感到自己沉醉在春天里吧！

桃属蔷薇科，落叶小乔木，树皮灰褐色，树冠呈圆形，最高可达8米。桃花多为粉红色，艳丽妖媚，古往今来吟咏者极多，一律都是赞美。其中最突出的，乃是唐代诗人皮日休，他在《桃花赋》里首先指出，春之神造出众花，惟有桃花可称"艳中之艳，花中之花"。然后细致描写桃花形象，并用许多古代艳称的美女作比喻，其中有郑袖、嫦娥、妲己、息妫、西施、骊姬、神女、韩娥、赵飞燕、蔡文姬、张丽华、褒姒、戚姬等人。任何名花，都不曾被人像这样捧做集众美之大成。按照他的话，只要面对着桃花，千古美女就都在眼前了。皮日休还谈到，桃花应是"花品之中，此花最异"。别的花，"或有实而花乖，或有花而实悴"，桃花却"实可充腹，花可娱目"。于是结论说道："匪乎兹花，他则碌碌，我欲品花，此为第一。"

桃花在我国古代著述中，还常被引用作种种美好的象征。

其一，象征和平。《尚书》说："武王克商，放牛于桃林之野。"这是一幅和平景象。不用别的花作陪衬，只用桃花，足见桃花和西洋的橄榄枝是有同样的意义。

其二，象征长寿。多少年来，把寿酒称为"桃觞"，把寿馒称为"寿桃"，这是由无数神仙传说而来，多到无法加以引证了。

其三，象征健康。《抱朴子》提到：久服桃胶，可愈百病。《太清诸卉木方》也提到：桃花泡酒，喝了既可免病，又可美容。

其四，象征吉祥。《梦书》说："桃为守御，辟不祥。"远古用桃木、桃枝辟鬼，近古用桃符辟鬼，正是象征吉祥之意。

其五是象征美丽。《史略》记载，北齐卢士深之妻有才学，她用桃花和雪水给孩子洗脸，随口唱道："取红花，取白雪，与儿洗面作六悦；取白雪，取红花，与儿洗面作妍华。取花红，取雪白，与儿洗面作光泽；取雪白，取花红，与儿洗面作华容。"这说明桃花之美是多方面的。

"桃，西方之木也。"（《群芳谱》）古希腊有位植物学家叫希阿弗莱士塔土，他将桃称为"波斯果"，由此，桃的拉丁文学名便叫作"波斯桃"。于是，国外有不少人误认为桃原产于波斯（今伊朗），其实这是以讹传讹。桃的故乡是我国。赫达克对大量资料进行了系统全面分析，姆尔、培莱等人在中国实地考察，用大量事实确证了桃原产于中国。从《诗经》等古籍中的记载推测，桃在我国栽培的历史，起码可追溯到三千多年前的春秋战国时期。直到汉武帝时桃才从我国的甘肃、新疆传到波斯和印度，然后又传到希腊、罗马及欧洲各国。日本的桃也是从我国传去的，真可谓"桃李满天下"。

现在，全世界约有桃树三千多种，我国原产的有一千多种。由于人工定向培育桃树，使它分别向果的食用与花的观赏这两个方向发展。结果的桃花，都是桃红色，单瓣。观赏桃花，有白、粉红、深红、红白相间等几种颜色，多复瓣。

观赏桃花的极品是碧桃，艳丽无比。宋代诗人秦观在《虞美人》词中写道："碧桃天上栽和露，不是凡花数，乱山深处水潆回，可惜一枝如画向谁开？"唐代白敏《桃花》诗中说："千朵秾芳倚树斜，一枝枝缀乱云霞。凭君莫厌临风看，占断春光是此花。""不是凡花数""占断春光是此花"等词句，是对碧桃的仪态丽质的很高评估。

碧桃的常见品种，有花碧桃（一朵花中有红、白二色，或带红白彩纹，花叶同放）、红碧桃、粉红碧桃、白碧桃。碧桃又名千叶桃花，旧时妇女喜将此花簪于发髻之上，以作装饰。据记载，唐明皇与杨贵妃曾于御花园中赏千叶桃花，唐明皇折下一枝插在杨贵妃头上说："此花尤能助娇态也！""不独萱草忘忧，此花亦能销恨。"

人面桃又名美人桃，多重瓣，粉红色，也很美丽。关于人面桃，还有一则有趣的传说。据《本事诗》记载：唐代有个书生叫崔护，在清明节那天独自到长安南郊去春游。他走到一个花木丛萃的村子，想找点水喝，便敲了一家农户的大门。过了许久，有个姑娘隔着门缝问他来干什么？崔护答道："寻春独行，久渴求饮。"姑娘打开了门，给他倒了一碗水，然后独自靠着一株盛开的桃树，含情脉脉地瞧他喝水。崔护很感激，但因萍水相逢，无言以对，喝完水便怅然离去。第二年这一天，崔护又"迳往寻之"。但见双门紧闭，不见那姑娘。于是，崔护便在左门扇上题了一首诗："去年今日此门中，人面桃花相映红。人面不知何处去，桃花依旧笑春风。"又过数日，他再次前往探访，听屋里有哭声。崔护敲开了门，一个老头出来问道："你就是崔护吗？"崔护答："是"。老头生气地说："是你害死了我的女儿。我女儿年纪轻轻的还没有出嫁，自去年清明节以来，常常精神恍惚，若有所失。前几天，我们父女俩从外面回来，她见到左门扇上的字，悲悔至极，进门就病倒了，一连几天不吃饭，就这样死去了。崔护听了，在姑娘尸体旁大呼："崔护在此！崔护在此！"谁知被他一叫，姑娘竟睁开了眼睛，又复活过来了。老头喜出望外，便把姑娘许配给崔护了。从此，人们便根据"人面桃花相映红"这句诗，将村中那种桃花叫作人面桃花。

观赏桃花的成员中，还有：单瓣白桃，花单瓣白色；千瓣白桃，花近于重瓣，白色；绛桃，又名瑞仙桃，花近于重瓣，深红色；千瓣花桃，花近于重瓣，粉红色；绯桃，又名苏州桃花；赤红碧桃，花瓣色绯红，如剪绒；寿星桃，又叫矮脚桃，树形较矮，花色可爱；红花碧桃，红色，近于重瓣；紫叶桃，也叫紫叶桃花，叶为紫色，花粉红色；撒金碧桃，也叫撒粉碧桃，花近于重瓣，白色，或同株白花上染有红粉条纹；塔型碧桃，树为圆锥形，花为粉红色；垂枝碧桃，枝条下垂，花为粉红色……

我国各地栽培的桃花，以北京、上海、浙江一带最有名。湖南、河南等省的桃花也很出色。如果你在北京，可以看到有名的大花白碧桃、粉碧桃、红碧桃、亮红碧桃、红花垂枝桃、红复寿星桃。如果你在上海，又可以看到赛白桃、大红桃、五宝桃、紫叶桃等等；湖南的鸳鸯桃，开重瓣深红色花，花期很晚，结实成双，那是很有特色的；河南鄢陵一带，盛产千瓣红桃、白复寿星桃，以及花复瓣、浅绿色的绿花桃，都是十分名贵的品种。福建古田芡藁山上的桃坞、桃湖、桃洲，处处红雾跃眼，简直是桃花世界了。而五台山的桃源洞、华盖山的桃花圃、黄山的桃花峰，更是芳菲满目，格外艳美。如果到了浙江，那就更不必说了。你可到西湖包家山去探寻"桃源"，可到苏州城区北隅去游"桃花坞"，或者登上栖雾岭观赏桃花林。

食用桃中的佼佼者，有山东的肥城桃、上海的水蜜桃、河北的六月鲜、南京的时桃、贵州的血桃、渭南的甜桃等，大多在夏季成熟。不过，江西有"四月白"，安徽有"四月红"；北京有"五月鲜"，西南有"五月一点红"，浙江和辽宁有"六月团"，山东、河北、东北有"七月红"，南京有"八月寿"，山西有"九月菊"，从春到秋，我们祖国月月都有鲜桃上市。冬季上市的鲜桃也不少。"旎桃"（《尔雅》）就在冬天成熟，"霜桃"（《西京杂记》）在下霜后可吃。《本草纲目》中记载："冬桃一名西王母桃，一名仙人桃，即昆仑桃，形如苦蒌，表面微赤，得霜始熟。"陕西鄂县、扶风，河南卢氏、宝丰等地的冬桃，10月下旬成熟。河北易县的"大雪桃"11月上市。河北西部山区，有一种叫"雪里埋"的雪桃，4月中下旬开花，立冬到小雪期间成熟。据说，陕西商县有一种冬桃，6月上旬开花，12月下旬成熟。结在大树上的桃，如果不摘，可以自然贮存到春节再吃。桃，可谓是供应期最长的水果了。

桃以汁多味醇、色彩美丽、香气浓郁见长。优良品种的水蜜桃更具有入口即化的优点，吃后令人生津止渴。桃果鲜吃，具有解热、益颜补色、润肺之功；加工成桃糕、桃脯、桃酱、蜜饯、桃汁后食用，别具风味。桃的营养价值也很高，含糖分 4.9% ～ 14.4%、蛋白质 0.8%、脂肪 0.1%、酸素 0.08% ～ 0.95%、胡萝卜素 0.0001%、抗坏血酸 0.006%，还有磷、钙、铁等矿物质共约 0.35%。它含有的糖分主要为蔗糖，另外还有果糖、葡萄糖、麦芽糖等"单糖"，可直接为人体消化吸收。桃所含维生素 B 和维生素 C 与苹果、梨、李子、柿等相仿，但维生素 E 的含量却为它们的两倍。桃含有的酸素以苹果酸居多，有开胃口、助消化和溶解齿内残屑、清洁口腔的功能。它的铁含量为众鲜果之首，能促进血红蛋白的再生，对贫血患者有益。

桃仁含有脂肪 45%，可榨取高级工业用油，同时还是常用的中药材，可破血、祛瘀，是治疗半身不遂、妇女月经、产后瘀血以及由于跌打损伤而引起血瘀的主要药味。桃核含苦杏仁甙，在体内遇酶后可水解出氢氰酸，能祛痰止咳平喘，但切勿多用，以防氢氰酸中毒。桃仁还能润燥、润肠，对肠燥、便秘、大便不通很有效。古医著《名医别录》说桃仁："味若，平，无毒。主除水气，破石淋，利大小便，下三虫。"桃花的导泻、逐水、消积作用，一似大黄。桃花导泻，对胃肠无刺激性，也无腹痛，能排出大量水分。也可逐腹水、消浮肿，治脚气、足肿、小便不利等。

看来，桃的全身对人体健康确有重要的营养和医疗价值呢！如果再加上保护环境，美化生活，丰富春色，我们古老祖国的这一古老栽培树种对于人类就更加劳苦功高了。

2. 映山红

仲春时节，江南草长，莺唤鹃啼。这时有一种灿若云霞、灼灼似锦的花朵把满山遍野映得火红，这就是人们所喜爱的映山红。

映山红的学名叫杜鹃，属杜鹃花科。古人曾吟道："杜鹃花与鸟，怨绝两何赊。疑是口中血，滴成枝上花。"民间传说杜鹃是周代末期的蜀国王望帝杜宇变成，极受蜀地人民敬重。有个死而复生的荆州人鳖灵，当了宰相。当时洪水为灾，民不聊生，鳖灵凿巫山、开三峡，除了水患。杜宇见他功高，便让位于他，自己隐居西山。杜宇死后，化为杜鹃鸟，仍然忧国忧民。每到春天，它啼声凄怨，而且叫时不到吐血不止。于是古人说，这是望帝的归魂在泣血悲鸣。后来，人们又把杜鹃鸟和杜鹃花联系起来，说杜鹃鸟啼哭出的鲜血洒在枝头上就开放了杜鹃花。所以有"杜鹃啼处血成花"的传说。六朝诗人鲍照有"中有一鸟名杜鹃，言是古时蜀帝魂。声音哀苦不息，羽毛憔悴似髡。飞走树间啄虫蚁，岂忆往日天子尊"的诗句。诗圣杜甫也有"臣甫低头拜杜鹃"之句。

　　另有一个传说，杜宇生前注重"教民务农"，化鸟之后，仍不改本性，所以春天一到来，总要呼唤人们"布谷""快快布谷"，以提醒人们及时播种。而杜鹃鸟叫的时候，正是杜鹃花开放之时，古人见杜鹃鸟嘴上有一块红斑，认为这是它苦啼而出的鲜血。那铺遍大地、绣满山峦的红杜鹃，也被认为"尽是冤禽血染成"（宋代杨巽斋诗句）。

　　由"杜鹃啼处血成花"演变而来的诗词，还有"九江三月杜鹃来，一声催得一枝开""一声杜宇啼春风，明朝绯挂千山红"的诗句，即言杜鹃花与杜鹃鸟在时间上的联系。古人把二者联系在一起的诗词，还有李白的"蜀国曾闻子规鸟，宣城还见杜鹃花。一叫一回肠一断，三春三月忆三巴。"韩偓的："一园红艳醉坡陀，自地连梢簇蒨罗。蜀魄未归长滴血，只应偏滴此丛多。"

　　不过，在宋代，诗人杨万里在杜鹃花诗中却写道："泣露啼红作么生？开时偏值杜鹃声。杜鹃口血能多少，恐是征人滴泪成。"于是又出来一个传说。清人陈维岳在杜鹃花小记中写道："宜兴善权洞杜鹃，生石壁间，花硕大，瓣有泪点。"瞧，杜鹃花瓣上竟出了泪点，这不又是奇谈么？

　　时至今天，上面这些故事的非真实性是可想而知的了。从生物学角度看，杜鹃花的红颜，乃系其花朵细胞液里的花青素所显现的神通，同血毫不相关。花青素在酸性时呈红色，碱性时呈蓝色，中性时则呈紫色。黄色和橙色的花，细胞里含有胡萝卜素。白色的花，细胞里没有色素，因为花瓣里充满了气泡，才显现出白色。各种花含有的色素和酸、碱浓度不同，并且经常随温度、春料和水分等条件而发生变化，所以，花色的深、浅、浓、淡便不相同，有的还会变色。这就是花卉世界万紫千红的秘密。关于杜鹃花的颜色是杜鹃鸟啼血染成或是征人血泪滴成的说法，显然都是不科学的。但杜鹃花的来历却与上面那些故事紧密相连，是人们丰富的想象力的生动体现，也反映了人们对杜鹃花的喜爱。

人们见到的映山红，只不过是成员众多的杜鹃花王国中最普通、最常见的一种。据统计，全世界有杜鹃花800多种，产于我国的就有650种，其园艺变种更是不计其数。云南的大树杜鹃，高达二十多米，二十多朵花簇成一团，有篮球那么大。长在高山上的云锦杜鹃，树高也有三四米，枝干粗于饭碗，花朵比常见的映山红还大一两倍，花色不下数十种，真可谓绚丽多姿，万紫千红。

杜鹃花的足迹遍布北半球的寒带和温带，从平湖丘陵到海拔5000米的高峰之上，都能"安家落户"。我国各地都有杜鹃花，其中以四川、云南、浙江和西藏为最多。四川峨眉山和云南玉龙山的高山杜鹃，均久负盛名。

杜鹃是一种富有观赏价值的花卉。杜鹃花色，除大红之外，还有黄、白、殷红、嫩紫、粉等色。在红花杜鹃中，又有肉红、水红、洋红、粉红、紫红、深红之别。黄花杜鹃中则有金黄、乳黄、浅黄、绿黄、鹅黄之分。杜鹃花还有单瓣、重瓣、皱瓣之分；花冠呈钟状或漏斗状，五裂。殷红的，花瓣薄如红绢，恍若茜罗裁就；花面上部的斑斑细点，像是粉妆未匀而留下的点点脂痕。一丛千朵，自地连梢，艳如云雾，火红欲燃。然而，它热烈却不失清逸，繁盛却不显臃肿，别具一番风韵。粉白的，更显出娴静淡雅之美，宛如西施素妆而出，玉容雪肌，朴素俊秀，令人神清气朗。杜鹃花名也富于诗意，如殷红杜鹃、优秀杜鹃、迷人杜鹃、云间杜鹃、悦人杜鹃、金黄杜鹃、夺目杜鹃、水仙杜鹃、裂香杜鹃等，就具有浓厚的感情色彩与生活情趣。"玉泉南涧花奇怪，不似花丛似火堆……宁辞辛苦行三里，更与留连饮两杯"（白居易诗）。正是："何须名苑看春风，一路山花不负侬。"（杨万里诗）这一路山花，就是指的杜鹃花。

"此时逢国色，何处觅天香。"（白居易诗）许多古诗词都为杜鹃无香而惋惜，其实有香气的杜鹃也不少，像人工栽培的白花杜鹃；野生的则有湖北、四川的喇叭杜鹃和耳叶杜鹃；湖南、江西、广东的"丝线吊芙蓉"；云南南部的高尚杜鹃，云南西部高原的月泉杜鹃和兰果杜鹃，以及8月才开花的晚花杜鹃等，都是色香兼备的。

杜鹃的花、叶、根可作药用，能治内伤、气管炎、咳嗽、肾虚、耳鸣等症。以东北满山红制成的"消咳喘"中药，治疗气喘、咳嗽效果很好，已远销国外。有些杜鹃种类，如俗称"闹羊花""黄杜鹃"的羊踯躅，其中所含的梫木毒素不仅可以"闹羊"，甚至人和大动物中吃了它，也有致命危险。然而它主治风痹恶疮，有的还有镇咳化痰和麻醉作用，并可制杀虫药剂。

我国丰富的杜鹃花资源，很早就引起国外的注意。1904 年美国傅礼士曾在我国云南发现 309 个杜鹃新种，并引种到英国，奠定了英国爱丁堡皇家植物园成为今日"杜鹃花世界中心"的基础。当年傅礼士在高黎贡山发现了世界上最大的杜鹃树。他们砍伐了一棵径粗 2.6 米的大树，锯走了一段树干。那段磨盘形的木材标本至今还在伦敦大英博物馆里展览。杜鹃花，在英国经过大量繁殖和培育新品种等工作，已成为英国园林具有特色的园林植物了。

杜鹃可以盆栽，也可以地栽。室内放置些盆栽杜鹃花，可以增加美感，活跃气氛。"一丛千朵压阑干，剪碎红绡却作团。风袅舞腰香不尽，露消妆脸泪新干"（白居易诗）。它是布置园景的极好材料。同时，在工厂、机关的绿化地带，在住宅前后的庭院，都可以地栽杜鹃花，美化环境起来。

3. 山茶花

提起山茶花，也许你会联想起法国小仲马（1824—1895 年）的《茶花女》名剧吧，剧中女主角玛格丽特一生喜爱山茶花，难道山茶花的"故乡"是欧洲的哪个国家？不是的，山茶花的故乡在中国。

现在，我国云南、四川、广东、福建、湖南等地山中，还有野生茶树。远在 1677 年，以及 1739 年和 1792 年，茶花树曾多次从我国传到了英国。1797 年又被引种到美国，1948 年前后，云南昆明十几个品种还传到美国和澳大利亚。三百多年来，茶花经过园艺家的科学培育，已经一跃而为世界名花了。

山茶花简称茶花，属于山茶科山茶属，是著名的观赏类植物。它又名曼陀罗。唐宋时寺庙中多植茶花，于是茶花与佛学发生了关系，曼陀罗的名字由此而来。因其嫩叶可煤熟，水淘洗净，可调油盐以食，也可蒸晒后做菜煮饮，山茶花"以叶类茶故得茶名"。

山茶花花朵硕大，性耐霜雪，经冬不凋，花期历时数月。因此，历来被誉为报春花，是烂漫春天的象征。古代文人多有歌咏。唐代温庭筠《海榴》咏道："海榴开似火，先解报春风。"宋代曾巩《山茶花》诗云："山茶花开春未归，春归正植花盛时。"最有名的是大诗人苏轼的咏山茶名句："山茶相对阿谁栽？细雨无人我独来。说似与君君不会，灿红如火雪中开。"当代诗人郭沫若也有"茶花一树早桃红，百朵彤云啸傲中"的诗句，盛赞茶花的凌霜傲雪，生机勃勃。

茶花树大部分是小乔木，仅有一部分灌木品种。树高者丈^①余，低者2～3尺，树干交加。茶花的叶，短柄，长卵形，顶端渐光，叶片厚而硬，表面有蜡质，深绿有光泽，背浅绿，平滑无毛，边缘有小锯齿，花大色艳，常见的有桃红、艳红和白色几种颜色。

有一些山茶花着数色，格外娇艳。如南京的"倚栏娇"，白瓣中洒红点红丝；上海的"牡丹点雪"，大红色花瓣上洒有白点；苏州的"槟榔"，粉红色花瓣上洒有红条；福州的"玛瑙茶"，大红盘，白粉心，红白相间；云南的"紫袍玉带"，花色紫红，瓣上有一道白色条纹。在苏州等地，还有兼有数色的"十八学士"和红白同株的"二乔""桃李争春"等山茶珍品，更是艳丽异常。

山茶花在我国唐代已广为栽培，是人们喜爱的南国名花。"山茶又晚出，旧不闻图经""迩来亦变怪，纷然著名称"，这是宋人徐致中的诗句，说明宋朝已出现了脍炙人口的山茶诗了。同时新品种陆续出现，所以又有"愈来愈奇怪，一见一叹惊"的诗句，可见当时品种不断推陈出新的盛况。王象晋《群芳谱》中已记载有20个山茶品种。至明代，赵璧的《云南山茶谱》中更记载山茶近百种了。

明代的云南山茶出现了许多优秀的栽培品种，可谓盛极一时。明代杨慎在《滇南月节词·渔家傲》中说："正月滇南春色早，山茶树树齐开了。艳李夭桃都压倒，妆点好，园林处处红云岛。"这些云南山茶，都是常绿乔木，堪称茶花中的奇葩。清代李东阳也有诗云："古来花事推南滇，曼陀罗树尤奇妍。拔地孤根耸十丈，威仪特整东风前。玛瑙攒成亿万朵，宝花烂漫烘晴天。"这首诗生动地描绘了云南山茶的娇美姿色。

我国除了滇山茶以外，又有川山茶。这种茶花树是常绿灌木，许多品种

---

① 1丈≈3.33米，下同。

来自四川成都，故名。其实它们的原产地在华东，是安徽、江苏、浙江、福建等地的特产。常见的有什样锦、鱼血红、醉杨妃等名贵品种。至于罕见品种，有人曾述其所见："一种花鹤顶，花瓣并不整齐，色作深红，有几瓣洒大白斑，十分别致。又有倚楼娇一种，白瓣中洒红点、红丝；有红装素裹一种，白瓣洒红斑。这两种花如其名，都很可爱。花瓣全白，花朵特大的，名无瑕玉。又有满月与睡鹤两种，也是全白大花，与无瑕玉是大同小异的。"在广西南部山区，20世纪后期发现的一种世界上唯一的金色茶花，曾轰动中外花坛。

"雪里开花春到晚，世间耐久孰如君。"花期较长是山茶最为显著的特点。它吐蕊于红梅之前，凋零于桃李之后。一朵花能开二十余天，开花期长达数月之久，从11月至翌年4月仍鲜艳异常，就是历经四五百年的卷枝老树也劲节芳枝。这在木本花卉中是首屈一指的。对此，陆游曾赋诗赞道："东园三日雨兼风，桃李飘零扫地空，惟有山茶偏耐久，绿丛又放数枝红。"

山茶花，现在约有二百多个品种。如以花型分类，大致有以下五种：一是宝珠型，花千叶平瓣，层层包含，花心如珠状；二是牡丹型，花有平瓣、捻瓣、卷瓣、碎瓣等，变化多端，重瓣大花，宛如牡丹；三是玉杯型，单瓣平坦，排列整齐，花形如杯盏；四是榴花型，外围大瓣是平瓣，中心有碎瓣，恰似一朵大石榴花；五是磐口型，与玉杯型山茶相似，但花冠较多，如磐口状。山茶花以花瓣排列的形式分，主要有：单瓣群，只有几枚花瓣，花蕊很多；夹群：花瓣分二三层，一朵花有十几瓣；武瓣群，花的外围有五六枚平瓣，中心碎瓣叠集，花蕊杂生于各瓣之间；文瓣群，花瓣平整，许多重叠在一起，花型很大，花蕊很少，这一类是山茶花中的极品。

在千姿百态的茶花中，有的是据其姿态而命名的，如恨天高、狮子头、蝶翅、醉杨妃等；有的则按其颜色命名，如白山茶、红山茶、鹤顶红、童子面等；还有的是用人们熟悉的物象来借喻，如宝珠茶、石榴花、玛瑙茶等。明人张新《杨妃茶》写道："曾将倾国比名花，别有轻红晕脸霞。自是太真多异色，品题兼得重山茶。"以花喻人，隽妙无穷。陶弼《山茶》诗："浅为玉著深都胜，大曰山茶小树红。名誉漫多朋援少，年年身在雪霜中。"苏轼《山茶》诗中写道："游蜂掠尽粉丝黄，落蕊犹收蜜露香。待得春风几枝在，年来杀菽有飞霜。"这些是宋代数以百计的吟咏山茶诗中的佳作，至今仍在花卉爱好者中传诵着。

前人还曾数说山茶有十大优点。一是寿经三四百年，尚如新植；二是枝

一、花草树木

干高竦四五丈,大可合抱;三是肤纹苍润,黯若古云气樽罍;四是枝条黝纠,状如尘尾龙形;五是蟠根轮囷(音 qūn,古代一种圆形谷仓)离奇,可凭而几,可借而枕;六是丰叶深次如幄;七是性耐霜雪,四时常青;八是次第开放,历二三月;九是水养瓶中,十余日颜色不变;十是艳而不妖。这十大优点,使山茶居名花之列而当之无愧。

这个评价是恰当的。像寿经三四百年,高耸数丈的山茶,在云南许多地方都能见到。云南玉龙纳西族自治县玉峰寺内有一棵山茶花树,相传是明朝成化年间栽种的,到现在已经有五百多年了,可是每年早春季节,万余朵山茶花竞相怒放,宛如一片红霞。当年这里,在同一花坛里栽了两棵山茶花树,后来两棵长在一起,成了一棵。它开的花叫"狮子头",九心十八瓣,有碗口那么大。

山茶花不光是供人观赏,它的种子可以榨油,供食用、药用,也可作头发油和点灯用油。它的木质坚硬、细致,又可作雕刻和细木农具、刀柄之用。茶花中含花白甙、花色甙等,可用于肠胃出血、衄血、咳血、子宫出血等症。着以山茶花 12 克、侧柏叶 12 克、艾叶炭 12 克、炒蒲黄 10 克、地榆炭 10 克,以水煎服,能治妇女血崩。用山茶花 10 克、三白草(侧耳根)15 克、尿珠根 15 克、棕树皮 15 克,以水煎服,治白带有效。外用山茶花细末(焙研为末)适量,以麻油调敷可治烫火伤。山茶花根以水煎服,宜治食积腹胀。

在工业烟尘浓、废气多、含硫化合物特多,造成空气污染严重的地方,山茶仍能正常生长。它是城市园林绿化很理想的花木。每千克山茶叶片可吸氯 2.6 克(干重)。在距二氧化硫污染源 320 米处,山茶只有轻微反应;距硫化氢污染源 360 米处,山茶则不受影响。山茶对二甲苯、酚、甲醛、氮氧化物,以及氟化氢和光学烟雾都有一定的抵抗力,可以达到净化空气的效果。近年来,山茶花被人们誉为"空气的卫士"。

山茶花性耐阴,喜温润,不耐寒。始花温度为 2℃,开花温度是 10～20℃,超过 22℃则花朵凋零。3 月中旬至 4 月中旬春梢萌发;7 月中旬至 8 月中旬夏梢萌发,但梢头很少。一般除单瓣品种地栽外,都作盆栽。盆栽山茶,12 月初移入室内,室温要保持在 10～15℃左右。

山茶花宜栽于微酸性的疏松肥沃的砂壤土中,排水要良好。上盆时间为 11 月或 2—3 月。在开花前和开花后,可用腐熟人类尿、枯饼、过磷酸钙作追肥，也可用动物尸体、鱼鳞、内脏等埋入四周，作为基肥，肥效极佳。浇水，夏季每天一次，冬季三五天一次即可。

山茶花繁殖多用扦播，一般在5—6月进行。选健壮的枝条作插条，将它埋入粗沙花盆中，浇透水，用塑料薄膜覆盖，温度保持在25℃以上，两三个月即能生根。也可用种子繁殖山茶。3月中旬选定易结果实的花作母体，去雄，取理想的雄蕊花粉，涂于母本柱头。以后注意随即将母花旁枝芽剪去。花谢后逐渐结出果实。冬初采下种子后即行播种。来年春天喷足水，萌发快。

"山茶花开春未归，春归正值花盛时。"（宋代曾巩诗）当茶花盛开春归时，品赏那千姿百态的娇艳茶花之余，你一定会感到趣味盎然吧？

4. 独占三秋压众芳

"叶密千层绿，花开万点黄。"每当天高云淡、秋风送爽的时节，桂花盛开，艳溢香融，天芬仙馥，沁人心脾，不禁使人想起宋代吕声之的诗句："独占三秋压众芳"。

桂花，又名木犀，原产我国西南地区，为我国特产名花。其栽培历史已有2500年之久。《山海经》中就有"招摇之山，其上多桂"的记载。《吕氏春秋》里更有"物之美者招摇之桂"的赞赏。屈原《楚辞·九歌》则吟诵："奠桂酒兮椒浆。"唐、宋以来，典籍中对桂花都有所记载，不胜枚举。

桂花系木犀科常绿灌木或小乔木，枝叶密生，叶呈椭圆形，花小，白色或暗黄色，结核果，卵圆形。因其丛生在岩岭间，所以又叫岩桂；因其树木纹理如犀，故名"木犀"；又因其花香馥郁溢远，有人称它为"九里香"。久经栽培，品种繁多。一般常见的，有开金黄深黄色的金桂，开黄白色花的银桂，开橙黄、橙红色的丹桂，花期多在农历八月，所以称为"八月桂"，也称"秋桂"。另有秋季开花较多，平时也有少数花朵开放的"四季桂"，5—11月陆续开花的"月月桂"。其香味的浓烈，以金桂为上，银桂次之，丹桂稍逊，四季桂最逊。

自古以来，桂花就和我国人民生活有着不解之缘。人们一直称颂它："莫羡三春桃与李，桂花成实向秋荣。"这是唐代文人刘禹锡赠白居易的诗句。宋之问称颂："桂子月中落，天香云外飘。"宋人杨万里在《木犀》诗中

一、花草树木

更颂道："不是人间种，移从月中来，广寒香一点，吹得满山开。"郭鲲溟也咏"西岭千年桂，阴森入翠微；琼枝云外绿，金粟雨中肥。影落浮杯酒，香飘袭客衣；当年和露折，曾向广寒归。"这些诗句都描绘出桂花端庄恬静、色灿如金、香浓如雾的风姿神韵。人们把桂花及其果实视为"天降灵实"，作可崇高、美好、吉祥的象征，称誉良好的儿孙为"桂子兰孙"。战国时期，燕、赵两国曾以桂花为珍贵礼品相赠，表示友好往来。在我国盛产桂花的少数民族地区，青年男女以互赠桂枝作为爱情的礼物。我国北方还有将桂花编成催生符放在产妇床前的习俗，以示吉祥。

中国人以桂花和月亮为题材，又编织了许多优美的神话故事，世代相传。宋代苏轼《中秋》中就有"桂魄飞来光射处，冷浸一天秋碧"的描述。"桂枝广寒，吴刚伐桂"也是其中一例，毛泽东主席的《蝶恋花》"问讯吴刚何所有，吴刚捧出桂花酒"的词句，就是运用了这个典故。由于传说月中有桂，古代称天空里的月宫为"桂宫"，以"桂魄"喻月亮，而在科举时代则把"进士及第"称为"蟾宫折桂""桂林一枝"，意即从此青云直上。

外国人也崇拜桂花。古希腊神话中的桂是用来献给科学和艺术之神"阿伯隆"的"圣物"。古希腊人还用桂树叶编成花冠，授与杰出的诗人或竞技能手。后来欧洲人习俗以"桂冠"为光荣的称号。

桂花是适应性强的亚热带树种，对土质的要求不严格，我国四川、云南、广东、广西都有野生大树。可以播种、嫁接、扦插、压条等方式进行繁殖。压条繁殖不受季节限制，以早春、清明时节最为适宜。扦插一般在6—8月进行，选择当年半成熟的枝条，插后充分浇水，并盖帘遮阴。嫁接砧木一般用女贞或水蜡，切接、靠接均可，可二三月间进行。盆栽以肥沃的沙质土最好。野生的桂花多为乔木，叶色浓绿而富光泽，常年不凋，是极好的园林绿化树种。

桂花除供观赏外，还有较高的经济价值。自汉代起，"尊桂酒，宾八乡"，桂花作为一种高级酒料而盛行。它经盐渍、糖浸后可作食品香料，加工后可作蜜饯，也用来熏茶。经浸提炼制造的桂花膏，是配制香精的名贵香料。在医药上，桂花又有除口臭、祛痰、治牙痛之功效。经蒸馏而得的"桂花露"能理脾开胃，治咽干。桂花根性平，味甘微涩，治风湿麻木、筋骨疼痛及肾虚，其果实性温，味辛甘有暖胃、益肾、散寒之效。当桂树衰老不再开花时，其材质致密，纹理美观，有光泽，是雕刻的好材料。

5. 一树独先天下春

"万花敢向雪中出,一树独先天下春"。这是元代诗人杨维桢对梅的描写。梅,不畏严寒傲于吐蕊,给人们送来春天的信息,充当了二十四番花信之首的勇敢使者。

人们知道,唐代人最爱牡丹,北宋人也爱牡丹。但北宋开始,有低调的花朵,不声不响地渐渐占满了文人心中的山坡,这就是梅花。南宋的诗词中,到处都是梅花的芬芳和气骨。若是选择一种最能体现宋人文化精神和审美品格的草木,可能非梅莫属了。

"不要人夸好颜色,只留清气满乾坤",出自元代诗人王冕的题画诗,题目是《墨梅》。画上原诗:"我家洗砚池头树,朵朵花开淡墨痕。不要人夸好颜色,只留清气满乾坤。"这幅画和这首诗太过有名了,所以很多人赞美它,引用它。

历史上,一些爱国志士,以梅傲雪着花,凌风留香,比拟自己的矢志不渝。南宋文天祥的《梅》,就是其中突出的一例:"梅花耐寒白如玉,干涉春风红更黄。若为司花示薄罚,到底不能磨灭香。"

"俏也不争春,只把春来报。待到山花烂漫时,她在丛中笑。"毛泽东作《卜算子·咏梅》不但歌颂了梅在"已是悬崖百丈冰"的时候俏然挺立的坚忍精神,而且讴歌了其喷红吐翠濯闹春光的高洁情操。

梅,古代又叫机,《周礼》中叫藤。《尔雅》上叫枏,《说文》里作楳;它还有春梅、干枝梅、红绿梅等别名。梅属蔷薇科李属的小乔木,原产我国西南山区,大约在3000多年前的商代开始栽培。最初植梅为了采果作为调味品,直到汉代才作为观赏植物来栽培。据记载汉初已有"宫粉"类重瓣梅花(《西西杂记》)。从单瓣到重瓣的变异,至少在我国已有2000年的历史。

唐代尚有"官梅"(官府种植的梅花)之称,而宋代已普及民家,是植梅的繁盛时期。范成大所著《梅谱》是世界上第一部有关"梅"的专著。宋伯江的《梅花喜神图》载写梅花诸法就有百图。明王象晋的《群芳谱》记载梅的品种达19个之多,并分成白梅、红梅、异品3大类。清代梅花品种续有增多。辛亥革命后,于1919年,梅花被尊为国花。

据统计,我国现代梅的品种有300余种。常见的品种有"宫粉""朱砂""绿萼",其中又以粉红色的"宫粉"类居多。"宫粉"俏丽而不俗,香味淡雅，韵致超绝；"朱砂"花色紫红，虽艳而端庄；"绿萼"则萼绿花白，清秀俊逸。其他不多见的品种都各具雅号，如"洒金""龙游""照水""玉碟"……或花色奇异，或枝干盘曲，都能体现"疏影横斜，暗香浮动"的妙旨，足令寻梅、问梅、探梅的人们心目沉醉。

不过，探梅赏梅须及时。梅花以"惊蛰"为候，一般以惊蛰前后10天为赏梅探梅的最佳时机。开花期也因我国南北气候不同而异，广东12月至1月，沪宁2月至3月，北京3月至4月。又据《梅品》曰：深夜、晓日、薄寒、细雨、轻烟、夕阳、微雪、晚霞、清溪、小桥、竹边、松下、明窗、疏篱、林间吹笛、月下抚琴等环境下，对梅的欣赏就更富有诗情画意。

我国观梅赏梅的胜地很多。杭州西湖的孤山，是唐代以来的观梅胜地。爱梅成癖的北宋诗人林和靖隐居这里植梅咏梅。他的"池水倒窥疏影动，房帘斜入一枝低""众芳摇落独喧妍，占尽风情向小园"等诗句，意境深远，妙趣横生。白居易在《忆杭州梅花》一诗中赞美不绝："三年闲之在余杭，曾为梅花醉几场。伍相庙边繁似雪，孤山园里丽如妆。"苏州也是历史上植梅区之一。明代有记载"光福一名邓尉……山中梅最盛，花时香雪三十里。"无锡梅园更是江南有名的观梅区。此外，武汉磨山、南京梅花山、成都草堂寺、昆明西山、上海淀山湖及莘庄公园、安徽歙县和合肥、山东青岛、河南鄢陵、广州罗岗、江苏扬州及泰州、贵州贵阳以及台湾省雾社梅峰等地，都以赏梅著称。

梅是一种长寿树种。昆明黑龙潭公园的一株古梅，相传是唐代栽植的，郭沫若有"惊醒唐梅眸眼倦，陪衬宋柏信姿雄"的诗句。此树主干虽已于1923年枯朽，但后来又从根部萌发了新枝，巍然独存至今。每冬末春初，疏花点点，清香远溢。浙江天台山一株隋梅已享有1300多年的高龄了。杭州地区的一株宋梅，还健在于素有"十里梅海"的超山，据传超山为苏东坡植梅地，这株宋梅虬曲枝干，苍动有力，迎风傲雪五六百载。至于百岁以上的古梅，各地更多。

梅的果实，就是典故"望梅止渴"的梅子。它是制梅干、乌梅、蓝梅、梅醋、梅精、梅酒的原料。梅的花蕾、根皮、果、叶均可入药。花蕾、根皮有活血祛淤、平肝理气、生津止渴的功效；果有敛肺涩肠、止血、驱虫的作用；叶性平，味酸可治痢疾。此外，梅的茎是名贵木材，枝根核供作名贵的工艺品，如制栉、算盘珠、雕刻和伞柄之类为上品。

6. 竹颂

中国人，向来爱竹。

著名英国学者李约瑟在深入研究中国科学技术史后认为，东亚文明乃"竹子文明"。

竹在人们眼中是高尚气节的象征。自古以来，它和松、梅并称为"岁寒三友"，除了和松一样的"四季常青"，和梅一样的"傲寒而立"外，还有一种"宁折不屈"的英雄气概、中通外直的"虚怀大度"。难怪人们对那些大义凛然、视死如归的志士，常称道他们"竹毁节存"。

竹又是历代诗人、画家吟咏挥毫的好题材。

"瞻彼淇奥，绿竹猗猗，有匪君子，如切如磋，如琢如磨。"这是《诗经》对水畔绿竹的清秀神态所作的生动描绘和绝妙的比喻，把竹子比作洁身自好、注重气节的君子。晋代"竹林七贤"，唐代"竹溪六逸"，相聚竹林，赏竹、咏竹、守竹、慕竹高清坚贞。《全唐诗》收录了 2200 个作者、48900 首诗，其中咏竹诗有 2550 余首，占 5.2%，作者有 375 人，占 17%。白居易放歌"竹解心虚即我师"，王维长啸"独坐幽篁里"。宋代苏东坡爱竹成癖，留下了"宁可食无肉，不可居无竹"的名句。此外，元代吴镇的"置之空山中，凛此君子志"，明代夏昶的"但愿虚心向晚节"，清代康有为的"生挺凌云节，飘摇仍自持"，现代革命志士方志敏的"雪压竹头低，低下欲沾泥。一轮红日起，依旧与天齐"，都是咏竹佳作。

文人画竹，唐代已趋成熟。在宋代，据说著名画家文与可在自己窗前种有许多竹子，每逢霜晨月夜、朝日晚霞，或暮烟晓雾、晴晦风雨的时候，他总爱仔细观察竹的仪态神韵。日久，他所画的墨竹，具有爽朗挺拔、潇洒多姿的风貌。清代郑板桥曾"四十年来画竹枝"，留下了大量的画卷和诗篇。他在《竹石》中写道："咬定青山不放松，立根原在破岩中。千磨万击还坚劲，任尔东西南北风。"可谓形象生动，寓意深刻。

竹在我国有悠久的种植历史。陕西西安半坡村遗址（公元前 6080 年—前 5600 年）保存了竹的痕迹。山东历城龙山文化留有竹节崖。浙江河姆渡遗址（公元前 3400—前 3000 年）内有竹席遗存。《诗经》（公元前 6 世纪）、《山海经》（公元前 3 世纪）、《禹贡》（公元前 3 世纪）中，记述了竹子。司马迁撰《史记》（公元前 2—1 世纪）的《货殖篇》中有"渭川千亩竹，其

一、花草树木

人富同千户侯"等。《三辅黄图》记载："以竹为宫，天子居中。"表明当时竹子经济价值很高。汉代"司竹监"就是管理竹子的官员。晋代《戴凯之竹谱》是世界上第一部竹子专著，书中记载有70多种竹子品种。元代李仲宾所作《竹谱详录》画里，系统介绍了写竹的历史，描述了340种竹子。明代俞贞大撰《种树书》、李时珍撰《本草纲目》、徐光启撰《农政全书》、清代汪灏等撰《广群芳谱》等著作中，都较详尽地记载了竹子的分类、分布、习性、栽培技术和用途。

竹的家庭成员很多，全世界大约有1200多种。我国是世界上产竹最多的国家，共有500余种。

常见的竹种主要有高大的毛竹。可供箭杆用的是箭竹，坚固耐用的是刚竹，秆间无节、能做手杖的是木竹。有趣的是那高达20米的鸡爪竹，活像气宇轩昂的武士；那身材不及1米的矮而纤细的翠竹，却似弱不禁风的古代闺秀；那枝叶美丽的凤凰竹，风吹后颇似婆婆起舞的彩凤；那节间有如下大上小的花瓶的佛肚竹，酷似一个个"笑口常开"的弥陀佛。还有那浅绿色枝杆上长着深绿线条的大琴丝竹，金黄枝秆上镶着碧绿线条的小琴丝竹，秆为紫黑色的紫竹，秆带紫红色、黄色的赤竹和黄竹，秆为黄、蓝、白、绿、灰五种颜色的五色竹，秆面多花斑、犹如点点泪痕的斑竹，以及龙鳞竹、碧玉竹、烟秆竹、甜竹……真可谓蔚为大观。

竹的生态也十分奇特。云南的巨竹高30余米，而短穗竹直径仅1厘米，拐竹直径更不足3毫米，细若小草。有种竹是实心的，叫满心竹。有一种四方竹，秆的下部呈正方形；扁扁的则是扁竹。还有身高1米、叶片很大的箬竹，有如长蛇飞舞的藤竹，状似倒头而生的倒生竹，等等。

竹喜欢湿润气候，酸性或中性微碱的土壤。我国的南方和北方都有竹子踪迹。全国竹林面积达700多万公顷，其中人工竹林400多万公顷，占全世界竹林面积的三分之一。

当竹笋未破土之前，生长很慢，几个月只长两三厘米。但到春回大地时，竹笋破土而出，它就拼命往上冲，最快一天可冲一两米高。据测定：一株10厘米粗、20米高的毛竹，从出笋到成竹只要两个月左右的时间，四年后就可砍伐，如作纤维造纸原料，当年就能利用。每亩竹林年产三四千斤[①]，

---

① 1斤=500克，下同。

超过一般速生树种林的年生长量。我国竹林年产量达700多万吨，也占全世界的三分之一左右，堪称为"竹子王国"。

竹对人类的贡献很大。河南安阳殷墟（公元前1600—前1100年）出土的甲骨文中，有"篱""笋""服"等字样，说明当时已用竹编制各种竹器。"箭竹"就因用作箭矢而得名。春秋时（公元前770—前476年），孔子读《周易》竹简，"韦编三绝"。秦始皇（公元前221—前210年）每日阅读竹简奏章120斤（合30千克）。用竹简写的书就叫"竹书"；用竹简写的信叫"竹报"，后来，"竹报"便成为平安家书的别名。秦代造笔，以竹做管，沿用至今，自1700多年前（晋代）我国发明用竹造纸以后，直到现在，竹子仍然是制造纸张的上等材料之一。两千年前的都江堰，有一部分是用"石笼"（用竹篾编成长笼，堆进石块）堆筑而成的。公元前109年，黄河瓠子决口时，"下淇园之竹为楗"。汉代，四川已利用竹制成竹缆绳，打出4800尺的盐井。苏东坡提出用竹管引泉为广州解决"自来水"。竹筏、竹索桥在两千多年前就已使用了。

竹与战争也有关系。古代民歌唱道："断竹，续竹，飞土，逐肉"。说明早在7000年前，我们的祖先已用竹子制作箭头、弓弩等武器，用于娱乐、捕猎或战争了。古代作战要用竹做长矛、弓箭。唐人段成式《酉阳杂俎》载，有一种棘竹，"节皆有刺，数十茎为丛，南夷种以为城，卒不可攻"，竹子成为一种城防工具。"虎竹"是调兵遣将的凭据，"虎竹救边急，戎车森已行"（李白诗）。南宋时出现用竹管装火药制作的突火枪。元代用四个竹管装火药安放在椅子四条腿上，利用火药喷射的反作用力，使坐在楼子上的人升空。这可以说是最早的"载人火箭"。明代的"火龙出水"就是用竹筒制作的二级火箭。

随着生产的发展，社会的进步，竹子的应用更加广泛。两千年前，我国就用竹子造房屋了。我国西南地区傣族等少数民族的住房，一直就是精巧的竹楼。福建莆田县有两座唐、陈朝代的古庙，椽子都是用竹钉钉在梁上的，虽然经历了1300多年的风风雨雨，却依然坚固。至今民间竹结构的房屋仍很流行。多少年来，农民用的扁担、连枷、筛、篱、箩筐、晒席、捕鱼者用的钓鱼竿和虾篓蟹籪，在江河上运输的竹筏，在深山峡谷、溪河两岸架设的竹桥，从山泉引水到居民水缸里的"自来水管"，建筑工地上的工棚、脚手架、竹筋混凝土，音乐用品中的笙、箫、管、笛，人们日常生活中的筷、篮、桌、凳、椅、凉席、床、书架，等等，都与竹子结下了缘份。至于那些竹画、竹刻、竹编等工艺美术品，如福建的漆篮，安徽的竹雕、竹编花篮，湖南的竹簧雕刻，四川的竹瓶、竹扇，江西的竹屏、竹帘，等等，色泽光润，工艺卓绝，早已闻名于世了。

竹的一身都是宝。竹鞭（竹的地下茎）、竹箨（笋壳）、竹根、竹枝，都可以制浆造纸，又都是人造板、人造纤维和塑料工业上的高级原料。用竹子纤维织成的竹布，经久耐穿，十分凉爽。对竹秆进行蒸馏，能制取柴油机用的燃料。竹笋是我国传统食品，包含有蛋白质、氨基酸、脂肪、糖类、钙、磷、铁、胡萝卜素和维生素等多种营养成分。笋味鲜美，烹炒皆宜，还可加工成笋干和鲜笋罐头。竹米（竹的种子）煮食或磨粉，营养丰富，又香又黏。此外，紫竹鞭、淡竹茹（竹皮）、竹沥（竹油）、竹秆节孔上长出的天竹黄等，都是很好的药材。

竹子秆高茎粗，竹叶茂密，能够营造防风林来防止风沙侵蚀。竹鞭鞭根发达，纵横交错，种植于江堤、湖岸，有涵养水源、固结土壤、防止冲刷的作用。用竹筐装沙石后，沉入水底，又可以固堰防洪。

竹到老年期，常会开花结籽，但只要注意肥水管理，就会停止开花，"返老还童"。竹林四季常青，可用来绿化祖国，又有调和气候、美化环境、保持生态平衡的作用。

7. 松

数九隆冬，寒凝大地。这时大多花草树木早已光枝秃条了，而松却不畏冰霜凛冽，无视风雹雨雪，兀自苍茏茂郁，扶疏矫健，生机勃勃，高枝凌云，给人以美的享受。

松之奇美高洁，和袅娜多姿的翠竹，以及瑰丽清幽的冬梅，在分类学上是疏亲远缘的三类植物，但在风雪里却依命同生，素被誉为"岁寒三友"。

松，属裸子植物的松科，世界上共有2000多种。植物学家根据"松氏大家庭"中彼此形态上的差异又将其分为12个分支（属），其中松属这一个分支就有80种以上，我国分布有24种。其分布之广竟占我国森林总面积的一半以上。

其实，松的足迹是无处不到、无处不在的。浩浩平沙，莽莽原野，有松的英武健丽身姿；僻径闲苑，荒岭幽谷，也有它丛丛密密的群落。它还昂首于绝崖之上，挺胸于白云之巅，舞动于惊涛滚滚的海岸及其附近的岛屿上……

奇美高洁之松

松之躯体多较高大。江苏松阳南有松树，大81围，中空，可容30人坐。它寿命绵长、坚强如钢。嵩山绝壁上有大松，其寿命"或百岁，或千岁"。松之葱翠秀拔，佳色可餐。成都婆罗坪有塔松，其形似杉，叶碧圆细，枝如惊蛇，层迭盘曲，逼霄秀塔屹立。古都长安报国寺有松六七株，高不过1丈，顶部很平，枝干伸屈如游龙。人可攀树顶，盘踞群坐，歌弹言笑。杭州名僧道林禅师见西湖泰望山有长松，顶端象绿色的平台，人可栖止其上，戏称它为"鸟窠"。有一种罗汉松，雌花之胚珠似"佛"，秃胖皆俱，座落于颇似"袈裟"的肉质花托之上，临风慢摇，似作蹒跚之态，见之令人发笑。

以我国特产松树而言达17种之多。如江南习见的马尾松，古怪离奇的偃松，赫赫有名的黄山松，以及东北的红松、獐子松、鱼鳞松，华北、西北的油松、白皮松、华山松，西南的云南松、高山松、西康松、滇南松，及至东南的海南二叶松、海南五叶松、五岭山脉广东松、台湾松、阿里山五叶松等。这些松树除偃松外，多为高大乔木，茎干挺拔，直上云霄。它的轮生的枝条，偃盖潇洒，它的鳞片状皮肤，斑斑成纹。古松则枝叶横披，远望似碧云翠盖，近观如人坐立，又有像青牛、青羊、青犬，更有的奇如伏龟。其色，有赤、白、黄、褐；其貌，有龙甲、马髭、凤尾；其态，如龙如蛇，如

一、花草树木

僧如叟，如将军如信使……真可谓无所不肖了。春夏之交，正值松花盛期。花单性同株，靠风力传粉，孕果实半年方熟。果球状浑身披鳞。种子常长翼，裸露，能远飞广布。

林业生产上，声誉最高的要推马尾松。这种松在我国北自淮河以北的一些地区，南迄雷州半岛，东起台湾北部低山，西至汉水流域以南的 15 个省区内都有生长。它的天然分布区域如此广泛，没有任何一种松树能比得上。它本固枝荣，根系深入地下，利用地下水源；身含树脂，茎干有调剂水分的组织；针叶成束，减少水分的蒸发面积，这些特点构成它耐旱、耐寒，个性顽强，具有广泛适应能力。它喜欢酸土壤，从幼苗开始，一旦郁闭成林，不消几年就形成碧波千顷、松涛撼耳的洋洋大观了。

松，全身是宝。其茎材含有松脂，有耐干旱、耐水浸、耐腐蚀等良好特性。因此，可作房屋栋梁、矿柱、造船、水下工程的材料，亦是造纸、人造纤维、火柴、胶合板的原料。松脂经加工提炼，可制取松香和松节油，它们是造纸、制皂、橡胶、冶金等工业上不可缺少的原料。一株成年马尾松可产松脂 5～8 斤。将松枝、松根或废松木在窑内进行不完全燃烧，取其黑色的烟灰，即松烟。松烟可用来制墨、油墨、鞋油和黑色染料等。松枝松木又是很好的薪材。枝根还是培养名贵药材茯苓的原料。

松的节、叶、花、松脂、根皮和松实均可入药。《本草纲目》早有记载："松脂气味苦，甘温，无毒，主治痈疽恶疮、头痛白秃，疥瘙风气，安五脏，除热。久服，轻身不老延年。""松节气味苦温无毒，主治白节久风风虚，脚痹疼痛。酿酒，主治脚弱骨质风。""松叶别名松毛，气味苦温无毒，主治风湿疮，生毛发，安五脏，守中，不饥延年。"现代医学已经证实，马尾松植株各部均有祛湿通络、活血消肿、止血生肌、安神镇静之效，并可治夜盲症。红松子实（松海子）入药为滋养强壮剂。松的花粉在医药上叫作"松黄"，用它浸酒温服，有治头晕脑胀的功效。

人们还知道，松林又是巨大的空气调节器呢。据测定，每公顷松林一年内可吸收 500 千克二氧化硫，可阻挡和吸附灰尘约 36.4 吨。一亩松林在 24 小时内分泌的挥发性杀菌素和臭氧，可杀死白喉、肺结核、痢疾等多种病原菌。而松树优美多姿也是公园或林荫绿化的重要树种。

8. 树之传奇

世界真奇妙，就连有些树木年龄之古稀、个体之高大、本领之特异等，也奇妙得让人惊讶。

有人研究过，北京中山公园的辽柏，南京东南大学的"六朝松"，重庆北温泉的宋桂，成都草堂祠前的罗汉松，浙江余姚超山梅园的唐柏，黄山玉屏楼前的迎客松，新疆伊犁、塔城的夏橡，有的已活了1000多年，有的则超过2000年，可谓是一批最老的"树寿星"了。

但在陕西黄陵县轩辕庙内的轩辕古柏，相传为华夏的始祖轩辕黄帝所栽，距今已有4000余年的历史。山西太原晋祠内的齐年柏，亦称"周柏"，相传为周朝文公所植。山东曲阜孔庙内有松柏，相传为春秋时期孔子所栽，后人有"先师于植松"之说，树有碑志。山东莒县定林寺有一株高24米、胸围15.7米的大银杏树，它的实际年龄已达3100多岁，尚能开花结果，看上去还可活许多年。

现在世界上最长寿的树木中，要数生长在非洲刚果南部的波巴布树（也叫猴面包树），有的树龄已达5000年以上。如此高龄，还经常结着甜而多汁的果子。而真正够得上"老寿星"的，恐怕要推墨西哥沙漠中一丛拉瑞阿属灌木了，它至今已活了11700多岁！

世界上最高的树是生长在美国加利福尼亚州西北部沿海的红杉树国家公园内的雷德伍德河畔的一株北美红杉，高112.1米。而最矮的树是生长在高山冻土带的矮柳，高不过5厘米。

世界上树冠最大的树是榕树，它枝叶茂密，从枝桠垂下的气根，入土滋生成为许多"树干"，蔓延成一片"独木林"。生长在印度加尔各答市植物园中一棵巨大榕树有562根"树干"，树冠周长达300米，覆盖地面积达7000平方米，荫地可以从容坐、立2万多人。

在浩瀚的树木世界里，最不怕冷的树是俄罗斯的黑醋栗，在−253℃照样生长。最硬的树是铁桦树，生长在俄罗斯南方、中国东北和朝鲜，木质比钢铁还硬1倍，子弹也打不穿，就是《杨家将》中所说的"降龙木"。还有一种最毒的树，叫"见血封喉"，生长在我国海南岛、云南和东南亚一带。它的树皮被割破后，流出一种有剧毒的乳汁，人不小心吮了，血液就会凝固，心脏停止跳动。如果碰到眼睛，马上双目失明。伤口沾着了它的乳汁，人走五六步就会死亡。

特别有趣的是，有些树上还生长人们平时吃的米饭、面条、油、盐、白菜、牛奶和美酒。在菲律宾、印度尼西亚和马来西亚、巴布亚新几内亚等国的许多岛屿上长有一种叫西谷椰子的树，用刀刮取树中的乳白色木质浸泡出淀粉，可加工成米粒状的颗粒，当地居民称之为"西谷米"。它像大米一样香美可口，营养丰富。在我国台湾、广东，印度、斯里兰卡、巴西和非洲的热带森林中，生长着一种面包树。它的树枝、树干甚至树根上都结着果实，1年能有9个月的结果时间，一个果子重约2千克。这种果子放在火上烤，会散出面包香味，吃起来酸中有甜，味美可口，营养很丰富。在马达加斯加山区生长着一种"面条树"，树上结的果子长达2米，当地人叫它"须果"，能加工成面条，味道鲜美。

马来西亚、尼日利亚、扎伊尔等国有一种油棕，每年一棵树上能结果上千个，最大的果实重20千克，鲜果肉含油46%～50%，果仁含油50%以上。每年亩产油量265千克，相当于花生的5倍、油菜籽的10倍、大豆的12倍！我国西双版纳和海南岛，以及东南亚等地有一种猪油树，树上结的油瓜像西瓜那么大，一个瓜里有6～8粒瓜子。1粒瓜子可榨油1两① 多，油用火烤一烤，味似猪油，所以称油瓜为"猪油果"。一棵猪油树一年可收100～200个猪油果。

南美洲厄瓜多尔等国有一种牛奶树，叶子闪闪发亮，树干光滑而粗壮，划破树皮便会流出一种气味难闻的乳白色汁液。每棵树一次可取汁液1～2千克。将汁液加水冲淡煮沸后，气味很快消失，就可以饮用了。汁液里含有很丰富的糖类、蛋白质和脂肪，可与最好的牛奶相比。在委内瑞拉森林里的一种树所产的"牛奶"，不需煮沸就可以喝。

柬埔寨的糖棕树，花朵特别大，花朵里贮藏着大量的糖汁。人们在花朵下挂一只竹筒，用尖刀把花朵剖开，糖汁就滴进竹筒里。这种糖汁既可制糖又可酿酒，还可以代替葡萄糖进行输液。加拿大的甘露树（糖槭树）也可钻孔采集糖液，炼成的糖清香可口。

我国云南临沧县有一种白菜树，高不过人的膝盖，树干只有手电筒那么粗，每棵居然能结出三四棵排球大小的白菜。

---

① 1两=50克，下同。

我国黑龙江和吉林两省交界处生长着一种木盐树，产的食盐可与上等精盐媲美。

日本新潟县城川村的一株老杉树和非洲东部的"休洛"树，它们常年分泌出香气芬芳并含有强烈酒精气味的液体，是当地人常常欢饮的天然"酒壶"。我国海南岛也有一种"酒树"，又叫树头棕，它的果实出的酒很有米酒风味，醇香馥郁，十分鲜美。原来它的果实里有很多糖分，在氧气不足时糖分发生奇特的变化，于是生出了美酒。

奇妙的是在英伦三岛的一些隐秘的乡村角落，可以看到身上长满"钱币"的树。一个挨一个的硬币密密麻麻地长满了树干，就像给树披上了一层铠甲。初见这些树的人都会目瞪口呆，无法想象树皮上怎么会长出这么多的硬币来。民俗学家解释，在古代的凯尔特人举行祭祀的地方有一种祈祷平安富足的仪式，在仪式上，人们会把金属币敲进象征肥沃和财富的某种树上，同时向上苍祈福。

更为妙绝的是，有的树还有一种天生的"特技"。非洲的一些高山峻岭里就有一种会睡觉的"睡树"。当朝霞出现的时候，这种树遇到了阳光，才懒洋洋地舒展熟睡的叶子，树枝也方伸展开来，到了太阳落下，夜幕低垂的时候，它的叶子又合了起来——睡觉了。这时，树枝倒垂贴在树干上，好像只有一根树干一样。

在斯里兰卡植物园里和一些城市街道旁，人们经常能见到一种会下雨的雨树。这种树的叶子一尺多长，中间凹陷，四周微微隆起。每当太阳下山时，叶细胞开始吸收周围蒸发出来的水分，并慢慢卷缩成一个个小水袋。到第二天中午炎日当空，叶子受热，它的细胞逐渐张开，其中包含的水便一齐倾泻而下。

安徽和县有一株能预报旱涝的"气象树"。它是榆树的一种，树龄400年以上，高约10米，树冠覆盖地面积约100平方米。这棵树若在谷雨发芽，芽多叶茂，当年将多雨，易成涝灾；若按时令发芽，树叶有疏有密，当年基本上风调雨顺；若推迟发芽，且叶少，当年将有旱灾，发芽越迟，旱情越重。经与资料对照，大部分可以对应。

在阿尔及利亚温纳德的利维村里，生长着一种洗衣树，当地人称它为"普当"，意思是除去污秽的树。这种树低矮、呈红色、粗壮笔直，树皮上有无数小孔，不停地分泌出黄色的液汁，把它涂在沾有油脂或污秽的衣服上，能把油污除去，和肥皂差不多。当地人把脏衣服用绳子捆在树上，几小时后将衣服取下，放到清水里漂一漂，衣服就干净了。

我国天山中部有一种会自焚的树，名叫白藓，一到夏季，它那翠绿色的树叶间缀满了果实，可遇到又干又热的天气，整棵树就化为灰烬了。这是因为它的叶子里面含有一种易燃的化学物质，夏季含量达到最高，一遇到干旱炎热天气，会像干柴接触了烈火一样，燃烧起来。但也有一种会灭火的梓柯树。它生长在非洲的安哥拉西部，躯干高大，枝叶浓密，细长的叶片垂挂下来有七八尺长。叶丛中隐藏着无数个像馒头大的节苞，节苞上尽是密密麻麻的网状小孔，内装透明的液体，含有灭火元素——四氯化碳。节苞一旦碰着火焰，小孔立即向外喷射液体，将火灭掉。

在印度尼西亚布敦乌西部的森林里，有一种弹树能弹死飞鸟。这种树的树枝弯成钩形，钩尖倒钩于树枝交叉的另一枝权上，随着树木长大，钩尖被茎部牵拉成"弓上弦"状态，到了吐蕊扬花的时节，蔓枝松开，便产生猛烈的弹力。这时，被浓郁的花香诱引而来的飞鸟，会被突如其来的袭击打死。

在墨西哥西部平原有一种名叫"蓬尹迪卡萨里尼特"（意即"善良的母亲"）的树。这种树身高一丈多，全身赤褐色，叶子狭长而厚实，开一种美丽的细蕊似的白色花球。当花球凋零时，花球的蒂托处会结出一个椭圆形的奶苞，苞尖上长出一种似柳条般长的奶管，奶苞成熟时便从奶管里滴出黄褐色的奶汁。这时在大奶树根部，到处萌长出小奶树，小奶树用狭长的叶面，吸收从大奶树上滴下的"奶汁"，小奶树长成后，大奶树就会发生根部裂变，与小奶树分离，而大奶树被分离的部分树冠就开始凋零，这样就给小奶树有光照的机会，促使小奶树不断成长。小奶树长成大奶树后，再照样孕育出它的后代。

南美洲的秘鲁有一种卷柏树，这种树在天旱缺水时，根会自动折断；并从土壤里伸出来，卷成一个小球。小球随风滚动，滚到水分充足的地方便留下，重新生根，长成新的植物。水分不够时，又重新开始旅行。

在我国陕西山阳县有一棵树龄 4000 多年的果树，树身高大，主干为栗子树，上层是桂花、松柏，中层是核桃、大枣、橘子，下层是石榴和桃。这棵三层怪树，春季千姿百态，鲜花盛开；秋季果实累累，浓郁飘香；冬季松柏苍翠，郁郁葱葱，成为当地有名的奇景。

重庆巫山县白云乡政府南北两侧，对峙屹立着两棵黄林树，树高约 15

米，当地人称"夫妻树"。相传，这两棵树是周家始祖结婚时，夫妻二人掘土而植，至今已千余年了。让人费解的是，两棵树每年发芽相互交替，当地人习惯称南"女"北"男"，"女树"每年不开花但结子，"男树"只开花不结子。

树的"特技"还很多。印度有一种电树，会发电和蓄电，人一旦碰上就感到像触电似的难受。非洲北部有一种会发光的树，树皮含有很高的磷质，能形成三氯化磷气体，这些气体一旦与氧气接触就燃烧起来发出光芒。夜晚，人可借光引路，甚至可在树下看书。这种树在我国江西井冈山地区也有，当地人称它为"灯笼树"，远远望去，犹如点缀节日的灯火。在巴西有一种产石油的树，当地人叫它骨湃波拔尔，树体组织能产生石油乳液，可炼制加工成汽油，作飞机的燃料。

尤其奇特的是，非洲象牙海岸有一种唱歌树。它身挂柔软的枝条，生着薄薄的叶片，叶片上密密层层地交织着像玻璃丝一样的纤维，风吹时，枝条袅娜，叶片相击，发"多、来、米、法"声；大风时，像奏起铿锵有力的钢琴曲，如高山流水，优美动人。在非洲一些槐树林里有时还能听到笛声，那是蚀木虫在树枝上钻出小洞，并将树枝蚀空，于是树枝成了"笛子"，风一吹就"呜呜——"响，听起来悠扬悦耳。

在非洲卢旺达首府基加利的植物园里有一种会笑的树。这种树的果实象铃铛，里面有许多小孔。当微风阵阵吹来时，果实迎风摇摆，里面的小球就转动起来，发出了"哈！哈！"的笑声。中东有一种树自己不会笑，但能叫人发笑：人要是吃了它的黑色果实，不笑也得笑，而且会大笑半小时之久！

9. 说茶

来客敬茶，对饮谈心，有时话题就自然而然地说到茶上去了。

"茶者，南方之嘉木也，一尺二尺乃至数十尺，其巴山峡川有两人合抱者……其树如瓜芦，叶如栀子，花如白蔷薇，实如栟榈，根如胡桃。"这是世界上第一部茶书——唐代陆羽《茶经》中的一段话，说明茶树是一种多年生的常绿灌木。它的发祥地是我国。我国，也是世界上发现和应用茶叶最早的国家。

茶在古代称茶或茗。相传，我国早在四千多年前已用茶治病。《晏子春

一、花草树木

秋》中把茗视为祭祀珍品。公元1世纪王褒《僮约》有"武都（今四川彭州市）买茶，杨氏担荷""烹茶尽具，餔已盖藏"的话，当时已可烹茶，也有买茶的了。到了5世纪，饮茶之风已由南方传到北方，公元7世纪前后又传到了西藏。及至公元780年，当《茶经》三卷问世以后，人们对茶的历史、种植、加工和饮茶习俗，差不多都有了一般的常识。

最初，我国劳动人民采摘野生的鲜嫩茶叶直接作为药用或饮用，后来才开始种茶。3世纪以前，四川种茶就很流行。后经劳动人民引种而逐渐扩屋到其他各省。唐代种茶之广，已遍及现在的云南、广西、湖南、湖北、河南、安徽、江苏、浙江、福建、江西等十多个省（自治区）了

在这些省区里，"茶宜高山之阴而喜日阳之早"。宋子安在《试茶录》中这样说，这是很有道理的；高山地区多重峦迭嶂，岩壑隐藏，林木丛生，有短波光线的漫射光，也常有云雾弥漫，能使茶树茂盛。特别是在茶季，那里漫射光线多，空气濡湿，昼夜气温平稳，有利于茶芽滋长，叶片的柔嫩状态保持得久，不像强烈日光下的叶片那样容易变老，因此，制成茶叶的品质优美，汁浓味厚，所以说"高山出名茶"。

茶的品种繁多。早在唐代就有蒙顶"石花"、顾渚"紫笋"、方山"露芽"、霍山"黄芽"等十多种名茶。宋代仅福建的"贡茶"，就有"万春银叶""上品拣茶"等，达41种之多。现在呢？茶的品种更不可胜数了。红茶、绿茶、乌龙茶、花茶、白茶、紧压茶这六大类茶叶的色、香、味、形各具特征特性，名品迭出。谁不知安徽的"祁红""屯绿"、琅源"松萝"，谁不晓黄山"毛峰"、太平"猴魁"、六安"瓜片"、歙县"老竹大方"、泾县涌溪"火青"、九华山"金地茶"、宣城"敬亭绿雪"，至于那鼎鼎大名的西湖"龙井"、洞庭"碧螺春"、婺源"茗眉"、武夷"岩茶"、安溪"铁观音"、台湾"乌龙茶"、云南"普洱茶"、湖南"君山银针"，以及各省以花窨制的高级珠兰花茶、玉兰花茶、茉莉花茶，数起来嘴都要数香了。

大概你也是喜欢喝茶的吧。俗话说："开门七件事：柴、米、油、盐、酱、醋、茶。"茶，历来就是我国人民生活的必需品。一些以肉食为生的民族，更是"宁可一日无油盐，不可一日无茶"：大家爱喝茶，不光是因为它的味道清新隽永，而且还有益健康呢！这在我国古书里是讲得很多的。像《神农本草经》中就这样说："神农尝百草，日遇七十二毒，得茶而解之""茶能令人少眠，有力、悦志。"东汉华佗《食论》也说：苦茶久饮，可以益思。

在明代，顾云庆《茶谱》中说："人饮真茶能止渴，消食，除痰，少眠，利尿道，明目益思，除烦去腻。"李时珍《本草纲目》说："茶苦而寒……最能降火，火为百病，火降则上清矣。"自古以来，我国中医药方中就常常用到茶叶，现在山东济南中医药方里还经常要用到休宁县产的松萝茶哩。

茶叶不仅品种五花八门，而且含有的有机化学成分达 450 多种，无机矿物元素达 40 多种。茶中的有机化学成分和无机矿物元素含有许多营养成分和药效成分。有机化学成分主要有：茶多酚类、植物碱、蛋白质、氨基酸、维生素、果胶素、有机酸、脂多糖、糖类、酶类、色素等。

茶多酚约占茶叶干物质总量的 20% ～ 35%，它是由 30 多种酚类物质组成的复合体，主要包括儿茶素、黄酮素、花青素和若干酚酸，其中的儿茶素含量最多，约占多酚类的 70% 以上。这类物质过去也称为"茶单宁"或"茶鞣质"。茶多酚类物质具有收敛作用，可以凝固、沉淀蛋白质，对各型痢疾杆菌有抗菌作用，对金黄色葡萄球菌、乙型溶血性链球菌、白喉杆菌等也有一定的抑制作用。在这方面，绿茶优于红茶。又有人发现茶中的多酚类能中和锶[90]等放射性物质，所以对防止和解除原子辐射伤害有一定作用。于是有人称茶叶是原子时代的饮料。

茶叶所含的咖啡碱能使高级神经中枢兴奋，促进新陈代谢，增强肌肉、心脏和肾的功能，所以脑力劳动者疲劳后喝上一杯茶，顿觉精神振奋。茶中的芳香物能溶解脂肪，所以饭饱以后喝一杯浓茶，油腻食物便容易消化。因此，一些平时食肉、喝奶较多的民族，"不可一日无茶"。在夏天，茶是消暑的很好饮料。喝杯热茶，通过皮肤出汗散发的热量，相当于这杯茶的热量的50 倍。

茶叶中的维生素 C、维生素 P 和挥发性物质，有助于抵抗传染病、增强心肌和血管壁的弹性、降低血压、预防脑溢血及减少冠状动脉粥样硬化性心脏病的作用。同时，又有调整肠胃消化机能、清除饱胀、去掉口臭、溶解脂肪及降血脂的作用。在人们取食蔬菜、水果不足时，饮茶可成为补充这些维生素的一个途径。

人们常说：茶是"仙草灵丹""康乐饮料之王"，但饮用要适量、适时。喝茶过多，特别是浓茶，由于有大量的多酚类物质进入胃里，会影响胃液分泌，导致消化功能失调；进入肠子，会减慢肠子的蠕动，引起便秘。浓茶也能影响人体对铁元素的吸收，造成缺铁性贫血。睡前也不要喝浓茶，以免引起大脑兴奋，引起失眠症。一般不宜用茶水服药；服用铁剂补血液、麻黄素、阿托品、奎宁等药品，以及吃人参、阿胶、燕窝或银耳等补品时，尤忌饮茶，否则影响胃肠对药物的吸收，使药物或补品失效。

会饮茶的人，对煮茶的水十分讲究。一般以纯净的泉水为佳，井水次之，河水、塘水、雨雪水最差。古时煮茶，都是将茶与水同煮的，好像现代人煮咖啡一样，但自从有了热水瓶以后，大多已不讲究煮茶，而讲究泡茶了。据说，四川龙井名茶，用虎距泉水泡饮，更能发挥其"色绿、香郁、味丹、形美"的四绝品质，所以有"龙井茶、虎距水"的说法。泡茶的水，应煮沸后稍凉使用；茶叶与水的重量比例，一般以 1∶50 为宜；冲泡时间 5 分钟左右即可。第一杯难以完全泡开茶叶，一般以泡第二杯时，茶叶出汁，既浓且香，最使人满意。

古时许多文人墨客为饮茶留下了许多作品，其中最为人称道的吟咏品茶的诗，要推唐代诗人卢仝写的一首，诗中描写他自己饮茶七碗的不同感觉，使人回味无穷，诗云："一碗喉吻润，二碗破孤闷。三碗搜枯肠，唯有文字五千卷。四碗发轻汗，平生不平事，尽向毛孔散。五碗肌肤清，六碗通仙灵，七碗吃不得也，唯觉两腋习习清风生。"中国茶，不光中国人自己赞扬，国外也十分赞颂。土耳其有个名字叫希克梅特的大诗人，饮了中国茶后诗兴大发，他意味深长地说："我在中国的香茶里，发现了芬芳的春天。"

我国茶叶传播到国外，也有 2000 多年的历史。公元 5 世纪南北朝时，我国的茶叶输往东南亚邻国及亚洲其他地区。日本僧人将中国茶籽带回日本，茶逐渐在日本普及为大众化饮品。10 世纪时，蒙古国商队来华从事贸易，将砖茶从中国经西伯利亚带至中亚，15 世纪时，葡萄牙商船来中国进行通商贸易，茶叶对西方的贸易开始出现，而荷兰人在公元 1600 年左右将茶叶带至西欧，1650 年后传至东欧，再传至俄、法等国。17 世纪时传至美洲，18 世纪初，品饮红茶逐渐在英国流行。1880 年，我国出口至英国的茶叶多达 145 万担[①]，占中国茶叶出口量的 60%～70%。从 17 世纪初期至 19 世纪末叶的二百余年间，我国茶叶在世界市场上是独一无二的，输出量在最盛时期的 1886 年万家灯火 268 万担（合 14.3 万吨），占我国当时出口商品的第一位。

---

① 1 担 =50 千克，下同。

我国茶树，早在9世纪初就传到了日本。我国的茶籽，17世纪传入爪哇，18世纪传入印度，19世纪又传入锡兰（今斯里兰卡）和俄国。现在世界上各产茶国家，都直接或间接从我国引种过茶树或茶籽。因此，许多国家语言中的"茶"字，都是由我国"茶"字的广东音或厦门音转变而来的。

10. 萋萋芳草

阳春三月，几番晨曦夜露，几许轻风细雨，原野便尽是青翠欲滴、生机盎然的萋萋芳草了。

"晴川历历汉阳树，芳草萋萋鹦鹉洲。"唐代诗人崔颢所描写的这一美好境界，何等令人神往啊！又有《送别》唱道："长亭外，古道旁，芳草碧连天。"也说的是草为人们带来的美好意境，表达了人们对如茵绿草的喜爱。

然而，当时的诗人只是欣赏青草的自然美。只有在近代科学发达以后，人们才懂得：青草与阳光自然资源同样是人们赖以生存的基本条件。草和光是美化了环境，而且在维持生态平衡和增进人类健康方面，都起着重要的作用呢。

草有发达的根系，有的长达10米，盘根错节，穿插在土壤之中，牢固地抓住表土，且有极强的再生性。每当下雨时，草便能有效地控制地面雨水，护堤保坝，保护路基，防止水土流失。草，可谓是绿色的卫士了。

黄河之所以浑浊，每年近14亿吨的泥沙带入渤海，就是因为上游缺树少草而造成的。

历史不只一次地向不顾生态平衡滥垦乱伐的人们提出过"严厉的教训"。第一次世界大战后，美国曾大面积开垦草原，用来种植小麦，由于耕作粗放，种植单一，加之气候干旱，于20世纪40年代初引起了"黑风暴"，仅1934年5月12日一次大风就摧毁了大量麦田，吹走的土壤达3亿吨，使当年小麦减产100多亿。苏联没有能汲取美国的教训，于20世纪50年代末开垦草原总面积达5亿多亩，种植小麦和玉米，它引起的"黑风暴"，受损面积比美国还要大。

种草能起到固沙保水土的作用。实践证明，裸露的地面，水土流失严重，每亩地每年流失约7吨，流失的水分占降雨量的1/3；种庄稼的地上，每亩地每年流失土壤约3吨，流失的雨水占降雨量的15%；若种有地下茎的

一、花草树木

牧草，土壤便不会流失，雨水也基本可以保存下来。凡是有草覆盖的地方，你会看到的是雨后流水清澈，地面毫无冲刷现象。

草，又是空气的净化器。现代城市，随着工业发展、人口增加，大气受到严重的污染。而青草都能把空气中的一氧化碳、二氧化碳、二氧化硫、氟化氢、氨、氯等多种有毒有害气体吸附，同时放出氧气。1平方米的草坪每小时能吸收1.5克二氧化碳，50平方米的单坪就可以把一个人昼夜呼吸时呼出的二氧化碳全部吸收掉，使空气得到净化。

草也是天然的除尘器。城市里大气的烟尘污染严重，粉尘中许多有害物质能引起各种疾病。草的叶片繁密而粗糙，表面上有气孔、绒毛和分泌的黏液，能大量地滞留、过滤和吸附粉尘，减轻烟尘飞扬，从而减少了各种疾病的传染。接测定，草坪吸附粉尘的能力，比裸露地面的吸尘能力大70倍。据说4级以上的刮风天气，在北京天坛公园大草地的上空没有尘土，而在裸露的土地上空，尘粉浓度就达到每立方米9毫克，超过国家规定标准的17倍。一般情况下，当大风刮来，尘土飞扬时，草坪的尘土要比裸露地面的尘土少100～200倍。

草，还是天气的调温器。在盛夏时节，草地表面的温度要比裸露土地表面低6～7℃，比水泥地和柏油路面的温度低20℃左右。而在寒冬时节，草地的温度都比裸土表面、水泥地面和柏油路面的温度高4～6℃。可见，草地能起"冬暖夏凉"的作用。

各种草在生长过程中，能蒸腾出大量的水分，调节空气湿度。一亩草坪每天的蒸腾8500斤水，以草每年生长期为100天计，可蒸腾出水420多吨，增加空气相对湿度5%～9%。所以，盛夏之际，人们漫步在草坪区域时，会感到空气格外清新、甜润。如果草坪与春木、灌木搭配，可以起到良好的隔音和消声作用。另外，广植草坪的地段，又可使噪声降低20～25分贝。在这里，给人一种安静感，能解除疲劳，提高工作效率。

草对人类的贡献还有很多。我国古代有"神农氏尝百草"的传说。李时珍也踏遍青山尝百草，从而写下了《本草纲目》。草内含有1800～3000葡萄糖分子构成的多醋纤维素，是畜牧业的"粮食"。化工、食品、轻工等生产的原料，也有许多是取材于草的。

草的生命力强。随遇而安，一籽入土，数根连发，享有"野火烧不尽，春风吹又生""野草踏不死，生长且自直"的赞誉。"弃之草芥"之语，实欠妥当。在开始卫生扫除时，以草会生蚊为由把已有草统统铲掉的做法，是不科学的。我们应保护好已有的草坪，应广植草坪。

11. 神奇的花粉

春天来到了。你看，那田野里、山坡上，百花盛开，万紫千红。如果你去轻轻摇曳一株杨花的花草或一株开花的小树，这时会有无数金黄色的粉末，如烟如云，随风飘扬，散发出来，像下黄雨一样。那种壮丽的景色，科学家称之为"花粉雨"。

这时，当你徜徉百花丛中，还会发现无数蜂群蝶队熙来攘往，它们在花丛中飞舞着、逐戏着，不知不觉地做了花朵之间的"媒人"，把雄蕊上的花粉传到雌蕊上面，让雌蕊受精后结果，长出种子。

花粉，都是一些小不点儿。最小的花粉，直径只有 4～5 微米，最大的也不过 150～200 微米。但微小的花粉结构并不简单。它的外面包着两层花粉壁，里面有营养细胞和生殖细胞。有趣的是，生殖细胞常躲在营养细胞里。当你在 3 倍显微镜下观察时，还会惊奇地发现，花粉的种类是那么繁多，形态是那么多样化！它们有的呈圆球形，有的呈椭圆形，有的呈三角形，有的像汤匙，有的像花瓶。再仔细一看，每粒花粉上面还长着美丽的花纹和珍珠似的小孔、小洞呢。

花粉的形式如此繁多，这是它们对不同传粉媒介适应的结果。

长有内钩刺的花粉适于挂在昆虫的身上；而适于风传粉的花粉，常长得又软又小，有的还有气囊或"翅膀"，能随风飘荡，如糖萝菜的花粉能直上重霄，飞上 2000 米以上的高空。

花粉的数量大。据植物学家统计，一朵苹果花有 5.7 万个花粉粒，一朵松树花有 16 万粒花粉，一株玉蜀黍平均可产 50 万个花粉粒。一般植物年年都春开花季节，有的植物要活几十年，有的要活几百年。这样的推算，单是一棵桃树就会产生 3.5 亿个花粉粒。世界上有花植物约有 25 万种，而每一种有花植物有数千万棵，一棵树上往往有几千朵花，甚至几万朵花。那么，世界上所有有花植物所产生的花粉，将是一个多么浩瀚的数字！难怪有人这样描述过花粉盛况："风把花粉高高刮进群山之间，大片土地上覆盖着厚厚一层花粉；航海的水手们要经常打扫落在甲板上的花粉……"

一、花草树木

035

花粉中蕴藏的奥妙无穷。在花粉的外壳里，含有特种蛋白质，这种蛋白质是作为和雌蕊柱头中的蛋白质相互识别的"识物"，称为"识别蛋白"。当花粉落在柱头上，如果二者亲和，识别蛋白相互作用，花粉便可萌发受精；否则，柱头就拒绝偶合。这就是为什么一般花粉只和某种植物的雌蕊受精，而被其他植物拒绝的道理。然而，如在父本花粉中，混入一些经射线杀死的亲和花粉，或加入从这些花粉中摄取的蛋白质，授予母本粒头，柱头往往受骗而"认可"，结果使一些平常难以杂交的植物进行远缘杂交获得成功，从而创造出新品种。有趣的是，一粒小花粉竟然能培养出一棵偌大植株，是当代一项重要的科研实验。我国已经培育出几十种经济植物花粉"孤雄生殖"的植株了。一粒单细胞的花粉竟储存了双亲的全部遗传信息，这是任何高超的电子技术也望尘莫及的吧？

花粉的寿命长短随植物种类和环境条件而异。在田间的水插花粉，一般在 10～15 分钟后就失去受精的能力了，但在 10℃和 85%相对温度下却能活 24 小时，可见花粉在低湿、干燥和无氧的条件下，生活力保持较长久。有人把苹果与洋梨的花粉混全储存了 9 年，苜蓿花粉在 -21℃的真空中活了 11 年。

由于花粉的外壁中含有孢粉素，可以抵抗高温高压，又怕强酸强碱，就是在地下埋藏了几千万年，甚至上亿年，形成了化石，这些老花粉，虽然生命力是没有了，但形状还没有被破坏。古生物学家找到了这种化石，就可以知道在若干万年以前，某些地方曾经有过一些什么植物。反过来，考古学家又能借花粉化石估计出地层的历史年代。有些国家已经用花粉来勘探煤田、石油和地下水，也用来查找在沉积岩中的宝贵矿藏。也有些国家，用花粉分析来侦破案件。一个案犯的鞋泥中的某种植物的花粉，能指示出花粉产生的时间和地点，进而可以判断案犯作案的地点和时间。

花粉是植物的生殖细胞，营养成份特别丰富。它除了含有 35%以上的蛋白质，40%的多种糖类外，还含有脂肪、微量元素、复合维生素和抗菌素等。美国、日本、瑞典和俄罗斯等国，已利用苹果、梨、樱桃等果木及小麦等粮食作物的花粉来制作各种食品。他们把花粉加入牛奶、果汁、蛋糕、三明治等食品中，有的制成花粉罐头专供人们食用。美洲印第安人还喜欢用玉蜀黍的花粉做菜做汤吃。也有的把花粉装入胶囊或拌在蜂蜜中口服。

花粉能滋补强身已属无疑。美国有一位著名的运动教练，为了使运动员能超过一般人的体力和承耐力，将花粉食品供运动员食用，4个月后，果然分别培养出了室内运动和室外运动的冠军。据报道，苏联毕加索地区寿命超过百岁以上的老人，多数是因为他们长期服用花粉食品的结果。瑞典有人从玉蜀黍、黑麦、赤杨、松和两种牧草中提取6种花粉，制成奇特的健康补品。不少西方国家的官员，也把花粉当作每日必不可少的食品。

不仅如此，花粉还是治疗多种疾病的良药。洋槐花粉是很好的健胃剂和镇静剂；山楂花粉可作强心剂；欧石南花粉对于尿闭、膀胱炎，尤其是前列腺炎有很好的疗效；栗树花粉具有补血和减少肝、前列腺充血的功能，对静脉曲张也有治疗作用；虞美人花粉能治疗咳嗽、支气管炎、咽喉炎，甚至百日咳；野玫瑰花粉对肾结石有治疗作用；熏衣草花粉对神经治疗具有良好的辅助作用；草果花粉可预防心肌梗塞。可见，花粉对人的健康长寿是非常有益的。

然而，花粉也能使人生病。数百年来，意大利的撒丁岛上，一直就流行着一种怪病。每年夏天，有30%左右的居民，其中大多数为男人，会突然患病。患者感到头晕、恶心、困乏无力，重者死于尿血。这种疾病在医学界长久地被视为一个谜。后来，美国学者终于揭开了这个谜，原来是当地生长着一种蚕豆科植物，春天花开时，居民们吸入了它的花粉后，有的人便会患一种溶血病。

在其他地区，甚至就在我们身边，也有一些人在鲜花盛开、花粉广布的季节，会出现鼻塞、喉痛，以至并发哮喘，而在其余季节，病情自行消除。这也是花粉会引起的疾病，谓之"花粉热"。这类疾病统称为花粉过敏，它是由于某些人吸入了花粉中的蛋白质时，自己身体里会产生一种球蛋白与花粉对抗，即所谓产生了抗体，而随着抗体的产生，就会出现一系列不舒服的抗体，而随着抗体的产生，就会出现一系列不舒服的症状，产生了消极的后果。可是，人体产生抗体，原是一种战胜病原微生物的积极功能，只不过给少数花粉过敏者招惹了麻烦。对于花粉过敏的患者，只要离开产生此种花粉的环境即可。如果无法避开，则可采用致敏花粉制成特异性抗原浸液进行脱敏，以提高抗体的耐受能力，抑制发病。

（二）虫鱼鸟兽

1. 说龙

古时数学家拿 12 种动物来配地支，凡逢辰年出生的人属相是龙。

龙是中国古老民间传说中的神异动物。相传龙有鳞、有角、有脚，能走、能飞、能游泳、能兴云雨利万物，所以龙又被称为"天龙""神龙"。

从中华民族 5000 年前的历史源头起，龙就以它美好的形象穿越历史烟云，高高飞翔在我国社会、文化、生活的各个方面，成为我们中华民族发祥和肇始的象征，所以世人也称中国大地为"龙的土地"，中华儿女都是"龙的传人"。

传说中的龙究竟起源于何物呢？《说文》解释"龙"："鳞虫之长""能幽能明能细能巨能短能长""春分而登天，秋分而潜渊。"《尔雅·翼》说龙有九似："角似鹿，头似驼，眼似兔，项似蛇，腹似蜃，鳞似鱼，爪似鹰，掌似虎，耳似牛。"似乎龙是一种功能奇特的爬行类动物。

生物学上很多爬行动物带有"龙"字，如恐龙、蜥龙、鸟龙、鱼龙等，我国古代龙也的确和一些爬行动物联系在一起，比如把蛇叫作"龙衣子"，把一种鳄类的爬行动物叫作"猪婆龙"，把一种蜥蜴类的爬行动物叫作"石龙子"。

据科学考证，距今 25200 万年至 6600 万年的中生代是地球上爬行动物的全盛时代，恐龙、鱼龙、翼龙等龙类是当时的主要爬行动物，但到中生代末它们都要灭绝了。在中国，山东的莱阳、云南的禄丰、四川的合川，以及其他很多省份都发现有完整的恐龙化石、恐龙蛋化石或恐龙足印化石。1963年夏天在新疆准噶尔盆地乌尔禾发现一种翼龙化石。1967 年在喜马拉雅山南侧海拔 4800 米处发现了一个巨大的鱼龙化石。不过这些古生物学中的龙与中国古代所说的龙并无关系，因为在中生代不但还没有人类，而且连人类的始祖猿类也还要推延到很久很久以后才登上历史舞台。

有关龙的记载，最早在殷契甲骨文中出现有不同写法的"龙"字 30 多种，迄今已 3000 多年，而出现龙的图案和传说可以一直上溯到更遥远的史前文化。相传我们的原始先民中有不少以蛇或其他动物或植物为图腾的民族，而且同氏族的成员都自认为是自己氏族图腾的子孙。但在社会历史的发展中，以蛇为图腾的远古华夏氏族不断战胜、融合其他氏族，逐渐形成华夏大氏族。它的图腾，也兼取被融合、吞并了的其他氏族的鸟、兽、鱼、虫等图腾，最后演变成中华民族共同崇拜的形象——龙，一种想象中的综合性神灵。

传说，龙分很多种类。"有鳞曰蛟龙，有翼曰应龙，有角曰虬龙，无角曰螭龙"（《尔雅》）。还有许多颜色不同的龙。在"感天而生"的上古时代，有女登感"神龙"生炎帝，附宝感"北斗"生黄帝，庆都感"赤龙"合婚而生帝尧的故事。除神龙、赤龙外，属于伏羲氏（又作庖羲氏）系统的有飞龙氏、潜龙氏、居龙氏、降龙氏、土龙氏、水龙氏、青龙氏、白龙氏、黑龙氏、黄龙氏（《竹书纪年》）。这些各种各样的"龙氏"，与后来《山海经》中所说的"龙身而人面""人首蛇身"的诸神，实际上都是远古时代中华民族的族徽图腾。这种"炎裔黄胄"之说一直流传到今天。

"古者伏羲氏之王天下也。"（《周易》）伏羲氏统治天下时，曾有龙马负图自海中出，献给伏羲氏的传说。伏羲根据此图，"观物取象"创作八卦，又造书契，从此有了八卦和书籍。

曾治水3年未成的鲧，他死后3年不腐，化为黄龙。鲧之子大禹受禅成为我国夏王朝的第一位君主。夏为龙族，传说禹自身为龙。夏禹治水成功的原因之一是曾有神龙相助，龙以尾画地成河，疏导洪水。所以禹是最受古人崇敬的君主之一。

秦汉以降，帝王们多以龙种自居，从此龙与封建王朝结下了不解之缘。秦始皇自视为"祖龙"，龙正式成为"君之象"，代表着帝德天威。之后，改朝换代诸帝皆自命为"真龙天子"，王业建立叫"龙兴"，王子尚未即位叫"龙潜"，王子即位则称"龙飞"。"龙兴凤舞"，龙正式成为"君之象"，代表着帝德天威。"飞龙在天"，就是象征帝国在创业。登基时，还要找个"龙盘虎踞"的地方来建都。帝王的行动被说成是"龙凤玉姿，天日之表"。帝王的容貌也比作龙颜，生了气叫"龙颜大怒"，还出现了龙体、龙须、龙节（帝王的使节）之类的比喻。于是帝王衣着亦美称为龙卷、龙袍、龙衮等，帝王的书法成了龙章，御案上的墨为龙宝……从皇宫帝苑到衣物器皿，都以龙为装饰。龙成了皇权的标记。

朝代的货币和年号也带"龙"字。汉武帝造的银币称龙币；东晋时夏开国皇帝赫连勃勃的年号叫龙升；五代时闽惠宗王廷均和梁末帝的年号为龙启、龙德；唐昭宗年号是龙纪；武则天的年号曰神龙，后被唐中宗沿用；唐高宗也有龙朔的年号。还有以绘龙为标志的清制国旗，谓之龙旗。

但是，人民始终也未让封建帝王把龙全攫了去，古往今来龙一直活跃在中华民族浩瀚星宇中，一直舞动在民间。人民爱龙、绣龙、雕龙、画龙。在古朴稚拙的新石器时代（距今约7000年）艺术形象中，人们找到了多种似龙动物的身影。陕西北首岭仰韶文化遗址出土的蒜头瓶上出现了似龙的长身鱼纹。河南濮阳西水坡仰韶文化遗址墓葬中，首次发掘出蚌塑的龙、虎和人骸。龙形作急驰状，虎作快步行走之态。墓主人位于龙、虎之间，寓有降龙伏虎之意。

夏、商、周三代的青铜器和玉器上常出现龙纹。燕山南北红山文化出土了制作古朴的玉质卷体龙。殷商时人们用玉龙向天祈雨。商周青铜器上已装饰有蟠龙纹和两尾龙纹。安徽阜南出土的商代龙虎尊的肩上饰有蜿蜒状的神秘的三条龙。周代旌旗上饰龙纹以示尊卑等级，铜器上也有龙形旗帜。在战国楚墓出土的帛画上，有夔龙、凤和妇女图像，是我国现知最早的帛画。

进入两汉后，龙的形象更为生动活泼，常常是雄浑其外，秀雅其中。秦汉时宫殿建筑上的瓦当有"四灵"（龙、凤、龟、麟）动物的装饰，龙成为东方代表（左青龙右白虎，南朱雀北玄武）。汉朝画像石、画像砖上的龙形雕刻威猛飞动。东晋顾恺之的《洛神赋图》中，洛神乘六龙奔行云中，龙态潇洒飘逸。南北朝时期的吴中（今苏州地区）人张僧繇曾画"金陵安乐寺四白龙，不点眼睛，每云'点睛即飞去'"，这就是"画龙点睛"的典故。

龙的形象在唐代也显得富丽华美，从敦煌壁画、瓷器、铜镜中均可见到这种艺术风格，尤其是金银器上龙的细致优美的形象，更令人目眩心醉。

随着时代的发展和文化艺术的提高，龙的形象也被不断地加工、综合而更趋艺术化了。南宋画龙专家陈容曾画有《六龙图》《九龙图》《墨龙图》《云龙图》。现藏于广东省博物馆的《云龙图》，作者以有力的线条、浓淡相配的墨色，画出龙的整体，形象鲜明，龙首高昂，龙须伸张，龙爪有力，龙身奋疾，表现了龙磅礴于太空之中的飞腾迅疾之势，是一件难得的龙画作品。扬州博物馆收藏有元代蓝釉白龙纹梅瓶，蓝色釉地上装饰一条飞舞的白色的龙，蓝白辉映，色彩鲜明，极富情趣。至明、清两代，龙形已基本定型，龙形体现和蕴涵着强烈的民族风格，给人以庄严神秘之美感。清朝故宫钦安殿的蟠神旗杆，杆高 30 米，上面雕刻五色九龙蟠绕，可谓巨龙之冠。

在中华大地上的多民族中，又有不少与龙相关的民俗，散发着清新的乡土气息。自远古以来就一脉相承下来的舞龙灯、赛龙舟、过龙头节等风俗代代相传。龙灯，也称"龙舞"，起源于汉朝。宋人吴自牧在《梦梁录》中记述："元宵之夜……以草缚成龙，用青幕遮草上，密置灯烛万盏，望之蜿蜒，如双龙飞走之状。"

农历二月初二，正值二十四节气之一的"惊蛰"节前后，大地逐渐转暖，冬眠的动物开始复苏，龙在这天醒来了，于是有民谚："二月二，龙抬头。"过去，每到这一天，民间要过龙抬头节，人们要做龙须面。

南方地区端午节盛行龙舟竞渡。舟饰龙形，首尾高翘，中间插以旗幡，迎风招展。"鼓声三下红旗开，两龙跃出浮水来，棹影斡波飞万剑，鼓声劈浪鸣千雷。"唐代诗人张建封的这首《竞渡歌》，写出了竞渡的精彩场面，充分表现了急流勇进的精神。

如今，龙不但在中国的文化中处处可见，而且跨越国界，成为全球华人的符号。

中华民族正是在奋发向上的龙的精神激励下，克服重重困难，凝聚起强大的力量去奋斗，去创造，自立于世界民族之林。龙成了我们民族传统的化身。

2. 马

"马牛羊，鸡犬豕"，南宋王应麟编《三字经》马列为"六大家畜"之首！

人们养马的年代较其他家畜略晚，大约始于公元前 3500 年前。我国龙山文化遗址中，曾发掘马遗骨，算来也有 5000 年历史了。我国是世界上最早产马地之一。

人们养马不只为了食肉，更重要的是把它作为一种活的生产、交通工具，驾驭它运输和搬运沉重货物。一般认为，"驾车在先，骑乘在后"，推测我国是世界上最早发明马车的国家。

传说车是黄帝发明的，挽车的就是马，所以黄帝号"轩辕氏"。也有人

一、花草树木

认为用马驾驭车是在黄帝之后，即在商代才开始以马驾车。后世文献说，夏代的战争中经常使用马车，出现了御正等与车马有关的官职。到了商代，甲骨文中出现了多种"车"字的写法，商代遗址中有车马坑，其中多为两匹马驾的车。周代以后，马车的使用更为普遍。《周礼》的《考工记》对马车的形状、结构、尺寸做了详细的记录。陕西临潼秦始皇陵出土了保存完好的铜车马。在东晋时云南就出现了马帮，即人们组织起来，用马长途贩运货物。到清代形成了滇南、滇东、滇西三条运输干线，运输的里程近的几十里，远的达千里之外，自商代以来，中央与各地间传递信息、紧急公文、军事信息都是依靠马。

马最显著的特点是善于奔驰，往来如飞。史书记载，从殷周到春秋后期，中原一带都用马驾车、乘坐、转运、传递信息。马拉的战车，是古代战争中的"重兵器"。一个国家的实力常以拥有战车辆数来衡量，有"百乘之国""千乘之国"，甚至"万乘之国"。春秋末年，单人骑马之风逐渐兴起。战国中后期，秦国和赵国直接以骑兵参与战斗了。商鞅变法后，秦国锐士骑着包裹铠甲的高头大马，东出函谷关，势若迅雷，给东方六国以致命打击。

由于马能强国，历代都有马政，负责马匹的放牧、御车、选育、调教、管理、市易诸事。周朝设有专职官吏选育公马，繁殖马匹。秦朝设立的"司马"，是个掌管军事的官职，汉朝设的"大司马"，官位更大。

自古帝王多爱马。传说周穆王爱好的骏马有八匹，都给取了专门名字，分别叫作绝地、翻羽、奔霄、超影、逾辉、超光、腾雾、挟翼。他常常驾乘着这八匹骏马游历天下。史称汉武帝从大宛国获得"天马"（又叫汗血马，据说这种马"汗从前肩膊出如血，号一日千里"）之后，又从乌孙国（今新疆伊犁河流域）获得了良马，称之为"西极"。当时，乌孙国王还曾以良马千匹，纳聘了汉朝的公主为妻。一代天骄成吉思汗，依仗蒙古族骑兵的铁蹄，踏遍了亚欧大陆。

李世民也爱马。他当了太宗皇帝后，下令将他驰骋战场骑坐的"飒露紫""拳毛䯀""白蹄乌""特勒骠""什伐赤""青骓"等六匹战驹刻石留念，还亲自为这六匹战驹写了赞语，并由大书法家欧阳询书写。这六骏浮雕曾置于陕西醴泉县昭陵（唐太宗陵）北司马门内，后人称之为"昭陵六骏"。

唐玄宗亲自训练过许多名马。这位唐代皇帝"好走马击球"，并喜欢"马技"和"舞马"。经过训练的"舞马"居然能够"乐作，马皆随之，宛转中律，于作乐者饮酒，以口衔杯，卧而复起"。这种惊人的表演，使在场的外国使者都目瞪口呆，赞叹不已。

赛马是一种传统的比赛。我国赛马开始很早。蒙古族一年一度的"那达慕"大会上，赛马是最精彩的场面。如今赛马业和马术运动正在蓬勃发展。马也是马戏团中表演的主角。

阿拉伯马机智灵巧，性情温顺，可代主人警戒住宅和看护小孩。遇有危险时，它会嘶鸣报信，炮蹄反击。在法国农村，有一种著名的"守卫马"，它不仅被用来看家，还负有一项危险的使命：负责围集和伴送斗牛。

马，"多才多艺"，又善于奔驰。这与它的身体构造有关。它的身躯庞大，骨骼和肌肉都很发达，腰围椭圆，结实丰满。它的四肢强健，每肢都只有一趾特别发达。指趾末端有大型的蹄。一蹄着地便于奔跑。据有关部门测定，在短程内，马一分钟能跑1000多米，比汽车快一倍，能追上火车。不仅如此，马还能跨过8米多宽的壕沟，跳过3～4米高的路障，真是"所向无空阔"了。

马既勇猛又善战。古时候，马作为参战者的坐骑，活跃于疆场之上。它伴随过日耳曼人的迁徙，它跟随过斯巴达的远征。在罗马帝国的废墟上，它引颈长嘶，在闯王进京的行列中，它驰骛奔腾，一往直前……每到遇敌时，马的颈部高高仰起，双耳向后，目光炯炯，呈现出好战的姿态。当受惊时，双耳前竖，频频转动，还会打响鼻。有时，马急躁发性，站立不安，就用前蹄使劲刨地。疲乏时则低耳、垂颈、眼睛也半闭起来。一天大约只睡6小时，要睡八九次，只要头一低，眼一闭，就站着睡着了。这时，只要它稍稍受到外界扰动，就会立即觉醒过来，一振其赫赫雄姿。

马最发达的感官是听觉和嗅觉。依靠嗅觉，马能找到几里外的水源。马不仅能感觉各种信号，从同类的叫声来区别性别和同伴，还能觉察出主人说话的语气及表情的细微差别。马对气味和声音有很强的记忆力，能从数百里外的地方，找到迂回曲折的路程重新返回到原地。因此，我国有"老马识途"这句成语。

马吃食时的姿态"斯文"。它的嘴不能张得很大，绝不会像牛一样把长长的鲜草吞入腹中，就是吃切碎了的草料时，也是细嚼缓咽。马的胃比牛小，但又不会像牛饱餐一顿后，在休息的时候把胃里的草料逆吐到嘴里进行"倒嚼"，因此，喂马比喂牛仔细得多，"草料要铡碎，饲料要适时"，使役一天以后，要在槽里添满饲料，让它在夜间细吃细嚼，这就是"马无夜草不肥"的道理。

马是个大家族，全世界有 250 多种。我国良马资源主要分布在东北、西北和西南地区，著名的伊犁马、河曲马、西南马、三河马、巴里坤马和新疆西北边陲的哈萨克马等，都是品质优良的骏马。

世界上的马，最长寿者 62 岁，身最高者 2 米多，最矮者仅 38 厘米，体重有达 1453 千克者，最轻者不超过 10 千克。拖重物拖得最重的是美国的两匹拖曳马，拖过 52 根大木头，总重 59 吨[①]多。

被称为"姑娘马"的非洲索马里的裙马，是一种有趣的马。它的长相和一般的非洲马完全一样，也是躯体高大，耐饥暑。所不同的是，从它的头颈部开始一直到尾部之前，两侧都有长长的毛，最长的毛可达一米左右，由于毛层多而厚，很像是马体四周穿上了一条裙子。这种"裙马"性和善，走路缓慢，像摇着裙子的害羞的少女在人群中走动一样。

非洲坦桑尼亚有一种"虎马"，其外皮的颜色和图案和虎皮很相似，它一出现，虎狮不敢侵袭，其他动物也被吓得到处乱窜。有一次，当地的两个妇女去河边取水，却从河边的草丛里露出一块"虎体"来，两个妇女一个吓昏过去，一个竟掉进水里，幸亏被人发现抢救，才没造成惨剧。

说到这里，有关马体本身的用途，也值得提一提。马肉可食；皮可制革；鬃毛可织布和做毛刷，蹄可做纽扣和梳子，还可提炼润滑油；骨能做刀柄和牙刷柄，也可提炼胶；内脏可以加工成药品和肥料。可见马体本身全是宝。

家马由野马驯化而来。世界上曾经生活过 350 多种野马，留存至今的仅剩下一种了，它就是生活在我国甘肃、新疆一带的普氏野马。普氏野马，在我国被列为一级保护动物。现在我国的普氏野马主要生活在新疆卡拉麦里野生动物保护区和甘肃敦煌西湖国家级自然保护区内。

古生物学家告诉我们，现代马的直系祖先是一百万年前生活在辽阔草原上的真马。从遥远的古代起，它一直跟着人类一起去劳动和战斗，为人类社会的进步立下了"汗马功劳"。今天，人类社会已进入电子时代，然而马和飞机、火车、汽车一道，仍然是我们的重要运输工具。我们仍然需要马为我

---

① 1 吨 =1000 千克，下同。

们服务。

3. 牛

牛是与人类最为密切的动物之一。远在新石器时代，我们的祖先就已学会使用弓箭、刀枪来捕牛了。直到公元前 16 世纪，才开始将体大凶猛的野牛驯养成家畜，并作为农耕动力役使。殷墟出土的《铁云藏龟》残片中的象形字"犁"，就足以说明牛在人类改造自然中的作用。

"牛者，农之本也"。史书记载，在春秋战国时期，我们的祖先已开始用牛拉犁耕田了。柳宗元在他的《牛赋》中说："抵触隆曦，日耕百亩①，往来修直，植乃禾黍。"陆龟蒙的《祝牛宫辞》最后一段说："上缔蓬茅，下远官府，耕耨以时，饮食得所，或寝或讹，免风免雨，宜于子孙，实我仓庾。"这"实我仓庾"就是修牛宫的目的。养牛为了耕田，范成大在《冬日田园杂兴》中也讲得很清楚："乾高寅缺筑牛宫，厄酒豚蹄醉士公。牯牸无瘟犊儿长，明年添种越城东。"说明要想明年多种些田有个好收成，今冬就要把牛养好，不生病。

在古代，立春的前一天，地方官员都要洁身素服步行到郊外，参加农民们的迎春活动。用绿鞭抽打一种泥塑的"春牛"，表示一年农事活动的开始，所以"立春"也叫"打春"。后来，人们又进一步用纸扎牛代替泥塑春牛，并事先在牛肚里装些五谷杂粮，一鞭子下去，各种粮食争着往外流，以此象征在新的一年里五谷丰登。《东京梦华录》《梦粱录》记载：开封府、临安府习俗是进春牛于禁庭，并以鼓乐迎接。郡守则率部下，用绿杖鞭之，以示劝农。由此演变下去，就成为过去旧历书中的《芒神春牛图》。这个被神化了的农人和一头牛的形象，成为全年农事活动的代表物，既示"劝农"，又示祷祝丰收。

然而，牛在参加耕田之前，早已驾车运粮运草了。最早用牛运输是为了战争的需要，春秋战国时代的千乘之国、万乘之国，就是战争时能出动一千辆、一万辆马拉或牛拉的车子。骑牛代步是以后的事。传说，老子骑青牛过函谷关，就是很好的证明。

---

① 1 亩 ≈0.067 公顷，下同。

由于牛同人类结下了不解之缘，人们一向视牛如"掌上明珠"和"家中宝"。牛的形象，还出现在神话、天文、习俗、艺术等方面。人世间有"牛郎织女"的神话，天空中有"牵牛星"，历书"二十八宿"里有"牛宿"，"十二生肖"中有"丑牛"，农历中有"牛年"，人的姓氏中有"牛"字。古代，牛还被当作力量的象征，国家统帅的战旗上，曾经挂着牦牛尾，诸侯会盟时常举行"执牛耳"[①]的礼仪。

汉代有一种"角抵戏"（百戏），就是三三两两的人们头戴牛角，相互触抵，并以此相娱乐，这也许是模仿两牛搏斗的情景。《庸间斋笔记》记载："余在婺州（今金华）十有六年，每逢春秋佳日，乡氓祈报祭赛之时，辄有斗牛之会，先期治筋延客，竭诚敬，比日至之时，国中千万人往矣。"直到现在，浙江、广西等地还流传有斗牛的风俗。

在国外，西班牙的斗牛风俗一向受世界公众所注目。人们曾为角斗的危险场面和独特方式而惊叹不已，也曾为斗牛士壮健的体魄、勇敢的精神、精湛的技艺而称绝。印度和东南亚地区，水牛成为当地的主要祭祀用品。印度教和佛教中的死神阎摩的坐骑便是一头黑水牛。如今牛在印度还是神圣不可侵犯的。印度人不敢吃牛，不敢役牛。婆罗门教徒还用牛粪擦身以求"清洁"。

世界上大约有500多个牛的品种。印度有一种瘤牛，背上长一个奇特的大瘤子。印度和斯里兰卡还有野生水牛，公水牛力大性暴，老虎见了也会悄悄地溜走。南非野生水牛有一双锋利的宽角，一头水牛可以跟两只狮子搏斗。在美洲，野牛身体庞大，重达1吨。欧洲野牛的形态和美洲野牛差不多，分布在波兰、乌克兰和高加索的森林地带。

我国牛的品种有十余种，最常见的是黄牛、水牛，还有牦牛。以黄牛分布最广，它从现已绝种的原牛驯化而成，牛角短，颈下有肉垂，毛色有黄、黑、白，性喜干旱。陕西的秦川牛，山东的鲁西牛和河南的南阳牛，吉林的延边牛，内蒙古自治区的蒙古牛，都是黄牛中身高力大，适应性强，耐役使的好品种。水牛，由野水牛驯化而成，牛角长而曲，大多数毛色青卷，只有极少数呈赤白，习性喜水。它是我国南部水稻地区重要役畜，役力和泌乳量

---

① 在古代，遇到国事争端，诸侯歃血为盟时，割牛耳取血，每人尝一点牲血，由主盟人手执盛牛耳的珠盘，称之为"执牛耳"。

都比黄牛高，以浙江的温州水牛、湖南的滨湖水牛和四川的安宁河水牛、广西的西林水牛为最好。

至于牦牛，这是我国青藏和四川西部地区的特产。它全身披毛，能耐寒，又能适应海拔四五千米的空气稀薄的高原自然条件，是藏族人民驮载货物的得力助手，被称为"高原之舟"。由牦牛和黄牛杂交所生的犏牛耐劳、易驯，多用来耕种田地，役用价值更高。

有史以来，人类一直把牛作为役畜来饲养，只是到了产业革命以后，役牛才逐渐变为乳牛，肉牛或乳、肉、役兼用牛。如今牛肉已成为世界上主要的肉食品种了。牛肉的营养高，它含蛋白质 17.7%（羊肉含蛋白质 13.3%，猪肉 9.5%），含脂肪较低，为 20%（羊肉含脂肪 34.6%，猪肉 58.9%），含胆固醇较少，每 100 克牛肉内含 57 毫克（羊肉 84 毫克，猪肉 60 毫克）。中医认为，牛肉性味甘温，有补中益气、健脾养胃、强筋健骨、消肿利尿的功效。

牛奶含有丰富的蛋白质、乳糖、脂肪、维生素，以及钙、磷、铁、锰等矿物质，是一种高营养的补品，患病者和体弱者都喜欢喝它。明代李时珍说："牛乳能治反胃热哕，补益劳损，润大肠，治气痢，除黄疸。"牛奶还能制造乳粉、炼乳、黄油。

牛的皮、毛、骨、角、脑、蹄、血、内脏、脂肪等，可以加工制革，制毡，生产肠衣、骨粉、血粉、工艺品。牛皮既能制革，又能熬制成阿胶，治疗贫血和浮肿等病；牛皮还能写书，爱尔兰的《夺牛长征记》记载了 1100 余则故事，是古代修道士根据手稿、历史资料及口头传说在牛皮上写成的。牛骨可制牙刷柄、骨针、筷子等日用品，烧灰可治肠炎腹泻、吐血及妇女功能性子宫出血。水牛角可代替犀牛角，有清热凉血、镇惊解毒的作用。牛体内的胆结石，中医称其为"牛黄"，是一味难得的名贵药材，具有强心、镇静、清热、解毒、抗惊厥等作用，因此临床上常用于治疗惊厥、温病发热及痈疽疔毒等症。著名的六神丸、安宫牛黄丸，就是用牛黄为主药制成的。牛痘苗是预防天花的疫苗。

牛的粪也是很有用处的。一头牛每年可攒优质粗肥 25 立方，能养 5 亩地。牛粪还可用来制沼气，成为农村中新的能源。有趣的是，据古书《湘中记》中记载："长沙西南有金牛宫，汉武帝时有一田夫牵牛，告渔人欲渡。渔人曰：'船小，恐不胜牛。'田父曰：'但相容，不重困于君船。'于是人牛俱上，及半江，牛粪于船。田父曰：'以此相赠。'既渡，渔人怒其污船，以桡拨粪，弃水欲尽，方觉是金。讶其神异，乃蹑之。但见人牛入岭，随之而掘之，莫能及也。今掘处犹存。"《酉阳杂俎》上有一则银牛山的故事，说牛的足迹所到之处，牛粪撒到之处，地上就会生出黄金、白银。难怪柳宗元说："利满天下……物无逾者。"

牛的一身都是宝，而尤其可贵的是，耕牛那种从春播到秋收，从夏种到冬耕，面朝黄土背朝天，顶烈日，迎朔风，孜孜不倦，埋头劳动的"老黄牛"精神，更堪敬佩。

4. 探蛇

（1）知蛇不怕蛇

春风返暖，万物复苏，蛇也从冬眠中苏醒过来，多半开始出洞活动了。

蛇的外形丑恶，毒蛇嘴里有毒腺、毒牙，它分泌出来的毒液，能麻痹人的神经、破坏血液。据研究，毒蛇的毒液一钱（5克），可以毒死15只鸽子。可见毒蛇对人和一些动物的危害很大。然而，毒蛇毕竟只有少数。全世界的3000多种蛇中，毒蛇只有600种左右。我国的蛇有173种，其中毒蛇48种。一般情况下，毒蛇不会主动咬人。例如银环蛇害怕强烈的光照，百步蛇和蝮蛇一有响动，也会害怕逃避。人们在野外行走时，可以拿根木棍"打草惊蛇"，夜晚赶路可带上手电筒照明，吓走"拦路蛇"，上山穿鞋袜，戴草帽，也能以防万一。

万一被毒蛇咬伤（伤口上有明显成对的四个"毒牙痕"）后，应该保持镇静，立即进行局部处理。如在伤口上端用带子或绳子结扎，减缓血液循环，再用手自上而下挤压，把蛇毒挤出来。用手帮助伤者清理伤口时，也要小心，如果有表皮创口，一旦沾上蛇毒会很麻烦。此外，假如伤者已经顺手把毒蛇打死，要记住把蛇尸体带到医院，让医生辨认是什么蛇，以便对症下药使用蛇毒血清。

（2）蛇的奇观

"我刚走到树林南面，便听到'吱'的一声尖叫，随着这声音一找，原来树杈上有一条蝮蛇，咬住了一只小鸟。一会儿，小鸟的头被蛇吞进了嘴里，身子都还露在外面。忽然邻近树枝上的一条蝮蛇伸过头来，一口咬住了小鸟的后腿。

"两条蛇互不相让，都紧紧咬住小鸟不放。咬着小鸟头部的那条蛇吞得比较快，才几分钟，便把大半只小鸟吞了进去。两条蛇的嘴尖都碰上了，咬住鸟腿的那条蛇还不肯放松。

"结果，咬着鸟头的蛇不仅吞了整个小鸟，还把另一条蛇的半个身子也吞了下去。当时我心里想：这倒霉的蛇，很可能被它的同伴当点心了！没想到它的同伴都不再往下吞了，过了一会儿，还把它慢慢地吐了出来。

"那条蛇被吐出来以后，呆呆地一动也不动。我以为它死了，用竹竿碰了碰它的身体。它却扭动起来，说明并没有死，不过暂时昏迷罢了。过了大约二十多分钟，它又抬起头来，恢复了原来的姿态。"

以上是一位观察员叙述的两蛇争吃一只小鸟的场景。这件趣事发生于1957年，是他在山东省蛇岛考察时亲眼所见的生动情景。你看，这多奇怪！

有人还曾见过一条36厘米长的蝮蛇，吃了一条24厘米长的红脖游蛇，而且是整条地吞下。这条红脖游蛇在蝮蛇的肚里消化了13天！在蝮蛇排出的粪便中还有红脖游蛇的鳞片呢！毒蛇吃毒蛇，虽然同种毒蛇的毒素一样，它们自身都有抵抗这种毒素的抗毒素，但是照样会中毒，只是它们的抗毒能力要比人强得多。有人见过一条毒蛇被另一条毒蛇咬了以后，头部马上就肿胀起来，连脖颈也肿得老粗，不过它会游到河边去拼命地喝水，这样很快就能消肿了。

民间一向有"蛇吞象"的说法，这未免过于夸张。但蛇总是把捕获的动物整个儿地吞下去，且能吞食比它的头大几倍至几十倍的食物。世界上最大的蛇是产在南美洲的水蟒，身长可达11米，体粗（身围）1.2米，重137千克，它能毫不费劲地吞吃整头羊羔、小猪、牛和麂子，甚至还要吃人。1979年12月2日，在印度尼西亚苏门答腊的密林里，几个伐木工人发现了两条大蟒，他们惊恐万分，立即跳上大型推土压路机，想把大蟒压死，大蟒左躲右闪，伤它不着。于是他们一起挥动伐木的刀斧向大蟒猛砍猛劈，大蟒也吐着舌头，奋力迎战。经过一个多小时的激烈搏斗，其中一条大蟒负了伤，败退逃走了，另一条大蟒被砍死了。他们丈量了一下，这条大蟒竟有25米长！超过了南美洲的水蟒。他们剖开蟒腹，在它的肚子里居然发现了4具完整的人尸，其中一具尸体还穿着衬衫和长裤！

蟒怎么能吞下比自己的头大好几倍的食物呢？原因在于它头骨的特殊构造。它的下颌骨和头骨的关节非常松弛，下颌的左右两半是靠韧带很松弛地连接着。所以蛇的口可以在垂直方向上张得很开，并且下颌的两半既能同时向两侧扩展，又能独自或交替地向一侧扩展。猎物到口后，光用一侧牙齿（如左侧）咬住捕获物的头部，接着，右侧牙齿向前推进一小段距离。而后是右侧牙齿咬住捕获物，左侧牙齿向前推进。如此循环往复，交替将食物向咽部推进。由于蛇没有胸骨，食物进入食道后，体壁能高度扩张，体壁肌肉再依次收缩，便将捕获物送入胃中了。

大部分蛇都是近视眼。蛇没有外耳，它听不见通过空气传导的声音，但内耳很发达，猎物在奔跑、活动时会使地面产生微弱的振动，这种振动通过紧贴地面的蛇的皮肤、肌肉、骨骼传导到内耳，产生听觉。因此它能及时发现目标，准确而闪电般地袭击对方，捕食动物。有些玩蛇的人，一边吹着笛子，一边用脚敲地打拍，蛇便竖起前身，摇摆"起舞"。蛇是按笛子的曲调跳舞吗？不，这是招徕观众的假象，这条经过驯化的蛇，是随着玩蛇人敲打地面的节奏动作的！在蛇的眼睛下面有一个像漏斗一样的小窝，窝内有一薄膜，膜上有丰富的感觉神经，称为蛇的"热感受器"，又称"热眼"。"热眼"能感觉出周围气温摄氏千分之几度的变化。响尾蛇的"热眼"最灵敏，能测出空气中千分之一度的温差，小动物发出的热量虽然微乎其微，但它也能测出，并判断出它的方位和远近。所以响尾蛇在黑夜里也能准确无误地捕捉猎物。人们根据这个原理，用对热极其敏感的半导体元件制成人工"热眼"，装在导弹上，这种导弹就叫响尾蛇导弹，它能自动跟踪喷气式飞机喷射出来的热气流，直到击毁这架飞机。

蛇类的耐饿本领十分惊人。据试验，蝮蛇不食不喝水，平均可以活 78.2 天，如果喝点水可活 148.4 天；耐饿本领高的甚至达 392 天。而国外更有饿了两年以上的"纪录"。日本鹿儿岛奄美大岛名濑市试验所的两条眼镜蛇，它们只喝水不吃东西，在长达 3 年零两个月中还活得很好，可谓是蛇类"耐饿冠军"了。这种高超的耐饿本领，是由于它"节能"有术。平时，蛇类广辟食源、鸟、虫、鱼、兽，无所不食，并高效率地吸收其营养储之于体内的"能量库"中，动用时却又以最为经济节约的方式进行。拿体重相等的猪和大蟒蛇相比较，假定猪每天消耗 150 份能源物质的话，蛇只需一份就足够了。至于冬眠期间，其消耗更是微乎其微。在长达五个多月的冬眠期中，其体重只减轻约 2%。

（3）蛇类冬眠

冬天，蛇类进入了冬眠场所。在一个场所里，往往有同种或不同种的蛇几十条或成百上千地聚居在一起。《元史》记载，公元 1291 年 11 月，山西省怀仁县"河岸崩，有蛇大小相绾结，可载数车"。其数量估计在千条上下。曾经，武夷山麓的五福洋，砍倒一株两围粗大的空心老树，据在场人点数，里面起码有 200 条左右的乌梢蛇和其他蛇。蛇类冬眠姿态形形色色，有互相卷结的，如一捆草绳；有挤在一堆的，如杂乱树枝；有盘踞成团的，如牛粪重叠。有趣的是，冬眠前它们你吞我咬，此时暂告休战。为了生存而同穴，一是群聚取暖，二是有利来年交配机会，繁衍后代。

夏秋时节，野外蛙类发生反常的"叽……叽"，时有所闻，这就是蛙被蛇吞的惨叫的声音。然而，大型蛙也吞食小蛇，不过小蛇不会惨叫，所以很少人发现。冬天，蛙类入蛰，蛇类也进入冬眠场所。这时蛇就有可能与蛙同穴的现象。据考察，在武夷山麓的林海深处，挖掘蛇洞时曾遇到在一个洞内，发现昏睡的蛇 4 条（其中五步蛇一条），各种蛙 16 只。它们互相挤在一起，几只大型蛙还睡在五步蛇的头上呢。据分析，这一现象可能是蛇与蛙各自面临冻死之危，都失去吞食能力，不得不冤家"和平共处"。

"蛇鼠逞强各半年""明明白白蛇吞老鼠，迷迷糊糊老鼠吃蛇。"武夷山麓人们就发现，热天老鼠怕蛇，一见蛇的影子就逃，逃不了就被蛇吞掉，这是明明白白的事，但是在冬天，蛇在洞里迷迷糊糊，这时老鼠就欺侮它了，甚至吃掉它。据武夷山蛇园观察，那里惶惶不可终日的老鼠，竟在凶猛的五步蛇处于昏睡状态时，大尝五步蛇的滋味，最后只剩下点点血迹和些许鳞片。

有趣的是，在西欧爱尔兰岛的海边上，严冬时节所有的蛇都冻得像冰棍一样。老年人喜欢拾用这种硬邦邦的冰蛇作拐杖用，有的把冰蛇串成帘子，挂在门上挡风，孩子喜欢用冰蛇玩耍逗趣。这些冰蛇，看上去似乎是死了，其实是正在冬眠。待到春暖花开时，它们就慢慢苏醒过来了。

（4）罕见的蛇

在沙特阿拉伯中部山区，西拉西利族约200人，住在密林里，人们专门在家中饲养一种叫"四鳗青"的看门蛇。它的头有脸盆大，两只眼睛闪出绿光，夜晚像两盏"灯火"一样。那些出没无常的野兽，看到"四鳗青"一副凶相，只得退避三舍了。

在非洲莫桑比克鲁伊马河流域，有一种会飞的蛇，当地人叫它"米那刹龙·拉勒加米"。它能从草丛中"飞"起三四米高、六七米远，疾若飞箭。是捕食小鸟的能手。它靠蛇体后半部躯体和尾部曲缩，随后猛然伸张所产生的弹力起"飞"。飞一次后，经过一段间隔，才能故技重演。

在埃及红海沿岸的山村里，常常可以看到树上挂着一种白色的"圆环"。这是什么？是一种形如圆环的无毒蛇。它一听到响动，就会悄悄地从树上滑下，在草丛中环滚而去，所以又名"滚蛇"。滚蛇，一出生就是首尾相连，并靠全身肌肉剧烈蠕动，弹动躯体，在地上跳着环滚。在它的外皮上，还有许多针形细鳞，所以又能"爬"树和上坡，行动十分迅速。

在非洲桑给巴尔西部地区的许多内河渡口一带，有一种叫"复庚乞德"的渡蛇，可供人作渡船的动力。它的外皮乌黑、油亮、头部特大、舌细长，不断舔水玩耍，喜食鱼虾，擅长水性，力气很大，一次能拉动一艘载几十个人和几百斤重物件的渡船。渡船外形虽凶恶，但性情很善良，据说还从未发生过伤害人畜或掀翻渡船的情况。

（5）蛇身入药

我国历代《本草》中，都有关于利用蛇类治疗疾病的记载。明《本草纲目》谓，五步蛇（即蕲蛇，也称尖吻蝮、大白花蛇）除去内脏的干品，"能透骨搜风，截惊定搐，为风痹、癫癣恶疮要药"，是我国传统的名贵药材。蛇胆的药用，最早见于汉《名医别录》，中医认为能行气祛痰，明目益肝，搜风祛湿，所以可用来治疗多种疾患。著名商品有金环蛇、眼镜蛇、灰鼠蛇、"三蛇胆陈皮""三蛇胆半夏"等。民间多用蛇胆鲜吞，以治疗小儿高热惊厥及老年人中风后遗症半身不遂等。蛇酒是治疗各种风湿和类风湿痛的良方，两广一带用眼镜蛇、金环蛇、灰鼠蛇浸制的三蛇酒，至少已有二百余年历史。蛇脱下的壳，也用于治疗疥疮、顽癣、肿毒及带状疱疹等顽固性皮肤病。蛇骨、蛇油、蛇蛋、蛇粪、蛇血等均可入药。

我还用纯化的眼镜蛇毒（神经毒素）制成的镇痛药"克痛宁"，临床试用于三叉神经痛、坐骨神经痛及晚期癌痛等的镇痛，其效果优于吗啡，且维持时间长，不成瘾，无副反应。从五步蛇毒液中提炼分离制成的尖吻蝮去纤酶，是一种新型抗凝血药，对脑血栓、冠心病、眼血管栓塞等血管闭塞性疾病，均有显著疗效。我国还试制成功六种致命毒蛇的抗毒血清，为抢救蛇伤病人的生命发挥了作用。

蛇毒，它还是丰富的、有待开发利用的酶的宝库。纯化的蛇毒磷酸二酯酶已用于核酸结构的分析。磷脂酶 A 能将细胞膜上的酶溶解下来，是研究生物膜的理想"工具"。

5. 猴趣

说到猴，人们通常想到的是猕猴。猕猴的背上密生着棕灰或棕黄色的细毛，两眼向着前方，两个鼻孔很接近。它的大脑发达，生性活泼，行动敏捷，伶俐精灵，颇通人性。从我国南方山区，到东南亚和南亚等地，都有猕猴的踪迹。它们不怕 40℃ 左右的高温，也能忍受零下几度的严寒，大部分时间结群生活在树上，或居住在山岩洞中。

猕猴之中，有一种短尾猴，尾巴只有 6 厘米长。它的形体和智力比一般猕猴发达，常常数十只群居在高山之上，主食嫩叶和野果。

据统计，目前世界猴类共有 310 余种。巴西有猴 95 种，是世界上猴种类最多的国家。生活在我国的猴类有 18 种之多，其中为我国特有或比较珍贵的就有近 10 种。除短尾猴以外，还有金丝猴、懒猴、叶猴、台湾猴、长臂猿等。

金丝猴为中国特有的珍稀动物，素有猴中"美人"之称。蓝脸，仰鼻，瘦长的身体上长着细密的绒毛，有如万缕金丝。背部的毛可达 40 厘米之长，就像披着一件金黄色的"披风"，气质典雅高贵，十分漂亮。我国境内的金丝猴，有川金丝猴、滇金丝猴和黔金丝猴，它们都是最濒危、最珍贵的猴类。

懒猴善于夜间视物，常在高大的树上夜行，动作特别缓慢，白天通常在树洞里睡觉。

叶猴有黑叶猴和白叶猴之分。它们常栖树上，晨昏活动频繁，胆子小，一遇险情便立即弹跳纵跃逃去。一种长尾叶猴，包括印度的哈努曼猴，体型优雅。这种猴，在印度教中被尊为猴神"哈努曼"的化身。

台湾猴，全身毛绒厚，状如羊毛，呈橄榄色或石板色。尾毛多而粗大，腹面灰白，股间有黄褐色的大斑。它仅生活于我国台湾海拔3000米以上高山密林中，以高雄寿山为多，为我国一类保护动物。

长臂猿是一种比较奇特的猴子。它们前臂特别长，直立时可达地面。体长46～64厘米，重不超过10千克，头有冠毛，没有尾巴，性情温顺。每天清晨总要高声鸣叫，善于在树上攀跳，动作特别灵敏，在地上也能用双足行走。

更奇特的猴子是狒狒。它们分布于非洲东北部和亚洲阿拉伯半岛。雄的阿拉伯狒狒身高1.2米，体重约55千克，雌比雄的小一半。它们耳明眼亮，"手"和"脚"都能抓住石块和树枝投掷出去。善于地栖，爬山要比爬树快得多。它们吃的东西很杂，野生的植物、动物几乎都吃，甚至捕捉东非的大蝎子吃。它们是世界上最大的猴子。

世界上最凶猛的猴子是山魈。它生活在非洲热带地区的多石少树地带。它站起来有1米多高，体重达40多千克。面部的眉骨高高突起在额头上，漆黑的两眼深深地埋藏在眉骨之中，深红色的大鼻子高高地突起在蓝、白、紫相间的满是褶皱的脸部中央。一张大口，两颗又粗、又长、又尖的白色犬齿裸露口外，常常咆哮不止。山魈的动作敏捷，凶猛暴烈，力大无比，又富进攻性，所以能在非洲大地上畅行无阻。

世界上最小的猴子是倭狨。它生活在南美洲，以巴西热带雨林地区最集中。它喜欢吃树上的果子、鸟蛋和昆虫。身长只有15厘米，尾巴都长达12厘米，体重仅48～79克，比老鼠还小。它有艳丽的领毛、触须和耳毛，毛色光亮柔软，眼睛炯炯有神，面容滑稽可笑，十分讨人喜欢。当地人常把它放在口袋里带到外面去玩，把它放在人的手上，可做各种逗人的表演。

各种猴类都爱群居。小群几只、几十只，大群一二百只。每群在自己占有的地盘内活动，不让外来的猴子入侵。由一只雄性壮猴担任"猴王"，领导群猴统一行动。在转移时，领头和压队的是青壮"警卫猴"，中间是老、幼、母猴。在猴群中，大约有30多种不同的叫声。这些"猴语"协调着群猴内部的各种行为，如防御、攻击、报警、求偶和育幼等。

猴类不仅有趣，而且是十分有用的动物。新加坡有个养猴场，人们在那里教会了猴子听"懂"25个马来语的单词，用这些单词去命令猴子到密林中采集珍奇植物的标本。美国红十字会专门训练猴子去照顾瘫痪病人的生活，比如送药、倒水、端水、开门、开窗、拿书刊报纸等。

非洲索马里的库斯其塔地区，道路崎岖陡峭，岔路很多。当地居民驯养了一种可以给旅游者当向导的猴子。当初来这里的游客走近时，它不停地摇着尾巴，晃着脑袋，表示欢迎，然后在前面带路，把游客带去游玩完毕，再挥手而去。

在云南的昔马山，人们训练一只小猴子去牧猪。从1972年夏天起，经过六年训练以后，哪只猪跑远了，这只猴子就把猪叫回来；哪只猪调皮捣蛋，或者偷啃庄稼，它就挥动竹棍去"教训"它，有时小猪娃走不动了，它就把小猪娃抱起来送进猪圈里。

当今世界，环境恶化加上人类的乱捕滥猎，使猴类资源急剧减少。而医学和航天部门需要猴类实验动物却供不应求。猴类的展览价值、药用价值和经济价值又都很高，因此，加强猴类生态和养殖研究，十分迫切。

6. 国宝扬子鳄

扬子鳄，世界闻名。

扬子鳄属于爬行动物。我国自商周至晋唐，许多古书里都有所记述，不过那时是叫鼍（tuó）。民间则称为"土龙"。

扬子鳄是我国的特产。它本来产于长江中下游广大地区。但到19世纪末，它的分布范围只局限于长江下游的一个狭小地段了。这个地段，古代称之为扬子海峡，所以1897年将此鳄定名为"扬子鳄"。

扬子鳄为鳄鱼的一种。鳄类起源于1.8亿年前的中生代。那时，地球上到处分布着爬行动物。鳄类和恐龙类爬行动物共同生活了一亿年。然而，一场至今还得不出圆满解释的天灾，竟然把地球上的各种恐龙扫灭干净，鳄类却幸免于难，由中生代继续进化发展到现代，已有1.5亿年的历史了。

而扬子鳄这个种，因缺少化石材料，似乎历史没有那么久，但若从它的先辈（始于钝吻鳄）算起，也会有六七千万年了。现在的扬子鳄身上，仍保留着早先的各种形态构造和生理特征。这种古老的动物，真正的"活化石"，不愧为中华民族的国宝。

世界上现有鳄类 21 种，其中温带淡水鳄只有我国的扬子鳄和美国的密西西比鳄。地处北温带的我国长江中下游地区，在那些河流、湖泊、沼泽地带，古代到处芦苇丛生，竹林密布，虫鱼鸟兽繁衍，是扬子鳄先辈们栖息的乐园。后来，由于人们砍伐森林，围湖垦田，放干沼泽湿地，清除苇坡草滩等，破坏了扬子鳄的栖息环境，它们就被迫迁移到皖南丘陵的沟坝塘库中生活了。到二十世纪七八十年代只在长江以南的青弋江、水阳江两岸少数地区可以见到扬子鳄。

扬子鳄作为我国独有的珍稀动物，全国野生存活数量已不足 120 条，比大熊猫还少。1973 年联合国将其视为濒危种和禁运种。1983 年，中国在安徽省宣州、郎溪、广德、泾县和南陵县四县一区建立自然保护区，将从大自然中搜集到的几十条野生扬子鳄，重点保护。同时，成立中国扬子鳄研究中心，对扬子鳄进行专门研究。

在鳄类中，扬子鳄的体型最小，最大的身长只有 2 米，体重不过 10～15 千克。一般寿命 50 多岁，长的可达 300 岁，可谓动物界的"老寿星"。它的皮肤革质，身披角质鳞甲，像古代武将似的，威风凛凛。它的嘴特别大，有两排尖齿，眼睛和鼻子高高地突出在头顶上。头部扁而长，尾巴粗又扁。背部深黑色，腹部黑黄相间，煞是好看。身体扁圆形，有四肢，后肢比前肢长，能顺利地出没水面，适应水陆两栖生活。

成年的扬子鳄分穴而居。一般在 10 月下旬入洞冬眠，到次年 4 月份苏醒。在这半年里，扬子鳄睡在地下一两米深的洞中。它们的卧台为椭圆形，一米多长，修得很好。洞里有数十米长的通道，左转右弯通向河岸上的小出口。这样，哪怕在寒冬腊月，洞内温度也可保持在 10℃。通道里还有一岔口，向下通向一个水潭，终年不会干涸，这是它自己准备的水库，冬眠中偶尔醒来，便迷迷糊糊地爬去饮些水，回来再睡。

待扬子鳄一觉醒来，已是春暖花开时节了。它爬出洞外，在和煦的阳光下，开始感到饥饿，于是集中精力觅食。主要觅食取鱼、虾、龟、鳖、田螺、河蚌和蛙类为食，有时也袭击鹅、鸭和活动在水边的野兔、鼠类等小动物。5—8 月份最为活跃，几乎每天都出洞。它性情温顺，从来不伤害人。我国少年儿童们不嫌它相貌丑陋，在 1986 年 10 月，中国中央电视台等单位发起的"我最喜欢的十种动物"评选中，扬子鳄进入"十佳"之列。

小扬子鳄破壳而出

　　到了炎热的 6 月上旬和中旬，扬子鳄开始寻找配偶。7 月初，母鳄选择水边合适地点，以杂草乱枝和泥土构筑成圆形巢。7 月中旬开始产卵，一巢约产卵一二十或二三十只，卵白色，椭圆形，比鸡蛋略小。卵产下后，用厚草覆盖，利用植物腐烂发酵的热量来孵化。在这期间，它们不时来到巢穴边视察，或守卫在附近。临破壳时，母鳄一听到蛋里仔鳄的叫声，就连忙扒开覆草，帮助小鳄出窝，并引导它们下水，独立生活。

　　扬子鳄一身是宝。用扬子鳄皮制成的皮鞋、女式手提包等，既漂亮、又耐用。用鳄皮制鼓，从周朝以前就开始了。扬子鳄肉味道鲜美。据考证，吃扬子鳄肉的习俗，从周朝一直保持到明代末年。此外，扬子鳄的皮（甲）、肉、肝、脂，均可入药。

　　为了拯救濒于绝迹的扬子鳄，1979 年，在安徽省宣城南郊建立了扬子鳄养殖场，开始进行人工繁殖饲养。目前，宣城扬子鳄的人工孵化成功率达 60% 以上，生存率高达 95%。养殖区每年可繁殖出几百条幼鳄，已饲养着将近一万多条各种年龄的扬子鳄。动物保护专家称，这标志着国际濒危物种、中国独有的一级保护动物扬子鳄已走出濒临灭绝的困境。这里是全球最大的扬子鳄种源基地，正吸引着各地旅游者纷纷前来观赏，也吸引着美国、德国、印度等许多国家科学家前来考察、研究。

一、花草树木

扬子鳄守在巢穴边

具有极高科学研究价值的扬子鳄，深受国内外科学家的高度重视，甚至被称为"全世界人民的财富"。

7. 鸟儿知多少

现在生活在地球上的鸟类总共有超过 1 万种，我国有 1183 种。分属于 27 个目和 170 个科。其中鸣禽约有 4000 种，鹦鹉约有 358 种，雁鸭类约有 147 种，而鸵鸟和鸸鹋各一种，其余则是猛禽类、涉禽类、攀禽类、潜水鸟类、鹑鸡类、鸠鸽类、鸥类、雨燕和夜鹰等。而据估计，曾经生活在地球上的鸟类多达 15 万种！可见已灭绝的鸟类要比现存的鸟类多得多。

目前地球上鸟类的个体数量，据英国鸟专家菲舍估计，大约是 500 亿只。一般说来，海洋鸟类的种群密度比较大。在海岛上筑巢繁殖的海燕、营鼻鹱、小野鸽和海鹦，群集的数量常常超过 100 万只，在秘鲁沿岸的几个小岛上，鸬鹚和鲣鸟的数量多达 1000 万只，而栖息在澳大利亚沿岸的细嘴鹱，估计数量为 1.5 亿只。但在非洲撒哈拉沙漠南部干旱地区栖息的红嘴"几利鸟"，估计更达 100 亿只以上。

近 300 年来，已有 100 种以上的鸟类绝种。目前约有三百多种鸟类被列为稀有鸟类或濒危鸟类。我国特有的黑颈鹤（在四川和青海的高原沼泽地繁殖，在贵州草海等地越冬），数量只有几百只；美国的柯特兰莺（在密执安州中北部森林繁殖，在南美巴哈马群岛越冬），数量约有 400 只；美洲鹤每年只有几十只从加拿大的一个湖泊繁殖地飞往得克萨斯州沿岸越冬；西班牙皇鹰大约只有 150 只；生活在洛杉矶山脉的加利福尼亚神鹰，数量不到 30 只，毛里求斯茶隼只有 24 只；世界珍禽朱鹮，据 1981 年统计，数量是 21 只，其中 7 只分布在我国秦岭，5 只分布在日本，9 只分布在朝鲜半岛；而最稀少的鸟类要算是新西兰黑知更鸟了，据 1978 年调查，只剩下 7 只了，其中只有两只是雌鸟。

世界上最大的鸟是产于北非的鸵鸟，雄的体重 156.5 千克，高达 2.74 米。鸵鸟奔走时两翼张开似帆，一般奔跑时速约 40 千米，最大时速可达 60 千米以上，连快马亦望尘莫及。最小的鸟是古巴及潘斯岛的蜂鸟，体重仅在 2 克左右，体长从不足 2 厘米到 5 厘米左右，和蝉差不多。

飞得最远的鸟要算北极燕鸥，在北极圈的海岸出生六星期后就离家南飞，飞翔 17000 千米，迁徙到南极洲的边缘过冬。飞得最快的鸟是尾部有脊骨的褐雨燕，时速达 170.98 千米 / 秒。

世界上的鸟，雌雄体重差别最大的飞鸟要算是大鸨，雄的体重达 11 ～ 16 千克，雌的仅是 5 ～ 6 千克。孵化期最长的鸟是信天翁，一般在 75 ～ 82 天，最短的鸟是蜡嘴鸟，只需 9 ～ 10 天。

在鸟类中，嘴最长的是南美洲巴西的妥空鸟，嘴长 2 ～ 3 尺。翅膀最长的鸟是阿房鸟，两翼展开有 4 ～ 5 米长。新西兰的几维（无翼鸟），翅膀已完全退化。最长的尾羽是日本的长尾鸡，是 10.6 米，只能放在架子上。

一般大型鸟类比小型鸟类寿命长。鹑鸡类、雁鸭类和鸠鸽类能活 30 年左右，如鸡能活 20 年，鸽能活 30 年，而鹅的寿命常在 40 年以上。大型的鹰、猫头鹰和鹈鹕，寿命可超过 60 年，甚至有活到 100 年的。一只猫头鹰在动物园活了 68 年，一只雕在人工饲养下活了 80 年，而南美秃鹫的寿命更长，一般要到 11 岁才达到性成熟。

8. 奇鸟

打狼鸟　在非洲的布隆迪，有一种小鸟叫"司本达"，它的看家本领不亚于狗。当地居民为了防止狼偷吃牲畜，每家都养有这种鸟。它的嘴特别大，目光锐利，嗅觉灵敏，特别讨厌狼身上发出的一种气味。它一旦发现狼的踪迹，就用那富有弹力的舌头把 2.3 两重的石块迅速弹到四十余米以外的地方，速度就像刚出膛的子弹一般，而且还会准确地击在狼身上。

闪电鸟　生活在印度尼西亚的布敦岛上的闪电鸟，当地人叫它珍久雅大。它在飞翔时发出忽闪忽闪的光亮。这是因为鸟肚下面有一块玻光壳，其本身不会发光，一经太阳或其他光线照射时，就会反射出光来。据研究，这种玻光壳的平滑度和反射性能，可与镜子媲美。

灭火鸟　这种鸟生长在中美洲的尼加拉瓜。它对火光极其敏感，只要一发现有地方起火，就会高声鸣叫，以互相通知聚集在一起，然后很快飞往火场。有趣的是它们能吐出一种含有大量灭火成分的唾液，所以它们便成了消防队员的好朋友。

变色鸟　生长在我国阿尔泰山的一种岩雷鸟，长相似鸽子，但比鸽子大，长约 33 厘米，重 0.5 千克，羽毛颜色随季节而变换。它在冬天，银装素裹，浑身雪白；春天变成淡黄色；夏天羽色变成栗褐色；秋天又变成暗棕色。

送奶鸟　美洲玻利维亚的森林中，栖息着一种奇特的鸟，腹下都长着一个大囊，囊内生有许多奶汁。可是它们并不是哺乳动物，根本不用乳汁喂养自己的"子女"。当奶囊里的奶汁积贮很多时，就感到非常难受，于是飞到村子里去，愿让人们帮它挤出奶汁。由于这种乳汁营养价值很高（稍逊于牛奶），当地人们都用它来哺育婴儿。

酿蜜鸟　非洲的诺里买斯鸟会酿蜜，其蜜甜度和浓度都超过蜂蜜。此鸟胸下有圆形垂囊，食道两边的两根极细的蜜管通垂囊。该鸟吃花和水果，由垂囊加工成蜜。囊中蜜多，自觉不舒服时，就卧在树枝上，把蜜喷到树叶上，喷完为止，但它自己不吃蜜。据说每年能酿蜜 3.5 ～ 4 千克。安哥拉北部斯陀凡尔地区商店出卖的蜜，就是这种鸟酿的蜜。

变冰鸟　生活在各大洋海岸的信天翁，是海上最大的飞禽，它的胃能将含盐分较多的海水转变成甜美的生理淡水，并且还能根据需要储藏起来。它们为什么能制造淡水呢？至今还是一个谜。

吃铁鸟　这种鸟生长在沙特阿拉伯北部森林中。有一次，一个铁匠带着一袋子铁钉经过树林时，因为天气很热，就坐在树荫下打了一个盹。当他醒来时，发现放在身后的袋子破了，铁钉也失去了一大半。后来，这铁匠在树林深处发现一群鸟，正在大嚼他的铁钉。这种鸟长着尖尖的头，圆圆的身，黑羽毛，叫的声音很难听，就像在敲打破铜锣似的，特别爱吃铁。后来，一位生物学家捉到一只这种吃铁鸟，经过解剖发现这种鸟的胃液盐酸的含量特别多，所以能把铁钉消化掉。

种树鸟　南美洲秘鲁首都利马北部的一个荒地上，曾陆续出现许多片大面积的树林。原来，在这片荒地有一种叫"卡西亚"的鸟，白脑袋，黑身体，长嘴巴，有点像我国的乌鸦，叫起来声音特别好听。这种鸟喜欢吃当地生长的一种"甜柳树"的叶子。在吃叶子前，它们总是先把甜柳树的嫩枝咬断，衔到地上，再用嘴在地上挖个洞眼，把嫩枝插到洞里，然后慢慢嚼着吃。甜柳树很易生长，只需三四天功夫，插在土埌里的嫩枝就会发根生长。经过一两个月后就能长到半人高。这种鸟在吃甜柳树叶子时，总是成群成群地排在一起，这样就使甜柳树播种成大片的树林了。

会穿会脱棉衣的鸟　在奥地利的克利马地区，有一种奇怪的"光鸟"，也叫"裸体鸟"。这种鸟除了翅膀、头部和爪部生有羽毛外，全身光秃秃的。在温暖的季节里，全身闪着亮光。当冷季快来之前，它就飞到棉田中去，衔来棉花的纤维，放在它的巢里，天冷了，它只要将躯体躺在棉花纤维上一滚，光秃的躯体上就会穿上一件新的"棉囊衣"。

原来，光鸟的光秃躯体上，有无数细小的皮囊，能分泌出一种乳黄色的黏液，使它能将棉花牢固地粘附在躯体上，保护它不受冻。到了热天，皮囊上又分泌出一种溶液，使躯体上的棉纤维迅速浮起，去掉粘附力，将"棉衣"脱去，重又恢复光秃秃的模样。

四只翅膀的鸟　这种鸟生长在非洲大草原和树林里，嘴巴很短，翅膀又长又尖，尾巴像"凸"字形状。在繁殖期间，雄鸟的两只翅膀上各自长出一根羽干，长约60厘米，顶端阔大。飞行时，很像四只翅膀，又像一对旗帜，迎风飘舞。所以又常被称为"旗翼夜鹰"。它常在夜间活动，发出刺耳的鸣声。

织布鸟　我国云南西双版纳有一种鸟，巢以草茎、草片、柳树纤维等构成，一般取新鲜柔软的嫩绿植物的材料。它取草茎时，先在草的一端咬一缺口，然后到草的另一端，根据所需长度向下撕拉，即成草条。筑巢时，雌雄鸟通力协作。雌的在内，雄的在外，内外传递巢料，如织布一样，人们称其为"织布鸟"。

织布鸟在我国繁殖的唯一代表叫黄胸织布鸟。据详细观察后发现，先由雄鸟单独编织成巢的主体，然后再寻找对象，向雌鸟求偶炫耀，等到成亲之后，改由雌鸟陆续编织巢的衬里。巢内常放泥团，借以增大巢的重力，不致被大风吹得颠覆。织布鸟在筑巢时，有各种各样的方法和打结的技术，使所穿织的植物纤维不致松扣和滑脱。

裁缝鸟　这种鸟生长在热带，又叫缝叶莺，形似麻雀，尖嘴，胸部丰满，尾长，腿细长。头部棕红色，眼圈浅黄色，上身呈橄榄绿色，下身为浅棕色。它的巢往往选用芭蕉、香蕉、野牡丹等大形叶片的植物，以一片或二片下垂的树叶做成。

裁缝鸟每逢夏天，选择好叶子，由雌的担负这项工作，以自己的嘴做针，搜集蛛丝、蚕丝、棉花、细草茎、纤维素做线，穿针引线，把几片叶子缝在一起，缝定后打一个结，建成了叶囊，而后搜集植物、绒毛或棕榈树的褐色棕填于囊底，最后用柔软的细草、羊毛等营成一个致密的深杯状巢。巢离地仅 2 米左右。还有一种灰胸鹪莺，其营巢情况大致相同。

营冢鸟 这种鸟生长在大洋洲澳大拉西亚地区，会用大量泥土、沙子和落叶堆成一个大土堆，类似坟冢。它们堆的冢，直径最大可超过 3 米，深约 6 米以上。如属营冢鸟科的矮丛林鸡堆的冢，直径达 15 米，高达 6 米。它们先造成这样的冢，然后在顶上挖一个 1 米深的洞穴，把蛋产在里面。这个冢实际上就成了孵化器，利用枯枝败叶腐烂时发出的热量，可以进行孵卵。更有趣的是此鸟还会用嘴测出巢中的温度；如果温度太高，它就再打几个风洞，让巢内温度下降一些，不致烫坏鸟卵，到了晚上温度降低时，再把洞堵上。

鸟楼 在非洲大陆、马达加斯加，以及阿拉伯半岛南部，生活着一种状似白鹭的奇鸟。这种鸟筑的巢很大，直径 2 米或 3 米。鸟巢结构重重叠叠，好像一幢楼房，十分坚固，纵然是最猛烈的热带倾盆大雨，也不能使它的外壳稍有损坏。鸟巢内部分为三个房间：后房用来孵小鸟，中房用作食物仓库，前房是岗哨房。在岗哨房内有一只鸟，它经常发出信号报警。

会搭床的鸟 在南美洲哥伦比亚的大森林里，生活着一种叫"米利"的鸟。它长着白羽毛，样子很像麻雀。它的嘴巴像一只弯弯的钩子，尾巴上长着一个圆环，环上长着许多白色小球，很像一只白花环。

米利鸟喜欢群居在一起，每天晚上，先由一排小鸟把它们尾巴上的圆环套在大树干的枝杈上，然后用嘴钩住另外一排小鸟尾巴上的圆环，这样一排勾住一排，一直到最末一排的鸟用嘴钩住另外一株大树枝杈为止。这就是米利鸟搭起的鸟床。雌鸟不参加搭床工作。鸟床搭好后，母鸟们便安稳地在床上睡觉。这种鸟床，小的长 1 米，大的达 3 米多长，宽约 2 米多。

9. 声声蛙鼓祝丰年

晴朗的春夜，月色如银，微风习习，稻谷沙沙。这时你若漫步柳荫，走向田野、池塘边，便可听到蛙鼓阵阵，此起彼伏。这阵阵蛙声正是青蛙撒籽的前奏曲，也是丰收的颂歌！

自古以来，不知有多少文人墨客赞颂过青蛙，有的甚至奉为神灵。《旧唐书·五行志》载："古者以蛤为天使也，报福庆之事。"蒲松龄在《聊斋志异》中也有"汉江之间，俗事蛙神最虔"的动人故事。蛙声，又曾引起不同人物的不同感受。吴越春秋，勾践伐吴，为了激励士气，见路旁有只青蛙张腹怒鸣，便借题发挥，指责其士兵不如青蛙"见敌而有怒气"。还赐给这只蛙一辆座乘，尊为座上宾。晋惠帝则相反，他听宫中"聒聒"蛙鸣，竟认为"昏聩王之表意"，而要置蛙为阶下囚。国画大师齐白石在一幅构思独特的写意画中，画着一群小蝌蚪顺山泉而下，故曰为"十里蛙声出山泉"。其诗情画意，多么动人！

古人还认识到蛙与农业生产有着密切的关系！唐代诗人章孝标云："田家无五行，水旱卜蛙声。"宋朝爱国词人辛弃疾在《夜行黄沙道中》写道："稻花香里说丰年，听取蛙声一片。"明朝李时珍在《本草纲目》里也有"蛙黾之属，农人占其声之早晚、大小，以卜丰歉"的记述。20世纪80年代，通过科学实验和研究，对蛙类活动规律及其在农业生产中的作用了解得更清楚了。

青蛙，为两栖纲，无尾目，简称无尾两栖类。青蛙的生活很有趣，成体生活在陆地上，产卵于水泽、池塘、水沟等水草丛生的静水之处。青蛙的繁殖能力很强，一只雌蛙一年可繁殖三四百只青蛙，有的蛙还能繁殖一两千只。雌蛙最初产的卵沉在水里，不久卵的周围形成一层胶质衣膜而浮生在水面，经 10 ～ 15 天，卵孵化成蝌蚪。一群群的小蝌蚪，蜿蜒浮游于水泽之中，约一个月，蝌蚪长出四肢，尾部逐渐萎缩退化而变成幼蛙，此时从水中登上陆地开始了陆栖生活。

蛙类是个庞大的家族，全世界有 6000 多种，大部分生活在热带和温带多雨地区，分布在寒带的种类极少。我国的蛙类有 130 种左右，南方深山密林中种类较多，平原耕作地区种类虽然少，但数量多，保护庄稼的作用更为明显。

一、花草树木

　　人们最熟悉的一种蛙是黑斑蛙，俗称田鸡，长约 8 厘米，背面黄绿或带灰棕，另有黑斑映衬，眼睛圆而突出。雄蛙常鼓着咽侧下一对声囊鸣叫。黑斑蛙喜欢生活在湖边和水田里。当水稻分蘖的时候，三化螟的幼虫破坏一棵稻苗之后就带着叶苞吐丝下垂，转移到好的稻苗上继续为害，大螟虫也经常沿着稻垂部向下爬行。就在这些害虫转移和爬行的时候，黑斑蛙就会出其不意地跳起来把它们吃掉。为害水稻的蝗虫等害虫也是黑斑蛙的美好食物。

　　生活在江南山涧溪流之中的棘蛙，又叫石鸡，长约 4 ～ 5 寸 [1]，重约 6 两，甚至一斤多，浑身黑褐色，或呈褐黄、褐红色，其雄蛙背后有成行的长疣，而雌蛙背部都是分散的小圆疣。生活在江南稻田中的虎斑蛙，体长超过 12 厘米，鸣声有如狗叫，这虎斑蛙和棘蛙等都是我国蛙中的"大个子"。而蛙中的"巨人"，当推从古巴引入的牛蛙，体长达 20 厘米，重 2 斤多。它那哞哞的鸣声很像牛叫，故名牛蛙。

　　金线蛙是很逗人喜爱的一种蛙，长约 5 厘米，颜色鲜丽，在草绿色的背上配着二条棕黄色的侧褶，背后和体侧有分散的疣粒。它们喜欢在水塘内生活，蹲在水草间或水面荷叶上寻找食物。它们也和黑斑蛙一样，吞食水稻田里的蝗虫、螟虫等害虫。

　　和金线蛙大小相仿的泽蛙，背为棕灰色，有不规则的斑纹，体侧具有小圆疣，雄蛙咽下有单个外声囊。它们和黑斑蛙、金线蛙不同，经常在旱地里活动，捕捉旱田昆虫。为害豆子和蔬菜的斜纹夜蛾幼虫，是它最喜欢的食物。泽蛙很贪吃，它们经常要把肚子吃得滚圆，才肯到一边休息。

　　一种具有特殊本领的青蛙——雨蛙，它们能够消灭一些高高在上的小虫子。雨蛙身体小巧玲珑，长约 4 厘米，背为绿色。最大的特点是指、趾末端有吸盘，善于攀枝爬叶，常爬到灌木上、棉叶上或其他庄稼上吃虫子。另一种只有蚕豆大的姬蛙，长不过 2.5 厘米，常在水田的泥蒿、草丛间捕食昆虫。

　　比姬蛙大得多的蛙中，我国还有十几种树蛙体长均可达 6 厘米，体色随环境而变化，指、趾末端膨大成吸盘，趾间具微蹼，生活于草丛、树上和竹上。有些树蛙如红蹼树蛙和黑蹼树蛙，指、趾间有宽大的蹼，能由高处的树枝向低处展蹼滑翔，所以又叫飞蛙。它们是消灭林业害虫的能手。还有如

---

[1] 1 寸 ≈3.33 厘米，下同。

林蛙，长达 9 厘米，在褐色体肤上散布着黑色斑点，生活于阴湿的山坡树丛中。分布于我国福建、广东等地的浮蛙，身体比姬蛙还小，只有 2 厘米，经常漂浮于水面。它是小型害虫和白蚁的天敌。

这里，有必要提一提蟾蜍。以往人们都嫌它长得难看，爱叫它"癞蛤蟆"。其实癞蛤蟆是蛙的"同亲兄弟"，也是捕虫能手。它的皮肤能耐干燥，所以经常生活在旱地里，捕食多种害虫。斜纹夜蛾、棉铃虫、玉米螟都是它的捕食对象。癞蛤蟆，以及它的亲兄弟——铃蟾、髭蟾、角蟾、大蟾蜍、花背蟾蜍、黑眶蟾蜍等，个个捕虫勤快，一点也不懒，我们都得好好地加以保护。

有趣的是，1966 年美国国家地理学会派查尔博士一行去西非考察，在那里找到了世界上最大的蛙，叫"巨蛙"。这种蛙生活在热带森林中或瀑布旁，常喜欢静伏在石头上，借急流扬起的水雾湿润自己的皮肤。当地的土人称这种蛙为"利蒙那"，意思是"母亲的儿子"。这种蛙从胸端至趾端全长约有 0.9 米，体重 3 千克以上。另一种是生活在瑞典斯堪森动物园的小青蛙，身长只有 2 厘米，体重 5 克，它身上色彩斑斓，有剧毒。如果人或是其他动物接触到它体内排出的分泌物，轻者皮肤溃烂，重者中毒死亡。在南美洲的安第斯山上的喀喀湖里的喀喀湖蛙，能潜伏到 100 米以下的湖底，是世界上唯一终生栖息在水中的蛙。在澳大利亚生长着一种名叫"布福"的青蛙，体重 2 千克左右，除吃各种昆虫以外，还能吃纸团、烟头等物。

在我国，四川峨眉山区有一种能发出美妙动听声音的黑灰色的"弹琴蛙"；在华南的丛林中还有一种湍蛙，它们喜欢生活在湍急的水域，能敏捷地穿过急流，爬登岩石。湍蛙的蝌蚪也很奇特，它的腹部有一吸盘，能吸附在岩石上，以免被急流冲去。另一种珍奇的胡子蟾，最早发现在峨眉山，后来在南方几省相继发现。这种蛙，嘴部宽圆、扁平，雄性上颌缘有锥形角质黑刺 12～16 根，所以叫胡子蟾。更为有趣的是，在人们印象中，蛇要吃蛙。但是，在我国的武夷山区却有一种山蛙，敢与五步蛇相斗，直到把蛇置于死地。

1979 年 10 月下旬，我国贵州六枝特区的一块水田里，有成千上万只青蛙厮打，蛙声如雷，"蛙战"十分激烈。科学家研究认为，这是由于青蛙"生儿育女"需在水中进行，如果久旱无雨或繁殖场所被破坏，则影响其繁殖。当一场大雨过后，泥潭沼泽积水，自然会形成青蛙争夺繁殖地盘的"战斗"了。

蛙类的繁殖方式也有许多趣闻。斑腿泛树蛙产出的卵好像一团白色的肥皂沫,又像一团奶油,黏附在水草上;峨眉树蛙把卵块产在水边的树叶上,卵就在卵块中发育,然后落到湖里,继续发育,而弹琴蛙产卵前会先筑一个泥窝,然后把卵产在里面。生活在欧洲西南部的产婆蛙,雌性产卵受精后,雄蛙便把卵带捆绑在自己的后腿上,然后藏居洞穴辛勤孵育数十天,直至幼蛙孵出才出洞。生活在澳大利亚的胃蛙,雌蛙常把受精卵吞进胃里孵化,这时胃部肌肉暂时萎缩,停止分泌胃液,约 50 天后,幼蛙便从雌蛙嘴里出世。

蛙的种类很多,但不论哪一种,都是主要以害虫为食的。《渊鉴类涵》中就有"蛙能食虫"的记载。农民一向亲昵地称青蛙为"护谷虫"。当蛙类还在幼虫时期,一只小蝌蚪每天就能吃掉 100 多只蚊子的幼虫,成蛙后捕食害虫的能力更大。据统计,一只黑斑蛙一天能吃害虫 60～70 只;一只泽蛙一天吃虫最多可达 260 只;蟾蜍的胃口更大,一昼夜之间至少要吃 100 多只害虫,最多还可吃到 1000 多只害虫。这些害虫,包括二化螟、稻苞虫、稻螟蛉、三化螟、稻飞虱、螟蛾、黏虫、稻叶蝉、稻纵卷叶蛾、黑尾叶蝉虫、蝗虫、蝼蛄、蚜虫、地老虎、造桥虫、天牛、金龟子、叩头虫、棉铃虫、斜纹夜蛾、银纹夜蛾、松毛虫、稻瘿蚊、稻蓟马、金花虫、荔枝蝽蟓、象鼻虫、蚱蜢、蜗牛、白蚁、蚊子、苍蝇、蟑螂等为害农作物、果树、林木、建筑物和影响人、畜健康的害虫,据初步估计约有 12 个目的昆虫。不论南方和北方,蛙类都是农作物的一支天然的保护大军。

蛙类捕虫的技巧很出色。一只夜蛾在地面上空飞舞,被青蛙发现后会一跃而起,准确地把蛾咬住,随即吞食。即使是身体较大的稻蝗在青蛙前面跳过,它也不放过机会,吐出舌头把稻蝗钩到口里的。别瞧那些迟钝的蟾蜍,如果它发现了害虫,也能迅速吐出舌头,把虫粘住,钩回口中,吞咽下去。蟾蜍又叫"蛤蟆""中国林蛙",其雌蛙的输卵管干燥后,所制取的"蛤土蟆油"是医治和预防早衰、体虚、精力匮乏、记忆力减退、产后缺乳的珍贵药品。我国已开始饲养蛤蟆。"干蟾"可以治疗小儿疳积,并有去毒、杀虫的功效。从蟾蜍耳后腺、皮肤腺中提取一种毒液制成的蟾酥,具有通窍、镇痛、止血、强心、解毒、消肿的功效。以蟾酥为主药制成的有"六神丸""蟾蜍丸""梅花点舌丹""红灵丹""牙痛一粒丸"等十几种中成药,在国内外久负盛名,供不应求。泽蛙能治疥疮,有解湿毒的功能,而虎纹蛙则能治疗小儿痲积症。牛蛙体大肉肥，味道鲜美，可以饲养作为副食品，也可以制成牛蛙罐头出售。教学、生理卫生解剖，研究血液循环，神经调节等，也常用青蛙或蟾蜍作实验对象。蛙眼是异常完善的检测系统，使科学家受到启发，而制造了"电子蛙眼图像识别机"，用以监测飞机的起落，跟踪侦察卫星。因此，青蛙是人类不可少的益友，理应受到保护。

然而，令人痛心的是，如今每年大量捕杀青蛙者却大有人在，或制佳肴以佐美餐，或当饲料以喂鸡鸭，连产卵期也不放过！我们要劝阻捕捉、食用和买卖青蛙，教育青少年爱护青蛙，并大力保护蛙类资源。让蛙鼓阵阵永远鸣响于我们的水郭山村、青草池塘……

10. 漫话蜜蜂

蜜蜂不食人间仓，玉露为酒花为粮。
作蜜不忙采蜜忙，蜜成犹带百花香。
蜜成万蜂不敢尝，要输蜜国供蜂王。
蜂王未及享，人已割蜜房……

宋代诗人杨万里写的这首诗，生动地描述了蜜蜂的勤苦劳动和它们与人的关系。

人类什么时候开始养蜂的？历史上无从查考。不过，根据零星发现的材料来估计，当不会迟于 3500 年前。这就是说，人类进入文明的初期，就已经知道了蜜蜂的价值。在我国，晋汉以前的人已经知道了应用蜂蜜和蜂蜡，看来养蜂的历史，也一定很悠久了。

一个蜜蜂大家庭里，群栖着蜂王、雄蜂和工蜂，它们在一起热热闹闹地生活着。

蜂王在比普通蜂房大数倍的王台（特殊的大蜂房，乳头形）中发育长成，个体较大，是蜂群中唯一生殖器官发育完全的雌性蜂。它的专职是产卵。刚孵化出来的新蜂王，在 5～7 天后，会飞到天空中与大约 7～10 只最强壮的雄蜂交配，然后飞回本群。从此，雄蜂的精子就一直贮存在蜂王贮精囊里，足够它一生中产受精卵之用。一只优良的蜂王，一年能产 20 万～30 万粒卵，特别在繁殖期，它一昼夜就可以产 1500～2000 粒卵，其

一、花草树木

重量几乎与它本身体重相等。产卵时，许多工蜂伺候它，轮流喂它爱吃的蜂王浆。

雄蜂是蜂群中的雄性个体，体格粗壮，头尾都几乎成圆形。雄蜂的职能就是与新蜂王交配，什么活也不会干。雄蜂的视觉锐利，一旦在空中发现蜂王时，立即你追我赶，加入求婚行列。它们越飞越高，一直追逐到高空去。角逐范围可达 20 千米。在一场角逐中，唯有个别最强健者能与蜂王婚配，其余 99% 以上雄蜂都是凑热闹的。这些雄蜂都由工蜂供餐，饱食终日，无所事事。

工蜂在蜂群中数量最多，一个蜂群中多的几万只，少的几千只。它们是雌性生殖器官发育不完全的个体，通常不能产卵。它们操持着家庭里的一切大小事务，包括采集花蜜和花粉，酿制蜂粮，哺育后代，饲喂蜂王，修造巢房，打扫卫生，等等。

工蜂的工作分工由日龄决定。刚出房的幼蜂什么也不会干，2～3 天后开始清扫巢房，4～5 天后饲喂幼蜂，它们要把花粉粒嚼碎，加上蜜和水，制成乳糜状蜂粮喂养幼蜂。一只幼蜂，一天要喂 200～300 次，在一群蜂中，工蜂每天要完成 100～200 万次饲喂任务。出房 7～8 天后的工蜂从事酿蜜、泌蜡、造脾、煽风和守卫蜂巢等工作。出巢房 10 天后，它们就外出试飞认巢，以后就成为专门采蜜、采粉、采水的外勤蜂了。

工蜂是昆虫中的天才建筑师。你看过蜂房吧？那薄薄的蜡壁，坚固而又光滑，更妙的是全部都成正六边形。从建筑学的角度来看，真是一个奇迹，因为这样的结构，可以用最少的材料，筑成最大容积的空间。无怪达尔文要赞叹："人们如果考察了能够如此美妙地适应它的目的的蜂窝的精巧构造，而不热烈地赞赏，他必定是一个愚钝的人。"工蜂的建筑技艺，也引起了数学家的巨大兴趣，并且使他们从中获得了启发。

更为有趣的是，工蜂还有使蜜蜂大家庭保持恒温的特殊本领。冬天，气温降到 0℃ 以下时，工蜂就向中心集结，形成一个紧密的蜂球，靠吃蜜、运动来发热，维持巢房的常温 35℃ 左右；炎夏季节，蜂群内部温度超过 35℃ 时，工蜂就分散到巢房各处，振翅扇风，以此降温。经测试，一只工蜂所扇的风量，能吹灭一支蜡烛。如果扇风还不能降温到理想程度，它们还会出巢四处找水，采来水珠洒在巢房各处，起到洒水降温的作用。

冬去春回，成群结队的工蜂，穿梭来往于花海之中。它们采撷"百花精英"回巢后，又开始了紧张的酿蜜劳动。花蜜是从植物花蜜腺分泌出来的一种芳香含糖的液体，蜜蜂把采集的花蜜，经唾液中转化酶的作用，使蔗糖转化为葡萄糖和果糖，然后吐入蜂房里。这还不是成熟的蜂蜜，因为其中含有很多水分。蜜蜂便振动翅膀扇风，每分钟扇动翅膀两三万次，把蜂蜜中多余的水分蒸发出去。在扇风时自然而然产生热量，加快浓缩。最后在蜂房上封一层很薄的蜡盖，把成熟的蜂蜜保存好。成熟蜂蜜含水量只有 15%～20% 左右，75% 以上是葡萄糖和果糖，蔗糖不超过 5%。此外，还有少量的蛋白质、无机盐类及部分维生素。

据观察推算，在百花争艳蜜源丰富的季节，一只蜜蜂一般一天要飞出采集 30～40 次，每次飞行一二里、四五里或更远些。空腹飞行时速可达 50～60 千米，身上吸饱花蜜后，飞行时速为 20～30 千米。蜜蜂酿成 1 千克蜜，必须钻进 20 万甚至三四百万朵花中吮吸，在蜂巢和花树之间往返飞翔 10 万趟左右。如果蜂巢离花丛 1500 米，一只蜜蜂采集 1 千克蜜，就要飞上 45 万千米，等于绕地球飞 11 圈！

勤劳的蜜蜂不光是为人们采花酿蜜，而且通过采花的活动还能传播花粉，促进农作物增产。据报道，目前国外养蜂业的目标已转向用于授粉。美国养有 450 万群蜂，其中专门用于授粉的约占三分这一。授粉使农作物增产的价值超过蜂产品价值的 20～100 倍。试验证明，油菜经蜜蜂授粉后，籽粒饱满、千粒重增多、结荚多，可增产 37.4%；通过蜜蜂授粉的果树落花少、结果多、成熟早、个头大，苹果可增产 72%～365%，梨树可增产 107%～300%；荞麦、向日葵、瓜类、菜籽类等作物，都可增产 30%～50%。蜜蜂的三对足有花粉刷、花粉栉、花粉耙和花粉筐；全身又布满了又细又软的绒毛，一只蜜蜂周身粘附花粉粒可达 500 万粒之多。它一次飞行就能采集几百朵花，采集力强，授粉率很高。人们可以用活框蜂箱饲养蜂群，达到有效地控制和利用它的目的。试验观察证明，一群蜂能为 4～5 亩油菜、10 亩棉花、2 亩果树、2～3 亩荞麦很好地采蜜、授粉。由于借助蜜蜂进行异花授粉，有利于作物雌花或雌蕊挑选花粉粒，缩短花期，一般可使作物提前 5 天左右结粒。

蜜蜂外出采蜜是分头进行的。先被派出去的"侦察蜂"，一旦发现蜜源，立即飞回蜂巢，在巢脾（连成一片的巢房）上跳起欢乐的舞，向同伴们报告蜜源位置。跳"圆舞"，表示在距巢 50 米左右处有蜜源，跳"8 字摆尾舞"，

一、花草树木

表示距蜂巢 50～100 米的地方有蜜源。如果 15 分钟内重复 8 字舞 10 次，表示蜜源距巢 100 米以上；15 分钟内只跳一次 8 字舞，表示蜜源距巢 8000 米。15 分钟内舞蹈的半圆圈数越少，说明蜜源离巢越远。蜜蜂的舞蹈还能指出蜜源的方向。跳 "8 字摆尾舞" 时，蜜蜂头朝上，意思是说向着太阳的方向飞能找到蜜源；头朝下，就是说背着太阳的方向可以找到蜜源。如果作直线爬行摆尾时，它的身体与巢脾上的垂直线左面成 60° 角，就是说，飞向太阳光偏左 60° 角的方向有蜜源。就像居住在不同区域的人各有自己的语言一样，不同种蜜蜂也有不同的 "语言"。例如有的蜜蜂报告距巢 9 米以内有蜜源时跳 "圆舞"；当距离大于 9 米则改跳 "镰舞"：镰面直接指向蜜源，跳得越快表示蜜的质量越好。距离再大，若在 37 米以上，镰舞则改为 "8 字舞"。聪明的小蜜蜂有多么丰富的舞蹈语言啊！侦察蜂跳完舞后便在前面带路，成千上万的蜜蜂大军便跟在后面前去采蜜了。

采集蜂昼夜不停地劳动，以致最后不是累死在巢门口，就是堕落在飞行途中。有些衰老的蜜蜂，勉强采回花蜜，在回家途中疲累交加，往往在离家不远的地方跌落下来，可是喘息一会儿，又接着往前爬，当爬进巢内把它最后一点贡献吐给同伴后，为了不给同类增加打扫的负担，它们又挣扎着爬出巢门，死在草地上。

蜜蜂贡献的蜂蜜，是老幼皆宜的营养补品，并有防病治病的功效。古药书《神农本草经》中写道："蜂蜜甘平无毒，主益气补中，止痛解渴，主心腹邪气，诸惊痫痉，安五脏诸不足，而合百药，久服轻身延年。"明代著名医药家李时珍在《本草纲目》中说："蜂蜜生则凉，故能清热；熟则性温，故能补中；甘而平和，故能解毒；柔而濡泽，故能润燥；缓可以去急，故能止心腹肌肉疮疡之痛；和可以致中，故能调和百药而与甘草同功。"

现代医学证明，蜂蜜适用于肝脏病、肾脏病、心血管病、贫血体弱、胃病、神经衰弱和肺结核病等。常食蜂蜜的儿童，体重增加较快，血色素较高，对疾病的抵抗力增强。有人调查 130 位百岁老人的生活情况，发现 80% 老人都生活在养蜂的农村，并经常食用蜂蜜。

蜂王浆是工蜂咽腺里所分泌的一种乳白色浆液，用来饲喂蜂王和蜂的幼虫。科学家们分析了王浆的成分，发现它含有大量蛋白质、二十余种氨基酸、多种维生素（例如维生素 B_1、核黄素、泛酸、烟酸、吡哆醇、生物素等）、促性腺激素（如蜂乳酸）和酶类等。临床实践证明，蜂王浆可以促进生殖能力，延年益寿，增进食欲，对治疗恶性贫血、糖尿病、神经衰弱、白血病、风湿性关节炎和肝炎等有一定的辅助作用。

此外，蜂蜜还可以防腐杀菌。涂用时能治疗下肢溃疡、皮肤创伤、口腔溃疡、小儿口疮、冻疮、烫伤和一些皮肤病。水火烫伤外用纯净蜂蜜，能迅速止痛，防止继发感染，促进伤处愈合。许多护肤膏和美容剂也少不了用蜂蜜配方。蜂蜜滴眼可治角膜炎，雾化吸入能治呼吸系统病。电离子透入可治创伤性溃疡和皮肤病。蜂蜜也是极好矫味剂，传统的中药制剂中，"炼蜜为丸"和"蜜制中药"最常用。

蜜蜂还贡献出蜂毒和蜂胶等产品，对维护人类健康也大有帮助。蜂毒中含有蚁酸、盐酸、正磷酸、组织胺、胆碱、色氨酸、磷酸镁、甘油，类脂类、蛋白质、挥发油、硫、钾、钙、铜元素等，而具有很多药理学活性的是多肽类。一种占干燥蜂毒重量 50% 的蜂毒肽，相对分子量 2846.46，由 26 个氨基酸残基组成，是一种溶血性毒素，它具有抗菌、消炎、镇痛和刺激体肾上腺系统广泛的用途。蜂蜡还是制造机械润滑油、油漆、蜡制品、皮革等不可缺少的原料。

科学工作者还发现，蜜蜂的眼睛也很特殊。它的头顶上有三个小眼睛，叫单眼，两只大眼睛，叫复眼，每只复眼由 6300 个小眼组成，每个小眼又由角膜、晶锥、视觉细胞、细胞核等 8 个部分组成，并作辐射状排列，可以使强弱不同的偏振光通过。蜜蜂就通过偏振光测定方位，即使在阴天也能找到太阳，确定位置。仿生学家们模仿蜜蜂复眼的构造，制成了一种"偏光天文罗盘"，从而使航海人员在浓雾弥漫和太阳未出来或已西沉之时，也能测定航向，而不致迷失在茫茫大海上。

我国幅员辽阔，气候温和，植物种类繁多，从南到北，一年四季花香扑鼻，蜜源丰富，为养蜂具备了许多优越的条件。养蜂生产成本低，见效快，收益大。我国民间有丰富的养蜂经验。充分运用这些有利条件，我国养蜂事业一定会有大的发展。

11. 蜘蛛奇趣

"小小诸葛亮，独坐军中帐，摆下八卦阵，捉拿飞来将。"这则谜语你准能猜得出来是蜘蛛。

蜘蛛在动物分类中叫作蛛形纲节肢动物。它的家族庞大，我国有 1000 多种，全世界有 35000 多种。蜘蛛的大小不一，最短小的是西萨摩亚群岛的展蜘蛛，体长只有 0.043 厘米，不及书上印的一个句号大。而新几内亚和大巽他群岛上的"食鸟蛛"，体长可达 9 厘米。这还不算大，南美洲袋蛛的体重达 85 克，体宽竟达 23.68 厘米，恰似一只大螃蟹！

蜘蛛以织网闻名。它们的腹部末端有三对纺绩突起与体内的丝腺相通。丝腺能分泌出一种蛋白质的丝液。丝腺有好多种，各种丝腺分泌的丝液性质不同，功能也不一样。如壶状腺所分泌的丝液，用作网的辐射状；聚合腺分泌的丝液用来织网上的黏性丝；梨状腺分泌的丝液，用作搭网上的架子；管状腺分泌的丝液，用来制作卵袋；葡萄状腺分泌的丝液则用于捆缚猎物。各种丝液通过纺绩突起与 1000 多个放丝孔排出体外，一遇空气就凝成只有头发丝十分之一粗细的蛛丝了。

蜘蛛结网时，先抽丝搭起架子，然后连成对角线，并以对角线的交叉点作为网的中心，拉出一根根辐射线。再从网的中心向四周盘旋，形成辅助线。这时蜘蛛开始分泌一些黏性丝。由网的外缘向中心慢慢地绕圈，把它固定在辐射线上。一面敷设黏性丝，一面拆除辅助线。当黏性丝快要搭到中心时，一张蜘蛛网便最后织成功了。

蜘蛛网的样式有几千种。人们常见的是圆形蛛网，它由同心圆圈构成。热带有一种奈菲尔蜘蛛，织出的圆网周长达 5.8 米，比宴席用的圆桌还要大。另有一种雄蛛所结的网最小，只有普通邮票大小。在蛛网样式中，还有的像套索，在空中飘动，套住猎物；有几种蜘蛛的网在水底下，能捕捉小鱼。有一些蜘蛛织出片状的网，搭在植物上像帆一样，把微风飘送过来的小虫逮住。

蜘蛛网织好以后，蜘蛛有时"独坐军中帐"，有时却躲在隐蔽处，静候食物的到来。蜘蛛的视力很差，但脚上有裂缝状的"耳朵"，能感知 20～50 赫兹的声音，一旦有昆虫撞入它的网中，它能立刻引起警觉，便立即将落网者用蜘蛛丝捆绑起来。接着用螯肢给虫子注射一种毒液，它再来大口大口地"喝汤"，美餐一顿。有人观察到一个圆网上，落网的蝇、蚊、蛾、蝶等，竟达千只之多！

也有一些蜘蛛不结网，它们的捕食方式更妙。如在夜间东奔西跑的狼蛛，一旦袭击某些小型昆虫，小虫很快就失去反抗能力了。一种叫蟫蟷（音chàn dāng）的大蜘蛛，常在土中挖洞做窝，洞口做有活门，待有小虫爬过来便突然冲出洞外，把小虫捕进洞去。澳大利亚的一种伟蛛，能放出一根下垂的丝，丝的末端附有一滴极黏的胶质，遇有蛾类飞过，它就急挥动吊丝去粘飞蛾，就像渔翁钓鱼一样。而一种潜水蜘蛛却在水底抛出长丝，粘住走近小动物，然后收回丝线，享受一顿美餐。在南洋群岛，在我国台湾，还有一种粪蛛，酷似鸟类，能引诱 10 种蛾类来访，捕而食之。

蜘蛛都是能吃"荤"的，无形中为人类消灭了很多害虫。每年蜘蛛繁殖的高峰期，我国南方稻田蜘蛛有的每亩可达 15 万只，每亩小麦田也有 10 万只，每亩紫云英地则高达 35 万只，每百株棉花有 1500 只。在新疆南部各地的畜舍、厕所墙壁上，有一种小型的壁蛛，在高峰期每平方米面积上可达 20 只。还有树林、草丛间，也到处都有成群的蜘蛛在追捕害虫，既食害虫的卵，又捕食其幼虫和成虫。据报道，一只草间小黑蜘蛛，一昼夜能吃蚜虫 28 只，一只狼蛛每天可吃菜青虫 5 只，一种桃蛛一昼夜可捕食叶蝉 60 条只！

据研究，地球上存活的蜘蛛的总量，估计达 2500 万吨；这些活蜘蛛每年会吃掉 4 亿～ 8 亿吨昆虫，这与同时期人类食用的肉和鱼的重量相当。

由此可见，在人类和害虫的搏斗中，蜘蛛是何等有力的助手啊！目前在农业生产上已开始研究把蜘蛛用于生物防治，既可增加农作物产量，又使土壤、水源和食物里少一点残存的农药。有一种住在气候温暖地区的蕉蛛，是一种通常对人类无害的小动物，它们爱吃蟑螂，能使这种令人厌恶的昆虫在整座房子里绝迹。

其实蜘蛛对人类的贡献还有很多。蛛丝纤细，弹性好，比同样粗细的金属丝的耐力大 10 倍，常被用作测量仪器和工具镜的目镜中的十字丝，可代替人工刻线。新几内亚居民用一种透明的蜘蛛网捕鱼，成功率特别高。我国云南省西双版纳茶林中的一种花蜘蛛，若摘去其头部，和鸡蛋一起炒了吃，味鲜美，富含维生素。蜘蛛的胃多存有钾、钙、磷等多种物质，用它及其他物质配成药，可以消肿、治腐烂，疗效很好。

不过，在蜘蛛这个大家族中，也有些毒蜘蛛是人、畜的致命敌人。如广西有一种叫地老虎的毒蛛，能咬伤耕牛，使牛得病，伤重的可导致毙命。台湾产一种叫"达尔马死"的毒蛛，人若被咬，可致命而亡。更有甚者，南美

一、花草树木

亚马孙河森林与沼泽间有一种能吃人的蜘蛛，它们与一种叫日轮花的植物相互依赖，共生共荣。倘若有人触到日轮花和叶子，那些奇怪的长叶就立即卷过来，把人控制住，拖倒在潮湿的泥土上。这时，躲在日轮花旁的毒蜘蛛就悄然而去，以人为食。蜘蛛则以其粪便献给日轮花做肥料，作为答谢的礼物。

（三）伞、扇子、冰……

1. 伞

人们对伞都很熟悉。阴雨天气出门，如有一把伞，身上就不会被雨水淋湿。骄阳如火时节，出门带一把伞，挡住了太阳辐射，会使人感到清凉。伞是人们不可缺少的生活用具。

远在3000多年前，我们的祖先就已发明伞了。晋人崔豹《古今注·舆服》中有这样的记载："华盖，黄帝所作也。与蚩尤战于涿鹿之野，常有五色云气，金枝玉叶，止于帝上，有花葩之象，故而作华盖也。"意思是说，伞是黄帝从鲜花盛开时的倒扣状受到启发而制造出来的，当时称为华盖。《史记·五帝纪》注说，"舜以笠（伞）自捍"。

伞的发明和使用历史悠久。伞的古字为"繖"。《事物纪原》引《通俗文》曰："张帛避雨，谓之繖盖，即雨伞之用。"从这段记载来看，古人的所谓伞是由丝织品做的。最初的伞就是一块绸子张开在一个架子上，供防雨之用。公元前11世纪，周武王伐纣，士卒们在烈日下行军，纷纷摘来荷叶顶在头上遮阳，周武王和那些将领不便将荷叶顶在头上，就下令按荷叶骨架的样式，在行军道上每隔几里建一小亭，供王者停车、休息、避暑之用，人们受此启发而造伞。

也有人说伞是鲁班的妻子发明的。鲁班终年在野外作业，若遇雨雪，常被淋湿。于是鲁班的妻子云氏想做一种能遮雨的东西，供丈夫用。她把竹子劈成细条，在细条上蒙上兽皮，样子像"亭子"，收拢如棍，张开如盖，这就是伞的雏形了。

伞不仅是遮阳挡雨的用具，还是封建统治者的装饰品和权势的象征物。帝王将相出行，要按不同身份使用不同颜色、不同大小的丝绸伞伴行，以示显赫和威严。秦王出巡用黄色的罗伞，以遮阳蔽尘。《后汉书》载，光武帝行经封丘，因城门太小，他的"华盖"进不去，十分恼怒，差一点要把当地的官员斩首。《三国志》里说，吴国的陆逊打败了魏将曹休，吴王孙权命令把自己的"华盖"赐给陆逊使用，以示荣宠。

据《左传·定公四年》备物典册云："谓国君威仪之物，若今伞扇之属。"《晋书·舆服志》云："功曹吏伞扇骑从。"于是皇帝、达官出巡，皆有长柄扇、"万民伞"左簇右拥。及至明朝洪武元年，规定"庶民不得用罗绢凉伞"，只能使用纸伞。

伞在传入某些国家时，曾被称为圣物，缅甸的"巨伞之君"，用的是盖居全国之冠的白色大伞。加纳阿散蒂人举行大典时，要把酋长的镀金木凳放在五彩缤纷的大伞下展览，伞和凳子一样被视为神圣之物。在中世纪，伞更被教廷看成权威的象征，至今仍是教皇的仪仗物。19世纪的维多利亚女王，造成一把价值一万五千美元的宝伞，送给了友邦君主。

伞从我国传到欧洲，大约是在公元1750年，当时一个名叫冈佛耶依的英国商人，他带着一把雨伞，还有许多由我国能工巧匠所制造而欧洲人却从未见过的许多东西，回到了他的家乡朴次茅斯。在一次下倾盆大雨的时候，他撑着雨伞漫步街头，行人都非常惊奇，妇女们为之发出尖叫，年轻人向他飞掷石块，使他险些丧命。按他们当时的道德观念，是反对打伞的，因为老天爷下雨或天晴，本来就是要人们弄湿或被晒的呀！

事后，冈佛耶依不断受到警告，又接到无数次的恐吓匿名信。但他没有被吓住，在雨天仍然一次又一次地撑着雨伞出现在街上。不久，一些摹仿者在朴次茅斯出现了。渐渐地，雨伞在冈佛耶依的家乡立住脚了，并得到整个欧洲人的喜爱。

纸发明以后，丝由纸代替，制成纸伞。宋时称油纸伞。以后，伞在我国历代均有改进，有纸伞、油伞以及现代的尼龙收折伞等。现在尽管有雨衣、塑料雨披之类，但伞还是备受国人喜爱，于是折叠伞、自动开收伞等应运而生，琳琅满目。中国绸伞更是海外侨胞和外宾心爱的工艺美术品，杭州的西湖绸伞已远销欧洲、东南亚、拉美各国。

现在世界各地伞的样式五花八门。1979年在汉诺威博览会上展出的"双人伞"，两人一把伞，一人一个手柄，像两个连体婴儿，使用十分方便。1982年美国制造的"可背伞"，用一根宽绑带系在腰上，伞杆固定在身后绑带的金属上，免了手撑之累。以前，南斯拉夫出现过一种"煮饭伞"，伞骨由镀铬的金属做成，撑开倒放时，聚集点产生300℃左右的高温，可以煮饭、炒菜。此后不久，美国发明了一种"夜光伞"，顶端装有灯泡，电池则装在伞柄内。当雨夜撑着此伞横穿马路时，汽车司机容易发现而减少车祸。

法国生产的一种"音乐伞"，在塑料制成的伞柄内，装有一台微型录音机，当你撑伞行走时，声音便从手柄端部的小喇叭中发出来。后来，国际市场上出售的一种"香味伞"，开伞时，外层能抑制内层芳香的扩散，使伞下芳香扑鼻。

在西方社会，还出现了一种新型的防暴器——催泪伞，如果遇到危险，只要按动伞柄上的微型开关，伞尖马上喷出阵阵催泪瓦斯。

伞在航天技术中也获得应用。降落伞早被用到救生上去了。1959年美国人凯连格创造了气球跳伞的高度最高纪录是23300米。近代喷气式战斗机、轰炸机，以至人造卫星在接近地面时放出减速伞，可缩短滑行距离。而伞翼飞机能在几十米距离内起飞着陆，飞得又低又快。

1974年，美国发射一种应用技术卫星，上面携带一个伞形天线，直径达10米。它与空间通讯卫星相配合，在地面上也可使一种直径1.2米的可折叠的伞形天线。

我国华东师范大学地理系制造的天文伞，伞内绘有北半球中纬度所能看到的头等亮度的星和主要星座，形象地显示出不同季节、时刻的星空情况，是一种识星工具，又能供学校上地理课用。

荷兰的哈特博士发明一种智能雨伞，在雨伞上安装一个传感器，就可以测量降落到雨伞上的雨量，并自动将搜集到的信息通过手机发送到电脑上。这样，如果在一个城市里有数百个这种智能雨伞，会帮助我们更好地了解城市水文的相关状况，也会帮助我们更好地预测洪水的到来，从而采取更及时有效的应对措施。

2. 风雅扇子

炎夏时节，暑气袭人，人们执扇轻摇，凉风习习，顿觉身心舒爽。

远在3000多年前，我国就有扇子了。晋人崔豹《古今注》记载"舜作五明扇""殷高宗有雉尾扇"。不过这是一种长柄大扇。它由侍者手持，显示帝王威风，并"障翳风尘"，故称障扇或掌扇。后来，各代封建帝王出行，其仪仗中都有大型障扇。这在古人物画卷中是常常可以见到的。

作为逐暑之物的扇子，一般不会晚于西汉。扬雄《方言》中说："扇，自关而东谓之箑，自关而西谓之扇。"《春秋繁露》中有"以龙致雨，以扇逐暑"的说法。《淮南子》则云"冬日不用翣",表明当时扇子已成为夏日纳凉的生活用品了。

扇子的种类很多。以制扇的用料不同、外形各异而言,就有羽扇、纨扇、葵扇和草扇(以羽、绢、纸、篾、葵叶和麦秆等原料制作。扇骨和扇柄多用竹、木、牛骨做成)。如按款式和规格计算,约有400余种。

羽扇,其前身为殷周时代的掌扇,多用雉、鹰、雁、雕等鸟羽做成。这种"截轻翼以为扇",在三国时期已很盛行。它柔软轻便,最宜年老体弱的人使用。

纨扇,或叫团扇,盛行于西汉成帝时期,以轻细的绢制成,呈圆形、椭圆形、六角形、方形或瓜形。

折扇又名折叠扇。不少人认为折扇是在11世纪从日本经朝鲜传来的。如北宋郭若虚《图画见闻志》说是朝鲜使者带来作为礼物的。其实中国最早在南齐时就已经有了折扇。《南齐书·刘禅传》中说司徒褚渊"以腰扇障日"。《通鉴》注:"腰扇即折叠扇。"据说这种折扇起初大都是奴仆用的,他们空闲时撒开摇摇,遇到主人便把扇子折拢插到腰里,所以当时称腰扇。也许当时我国生产的折扇工料粗糙,没有被人们重视,以致经历了500多年,直到北宋还不如日本或朝鲜折扇轻巧精致。我国折扇在北宋已散于社会,至明代流行全国,并渐渐形成杭扇、川扇、青阳扇、金陵柳氏扇、吴扇、京扇等各具特色的扇种了。苏州、杭州、南京在明清时期都是有名的折扇产地。这种扇子便于携带,使用的人很多。

葵扇和草扇都比较经济实惠,而且可以一物多用。广东新会是全国著名的"葵扇之乡",距今已有1600余年的历史。葵扇用葵叶制成,造型美、质地轻、纤维密、出风大。驱蚊蝇最有威力,又可以蔽小雨,故有"一把扇半把伞"之说。蒲草编制的蒲扇,可以取凉、遮阳、垫座。四川的棕榈扇,生风、遮阳、挡雨、代垫,一扇可以四用。

古往今来,文人墨客喜欢在扇面上题诗作画,使诗、书、画走出书斋画堂,在社会上广为流传。扇子成为诗、书、画的载体,它本身也成了艺术品。唐朝张彦远《历代名画记》载:三国时,杨修与魏太祖(曹操)画扇,"误点成蝇"。意思是曹操画扇,不小心掉下一个墨点,聪明的杨修便顺势将墨点画成一只"苍蝇",一会儿曹操过来,竟用手去拍打扇面上的苍蝇。从此,"误点成蝇"的故事便在画坛流传。《南宋·柳恽传》记载,南朝诗人柳恽有首《捣衣诗》，其中"亭皋木叶下，陇首秋云飞"两句深受宁朔将军王融赞赏，当即题写在自己的纨扇上。南朝至唐、宋时期，文人雅士在扇面上题诗作画，竟成时尚。中唐时期人物画家周昉的《簪花仕女图》上，跟随贵妇的仕女们手中所持之纨扇，上面就绘有牡丹画。南宋马远有竹鹤扇面画册，马麟有桂花扇面画册。扇子因有名人诗画而身价大增。《晋书》中说，大书法家王羲之居住绍兴蕺山时，遇一老妪卖扇，货不畅销，于是为之在扇面上题字，结果扇子很快被抢购一空。元代郑元佑对扇子情有独钟，常在扇面上题诗作画，在他的《扇面写山次韵》题画诗中便可见一斑："宋诸王孙妙盘礴，万里江山归一握。卷藏袖中舒在我，清风徐来縠衣薄。"

明代唐寅在画扇《山房客至》上题诗："红树黄芳野老家，日高小犬吠篱笆。合村会议无他事，定是人来借看花。"此扇诗书画三绝，被视为难得的艺术品。北京故宫博物院珍藏的明代书画扇面达两千多种。清代"扬州八怪"也将他们的书画佳作留在扇面上。

明清时代的扇面俊丽高雅，为历代鉴赏家所酷爱。你看，那扇面上的人物，落笔圈转，博采简淡，或笔法工细，设色艳丽。那扇面上画的山水，更是秀鲜雅丽，拥翠浮岚，葱茏秀媚，或层峦回流，瑰异精华。至于那扇面上画的花鸟，则多属珍禽瑞鸟，奇花怪石，逸情野趣，跃然纸上。同时，扇面上的书法风格多姿，千变万化，令人爱不释手。

历代出过不少扇子收藏家，乾隆皇帝就是其中一位。他收藏的元明两代的折扇就有300多把，经画家张若霭编目列序，乾隆为之题词，成为研究扇文化的珍贵史料。京剧艺术大师梅兰芳喜好收藏名扇，他收藏的数以百计的扇子中，大多是湘妃竹折扇，唯有一把是圆形的绢面纨扇。这把扇子是1924年5月，印度大诗人泰戈尔在北平看了梅兰芳先生演出的《洛神》后，亲手所赠。扇面上有泰翁的即兴题诗，系用孟加拉文和英文两种文字书写的，其价值之珍贵可想而知。作家老舍收集的数百把名扇中，有明、清和现代书画名家题诗作画的珍品。作家郑逸梅一生收藏了大约400把名扇。其中他自己最珍爱的一把是由章太炎手写篆书、大画家吴湖帆所绘绿梅的书画扇。当代著名作家叶文玲也有收藏书画扇的雅好。其收藏的书画扇中，有一把格外引人注目。此扇面上有当今几十位文化名人的书画或签字，其中有刘海粟、冯友兰、华君武、曹禺等大家的书画或题诗，琳琅满目，美不胜收。

十分有趣的是，扇子同戏剧、舞蹈结下了不解之缘。在传统戏曲舞台上，扇子成为包括各个行当在内的一些节目中必备的道具。一把扇子，可代笔墨，可作刀枪，可增风流儒雅，可添无限娇媚。如诸葛亮手中的羽毛扇，铁扇公主的芭蕉扇，特别是李慧娘手中的阴阳扇，观众一看就知道演的是《红梅阁》。在戏剧表演中，文生以扇尽展其潇洒，旦角以扇掩其娇羞，花脸以扇添其威武，丑角以扇更逗其滑稽。扇子在他们手中挥洒自如，无不各尽其妙，给表演艺术锦上添花。尤其是梅兰芳演戏，极讲究"扇子功"。他在《贵妃醉酒》一戏中，借助一把折叠扇巧妙地表达了杨贵妃婀娜醉态和复杂心理。扇子在戏剧表演程式上，也颇有讲究。如文生扇胸，花脸扇肚，小生不过唇，黑净到头顶，丑扇目，旦掩口，媒婆扇两肩，僧道扇衣袖，等等，都有一定之规。川剧名旦阳友鹤苦练用折扇表演 70 余种姿态，令人叫绝。

扇舞在晋代就有了。唐代的"霓裳羽衣舞"，翩翩迷人、造型优美。近代的扇舞更是百花争艳，婀娜多姿。至于相声和说书艺人，扇子几乎成一刻不离的道具，常用扇子模拟刀、枪、笔、木，使表演更加传神。

在文艺作品中，把扇子作为题材的，代代佳作迭出。1900 多年前，宫廷女诗人班婕妤，因失宠于汉成帝，托词于纨扇，写下了流传至今的《怨歌行》："新裂齐纨素，皎洁如霜雪。裁成合欢扇，团团似明月。出入君怀袖，动摇微风发。常恐秋节至，凉飙夺炎热。弃捐箧笥中，恩情中道绝。"以扇作喻，状物言情，写出封建时代里女性的年增色衰之不幸。唐代诗人杜牧曾写过一首脍炙人口的《秋夕》诗："银烛秋光冷画屏，轻罗小扇扑流萤。天阶夜色凉如水，卧看牵牛织女星。"十分形象地描绘出一幅动人的秋夜纳凉图景。苏东坡在《念奴娇·赤壁怀古》中有："遥想公瑾当年，小乔初嫁了，雄姿英发，羽扇纶巾，谈笑间，樯橹灰飞烟灭。"这是借羽扇刻画出周瑜风流儒雅、具有大将风度的英武形象的妙句。

在小说中描写扇子，人们自然想起《水浒传》中白胜的唱词："赤日炎炎似火烧，野田禾苗半枯焦。农夫心内如汤煮，公子王孙把扇摇。"揭露有闲阶级寄生生活，对劳动人民寄予深切同情。《西游记》借助一把能扇灭八百里火焰山的芭蕉扇，创作了"孙悟空三借芭蕉扇"的动人故事。曹雪芹的《红楼梦》里也写有"晴雯撕扇"的篇章。

关于扇子，民间还流传了一些好故事。《东观汉记》的《扇枕温席》篇里说："父况，举孝廉，为郡五官。贫无奴仆，香躬勤左右，尽心供养，冬无被跨，而亲极滋味，暑即扇床枕，寒即以身温席。"后来，《扇枕温席》便成为子女尽孝道的典范。

由于扇子是人们夏日随手携带之物，其大小、形状、颜色和摇扇的动作，一定程度上可看出人的身份、性格、心境和艺术爱好。扇子，在民间又常作为一种信物，表示合欢、同心、比翼之情。在社交界，有时扇子也作为礼物，用以赠行。

经过文化与科技进步的催化，古老的扇子艺术不断开出新花，扇子做工越来越精细，用料越来越考究，各地扇子名牌产品层出不穷。创制于公元前200年的湖州羽毛扇，以花纹天然、形象雅致、光滑明亮、质软风柔四大特点，成为扇苑中一朵奇葩。杭州的黑纸扇雨淋不破，日晒不鼓，百折不断，堪称扇中佳品。姑苏檀香扇始于1920年，素有"扇中之王"的美称。它是由折扇演变而来，以印度出产的檀香木做扇骨而得名。檀香扇用料考究，做工精细，尤以"花画""拉花""烫花""雕花"四花合一最为名贵。

始于清朝光绪年间的四川自贡扇，也叫竹丝扇，由于它的编织工艺精湛绝伦，有"灿若云锦，薄如蝉翼"之美称，被誉为"龚子扇"，是我国四大名扇之一（另三大名扇是湖州羽毛扇、杭州折扇、苏州团扇）。龚扇的扇柄，一般多用白色牛角，并饰以有蝴蝶结的流苏。此外，还有广东新会火画扇、江苏、山东麦秆扇，江浙的绫绢扇，以及棕榈扇、芭蕉扇、湘妃扇、罗汉扇、象牙扇、平板竹扇等，在传统技法上都不断有所创新，又每每集诗、画、书法、雕刻于一身，用起来就更见风致了。

扇子，如今不但有着逐暑祛热等实用价值，而且成为一种精巧的民间美术工艺品，丰富着我国人民的文化生活，并愈来愈受到国外人们的欢迎。

3. 冰，特殊的冰

每当寒冬来临，河塘水面便开始结冰了。

冰是水凝结成的，温度降到0℃时，液体的水就变成了固体的水。由于水结成冰时体积膨胀，因此冰比水轻，它总是浮在水面上，晶莹透亮，格外引人注目。

其实水下也有冰。水下冰有潜冰和锚冰，它们也都是由于降温而形成的。潜冰，由直径约 0.5 厘米的圆形晶粒组成，当海水接近冰点时便开始形成。由于潜滞作用，小小的晶粒便悬浮在海水中。锚冰则是由潜冰的晶粒相互粘接而成，附着在海底的礁石上。

世界上有许多海域都存在潜冰、锚冰。它们出现的时间，在北冰洋是 9 月份，在阿拉斯加湾是 10 月，在我国渤海、黄海则是 12 月。它们在水下能存在较长时间，对海生物生长发育的影响较大。

江河湖里的水，结成的冰的味道是淡的。海水中含有大量溶解盐类，因此海水冰形成时，首先出现相互交错的针状冰和薄片冰，部分盐质从冰晶间析出而溶入海水中。海冰的含盐量总是低于形成它的海水的盐度，一般为 3‰～7‰，这种冰是淡的。在含盐量较高、温度低的海区形成的海冰，形成快、浓度高（来不及析出盐类）。如西伯利亚沿岸测到的海冰最大含盐量为 14.59‰；而在南极大陆附近测到海冰的含盐量达 22‰～23‰，这些冰就是咸的了。

随着现代科学技术的发展，人们还发现了一些特殊的冰，它们都有自己奇异的"脾气"。例如重冰，密度比水大，一放到水里就立即下沉。又如坚冰，在水里加入纸浆后到 -30℃才凝固的冰，其坚硬程度足与钢铁媲美，可抵挡住炮弹的轰击。还有一种热冰，它是 39000 个大气压下，高温 180℃的水结成的冰；在 10 万个大气压下，360℃的水也能结冰。这么高的温度，常压下水银也快沸腾了。

特殊冰的特殊脾气是由水分子的排列方式和致密程度不同所造成的。它们不仅可用人工方法获得，在自然界中也有存在。号称世界冰库的南极洲，冰层的平均厚度为 2000 米，最厚处达 4000 米[①]，厚厚的冰层下面，就有密度大得惊人的重冰。地球内部的压力与深度成正比，在高压下就可能出现特殊的冰。

值得一提的是，据科学家研究，纯净的水要在 -40℃以下才结冰。可是普通水在 0℃就结冰，这是什么缘故呢？过去有人认为，这是由于水中存在着矿物质微粒，但是实验结果却否定了这一看法，当温度降至 -10℃时，矿物质才

---

① 1975 年 1 月 4 日，一架美国南极考察飞机在威尔克斯兰（南纬 69°9′38″，东经 135°20′25″），用无线电回声探测仪测得这里冰层厚达 4776.216 米，这是地球表面冰层厚度的最高纪录。

会成为结冰的核心。那么，问题究竟何在呢？原来，在水中有一种致冰细菌，其表面有一层特殊的磷脂蛋白，正是它成为冰的晶核，使水在0℃凝固成冰。假如没有这种肉眼看不见的微小的致冰细菌，地球上冰的家族和脾气，就将是另一副样子了，甚至连地球上的生命形态也可能大大不同于现在了。

奇怪的是可燃冰，学名叫"天然气水合物"。其成分，甲烷占80%～99.9%；其产地为海底区域（大陆边缘隆起处岛屿的斜坡地带）和大陆永久的冻土带；其形成条件，一要有一定数量的天然气，二要有一定的低温（在0～10℃时生成，超过30℃会分解消散），三要在高压下生成（0℃时需要30个大气压）。全球可燃冰储量预估是现有煤、石油、天然气储量的两倍。其燃烧能量高于煤、石油、天然气的10倍，且高效清洁。

可燃冰在我国境内储量，南海地区相当于680亿吨石油，青海地区相当于350亿吨石油，青藏高原的预计储量更大。2013年，我国在珠江口盆地东部海域发现超千亿立方级可燃冰矿藏。2017年5月18日，我国在南海神狐海域天然冰试采实现连续187个小时的稳定产气。这是我国首次实现海域可燃冰试采成功，是"中国理论""中国技术""中国装备"所凝结而成的突出成就。

有一种名不副实的冰——干冰，它不是水冻结的冰，而是由二氧化碳气体加压冷却凝结而成的，很像冬天压结实的雪块。1946年，人们发现干冰是很好的制冷剂，还可以进行人工降雪。

地球的近邻火星，在它的皑皑极冠上，就覆盖着数不尽的干冰。火星大气里的二氧化碳含量达到95%以上，而在它的两极，气温又常常降到-120℃以下，使二氧化碳直接由气态凝华成干冰。天文学家在望远镜里看见火星上经常下鹅毛大雪，实际上这是由干冰组成的鹅毛大雪。

4. 祖国的海上长城

在我国大陆的东南沿海，岛屿像一颗颗宝石，嵌在那波涛万顷的海面上。据统计，我国沿海的岛屿大小共有5000多个。如果把海南岛、台湾岛和澎湖列岛、舟山群岛、渤海口的长山群岛以及其他许多小岛用线连起来，略成弧形，便构成了一条天然的"海上长城"。

岛屿，是大自然的杰作。在我国的5000多个岛屿中，以大陆岛的数目最多，约占总数的95%。它们距离我国大陆通常只有3～5千米，最近的可以建座桥梁和大陆相连（如厦门岛已有长达 5 千米的大堤和大陆相连），最远的也很少超过 50 千米。其中有的与大陆并列分布（如舟山群岛）；有的孤立或成群地分布在大陆架上（如海南岛）；也有的是位于 2000 ~ 2500 米的大陆坡上，外缘常有很陡峭的斜向深海（如台湾岛及其附属岛屿）。这些大陆岛大都是滨海陆地下沉的残余部分，假使海面降低 200 米，就会完全与附近大陆连在一起。在长江口的崇明岛也是大陆岛，但在形成上，是由于长江从上游挟带下来的泥沙大量堆积而形成的。

在生成上与大陆毫无关系的岛屿，叫作海洋岛。我国的海洋岛中，多火山岛和珊瑚岛。火山岛广泛分布在台湾海峡中，距离我国大陆平均约 100 余千米。当火山喷出的岩浆堆积起来，突破海平面的时候，就是一个单独的火山岛。

在我国辽阔的南海中，珊瑚岛星罗棋布。它们距离祖国大陆较远，最近的约 260 千米，远的达 2000 多千米。南海地处低纬热带，具备了珊瑚虫生长的条件（水温不低于 20℃，海水盐分不超过 33‰，水深不少于 80 米），200 多个南海诸岛，大都是珊瑚虫遗体的堆积物。珊瑚虫的个体一般长 0.2 ~ 20 毫米，喜欢成群地固着海底的岩石往上生长，从海水中猎取食物，消化后便分泌出石灰质构成外骨骼。随着珊瑚虫的生生死死，死后的群体骨骼便逐渐在海底堆积、胶结起来，经过漫长岁月，变成略微隐伏在海面之下的暗滩或暗沙；有的位于海水高潮位和低潮位之间，成为暗礁；有的露出水面，成为沙洲或岛屿。南海诸岛中的大部分就是由这些岛屿、沙洲、暗礁、暗滩、暗沙构成的。

我国沿海的这些大小岛屿，自古以来就是中国固有的领土。它们不仅蕴藏着丰富的自然资源，并且是开发海洋宝库的"踏脚石"，有些岛屿又是海洋航运的中途；在军事上，更是我国海防的前哨，神圣不可侵犯。

5. 石油的农业妙用

石油不仅在工业上有着广阔的用途，在农业上，也是大有作为的。

从石油中制得的一种土壤覆盖剂，将它均匀地喷洒在种子地上，能形成连续的薄膜带，保持 4 ~ 10 个星期不被破坏。这种"被子"虽然很薄，却能阻止种子地的水分蒸发，使土壤保持一定的湿度，又能较多地吸收太阳光热，使土壤升温。于是，作物就能最有效地利用最少量的雨水，大大地增进抗旱效果，防止土壤被风和水侵蚀，降低肥料的损失，使种子均匀、迅速地发芽，幼苗健壮、迅速地生长，从而可以提早收获，增加产量。据试验，给作物盖上这种"薄被"之后，可以使棉花增产 26%，胡萝卜、南瓜、洋葱增产 10%，谷类作物增产一倍。

石油的废液通过精炼，可以制得一种助长剂。在 1 公顷土地上，施用这种助长剂 5 ～ 30 克以后，可使谷物产量增加 25% ～ 40%，棉花产量提高 3.5 ～ 5 担（约合 175 ～ 250 千克），白菜 38 ～ 65 担，番茄 63 ～ 75 担，绿茶 8 担。这种助长剂也是一种除锈剂，若配成 20% ～ 30% 浓度的溶液，在杂草上喷洒两次就能杀灭杂草。若在牲畜饲料中加入微量的这种助长剂，还能使家禽的重量增加 6% ～ 12%，母鸡的产蛋率提高 13% ～ 18%，猪的体重平均每昼夜增加 10% ～ 17%！

在提炼石油时，能得到一种废气，废气中的甲烷和氨，是制造氨水、"肥田粉"——硫酸铵和尿素等化肥的重要原料。常见的农业杀虫剂如敌百虫、1605 以及除草剂 2.4-D 等，也都来源于石油化工产品。

利用石蜡和沥青的混合物作为化肥的"外衣"，能使庄稼"少吃多餐"，不断地逐渐地获得养分。将化肥颗粒与约占化肥量 2% ～ 15% 的石蜡与沥青混合物分别予以加热，再互相混合起来，就可以使肥料"穿上衣服"，降低肥料释放的速度，供作物慢慢享用。在玉米地上施用"穿衣肥料"比施用"不穿衣肥料"，可以提高收成的 17%。

石油中的铯和烃分子，能通过植物叶面的气孔钻入体内，阻碍病菌孢子的正常发育和生殖过程，因此，可以防治香蕉、油桐、苹果、马铃薯、番茄、糖萝卜和少量的真菌病害。

（四）迈向 21 世纪的科技发展大趋势

1997 年 10 月 27 日，

人类正在迈向 21 世纪。

20 世纪后半叶，人类社会的进程超越了在此之前的几个世纪。政治家、历史学家、社会学家或许对此有着不同的解释。然而，有识之士们都不约而同地达成了共识：人类历史前进的主要原动力来自科技进步。

这里，我就迈向 21 世纪的科技发展的大趋势做一介绍。

1. 科技发展的历史回顾

火的利用，石器的利用，铁器的利用等，对人类社会进步都有划时代的意义。

在公元 3 世纪到 13 世纪长达一千年的时间里，中国科学技术远远走在西方的前面，为现代科学在欧洲的诞生创造了条件。中国古代科技四大发明和众多的科学发现，先进的农业耕作技术和手工业技术等，都曾遥遥领先于西方诸国。从公元 7 世纪到 13 世纪，唐宋 500 年的繁荣，在科学文化方面的伟大成就，曾为世界百国所仰慕。

远在 2000 多年前的战国时期，我们的祖先就利用天然磁石制成勺状，放在盘上，静时指向南方。11 世纪中叶，宋代沈括在《梦溪笔谈》中对指南针、指南鱼有详细记述。300 年以后（15 世纪），意大利马可·波罗才在中国见到罗盘并在十六世纪把它传入欧洲。宋代，我国已有庞大的商船队航行在太平洋、印度洋上，这是与用指南针导航分不开的。到明朝初年（1405～14333 年），三宝太监郑和七次下西洋，历经 28 年，到达东南亚、非洲、南美洲，比哥伦布发现美洲大陆早 90 年。郑和的船队有 60 艘船，其中郑和所乘的旗舰（宝船）长 147 米、宽 46 米。而现代的驱逐舰一般长 120 米、宽 20 米，排水 5000 吨；巡洋舰长也只有 200 米、宽 30 米，排水 10000 吨。史书记载的郑和旗舰这么大，过去西方史学家一直不相信。直到 1995 年南京出土了一个明代造船厂的遗址，其中有一个舵的轴，是木制的，高 12 米（约四层楼高），直径 0.42 米，这才解除了疑问。这说明，在 15 世纪前，中国的科学技术是世界领先的。

火药大约在9世纪发明，已有1000多年了。火药最初是用来治癣的，用木炭、硫黄、硝石混合制成，后来才发现可以做焰火和武器。北宋时（1126年）李纲用霹雳炮击退金兵就有记载。1276年，元朝与日本打仗时也使用了火炮。欧洲是在1313年才有第一台火炮（德国），比我们晚了200年。

东汉蔡伦造纸是在公元105年（此前一直是用简与帛）。经过500年，到公元6世纪，我们祖先知道在纸浆中加树脂，使质量大大提高，走向实用。7世纪（唐代）又发明了染色（黄色和金色）。欧洲到1150年才有造纸术（西班牙），比中国晚了1000年。

隋唐时代雕版印刷已很普及。唐代敦煌千佛洞中的《金刚经》是世界上有记录的最早的印刷品。到北宋时毕昇发明活字印刷术，用的是木活字，比德国在1440年发明木活字早很多。

马克思认为，中国指南针的发明影响了世界的航海术，火药的发明影响了世界的战争，纸和印刷术的发明影响了世界文化和文明的传播。这是中国人的骄傲，可惜从明朝中叶第五代皇帝朱瞻基下令封关自守以后，我国先进的科学技术没有转化为近代科学，以后几百年又备受西方列强的欺辱，把中国搞得贫穷落后，愚昧无知。

欧洲从16世纪开始文艺复兴运动，这是一次思想革命和思想解放的运动，哥白尼日心说理论的出现，标志着近代科学的诞生。到16、17世纪，牛顿力学的诞生、微积分的创立、血液循环的发现、显微镜的发明、化学元素概念的出现，等等，使人类在科学知识、科学思想和科学方法上开创了一个新纪元。

18世纪中叶，由于蒸汽机的发明，英国成为世界上第一次产业革命的中心。英国政府重视科学技术的发展，鼓励发明和工具改革，推动以蒸汽机为动力的纺纱机和各种动力机械的应用，使英国棉布产量100年中增长了160倍，导致了近代机器制造业的兴起，使世界进入一个用机器制造机器的工业时代，出现了生产的专业化和产品的社会化，使英国积累起大量财富，成为世界经济和科学中心长达200多年。

继英国之后，德国成了世界上又一个科技与经济的中心。德国在19世纪以前一直是个分裂的落后的国家，到1871年才真正统一，它的工业化进

一、花草树木

程比英国晚了一个多世纪，但它借助重化工、冶金和制造技术的突破，并在工业中首创了科学试验室，通过 30 年的努力，到 20 世纪初经济实力已超过英国，科技水平也跃居世界前列，如相对论、量子论都出自德国。

18 世纪末，美国建国时就注重以科学技术为本。19 世纪后期，由于电力、钢铁和铁路交通的发展以及内燃机技术的普及，使得美国在南北战争后能集中国力，通过建立最早的专利局和艾迪生研究所等，鼓励技术创新，发展经济，经过 150 年的努力而迅速崛起，到 19 世纪末工业总产值就超过了英国，成为经济、科技的超级大国。

日本在 1860 年明治维新以后，大力倡导科学和教育，在第二次世界大战中失败后仍以科技立国，使资源匮乏的小国创造了短期经济起飞的奇迹。

韩国靠技术立国，短短 30 年时间，国内生产总值增加了一百多倍。

所以马克思、恩格斯指出，"现代科学与现代工业一起变革了整个自然界""大工业把巨大的自然力和自然科学并入生产过程，必然大大提高劳动生产率"。马克思、恩格斯这里所讲的"科学并入生产过程"和"科学与工业共同变革自然界"这两个命题是非常深刻的。更不用说 20 世纪由于科学技术的突飞猛进而带来整个世界的巨大变化了。

2. 20 世纪高技术及其产业的发展现状

20 世纪是人类历史上辉煌的科学技术世纪。其中最重大的事情就是出现了高新技术。

一般认为，高新技术的出现是在 20 世纪的 50—60 年代，以半导体、电子计算机、激光、原子能利用和空间技术为标志。高技术一词正式出现是在 1961 年美国的一本月刊上。从 20 世纪 80 年代开始，全球兴起了高技术研究热和随之而来高技术产业的兴起。高技术，一般认为其物化形式即产品，其中凝聚的科学技术比重要高于其他一般技术产品。高技术产业在资金和技术劳动的投入上要比一般产业高十倍以上。也有人认为，职工中有 30% 以上大学毕业生的企业就是高技术的企业，这表示知识密集是高技术的重要特征之一。美国科学基金会认为，一个高技术企业要支持它的持续发展，其研究发展经费应不低于企业年净销售额的 3.5%，这一指标远高于一般工业企业。

这里，不可能全面介绍高技术的各个领域，只选择生物技术、信息电子技术、新材料技术、新能源技术、航天技术等，分别谈谈它们的发展现状。

(1) 生物技术

地球上约有 100 多万种动物、30 多万种植物和很多种微生物。人类、动物和植物可以代代相传，但直到 20 世纪 40 年代末，人们还不知道遗传信息的载体是什么。摩尔根虽然早就提出细胞中的染色体是基因的载体，但基因又是什么，却没有人知道，直到 1952 年，美国科学家赫尔希和美国生物学家蔡斯通过同位素标记的 T_2 噬菌体增殖实验，才证明了生物体的遗传物质是脱氧核糖核酸，即 DNA，而不是蛋白质，而每一个 DNA 分子都有许多基因，为什么儿子像父亲或母亲，就是因为儿子的 DNA 分子模板有一半来自父亲，有一半来自母亲，这就是遗传。通过 DNA 对遗传信息的携带、贮存和传递，与蛋白质一起形成染色体和细胞核，从而使新的生命保持原有生命的性状。证明 DNA 是遗传物质的实验震动了世界，从而开创了分子生物学的新领域。

1953 年美国的沃森和英国的克里克发现了 DNA 的双螺旋结构。DNA 分子是由四种碱基核苷酸分子所组成的两条长链缠绕而成。生物遗传基因的密码由四种碱基的特定排列次序所编码。人体中独立的基因数约 10 万个。每个基因含几百到上万个碱基对，共有约 30 亿个核苷酸碱基对，分藏于 23 对染色体的 DNA 之中。

自 DNA 双螺旋结构发现以来，从分子水平上了解物种进化和亲缘关系，了解生命在分子和细胞层次上的活动规律有了不少进步，如已经可以分离和重组基因，对生物活性与蛋白质的关系也有了新的知识，但人们对生命现象的大量内涵仍缺乏了解。例如，人体中的数亿个细胞，最初都是由一个受精卵发育而来的，它们中的每一个都不是自主的实体，一旦通过 DNA 遗传以后，就像机器一样能精巧运转，对外部条件做出反应，DNA 中的编码信息究竟怎样发挥作用，使不同器官的细胞准确地按时间发育，按空间排列，互相协调地发生相互作用，以及根据什么使部分细胞分化、联合成四肢，或内部器官，或神经系统，什么时间启动或停止这些器官的发育、生长，这些都还是未解之谜。

不过，现在科学家对生命现象的认识毕竟已深入到核心层次了。目前已

一、花草树木

知道人体中的 2～3 万个基因，每个基因都是一个长链的生物大分子，但要搞清它的结构很不容易。2～3 万个基因包含了 30 亿个碱基对的排序，全世界科学家都在合作破译这些信息，一旦成功破译这些信息，就会对治疗疾病、防止衰老、延长寿命甚至复制生命产生重大影响。在揭示生命本质取得实质性进展的同时，一门以上述成果为基础，利用生物体系和工程原理来生产生物制品、培育新物种的综合应用性学科——生物技术，自 20 世纪 70 年代后获得了迅速的发展。

生物技术是当代一个新兴的高技术领域，它包括基因工程、细胞工程、酶工程和发酵工程。在基因工程领域已有许多遗传工程公司建立，如美国旧金山的 qeni—Teck 公司，有 2500 职工，一半是大学生，80 个博士后，60 亿产值，主要生产基因工程的抗凝血（心脏）、哮喘、侏儒（人体生长激素）三种药。我国也可生产 α 干扰素、人胰岛素、乙肝疫苗、牛口蹄瘟疫苗（英国疯牛病）。此外还有基因工程杂交稻、固氮、快速生长的工程鱼、动物生长激素培育的硕鼠、香蕉的快速繁殖、彩色棉花（红、黄、蓝、橙等）、彩色蚕丝、水解蛋白质的蛋白酶（耐温抗碱）等。1986—1994 年，全世界批准进行田园试验的转基因植物达 1467 例，包括油菜、玉米、棉花、大豆等作物。中国农科院培育成的抗虫高产转基因抗虫棉新品种——中植 372，苗期抗蚜虫，中期抗棉铃虫，已进入大田示范，在 1992 年棉铃虫特大暴发期，其受害率仅为 4%，亩产皮棉 2 担以上，比中棉 12 增产 10%。而那一年全国因棉铃虫为害损失皮棉共 1500 万担，价值 100 亿元。生物技术在解决人类食品、营养、健康、医疗等许多方面，已成为新的产业门类。

生物技术在工业方面也有广泛用途，例如净化环境、处理污水等，还可以用于采矿和生产能源。当前一些发达国家还把研究的重点放在生物传感器、生物芯片和生物电脑三个方面。生物传感器可以移植到人体或动物中进行各种测试。生物芯片比硅芯片具有更高的性能，它可由蛋白质工程着手，设计并合成适用于生物芯片的新蛋白质。生物电脑将像人脑那样具有学习、记忆和推理的思维能力。美国用 80 亿美元在 20 世纪 90 年代实验规模巨大的"绘制人类基因结构图"计划，要在 21 世纪初查明人类 DNA 中全部 30 亿个碱基对的排序，以确定全部的基因，揭开生命的奥秘。

（2）信息电子技术

据有关文献记载，文献信息的总和，从 1950 年起每 10 年翻两番，从 1970 年起每 5 年翻一番，所以人们称之为"信息爆炸"。广义地讲，信息就是人类社会创造的知识的总和。通过读书受教育或其他形式获取的知识（如对前人信息的继承）；用语言、文字或图画（如讲话、写信、电视画面等）来表示的新闻或消息；对事物作出判断并指导行动的外界刺激或所需的资料（如根据各种灾情作出救援决定，根据医生或医疗设备诊断的结果采取相应的治疗手段）等，就是人们通常所理解的信息。

狭义地讲，信息就是消除事物不确定性的一种表达。例如：树从直立到倒下，狼烟从没有到升起，就是给我们"敌人来了"的信息。如果从二进制数学来看，前者是从 1 变 0，后者从 0 变 1，给出的都是最小的 1 比特的信息量。

信息技术指的就是信息的采集、识别、传输、分类、存储、加工和处理等技术。而信息科学则指信息技术的理论基础与方法，包括通信理论、计算机科学和各类信息处理的理论。

信息技术是现代文明的技术核心，它以计算机和通信技术为主体。

①通信技术

通信是人类交换传递信息的重要手段，是人们生活中不可缺少的因素。通信技术的任务是高速度、高智能、多功能、多品种地处理和加工各种形式的信息。

近代通信始于 1844 年。1838 年，英国建立了世界上最早的电报线路，但到 1844 年美国人莫尔斯发明用长、短电码的编码来传递信息，才开始了近代通信。20 年后，到 1866 年，横跨大西洋的海底电报电缆铺设成功，发展很快。1876 年美国人贝尔发明了电话，使声音的传输得以实现。这两项发明的直接结果是建立了电报电话公司，并迅速产业化。

1897 年意大利的马可尼发明了无线电，解决了天线辐射问题，开创了无线通信。这项技术在意大利受到冷遇后，马可尼来到英国，英国邮电大臣慧眼识精英，立刻给予支持，建立了马可尼无线电报公司，1901 年就实现了跨越大西洋的无线通信，这是通信史上划时代的事情，并且第一次在海上救援中发挥了作用。

在这以后，通信、广播事业发展很快：1906 年美国发明了无线电广播，第一次播出的是音乐和圣经故事；1916 年出现了无线电话；1921 年出现了第一个有线电话的自动交换系统；1929 年就发明了彩色电视；1934 年超短波电台出现；1936 年发展了微波理论；1937 年发明了雷达。

第二次世界大战以后，由于晶体管和集成电路及计算机技术的发展，使通信技术有了长足的进步。现在世界通信技术的发展速度惊人。

一是传输系统以大容量宽带系统为主。在过去十来年中，光纤通信传输速率增加了 100 多倍。目前商用光通信系统的最高速度可达 10 Gb/ 秒，相当于 100 万条话路。

二是通信网正经历重大变化。发达国家通信网已基本实现数字化，目前正在向宽带综合方向发展。在通信网发展中，智能网络中引入诸如语音识别、话音合成、人工智能、神经网络等新技术，对今后网络的发展将产生重大影响。

三是移动通信正在加快发展。目前数字移动通信系统技术发展极快。

四是新业务层出不穷，多媒体通信初现端倪。如可视电话、电视会议、电子信箱、语言信箱、电子数据交换、大众广播、虚拟专用网等新业务不断发展，特别是国际互联网络业务发展非常迅速。

五是国际互联网络加速发展。国际互联网络不过是"信息高速公路"的主干网，它通过专用线路或公共电话网把世界上许多不同的计算机网及计算机联接起来，互相提供或获得各种服务，并通过共同协议的软件来协调它的功能。目前国际互联网络主要有以下四种用途。

其一，传送电子邮件。每个用户都会拥有一个属于自己的，在全世界范围内唯一的电子信箱。在这里，传统的信纸、信封、投递、邮寄、分送等业务将被计算机所取代，并且可以在几分钟之内，把"信"送到世界上任何一个通信者的电子邮箱中，再快的"特快专递"也无法与它媲美。

其二，传输各种新闻及文本文件，使得"秀才不出门，能知天下事"，及运筹帷幄而决胜千里真正成为现实。

其三，计算机协同作战。通过远程终端协议把不同地区的计算机组织起来，共同完成一项单独一台计算机无力完成的任务。

其四，通过电子公告牌共享信息。在国际互联网络中有数百个不同领域的电子公告牌，如科技、商业、医疗、教育、体育运动、旅游、社会热点等栏目。每个栏目的公告牌都被成百上千的计算机共享，用户随意选择在哪一个公告牌前驻足，就可以与全球任何一个角落的人们相识、交谈、互相了解。

国际互联网改革了传统通信公司根据通信时间和距离来计价收费的老办法，而用租用专用线路的用户服务公司全年一次性固定付费的方式结算，收费低廉。如一条专用宽带每秒可传送 150 万比特的线路，一年只需两万美元的费用。这使得共用这条专线的大量用户，只要交少量的费用就可以毫无顾虑地大量使用，解除了占用通信线路时间要付费的烦恼。新的付费形式对社会中不太富裕者是一种优惠，但却大大刺激了国际互联网络的使用，并引起了不少大通信公司相继降低费用以争取用户的激烈竞争，而用户的急速扩展，又使得降价后的公司仍有丰厚的利润。

我国通信网装备技术与国际先进水平差距不大。截至 1994 年底，我国已建成长途光缆总长度约 7 万千米，数字微波约 5 万千米，建成公用大型卫星地球站 20 多个，全国电话普及率达 3.4%，数字程控交换机的比例已达 98% 以上，长途传输数字化比例达 80%。建成了覆盖全国共有 6000 多个端口、功能先进的骨干分组交换网，用户可直接进行国际国内数据通信。不过，我国在用户普及程度和网络的运营管理技术及国产通信设备的工艺技术水平、软件等方面的差距还很大。

我国"863"通信高技术计划提出的 2000 年的目标是智能综合宽带通信网，主要由光纤通信、移动通信和卫星通信组成，通过国家示范网，建立一个国家全域的先进通信网，即我国自己的信息高速公路。

②计算机技术

计算机技术是信息社会、信息产业的核心技术。在市场需要和社会发展的驱动下，计算机技术不断地向着提高速度、增加容量、扩大功能和缩小体积的方向开拓。

硬件技术方面。大型机虽然占的比重不大，但仍然是国家科技、经济、国防战略地位的象征。目前世界上运算速度最快的计算机已达 1 秒钟 1000 亿次以上浮点运算。未来的目标是一种 3T 机器，即"万亿次浮点操作计算万亿字节的存储器及 CPU 与内存之间的每秒万亿字节的带宽"。计算机的应用已渗透到经济建设和社会生活的各个方面。

从计算机的技术发展上看，高性能计算机的主流技术是大规模并行处理，微机处理器的主流技术是精简指令系统，终端显示及处理主流技术是多媒体。美国 IBM 公司将研制一种每秒运算 3 万亿次存储 2.5 万亿字节的高超级计算机，能模拟核爆炸。另外，虚拟现实、光子计算机、神经元计算机、超导计算机及光子存储器都在研究之中。

我国已研制出的大型银河——Ⅱ型巨型计算机，运算速度已达每秒 10 亿次，并且研制成功每秒 26 亿次的并行计算机系统"曙光 1000"。微机在我国已得到广泛应用。

软件技术是计算机系统的中枢神经，有计算机自身运行需要的系统软件，又有大量面向用户的应用软件。我国的软件研究和软件产业都跟不上硬件的发展速度。目前开发软件平台，实现软件生产模块化，使大部分软件能相互移植、兼容，非常重要。在应用软件中，汉字处理是十分重要的软件，在中国销售的所有计算机都将带有汉卡即汉字处理软件，从输入编码、处理、到结果显示等。另外，开发软件的工具、并行算法、分布处理、程序自动生成、语言合成、机器翻译、专家系统、智能机器人等，都在积极开展工作。主要差距在于软件的工程化水平不高，在软件产品的开发手段、效率、方法、规范和质量与国际水平差别较大。

③微电子技术

微电子技术是发展电子信息产业和各项高技术的不可缺少的基础。集成电路是微电子技术的核心。世界各发达国家都把它作为战略性技术，因为它已渗透到经济、生产、商业、科研、军事及社会生活的一切方面。

最初微电子技术只是集成电路及其相关技术的代名词。20 世纪 30 年代，由于量子力学应用于固体物理，产生了固体能量理论，成为理解半导体特性及发展半导体技术的理论基础。1947 年美国贝尔实验室的肖克莱等三位科学家发明了点接触型锗半导体三极管，标志着人类开始进入半导体时代。1954 年发现了硅半导体材料，可以代替锗进一步提高了晶体管的性能。到了 1959 年美国仙童公司研制出第一块平面工艺生产的集成电路，使电子元器件小型化、低功耗，提高了可靠性，成为实现大批生产的转折，从而取代了传统的电子管工业。

1964 年美国控制数据公司研制成功速度为 300 万次的计算机系统，这是计算机体系结构上的一个创新，并为以后研制世界上最大的巨型机奠定了基础。1971 年英特尔公司研制出第一个微机处理机，这是计算机普及和进入家庭、办公室的开端。

工业发达国家（如美、日）在生产中已广泛采用 1 微米（千分之一毫米）技术，即在几平方毫米的硅片上通过光刻、腐蚀、外延、纯化等工艺，用 1 微米的线条（头发丝的百分之一）在一个芯片上连接和刻蚀集成出 10 万个以上晶体管，可以存贮 1 兆位（100 万位）的信息。所以，1 兆位的动态存储器就是 1 微米的代表性产品。而在 1960 年线宽只能做到 30 微米。

20 世纪 80 年代末至 90 年代初，日本研制出 0.8 微米、4 兆字节的存储器。1990 年 6 月日立公司研制出 0.3 微米、64 兆字节的存储器，相当于一个芯片可存储 400 万汉字的信息量（1 个汉字 2 个字节，1 个字节 8 比特，所以 1 个汉字要 16 比特）目前国际上集成电路生产已达到 8 英寸圆片、0.5 微米工艺的水平，16 兆位的存储器，32M 位的微机处理器，30 微米万门的门阵列已进入生产阶段；目前的科研水平已达到 0.5 微米、256 兆位存储器；到 2000 年，预测 0.1 微米、1000 兆位的存储器将投入生产，下个世纪将是千兆位的时代（技术时代，人脑 100 亿神经细胞）。

我国集成电路起步不晚，1965 年生产出第一块集成电路（比世界上的第一块只晚 8 年），但长期停留在 5 微米技术上，"八五"攻关才提高到 2～3 微米，1.2 微米的生产线刚刚投入试运行，科研水平达到 0.8 微米～1 微米，品种开发能力约 300 种。但总体上比国际水平落后 15 年。如果"九五"计划期间我国能使 1 微米、1Mbit 的计划工业化，同时做好亚微米及光电子集成的储备，开发硅以外的砷化镓高速、高频器件，就可以达到发达国家 20 世纪 80 年代末的综合技术水平。

集成电路工业化有着很大的市场前景，美国预测到 2000 年芯片的年产值可达 2000 亿美元，由它们组装而成的各种用途的整机的增值就更加不可限量了。

④消费类电子技术

消费类电子产品与人们的生活密切相关，涉及千家万户，量大面广，市场潜力很大。当前世界消费类电子技术发展的主要趋势是，数字技术迅速代替模拟技术；高清晰度电视正在走向商品化；光盘正在取代磁带，将文、图、音、像信息融为一体，可组成家庭多媒体影视中心。

我国的电视机、收录机在国际市场上已具有较强的竞争力，其中电视机产量居世界第一位，1993 年彩电出口达 460 万台，但总体水平与国外先进技术比还有一定的差距，未来将对消费类家用电器的数字化技术给予更多的重视。

（3）新材料技术

材料是人类社会生存和发展的物质基础。历史上石器时代、青铜器时代、铁器时代等，都是以材料来表现不同历史时期生产力水平的。材料一般分为基础材料和新材料两大类。

基础材料是指钢铁、有色金属、水泥与塑料等。

新材料是指新发展而具有优异性质，具有发展前途的一类材料，如半导体材料、光电子材料、磁性材料、超导材料、各种传感和敏感材料、隔热保温材料等。

所以材料是时代进步的标志，是科技进步的关键。1903 年美国莱特兄弟发明飞机，使用的是木、布结构，航速仅 16 千米/小时；1911 年铝合金问世，飞机才过渡到金属结构，到 1939 年航速达到 750 千米，但螺旋桨飞机无法克服音障，速度上不去，而喷气发动机虽已发明，直到找到了发动机入口的耐高温（800℃）的合金（钛铝合金）后才成为实用，航速达 1000 千米。又如：世界上第一台计算机产生在 1946 年美国宾州大学的"埃尼阿克"，有 18000 个电子管，6 个房间大，30 吨重，而今天具有相同功能的机器只有 1 平方厘米的硅片。

在机械领域，各国正在研究的"微型机械"，大小在 1 毫米以下。其中有一种微型马达，比人的头发丝还微小。还有一种微型的超声探子，可在人的血管里进行"不可思议的航行"，通过"航行"来拍摄血管的三维立体照片，显示血管壁及其周围组织的状况，这对于手术治疗具有十分重要的意义。微型手术刀只有头发丝的 1% 那么小，不用开胸就可以进行心脏手术。微型潜水艇（又称"机器鱼"）已经研制成功，把一种小得可以放在手掌心里的微型潜艇送入深海，可以探测海底资源。日本还研制米粒大小的微型汽车和可以戴在蚂蚁头上的王冠。王冠直径 1 毫米，顶端镶嵌的宝石只有 60 微米（0.06 毫米）大小。

这些奇妙无比的"微型机械"的研制，都是在有关新材料出现后才成为可能。所以新材料是发展高技术的先导，半导体的出现产生了信息技术，超导体材料及光子材料产生了新能源技术，各种可靠的耐高温、高强度结构功能材料的出现为空间技术的产生创造了条件。所以工业发达国家都十分重视新材料的研究开发，美国约有三分之一科技人员是研究材料的，日本20世纪80年代7大国家研究项目中，有3个是新材料，振兴欧洲的科学计划中10个关键领域有5个是材料，可见其重要性。

目前，世界各国人工定向设计的新材料范围十分广泛，下面着重介绍六种新材料。

①金属材料：金属材料主要是钢铁，也包括有色金属材料和金属新材料（锂、钛等）。我国钢铁工业进步很大。1993年生铁产量8738万吨，居世界第一位；钢产量8954吨，居世界第二位。但我国钢铁的品种和质量都不适应经济发展的需要，生产工艺及装备落后，大部分主体设备还停留在20世纪五六十年代的水平，炼铁、炼钢及轧钢三个工序的主体设备，达到国际水平的只占四分之一。钢铁工人劳动生产率为25吨/（人·年），而世界主要产铜国的平均水平是400吨/（人·年），差16倍。吨钢可比能耗，比先进国家平均高40%。一些大污染源也缺乏治理。钢铁的质量是至关重要的，本世纪初，最著名的海难"泰坦尼克号"的沉没，就是一个教训。它是4.6万吨的豪华客轮，900英尺[①]长，有2000名乘客，从英国横渡大西洋首航美国，在纽芬兰岛南100英里[②]处与冰山相撞断裂后沉没，除少数妇女、儿童外，1500人死亡。从事发1912年至1992年的81年间，这一海难的原因一直没有搞清楚。1991年加拿大科学家在沉船海域打捞起一些碎裂的钢片，厚约1英寸[③]，经加拿大国防部实验室的分析才知道这是一种硫化物含量很高的钢，当时人们还不知道含硫的钢会像陶瓷一样脆，才造成了这个悲剧。在船与冰山擦边相撞时，如果船体用低硫钢就会有韧性，产生扭曲，但不会断裂。所以提高钢铁材料的质量直到今天仍是重要的课题。

1994年我国有色金属产量达到370万吨，属世界第四位。其中主要有钨、锡、稀土和锑，都是各种合金和特种功能材料的基础，特别是稀土，储量为世界第一位，但开发利用很不够。新型磁材料较重要的有钕铁硼等。

最近人们发现元素表中第3号元素锂有重要用途。锂是同体积的铝重量的五分之一，铝钛合金是耐高温的，但比较重，而锂—镁、锂—铝合金则重

① 1英尺 ≈0.3048 米，下同。

② 1英里 ≈1609.34 米，下同。

③ 1英寸 ≈0.0254 米，下同。

量轻又耐高温，防辐射，成为人造天体的重要结构材料。锂做的电池储能比一般电池高 6～10 倍，有可能成为电动汽车的动力。钛也得到广泛应用，因为重量轻、耐腐蚀、耐高温、强度高，所以超音速飞机上 90% 的结构材料是钛或钛铝合金，钛还可以做医用的人造骨骼。

②超导材料：它是一种在低温下电阻为零的材料，过去只在金属与合金中（铌三锡等）发现有这种现象，1986 年以来，发现了液氮温区的超导材料（钇钡铜氧）具有重大意义，在强电上可用来无损耗地传输电能，产生超导强磁场，制造磁悬浮列车（时速 500 千米/小时），在弱电上可用来做微弱电磁波或电磁场的检测，如心磁、脑磁、肌磁，用作核磁共振谱仪作人体 CT 检查，用在潜艇天线上可实现地面、空中与水下的电磁波通信，用在射电望远镜上可以接收宇宙遥远的信息。

③化合物半导体和光导纤维材料：这类材料以砷化镓、磷化铟（三五族、二六族）为代表，它们比硅半导体材料的电子迁移率高 5～6 倍，从而可提高集成电路的运算速度和工作频率，实现对微波和毫米波的放大接收，做红外敏感器、光电子材料，这对雷达、通信、广播、电视发展都有重要意义。

光纤是一种无机石英材料，损耗很小。目前开发的掺铒（稀土）光纤，自身可做放大器，将有可能实现几百千米、上千千米无中继光传输，对通信有重要影响。

④新型陶瓷：指氧化物、氮化物、碳化物、硼化物、硅化物等陶瓷材料，用途广泛。如可以做没有冷却系统的汽车发动机（已在北京、上海做了大量的行车试验），可做高硬度的刀具，可做宇宙飞机的隔热瓦，可做高压绝缘瓷、电子器件衬底、生命科学中的人造器官、变色涂料（佛杯，倒开水后出现佛像）等。

⑤高分子材料：如耐高温材料、高效绝热材料（如宇航服、手套），光敏材料（如印刷用感光树脂、照相材料、变色塑料玻璃），医用高分子材料（如人造心脏、运动的瓣膜、管道、骨骼、人造皮肤），高强材料（以塑代钢、汽车、自行车、高强黏合剂、喷气战斗机机翼、蒙皮、尾部均用新型聚合物粘接），纤维增强塑料（仿蛛丝），可降解的农用塑料薄膜，等等。

⑥建筑新材料：如高强度、防水、抗震材料（日本计划在 21 世纪建1000 米高的大楼，实现 1000 千米/小时的铁路运输），吸收噪音材料（高速

公路隔音墙、工厂及建筑施工隔音材料），隔热保温节能材料，相变储热储冷材料（奶瓶），太阳能制冷与供暖材料，等等。

材料科学技术不仅是科学技术的重要领域，也是国民经济的重要门类。世界上材料发展的趋势是天然材料的直接利用逐渐减少，合成材料和非金属材料已在取代传统的金属材料，金属材料向高性能的金属和合金材料发展。

我国航天、航空技术与核工业的发展，很大程度上也都有赖于新材料的不断开发与投产。目前，我国在新材料的研究方面虽然还存在较大的差距，但也有个别品种在进入国际先进行列，如人工晶体、高温超导、磁性材料等。我国在新材料方面存在的问题：一是创新少，如我国是稀土金属的大国，但近些年国际上新发展的几种含稀土的新型材料（钐钴合金、钕铁硼永磁材料、高温超导材料），没有一种是中国首先发现的；其次是成果转化慢，这主要是国内高技术对新材料的需求少，以及国内科研成果转化为产品的机制没有建立起来，所以有些新材料成果或产品不得不外销，然后做成器件或设备转销国内，使我国成为原材料的供应基地。这在经济上很不合适，也不利于进一步发展。

（4）新能源技术

能源是人类社会活动的物质基础，是国民经济命脉。人类自古以来，使用的能源主要是自然能和燃烧各种天然有机物。20世纪90年代人类致力于开发各种新能源技术，如开发太阳能、地热能、风能、海洋波力能、氢、燃料电池等多种能源，预计再生能源在总能源中的比例将不断提高。另外，对煤炭液化这样的"既老又新"的技术的研究也在大力进行。

美国1990年版《科学与未来》年鉴载文认为，90年代直至21世纪具有发展前途的五种家用发电技术是：

①直线感应机器编制程序的电涡轮机；

②闭合循环改进型蒸汽涡轮发电机；

③先进燃料电池；

④超导自激电枢；

⑤功率调制器。

这五种发电新设备能在千家万户安装、使用和维修。由于可得到微机处理机及语言识别和语言合成系统的帮助，采用这些家用发电设备时甚至无须得到工程技术人员的帮助。

20世纪90年代将在能源领域大力使用超导技术，使发电、输电、能源储存量的效率大大提高，可以使设备小型化。另外，利用超导技术进行磁流体发电也很有吸引力。

由于燃烧煤炭和石油等燃料对环境造成严重污染，而且人们越来越担心全球变暖的后果，所以核电在20世纪90年代得到极大发展。1942年第一座原子能反应堆建成，1945年第一颗原子弹爆炸成功，标志着人类在利用能源上的革命性变化，这是人类使用原子能做新能源，对国民经济发展具有不可估量的重要作用。一个原子核反应所释放的能量，比化学反应释放的能量高100万倍。目前全世界有28个国家的428座用于发电的核反应堆正在运转，核电总装机容量已超过1.7亿千瓦，占世界发电量的10%以上。另外还有近100座核电站正在建设之中。

美国、俄罗斯和法国等国家核电技术较先进，已建成并运行的核电厂，多采用轻水堆型（还有压水堆技术、生产堆即石墨堆、重水堆）。然而，由于安全问题，核废料处理问题未解决，加上一次投资大，建造周期长，所以发达国家已经开发了改进型压水堆，保证在任何事故下都能自动停机，防止堆芯熔化。为降低成本、缩短周期、提高安全性，美国向工厂制造模块化、标准化设备、现场装配施工的方向发展，如AR—600堆型，法国、德国则在向大型化方向努力。

我国的核电技术，目前已掌握30万千瓦压水堆核电站的成套技术，自主开发的秦山核电站和引进技术建成的大亚湾核电厂，都已建成运行。目前，正自主开发建设60万千瓦核电站，计划在本世纪末和下世纪初再建造10座核电站。

我国已经研究成功了小型压水型供热实验堆，并计划在大庆地区建成供热堆。为了在21世纪更大规模发展核电，以充分利用核燃料为特点的增殖实验堆正在研制。高温气冷实验堆也正在建设，预计在本世纪末建成。

（5）航天技术

航天技术又称空间技术，它是研究和实现如何进入太空和用太空的技术。1957年，苏联成功地发射了第一颗人造卫星，开创人类的空间时代。迄今为止，世界上许多国家已将3000多个各种人造卫星与星际探测器送入太空。航天技术的发展为人类创造了新的信息手段。

航天技术来源于冷战时期大力推进火箭、导弹技术的发展。在研制并发射成功人造地球卫星、各种应用卫星、飞船、空间站及探索太空的飞行器后，航天技术迅速发展成为影响科技及经济发展乃至国际空间站实力平衡的带头科技领域之一，是当代高科技的一个重要领域，并形成了与经济建设密切相关的产业。

应用卫星和卫星应用的发展，是近年来航天产业的重要组成部分。利用卫星可以组成区域性、全国性的乃至全球的卫星应用系统，为广播电视（包括教育与文化的普及）、通信、导航定位、环境与气象的预报与监测、资源利用与国土规划、灾害事件的监测报警等任务服务。

通信、广播卫星已实现商业化。世界上三分之二的跨洋电信业务和几乎全部洲际电视转播业务是由国际通信卫星承担的。20 世纪 90 年代至 21 世纪初，通信卫星的发展趋势为卫星上信息切换及处理技术和卫星至卫星的空间信息中继传输技术，并由此发展成为综合通信网。

对地观测及遥感（包括气象、资源等）卫星有巨大社会综合效益。导航型卫星已投入使用，美国的“导航星”全球定位系统（GPS），采用 18—24 颗卫星，平均分成 3 组，按要求分布于 3 个轨道面内，使地球上任何一个用户在任何时候至少能看到 4 颗星，选择最好的测量几何提供 3 维位置信息、速度信息和时间同步信息。

在帮助人类认识世界（宇宙）方面，已发射各种科学实验、观测卫星。人类也开始了近地轨道飞行，但主要是开展生命科学、材料科学的探索工作。

运载火箭已实现商业化，安全、可靠性还有待提高，成本有待进一步降低。火箭燃料及生成物的无毒、无污染，也成为一项保护环境的要求。

开发空间的主要障碍已不是技术，而是资金限制。以美国为例，卫星发射费用巨大，每磅重量的发射费用约为 5000 美元，因此，要求卫星容量要大，可靠性要高，寿命要长；以致使卫星本身的造价昂贵，达到每磅约 25000 ～ 50000 美元，比金子还贵。即使是可以部分重复使用的美国的“航天飞机”，每年发射 7 次，每次起码要花费 3.5 亿美元。

进入 20 世纪 90 年代以来，各国迫于财政困难，纷纷对其制定的宏伟航天计划做了必要的调整，放慢了速度，缩小了规模。因此，利用空间，人类还有漫长的道路要走。发展方向是研制既具有高超音速运输机功能，又具有天地往返运输系统功能的"空天系统"，或火箭式"飞船"，实现单级入轨，并可重复使用。

我国的航天技术取得了令人瞩目的成就。由于20世纪60年代军用尖端技术的发展，运载火箭具有了一定水平。而我国的卫星差距较大。由于原材料、工艺、元器件、设计规范等种种原因，卫星平台比较重，性能不够全面，寿命不够长。卫星有效载荷品种不全。发射、测控系统能满足当前任务需要，但亟待更新提高。

3. 现代科学技术对经济发展的影响

现代科学技术对世界经济的发展产生了深刻的影响。其影响和作用主要表现在以下几个方面。

第一，引起了生产力诸要素的变革，带来了生产力内在结构的变化。

现代科学技术促进了劳动者素质的提高。近几十年来，计算机技术的迅速发展，使信息处理技术取得长足进步，形成了许多新兴的领域和全新的行业，这些都提出了新的劳动力的需求。如发展通讯事业，就需要一系列的管理人员、技术人员和懂得微电子技术的维修工人。这些新兴工作岗位的工人，绝不是原来意义上的从事大量体力劳动的工人，而是具有现代科技知识，又掌握一定技能的新型工人。现代科学技术带来了劳动资料的变化，由于控制论、信息论和微电子技术的发展，电子计算机在生产中的广泛应用，机器系统的结构也发生了质变，为生产的自动化奠定了物质基础。现代科学技术丰富了劳动对象的内容。利用现代科学技术，不仅增加了有用物的品种和数量，而且把一些废料重新投回到物质循环中去加以利用，充分扩大了可利用资源的广度和深度。

现代科学技术成了生产发展的先导力量。20世纪初，西方资本主义国家国民生产总值的增长有5%～20%是靠科技进步实现的，到70年代上升到60%，80年代后达到80%以上。

现代科学技术又影响着生产力系统的内在结构和结合方式。现代科学技术的发展及其在生产中的使用，使得劳动资料内部机械化装备的自动化程度越来越高，所占比重日益增大。劳动对象由部分金属材料、有机合成材料和等离子体构成的比重越来越大。劳动力内部直接生产人员逐渐减少，科技与管理人员比重日益增大；体力劳动者逐渐减少，脑力劳动者比重日益增大。

现代科学技术还促进了生产力结构的形态变化，使其由劳动密集型、高能耗型转变为节物节能型，由初级技术型转变为高技术型。

第二，提高了劳动生产率，推动了世界经济的增长。

在现代生产中，一项新技术的发明和应用，可以几倍、几十倍、甚至几百倍地提高劳动生产率。例如：一台年产 200 万吨标准带钢热轧机，用人工控制每周最多生产 500 吨，而采用电子计算机控制，每周产量可达 5 万吨，为人工控制的 100 倍。日本大阪制钢所轧钢车间，采用电子计算机控制轧钢生产之后，操作工人和技术人员减少 76%，而生产效益却提高了 20%。巨型电子计算机的运算速度为每秒 10 亿次以上，相当于一个人手工计算 6 年多。1 千克铀释放的热量大约相当于 2500 吨优质煤充分燃烧时所放出的能量。在新技术革命的推动下，世界各国特别是发达资本主义国家的劳动生产率大大提高，经济迅速发展。据统计，战前 1913—1938 年的 26 年间，资本主义工业生产增长 52%，年平均增长不到 1.7%；战后 1946—1970 年的 25 年间，资本主义工业生产增长大约 4 倍，年平均增长 6% 左右。

新技术使企业的生产效率大大提高，企业的规模不断扩大，企业内部的协作和生产专业化进一步发展。企业规模的扩大，又使企业在生产过程中所需要的设备不断增加，因而需要更广大地区和更多的企业来供应，这样又促进了生产的社会化协作的发展，使生产社会化程度不断提高。

第三，促进了产业结构的调整和部门内部结构的变化。

科学技术的发展，不仅使传统部门进行调整和改造，而且开创了许多新兴工业部门，使整个产业结构发生了重大的变化。以农业为主的第一产业和以制造业为主的第二产业的产值和就业人数，在整个国民经济中所占的比重相对下降，而金融业、商业、运输业、电讯、科研、教育、文化等第三产业的产值和就业人数迅速上升。到 20 世纪 70 年代后期，一些国家第三产业的产值和就业人数已超过第一、第二产业的产值和就业人数的总和。以美国为例，在 18 世纪建国初期，农业人员数占全国人口总数的 90% 以上。后来，随着经济的发展，每隔 2～3 年大约有 1% 的劳动人员从农业生产转向工业生产。从 1760 年到 1960 年，美国仅以 200 年的时间完成了从农业社会向工业社会的转变过程，只有约 3%～5% 的劳动人口仍留在农业上，其余劳动力则一半进入物质产品的制造业，一半进入第三产业。到了 20 世纪 70 年代，劳动人口的构成上又出现了新的变化，即从事知识和信息生产、分配的人数已超过农业、采矿业、制造业、服务业等全部从业人员的半数。这是一种静悄悄的革命，有人称其为"信息革命"。这一革命，在今后二三十年里，将改变整个人类的工作、劳动、休息、旅游等方式，同时还将改变人们的学习和思维方式。

随着生产社会化的提高，各种信息在经济活动中越来越重要。为了迅速收集、传递信息和统计数据，各种信息生产与服务部门应运而生。为了加快商品流通，交通、通讯、金融业得到迅速发展。

现代科学技术不仅带动和引起了产业结构的变化，而且促进了工业部门内部结构的变化。传统产业改变了技术基础，一大批知识密集型、技术密集型的新型工业部门迅速崛起。现代科学技术是新兴产业之源。现代化学工业和新材料工业来源于高分子化学和现代化工业技术，计算机工业在控制论、现代数学、电子技术和计算技术的基础上建立起来的，航天工业是在空气动力学、工程热物理学、自动控制技术和新型材料技术的基础上发展起来的。这些新兴工业部门的发展，必然引起了工业部门内部结构的变化。1980 年，美国、西欧、日本的电子工业产值已超过钢铁工业和纺织工业，仅次于化工和汽车工业。1988 年，世界电子工业产值高达 7650 亿美元。全世界整个高技术、新技术产业的产值目前已超过 1.8 万亿美元，国际贸易额接近 7000 亿美元。

第四，促进了经济国际化的发展。

当今的世界上，一个国家，不论其资源多么丰富，资金多么雄厚，技术多么先进以及市场有多么大，都不可能独立地进行现代化生产和完成产品的销售。现代科学技术的发展促使世界各国在经济上相互依赖，由一国经济走向国际化经济。同时，现代科学技术的发展，为经济国际化的发展提供了交往的工具。现代化交通工具迅速将生产所有的零部件从一国运送到另一国，并将制成品运送到世界各地销售。通信卫星大大提高了信息的传递速度，缩短了信息传递的时间。产品的专业化、零部件的专业化和工艺结构的专业化，在发达国家得到了充分的发展，形成了产品零件、配件、部件和技术开发的国际化。例如，美国的波音 747 客机，有 450 万个零部件，是 6 个国家的 1.1 万家大企业和 1.5 万家中小企业协作生产的。福特汽车公司，在比利时生产传动装置，在美国生产发动机和液压装置，在美国生产变速齿轮系统，然后装配成拖拉机销往世界各地。国际协作生产使产品成为世界产品。

4. 当代科技发展的大趋势

20 世纪末到 21 世纪初，将是科学技术在深度和广度上又一次出现大发展的阶段。一方面，将有一系列酝酿已久的重大技术突破比较集中地实现；另一方面，新技术在社会经济各方面的应用及影响也将达到一个新的更高的层次。

21 世纪将是信息化社会。以光电子技术、人工智能为标志的信息技术，将成为 21 世纪技术的先导。信息技术不仅作为一项主导技术独立存在，还将渗透到其他技术领域。在信息技术化和人工智能技术的基础上，将全面实现社会、经济、军事活动的信息化和智能化。知识和信息将具有与自然资源同等重要，甚至更重要的地位。信息产业已经成为发达国家最重要的产业部门之一。自 1993 年初，美国总统克林顿提出兴建信息高速公路以来，全球范围内掀起了一场信息高速公路热。信息高速公路的兴建标志着多媒体时代的到来。届时，人们不必分别添置电视机、音响设备、计算机和电话机，只需买一台多媒体计算机，人们坐在家里就可以购物、办公、接受教育，或进行治疗。

现在，科学家们已在研究模糊计算机和神经网络计算机，并把希望寄托于光芯片上。如果这个领域有突破性进展，就可能使信息化进入其高级阶段——智能时代。超级计算机"深蓝"于 1997 年 5 月战胜国际象棋大师卡斯帕罗夫就是"智能时代"曙光的展现。一个以人工智能为龙头，以各种高新技术产业为主体的智能时代，将彻底改变人类的生活、工作和思维方式。

20 世纪 90 年代，以航天飞机和大型载人空间站为代表的航天技术的发展，使开发利用宇宙成为现实。一方面，宇宙空间将成为人类经济活动的新战场，人们可以建立太空企业，生产各种新材料、新合金。宇宙空间特殊的环境为生产新产品提供了有利的条件。另一方面，宇宙空间还将可能成为军备竞赛的新战场。实际地开发利用宇宙空间将给世界带来巨大而广泛的影响，同时还会产生巨大的经济效益。

一、花草树木

21 世纪将是人类继续向空间不断拓展的世纪，将是高效、洁净和安全利用新能源的时代。以核聚变能、太阳能为标志的新能源技术，将成为 21 世纪技术的支柱。核聚变能最终目的是要使比较轻的原子核，如氘或氚核内贮存的能量有控制地释放出来，转换成电能供人类使用。核聚变能的威力要比原子核裂变能大 4 倍之多。以氘为例，1 克氘可发电 10 万度，相当于 8000 升石油的发电量。氘和氚蕴藏在海水中，每升海水含氘和氚有 0.33 克。全世界的在海洋中共含有氘和氚 44 万亿吨左右，它可供人类用上几百亿年。据科学家们预测，核聚变不久会获得突破性进展，到 2030 年左右可以投入商业性运行。

再生能源的开发技术将会有重大发展。地球上的再生能源极其丰富。地球表面接受的全部太阳能约等于全世界能源消费总量的 3000 倍。全世界陆地上可利用的风能约 130 亿千瓦。世界每年风力发电的增长潜力估计为 30 万～40 万千瓦。地球所蕴藏的热能相当于全部贮煤热能的 1.7 亿倍。21 世纪初，世界地热发电能力达 1 亿千瓦，潮汐电站的年发电量达 300～400 亿千瓦。

21 世纪将是生命科技的世纪。以基因工程、细胞工程为标志的生物技术，将成为 21 世纪技术的核心。21 世纪将有可能重造整个或局部人体器官，无需进行人体器官的移植。21 世纪，基因技术将揭开人体老化的遗传密码，推出延缓人的衰老或使人返老还童的先进药物和方法，使人类的寿命延长到 150 岁。美国的人类基因组组织 2000 多名科学家，拟搞清人类 10 万个 DNA 中全部 30 亿个核苷酸碱基对的全序列。

生物学将为疾病的诊断和治疗开拓出新的道路。到 2025 年，人类所患的 4000 种以上的遗传病将会有数以千计的诊断治疗方法。

在未来，基因技术将会被用来增强智力。缺乏数学技能的父母可以物色天生具备超常数学禀赋的基因，并在婴儿出生前把这些基因注入孕妇体内，或注入刚出生的婴儿体内。另外一些父母则可能会通过选择基因使他们的孩子获得诸如艺术、音乐、性情气质、为人处世或运动等方面的天赋。

未来的生物技术对于改良动物品种和培育出新的物种具有广阔的发展前景。1997 年英国用克隆方法，培育出小羊"多莉"，代表着一个令人震惊的科技进步。利用基因重组技术将培育出更加优良的畜禽新品种。基因重组技术还将被用于生产具有各种功能的细菌，用来开发能源，回收贵重金属和净化环境，还将广泛应用于林业、工业、军事等方面。中国科学院国家基因研究中心已在国际上首次得到水稻全部基因的物理图谱。随着水稻等重要农作物基因组计划的成功及基因工程技术的深入研究，将引发农业上新的绿色革命，从根本上解决人类面临的粮食问题。

21世纪将是新材料迅速发展和广泛应用的时代。新世纪材料科技的发展具有功能化、复合化、智能化特征。信息功能材料、纳米材料、高等陶瓷、生物材料、复合材料等将会在21世纪得到更大的发展。具有高比强度、高比刚度、耐高温、高压、耐磨耐蚀等极端条件的结构材料、智能材料也将获得新发展。结构材料更趋向于复合化，从而性能大幅度提高，资源更为节约。目前为了研制各种高性能的复合材料，复合组元的线度，已从微米（10^{-6}米）量级向纳米（10^{-9}米，即一毫米的一百万分之一。这样的尺度是细菌的1%～1‰）过渡。纳米科技于20世纪80年代末诞生，并正在崛起，它的研究将可能使美国国会图书馆的全部藏书存储在一个直径仅为0.3米的硅芯片上。生物材料与仿生材料的起步时间不长，但在21世纪发展前景光明。

如果按材料化学属性来分，金属材料仍有发展前途，主要是发展比目前性能更好的耐高温、耐腐蚀、比强度更高的特种合金。陶瓷材料具有比重小、耐高温、耐磨及资源取之不尽、用之不竭的特点，很有发展前途，脆性和成本高的缺点将在未来被克服。有机高分子材料已得到广泛应用，今后发展方向是高性能的工程塑料，比强度（材料的强度与其比重之比）更高的高分子纤维、农用可降解薄膜、缓释塑料（农药或肥料混于塑料可缓慢释放，成为长效农药或肥料）。

智能材料也将成为21世纪发展的重点。过不了多久，"智能"飞机的机翼将可能像鱼尾一样自己弯曲，自动改变形状，从而改进升力或阻力。桥梁和电线杆在快要断裂时自己可以"感觉"到，它们会发出报警信号，然后自动加固自身的构造。空调可以抑制自身震动。轮胎需要充气时，会礼貌地通知司机。反应灵敏的人工肌肉可以带动机器人或人的四肢。这些都是智能材料将要产生的奇迹。为了提高材料性能，降低成本，材料的制备与合成技术，如表面技术、薄膜技术等将被重视。

在21世纪，以信息、工艺与管理的计算机集成为特征，以社会生产要素与市场行销和服务相结合的虚拟工厂，将形成全球制造体系。未来的制造业将全面进入柔性、智能、敏捷、精益、艺术化、全球化的先进制造时代。

21 世纪，人类将更加普遍地、理性地、科学地节制生育和消费，愈加重视人类的生存环境和质量，注意保护自然界动植物的多样性和自然生态，重视地球上有限资源的合理利用和可再生循环，使人、自然、社会得到协调发展。

综合以上分析，人类迈向 21 世纪的科学技术发展的大趋势，主要有五个方面。

信息技术在产业化过程中的作用日益增长，是迈向 21 世纪的科技发展的最重要的趋势。

微观尺度生产领域制造技术的演进与革命，是迈向 21 世纪科技发展的第二个重要趋势。

材料技术成为不同技术领域产业化的共性关键技术，是迈向 21 世纪科技发展的第三个重要趋势。

生物技术为农业、医药、化工、环境保护的发展带来重大变革，是迈向 21 世纪科学技术发展的第四个重要趋势。

综合集成在科学技术最终转化为生产力过程中发挥着关键的作用，是迈向 21 世纪科技发展的第五个重要趋势。

在这迈入 21 世纪的历史转折时期，冷战结束和科技进步将人类社会发展推入了新一轮的竞争。这一轮竞争以经济为核心，以科技为基础，以全球为竞场。各国都在为进入新一轮竞争加速准备。

科学技术是第一生产力。党和政府的战略目光早已投向了科学技术，把中国现代化的希望寄予科技进步。1995 年 5 月 26 日全国科学技术大会上提出科教兴国战略，说明在我国科学技术已成为国家发展战略的重要组成部分。

我们相信，依靠党中央和国务院已经明确的科教兴国战略方针，经过全国人民的共同努力，我们国家一定会在 21 世纪成为世界上最强大的国家。安徽省一定可以进入国内强者的行列，我们黄山市一定会更加繁荣昌盛。

（五）地名释源

地球上的地名，多如星星。

任一地名都有其来历和含义。有的地名反映自然和经济的特征，反映资源分布，反映居民分布及其生活的某些特征，有的反映语言分布、变化、发展的线索。也有的地名可以反映古地理的变迁。采用适当的地名，或从已有的地名中作出地理和历史方面的结论，现在已成为一门科学。这种科学名叫地名学，同地理学、历史学和语言学接近。

日常生活中，如看电视听广播，读报刊读文艺作品，学习历史文化、科学技术，以及外出旅游都会碰到许多地名，了解一些重要的中外地名的来源，将起着相辅作用，会引起浓厚兴趣。

1. 与地理位置有关的地名

"中国"这一名称，在古代是对东、南、西、北而言的。我国有不少地名就以东、南、西、北来表示其位置，如：位于河流东岸的有桂东，西岸的有汾西，北岸的有江北，南岸的有济南等。位于河流上游的多以"源"表示，如沁源、渭源。河流下游者如下江，河口者如吴淞口。位于二水、三水甚至五水合流交会的，称合江、三水、五河等，位于津渡的称江津、河津、孟津。临水的便有临洮、临颍、临海、临泉等。

我国习惯上，称水的北岸叫阳，南岸叫阴，故有洛阳、江阴等名，山则相反，山的南面叫阳，北面叫阴，如衡阳、绵阳、华阴就是。而咸阳则因在九峻山以南、渭水以北，故称"咸"阳。特殊的山水聚合之地，也往往成了地名的由来，如歙县。

有的地名，因位于山岳之东、西面而得名，如山东省（太行山以东），山西省（太行山以西）；位于山岳之东南、西、北坡的，分别有海南、南阳、陇西、东北。二山夹峙之地多成关隘，因而也反映在地名上，如雁门关、祁门等。

在外国，也有很多地名因地理位置而来，如俄罗斯北方的亚马尔（大地边缘），美索不达米亚（河间之地），以及中途岛、地中海，等等。

一、花草树木

2. 与历史沿革及行政区划有关的地名

历史的变迁会引起地名称号的更易，而每一个名称的变换都反映了一个历史过程。如北京曾叫幽陵、幽都、幽川、蓟、燕、渔阳、广阳、范阳、南京、燕京、燕山、中都、大都、北平、京师等名。印度的新德里，曾叫第奴、阿拉普尔、拉尔克特、鸟什卡—西里及董拉—阿拉办、土格拉尖巴德、德热汗拉巴德、德里等。

有些地名还反映了外国殖民者的长期奴役人民的历史痕迹。如在西非的几内亚湾沿岸就有黄金海岸、象牙海岸、谷物海岸、奴隶海岸之类的古怪地名。拉丁美洲的波多黎各和哥斯达黎加等地名，也是欧洲殖民者掠夺的历史痕迹。

还有一些地名则因历史上曾兴起过某行事业而得名，如俄罗斯的斯摩棱斯克（船舶涂刷树脂）、我国的哈尔滨（晒网场）等。我国历史上以民族聚集为特点的小农经济也给地名打上了历史的烙印，如石家"庄"、苏家"屯"、郝"集"等。

我国的冀、晋、鲁、豫、皖、粤、鄂、黔、滇、桂、蜀、秦等，都是历史上的封国或行政区划名称。

3. 与地理特征有关的地名

反映当地主要地理特征的地名，往往含有某种具体意义，探其名义即可知其地理上的特色。

显示着地形特征　名副其实的如基隆（原名鸡笼）、五指山、五台山、勾漏山（多石灰岩漏水洞）、井冈山等。反映地势之高耸如帕米尔、低洼如荷兰，以及反映地表之险峻如（落基山）、平旷如太原者也很多。

反映当地气候特征　如：巴库（阿塞拜疆）原意是"风窝"，阿非利加意即"炎热的大陆"，布宜诺斯艾利斯意为"好天气"。在我国，云山、雨山、雷山、雾头山等，都反映了山上气候特征，长白山、玉山等，都说明了山巅积雪的情况。

反映水文特征　如：叶尼塞河、密西西比河等因河流之伟大、宽阔得名；河流曲折者如浙江；江水湍急者如怒江、底格里斯河；河水逆向者如倒淌河；河床不定者如无定河。水里富含某些矿物质而得名者，有黄河、浑河、红河、红海，等等。

反映矿物资源　如：我国河南的焦作（煤）、广东兴宁的铁山嶂（铁）、新疆的克拉玛依（石油）、叙利亚的塞浦路斯（铜）、土耳其的马尔马拉海（大理石）、四川的石棉县（石棉）、青海的柴达木（盐）……

反映特殊物产　我国一些地方产枣，湖北的枣阳、河北的枣强等县就以枣命名。我国南方不少地方以黄桷树命名（亚热带植物），如有名的黄果树瀑布，重庆南岸的黄桷垭。江西产樟，有樟树镇。俄罗斯有不少地方以桦树、柞树等命名。芬兰、巴西、西班牙的拉西巴马科、埃塞俄比亚的咖法省等名称，分别与当地的植物——红木、棕榈、咖啡等有关。

也有以动物特产命名的地名，如我国的包头（鹿）、俄罗斯的维尔卡斯克（狼）、瑞士的伯尔尼（熊）、法国的里昂（狮）、波兰的克拉科夫（乌鸦）、中美洲的巴拿马（蝴蝶）、非洲的喀麦隆（龙虾）等。

反映一般景观特征　这类地名中，突出地说明了一个地方的风景和自然形象的轮廓。如陕西的华山，"远而望之若花状"（《水经注》），古代"华"与"花"二字相通。四川的峨眉山，"望见两山相对如蛾眉"（《水经注》）。这"两山"就是大峨山、二峨山。河南的鸡公山，主峰像一只引颈高啼的雄鸡，凝视远方。新疆的首府乌鲁木齐，意思是"美丽的牧场"。北美洲的牙买加意为"泉山之岛"。

4. 与居民、民族语言、历史人物、探险家等有关的地名

民族语言的分布广泛地反映在地名上。我国少数民族聚居的地方，多用当地民族语言写下了地名。如缀以藏语"曲""藏布"（意为"河水""江"）的藏名，有那曲、雅鲁藏布。

在东亚，马来半岛和南洋群岛的地名多来自马来人的语言，如新加坡、吉隆坡等。西亚的阿拉伯人曾征服了北非和阿拉伯半岛，这里的居民多使用阿拉伯语，反映在地名上，北非和阿拉伯半岛上便有许多由阿拉伯语组成，如撒哈拉（意为"荒漠"）、沙特阿拉伯（"沙特"为境内老酋长名，"阿拉伯"意即"干草原"）。也还保存了一部分希腊语的地名，如埃塞俄比亚（意为"晒黑的面孔"）、塞浦路斯等。

16世纪以后的几百年间，西班牙和葡萄牙的殖民者侵占了拉丁美洲的大部分土地，属于拉丁语系的葡萄牙和西班牙语的地名便大量地出现，如特立尼达（意为"三统一体"）、洪都拉斯（意为"深"水）等就是西班牙语，里约热内卢（意为"正月的河"）是葡萄牙语。

因纪念其一历史人物而得名的地名，如：高尔基、列宁格勒、季采特洛夫格勒、乔巴山、中山（广东中山县）、华盛顿等。又如：我国的"雅鲁""藏布"（西藏历史上的两位酋长）江、南印度洋的"毛里求斯"（荷兰国王）岛。

5. 与宗教有关的地名

公元14世纪以前，印度的佛教在东南亚践行，东南亚的少数地名便来自印度梵语，如苏门答腊（意为"金岛"）就是。说明宗教圣地的如我国西藏的拉萨。用佛像名字的如老挝曾经的王都"琅勃拉邦"（"琅"是皇城之意）。因某一宗教节日而得名者，如太平洋中的圣诞岛、美国的佛罗里达（复活节）等。

6. 充满着美的神话传说的地名

因神话传说得名的地名，有的是纪念和歌颂劳动人民征服自然的伟大力量，如我国武夷山（闽），相传是当年开山凿石、征服了洪水的武彭和武夷兄弟二人的名字；有的反映了人们英勇无畏地向恶势力作斗争而求得了幸福。如：华沙（波兰）——一个铁匠的名字，他曾赶走了维斯拉河畔的凶恶水怪，为华沙居民带来了美好宁静的生活；有的则反映了人们对美好未来的向往，如广东的五羊城（即广州），相传在周代，南海有五个仙人，各骑一羊，飞临这南方膏腴之地，留下了一共六出的麦穗——广州简称"穗"。

神话传说的地名中，还反映了人们对乡土的恋慕，如青海的日月山：相传文成公主经过这里时，乡愁甚甚，唐太宗特铸造一轮全日、一轮全月送上了此山。又如欧洲的多瑙河，是一个英雄的名字，由于他一时的激怒，射死了自己心爱的妻子，而他自己也因后悔羞愧而自杀了，他的血便流成今日的多瑙河！这类地名反映了人们对纯贞爱情的珍视。有的地名反映了人们对一些形形色色的自然现象无法解释，而附会于神话，如南京的雨花台：传说今天那许多彩色斑驳的卵石，是云光法师从天上撒下的花雨。

7. 其他类

有些国家的首都因国名而来，如梵蒂冈、安道尔、卢森堡、圣马力诺、突尼斯、危地马拉等。国因河名者有非洲的尼日尔、刚果、塞内加尔等。

有些地名用其所属的两个地名的首字作代表，如我国的安徽省（因徽州、安庆得名）、福建省（福州、建宁）等。

山、河、湖、海峡之类地名，往往就是山、河、湖、海峡之意，如："阿特拉斯"山（北非）、"尼罗"河（埃及）、"基武"湖（刚果）、"博斯普鲁斯"海峡（土耳其）等。以江、泽、海、泉等水文名称为名者，如浦江（浙）、彭泽（赣）、南海（粤）、酒泉（甘）等。以山、岭、峰等为名者，如霍山（皖）、蕉岭（粤）、鹤峰（鄂）等。

地名与名胜古迹有关的，如：灵邱县（晋），因有赵武灵王之墓；桃源县（湘），相传有源洞；烟台（鲁），明朝时有 32 座烽火望台。

上述说明地名形成是多样的、复杂的。随着地理环境的沧桑变迁，特别是人类活动的日益频繁和范围扩大，老的地名会换上新的称号，新的地名在不断增加。尤其是随着社会文明进步，经济建设迅速发展，地名也增加得特别快、特别多，如石河子、攀枝花、深圳等，以前鲜为人知的地方，已成为举国知名的城市了。

8. 我国省、自治区、直辖市及特别行政区名称、简称的由来

我们中国有五千年的文明史。古代"国"的含义是"城"或"邦"，"中国"即"中央之城"或"中央之邦"。"中国"一词最早出现在东周时期成书的《尚书》和《诗经》等书中。《尚书·梓材》是周公教导他的弟弟康叔如何治理殷商故地的训告之词。其中"皇天既付中国民越厥疆土于先王"，意即皇天将中国的土地与人民交给周的先王治理。这里的"中国"应指关中至河洛一带的中原地区。而《诗经·大雅·民劳》中"惠此中国，以绥四

方……惠此京师，以绥四国"的"中国"则与"京师"同义。殷墟甲骨文中也有"中商""大邑商""天邑商"等对本朝王都的自称，其含义与西周时代的"中国"相当。后来，"中国"就逐渐被使用来称呼我们的国家了。

我国古代又称"华"。《左传·宣公十年》："裔不谋夏，夷不乱华。"孔颖达疏："中国有礼义之大，故称夏；有服章之美，故称华，华夏一也。"其意思是：古代中原地区的先民们自认为自己居住、生活在穿着色彩华丽鲜艳的文明之地，所以称"华"。也有人认为，"华"含有"赤色"之意，周朝人崇尚红色，他们把红色看作吉祥的象征，顺此称"华"。"中国"和"华"的合称叫"中华"。

中华人民共和国定都于北京。据《史记》及《尚书》记载，现在的北京在帝颛顼时叫"幽陵"，尧帝时叫"幽都"，舜时叫"幽州"，商周时期称"蓟"和"燕"。到春秋战国时是燕国国都，辽代称燕京，金代称中京，元代为大都，明洪武元年（1368年）改称北平。我国古时一般都称帝王所在的首都为"京师"，北京之"北"则表示其地理方位，是与南京相对而言。明太祖朱元璋定都金陵，时称"南京"，明成祖朱棣迁都北平，故改名为北京。后来几经变更其名，1949年中华人民共和国成立，复称北京，为中央直辖市。

天津，作为地名始于明建文二年（1400年），当时分封于北京的燕王朱棣，因与其侄朱允炆争夺皇位，率兵以海津镇附近渡河南下。他称帝后，取"天子经由之渡津"之义，改海津镇为"天津"。另一说法是，明代首都北京主要靠南方经由大运河运来粮食，运至天津，在运河岸设立囤站，然后渡运河，直运通过至北京城内。天津一词寓有"通往天子京都的渡口"之意。"天子京都"指明首都北京，"津"即"渡口"之意。1949年1月，天津解放后为中央直辖市。

上海之名，最早见于北宋郏亶的《水利书》。其由来，一说"其地居海上之洋"，即当时渔民、商船上海的地方；二说是当时松江以南的水道有大浦十八，其中有"上海浦、下海浦"。宋熙宁七年（1074年）所设的上海镇临上海浦，所以用水名作为镇名。又据《嘉庆上海县志》云：唐天宝十年（751年）是"置华亭县，其东北为华亭海"。于是就有人认为唐代上海还是海，后来成陆，位于华亭海上，就叫上海；也有人认为上海已经成陆，在华亭海边，华亭县的人要到这里来，就是上海边去，因而称这里为上海。1928

年设上海特别市，现为中央直辖市。

现为中央直辖市的重庆，位于长江、嘉陵江汇合处，因嘉陵江古称渝水，隋时称此地为渝州，北宋改称恭州，意在警戒人们恭服朝廷。南宋光宗赵惇未登基前驻守恭州，被封为恭王，后被册立为太子，旋即帝位。他自诩是"双重嘉庆"，为做纪念，升恭州为重庆府，重庆由此而得名。

我国省、自治区、特区的名称都有各自的来历，是地方独特历史与"个性"的聚合结晶。其中有些省以大河大湖的名称命名，如黑龙江省（边境有大河黑龙江环绕）、辽宁省（境内有辽河流贯，北代后取辽河流域安宁之意）、浙江省（境内钱塘江、富春江江流曲折，"折"字和"浙"字意义相同，故名浙江）。四川省因境内有金沙江、岷江、沱江、嘉陵江四条大水而得名，另一说是因宋咸平四年（1001年）分西川路、峡西路为益州、梓州、利州、夔州四路，总称该地区为"川峡四路"，简称四川。青海省的境内因青海湖而得名。

因地理位置得名的省、自治区，有位于黄河以北的河北省，黄河以南的河南省，位于长江中游洞庭湖以北的湖北省，洞庭湖以南的湖南省，位于太行山以东的山东省，太行山以西的山西省，位于云岭以南的云南省，位于陕陌（亦称陕原，在今河南陕县西南）以西的陕西省。广东省、广西壮族自治区，宋代设广南东路和广南西路，广南东路辖境在今之贺江、罗定江、漠阳江以东地区，定名为广东；广南西路，定名为广西。蒙古族自古就是长城以北草原上的部族，清朝时以漠南蒙古居内地称内蒙古。西藏因位于四川之西故得名。宁夏，因在元代设宁夏路，清代为宁夏府，取西夏安宁之意，所以定名宁夏。广西、内蒙古、西藏、新疆、宁夏，分别为壮族、蒙古族、藏族、维吾尔族、回族的聚居地，成立了民族自治区。

因当地语音而转音汉语的省名，有吉林省，因境内吉林城而得名。"吉林"最初的名字满音叫"鸡陵乌喇"，就是"沿江"（"鸡陵"意为沿，"乌喇"意为大川）的意思，这个江就是松花江，后转音汉语，简称吉林。台湾因其南部有一个民族叫"台窝湾"，由于发音不同，又称"大员""台员"等，后来便统称全岛为台湾。

我国的香港和澳门是于1997年和1999年先后设立的特别行政区。香港之名源于"莞香"。"莞香"即东莞市所产的"沉香"。古时香港岛属东莞市管辖，宋末岛上所产的"女儿香"被誉为"海南珍奇"，销路很广。运输用的是一种叫"大眼鸡"的海船。这种海船大多数停泊在海湾的东北部，形成了事实上的"港口"，因装运的货物主要是香料，人们便称该地为"香港"。

澳门包括澳门半岛、凼仔岛和路环岛。明朝前期，广东珠江三角洲一带沿海有浪白、广海、虎头等海边可供外国商船停泊。当地方言统称这些地方为"澳"。嘉靖年间，有些外商认为船只停泊在中山市的"浪白"离岸太远，遂以重金买通当地官吏，求得濠镜为"澳"。濠镜这个地方有南台和北台，当地人称山为"台"。南台和北台，即南山和北山，两山相对，恰似一道大门，人们便称濠镜为"澳门"，久而久之便成为地名了。

我国省、自治区、直辖市、特区又都有各自的简称。简称大多数用一个字来表示，既简洁明了，又富有历史文化内涵。简称的来历有多种形式，有的是选用其整个名称中的一个字，或取其首字、或取其尾字，如"黑"（黑龙江省简称）、"吉"（吉林省）、"辽"（辽宁省）、"甘"（甘肃省）、"青"（青海省）、"新"（新疆维尔自治区）、"藏"（西藏自治区）、"宁"（宁夏回族自治区）、"浙"（浙江省）、"苏"（江苏省）。

在中央直辖市中，北京简称"京"，天津简称"津"，均取其尾字，重庆简称"渝"，是因历史上重庆曾称渝州。上海简称"沪"，也称"申"。上海简称"沪"，是因为苏州河下游近海处称"沪渎"而来。"申"，源自受封于此地的战国四公子之一春申君黄歇，彼时上海地界内河道淤积，沼泽遍野。黄歇带领百姓疏浚治理，从此大江两岸，水患平息，人们感激其业绩，便将这条大江称黄歇浦或春申江、申江。黄歇对江东吴地尤其是申地的开发，为今上海地区最早的历史开发记载，"申城"之名便顺理成章了。特别行政区香港简称"港"，澳门简称"澳"分别取其尾字和首字而得。

有些省的简称是两个，如"云""贵""川""陕""甘"，分别为云南省、贵州省、四川省、陕西省、甘肃省的简称，是分别选用其整个名称中的一个字。另一个简称则为"滇""黔""蜀""秦""陇"，是源自古代的封国名或州郡名。云南省简称"滇"，因其昆明及附近曾属古滇国疆域，也有该简称源于境内"滇池"之说。贵州省简称"黔"，因省境东北部在战国、秦时属黔中郡。四川省简称"蜀"，因秦时在此置蜀郡，三国时又在此建蜀汉。陕西省简称"秦"，因省境古为秦的疆域。甘肃省简称"陇"，因它古时属陇郡统辖。

源于古代封国名或州郡名的还有：山东省简称"鲁"，是因秦山以南的汶、泗、沭、沂水流成，在先秦时期为鲁国属地。河北省简称"冀"，河南省简称"豫"，分别得名于古代九州之一的冀州和豫州。湖北省简称"鄂"，因其古代为鄂州所在地。山西省简称"晋"，是因春秋时，其境是晋国所在地。广东省简称"粤"，是因春秋时为百越（简称百晋）族地域，古时曾属南粤管辖。广西壮族自治区简称"桂"，是因该地区秦时属桂林郡地，也有因其境内盛产玉桂而得名。海南省简称"琼"，是因其古时称琼州而得名。

　　我国山川壮丽，有些省的简称就以境内山河的名称命名。安徽省简称"皖"，因其境内有皖山而得名。湖南省简称"湘"，因湘江纵贯全省而得名。江西省简称"赣"，是因其境内有赣江而得名。福建省简称"闽"，是源于境内的最大河流闽江，也有源于境内的古民族名闽和古国名闽粤之说。

（六）地理名词解读

1. A

暗射图　地图的一种，又称空白图。图上仅有经纬线以及少量地理要素（地形、水系、城镇、交通线等）的符号，色彩较淡，无注记。多供学生练习之用，也可用作转绘其他地图的底图。有暗射挂图、暗射图册等。

2. B

板块构造说　大地构造学的一种新学说。20 世纪 60 年代中期，在大量海洋地质、地球物理和海底地貌等资料分析的基础上建立。认为岩石圈的构造单元是板块，它的边界是洋中脊（或洋隆）、转换断层、俯冲带和地缝合线。由于地幔的对流，板块在洋中脊分离、扩大，在俯冲带和地缝合线俯冲、消失。全球被划分为六大板块：亚欧板块、太平洋板块、美洲板块、非洲板块、印度洋板块和南极板块。

半岛　伸入海洋或湖泊中的陆地，三面临水，一面和陆地相连。世界上最大的半岛是位于西南亚的阿拉伯半岛，面积约 300 万平方千米。

雹　云中落下的球形、圆锥形或形体不规则的冰块，又称"冰雹"或"雹子"，是固体降水形式一种，一般是由霰在积雨云中随强烈的气流多次升降，不断合并沿途的雪花、小水滴，形成透明与不透明交替层次的冰块，增大到一定程度降落到地面。多发生在山区的夏季午后。大小一般为 5 ～ 50毫米。从高空落下，往往损坏房屋、农作物，击伤人、畜，是灾害性天气之一。

北半球　赤道把地球表面分成两半球，赤道以北称北半球；赤道以南称南半球。北半球中，海洋占 60.7%，陆地占 39.3%。从春分至秋分，太阳直射点是从赤道到北回归线之间往返移动，这时期的北半球，地表受热多于南半球。从当年秋分到第二年春分，太阳直射点从赤道到南回归线之间往返移动，这时期的北半球，地表受热少于南半球。夏至日在 6 月 22 日前后，冬至日在 12 月 22 日前后。在气候统计上多以 7 月为最热月、1 月为最冷月的代表。

北美洲 北亚美利加洲的简称，位于西半球的北部。东临大西洋，西临太平洋，北临北冰洋，西北隔白令海峡同亚洲相望，南以巴拿马运河同南美洲分界。北美大陆北宽南窄，北部和东南部海岸线曲折，多半岛、岛屿和海湾。面积 2400 多万平方千米，是世界第三大洲。人口约 4 亿。包括美国、加拿大等 35 个国家和地区。北美洲的地形，西部是高大的山系，东部是低缓的高地，中部是广阔的平原，平原上有世界著名的大河——密西西比河，长约 6000 多千米。

北京时间 我国通用的标准时。它实际上是我国首都北京所在的东八时区的区时，即东经 120° 的地方平太阳时，并不是北京的地方时。它比北京（东经 116°20′）的地方平太阳时快约 15 分。

本初子午线 亦称"零度经线"或"起始经线"。1834 年国际经度会议决定，通过英国伦敦格林威治天文台的经线作为零度经线，后被公认为世界计算经度的本初子午线，又是世界"时区"的起点。从本初子午线始，分别向东、西各分 180°，线以东称东经，以西称西经。1953 年格林尼治天文台迁到东经 0°20′55″ 的赫斯特孟骚，但全球经度仍以原旧址为零点来计算。

比例尺 地图上某线段与实地相应距离之比。又称"缩尺"。公式表示：比例尺 = 图上距离 / 实际距离。比例尺表示方式，通常有三种：①线段式，又称图解式。在地图上画一线段，并注明 1 厘米代表实际距离多少千米。②文字式。在图上直接用文字表示 1 厘米代表实际距离多少千米。如 1 厘米代表 100 千米。③数字式。用分数式或比例表示图上距离与实际距离之间的比例关系。如图上 1 厘米代表实地距离 10 千米，写成一百万分之一，或 1∶1000000 或。比例尺的分子通常为 1，分母大者比例尺小；分母小者比例尺大。

避雷针 一种避雷击的装置。通常所见的避雷针由三部分组成：一根上端比较尖的金属棒，金属棒下端连接导线，导线连在一块埋在地下的金属板上。避雷针是根据尖端放电的原理制成的，用以保护附近的建筑物或屋外电气装置免遭或少遭雷击。

变质岩 原来的岩浆或沉积岩，受变质作用的影响变成的岩石。如石灰岩在高温影响下变成大理岩，炭质页岩在高温高压作用下变成石墨。其特征是具有片理构造和出现变质矿物。很多金属矿产和非金属矿产都和它有密切关系。

标准大气压　在温度为 0℃，纬度为 45° 的海平面上，每平方厘米 76 厘米水银柱高的压强定义为 1 个标准大气压。

标准时　由于地球的自转，经度不同的地方，时间也就不同，因此需要一个统一标准。19 世纪中叶，欧美一些国家开始采取一种全国统一的时间，这种时间多以本国首都或重要城市的子午线为标准，如英国采用格林尼治时间。这种时间对一个国家来说，没有不便，但对长途铁路运输和远洋航海的人，带来了许多困难。19 世纪 70 年代后期，加拿大铁路工程师弗莱明建议，在全世界按统一标准划分时区，实行分区计时，经美国和加拿大试行陆续被各国采用。1884 年华盛顿国际子午线会议决定，将这种分区计时称为标准时，也叫区时。我国采用的标准时就是东八时区的区时。

冰川　极地或高山地区沿地面运动的巨大冰体，由降落的积雪在重力和巨大压力之下形成。现代冰川移动速度一般每年为几到几十米。按所处位置，分为大陆冰川和高山冰川。总面积约 1600 万平方千米以上，占地球陆地总面积 11%。冰体总储量为全球淡水资源的 85%。我国的现代冰川主要分布于喜马拉雅山（北坡）、昆仑山、天山（中、东部）、祁连山和横断山脉的一些高峰区。总面积约 5.7 万平方千米。

冰川地形　又称"冰川地貌"。由冰川侵蚀作用和堆积作用所形成的各种地表形态。如冰碛平原、冰碛湖、冰蚀湖、峡湾等。

冰川湖　由于冰川作用所产生的凹地积水而成的湖泊。分冰蚀湖和冰碛湖两种。冰川在重力作用下沿谷地向下移动时，往往携带巨大的破碎的岩石前进，它可以磨蚀地表形成凹地，积水后形成湖泊，称为冰蚀湖。当冰川后退时，冰川挟带的大小石块，在地面堆积成丘陵或四周高中间低的洼地，或填塞部分河床。这些洼地和填塞的河床在冰雪融化后充满了水，便成为冰湖，如波兰东北部的希尼亚尔德堆湖即属此类。在北欧和我国藏北高原都分布着冰川湖。

冰期　地质史上出现的冰川大规模增长的时期。世界地质史上曾发生过三次大冰期，即震旦纪冰期，石炭纪、二叠纪冰期和第四纪冰期。冰期发生时，气候变得非常寒冷，世界很多地方都被冰川覆盖。冰期出现的主要原因是气候的剧烈波动。由于地球表面的陆海分布、地壳运动和地形起伏的差异，各地冰期发生的时间和持续的时间都不相同。

波长 一列波中的两个质点，它们的运动方向和位移都相同，那么这两个质点叫作同相质点。沿着波的传播方向，两个相邻的同相质点间的距离，叫作波长。波长通常用字母 λ 表示。公式为 $\lambda = v \cdot T$ 或 $v = f \cdot \lambda$。式中，T（或 f）为波源的振动周期（或频率）。V 为波传播的速度。

波浪 水面发生周期性起伏的现象，又叫"海浪"。海水因受风力、潮汐、地震或局部大气压力等因素的影响，使海水质点离开平衡位置而往复运动，并向一定方向传播，形成波浪。按成因，可分为"风成波""气压波""潮波""船波"等。波浪的波可传到很远处，常被人误认为是水质点的长远运动，其实水质点只是在原地做上下的周期性运动。

波阵面 波从波源出发，在媒质中向各个方向传播，在某一时刻位相相同各点的轨迹面称为波阵面。最前面的波阵面称为波前。波阵面为平行平面的波称为平面波。波阵面为同心球球面的波称为球面波。

渤海 伸入我国大陆，是我国最北端的海域，被山东半岛、辽东半岛和华北平原环绕，仅东部以渤海海峡与黄海相通，它是我国的内海，是一个半封闭的大陆架浅海，海水平均深度约 18 米，面积约 7.7 万平方千米，部分海区冬季结冰，全部是大陆架，盛产对虾，石油资源丰富。

布达拉宫 我国著名的古建筑，全国重点文物保护单位之一。位于西藏拉萨市西北角的布达拉山上。相传开始建于唐初松赞干布时，现存的建筑是清代顺治二年（1645 年）开始营建的，工程历时 50 年，以后又经过多次增修和改建，才具有今天的宏伟规模。全部建筑高达 13 层，金顶巍峨，红白涂壁，依山垒砌，起落自然。内有宫殿、灵庙、佛殿、经堂和庭院等，宫内藏有大量壁画、雕塑等，是西藏劳动人民智慧和血汗的结晶。

3. C

草本植物 有草质茎的植物，植株较小，茎干柔软。多数在生长期终了时，茎的地上部分枯死。

草原 温带半干旱气候下，由旱生或半旱生多年生草本植物组成的植被类型。主要成分有旱生的窄叶丛生禾草，如羽茅、针茅等，以及部分根茎禾草和莎草科、豆科、菊科植物等。群落结构简单，季相明显。可分为典型草原、荒漠化草原、草甸草原等。亚洲、欧洲、美洲的温带地区有大面积草原分布。我国草原主要分布在内蒙古、新疆等地。

草原气候 一种具有大陆性气候特点的气候类型，是土壤水分仅能供草类植物和耐旱作物生长的半干燥地区的气候，多见于沙漠地区。草原气候有多种类型，年降雨量较少，且一般在春夏或初夏，夏季温度较高。我国的西北地区多为草原气候。

柴达木盆地 在青海省西北部，位于阿尔金山、祁连山、昆仑山之间。海拔 2600 ~ 3000 米，是世界上最高的盆地。从边缘到中心，依次为戈壁滩、丘陵、平地和湖泊，东南有大片沼泽、盐湖。矿产资源丰富，有石油、有色金属、盐等，素有"聚宝盆"之称。东部和东南部为新垦农业区。

长度的量度 （1）国际单位制中，长度单位是米，用符号 m 表示。它的定义是：纯氪（质量数 86）气体放电时，发出的橙色光波长的 165076.73 倍。（2）长度的几种常用单位：①米单位：1 公里 = 10^3 米，1 分米 = 10^{-1} 米，1 厘米 = 10^{-2} 米，1 毫米 = 10^{-3} 米，1 微米 = 10^{-6} 米，1 纳米 = 10^{-9} 米，1 埃 = 10^{-10} 米。②天文单位：它的值等于地球围绕太阳旋转的椭圆轨道的半长轴。1 天文单位 = 1.49598×10^{11} 米。③光年：它的值等于光在真空中传播一年通过的距离。1 光年 ≈ 9.46×10^{15} 米。④英制单位：英尺。1 英尺 ≈ 0.3048 米。

长江 我国第一大河，全长 6300 千米，也是世界著名大河之一。发源于唐古拉山脉主峰各拉丹东雪山西南侧，正源名沱沱河。流经青海、西藏、四川、云南、重庆、湖北、湖南、江西、安徽、江苏、上海 11 个省（自治区、直辖市），东流入东海。自源头至湖北宜昌为上游，宜昌至江西湖口为中游，湖口以下为下游。上游流经横断山区，有很多高山峡谷，有著名的虎跳峡、雄伟壮观的长江三峡。中游地势低洼，支流发达，水网稠密，湖泊星罗棋布。下游水深江阔，两岸平原沃野，处处鱼米之乡。有著名的长江三角洲，江口有崇明岛。长江是我国东西航运大动脉，流域面积为 180 万平方千米，有 4 亿亩肥沃耕地。

长江三峡水利枢纽工程 新中国成立后，历经半个世纪的勘测设计、规划论证，长江三峡水利枢纽工程于 1984 年 12 月正式开工，至 2015 年 9 月枢纽工程顺利竣工。三峡工程是当今世界上最大的水利枢纽工程，具有防洪、发电、航运、水资源利用等巨大的综合效益。三峡工程坝址地处长江干流西陵峡河段、湖北省宜昌市三斗坪镇，三峡水库总面积约 1084 平方千米

（范围包括湖北省和重庆市的 21 个县市），控制流域面积，约 100 万平方千米。三峡工程由拦河大坝、电站建筑物、通航建筑物、茅坪溪防护工程等组成。挡、泄水建筑物按千年一遇洪水设计、按万年一遇加大 10% 洪水校核。其中，拦河大坝全长 2309.5 米，高程 185 米。水库正常蓄水位 175 米、库容 393 亿立方米。防洪限制水位 145 米，防洪库容 221.5 亿立方米。电站总装机容量为 2250 万千瓦，多年平均发电量 882 亿千瓦时。双线五级连续通航船闸总长 1621 米，单向通过能力 5000 万吨。茅坪溪防护坝长 889 米、高185 米。泄水建筑物全长 3104 米。三峡电站发电力 2250 千瓦，送至华中、华东和广东电网。

长江中下游平原　在长江三峡以东，沿长江两岸分布。跨湖北、湖南、江西、安徽、江苏、浙江、上海六省一市。由长江及其支流冲积而成。分为两湖平原、鄱阳平原、皖中平原、长江三角洲四部分。地势低平、湖泊众多、河网密布，素有"水乡泽国"之称。盛产大米、蚕丝、鱼虾，是我国著名的鱼米之乡。

常绿植物　全年都有绿叶的植物。它的叶子的寿命是两三年或更长，每年都有部分新生和部分脱落。由于陆续更新，所以终年保持常绿，如松、柏、冬青等。

常绿阔叶林　又称"照叶林"。亚热带湿润地区典型的木本群落。叶子草质，有光泽，叶片与光线垂直。群落结构比较简单，乔木层一般可分两层，林下有灌木层和草本层。灌木多为常绿种类。草本层中有常绿蕨类植物。林内分布有楠木、樟木、杉木、竹等优良材用树种，有油桐、油茶、漆等经济林木，还有橘、柚等水果及杜仲、天麻等药用植物。主要分布在非洲的加那利群岛和马德拉群岛，美洲的佛罗里达、墨西哥的北部、巴西的东南部及大洋洲，在我国东南沿海和西南部也有大面积的分布。

潮汐　海水产生周期性的涨落现象。它的产生是月球和太阳对地球的引力作用，其中以月球的起潮力为主。因为我国古代称白天为"朝"，晚上为"夕"，所以把白天海水涨落叫"潮"，晚上海水涨落叫"汐"，合称潮汐。它有三种类型，即半日潮：一个太阴日（24 小时 50 分）内，高潮和低潮各两次，相邻的高潮和低潮的潮高几乎相等；全日潮：在半月内，连续 7 天以上在一个太阴日内，高、低潮各一次，余皆为一天 2 次潮；混合潮：分不正规半日潮和不正规日潮。世界上某些喇叭形河口或海湾，常出现奇特的潮汐现象，称涌潮。又称怒潮或暴涨潮。中国钱塘江口的涌潮，誉为天下奇观。

沉积岩 水中或陆地上的物质经沉积作用而形成的岩石。又叫"水成岩"。一般是已经形成的岩石出露地表后，由于风化作用，将它破坏或溶蚀成岩石碎屑、溶液，经流水、风、冰川等搬运，最后沉积下来，再经过固结作用、变成坚硬的岩石。具有层理构造，并保存有生物化石。可分为碎屑岩（如砾岩、沙岩）、黏土岩（如页岩、泥质岩）和生物化学沉积岩（如石灰岩、盐岩、煤岩等）。在岩石圈中，只占岩石总量的 5%，在地表的分布面积达 75%，是构成地壳表层的主要岩层。

尘卷风 在近地面气层发生的小旋风。因天空少云，地面强烈增热而形成。我国一般把高 10 米以上、直径 2 米以上的尘沙旋风称"尘卷风"。能将地面的尘沙及其他细小物体卷到空中，形状像一个急转的漏斗状柱子。存在的时间很短。干燥区域的春、夏季午后常出现。

赤道 地面上距南北极各为 90° 的大圆。长 40075 千米。地球赤道面通过地心，垂直于地轴，是纬度的起算面。赤道分地球为南、北两半球。在赤道上，终年昼夜等长，各为 12 小时；正午太阳高度终年不低于 66°34′，最大为 90°，一年有两次极大值和两次极小值。地球赤道面同天球相交割而成的大圆，称"天赤道"。

冲积平原 河流挟带泥沙因流速减缓而堆积形成的平原，是堆积平原的一种。地势平坦，面积广大，有深厚的沉积层。一般在河流的中下游地区，沿河谷呈带状或片状分布。土壤肥力较高，是种植粮棉作物的主要用地。如长江中下游平原、珠江三角洲平原等。

冲击波 是指物体的高速运动或爆炸而在空气、水、土中猛烈震荡形成的波动。如超音速运动产生的强烈压缩气流，核爆炸时爆炸中心压力急剧升高，造成周围空气猛烈震荡，都能产生冲击波，特别是核爆炸时产生的冲击波，具有很大的破坏力。

臭氧 分子式 O_3。无色、有特臭的气体。在氧气或空气中进行无声火花放电（即尖端放电）制得臭氧。化学性质极活泼，是强氧化剂。用于水及空气的消毒及有机合成。充分冷却臭氧便凝成蓝色液体，液体臭氧易爆炸。

触电 人体被一定量的电流通过，引起组织、脑和心脏等重要器官的功能障碍，称触电。如果雷为电流的来源，称为"雷击"。通常用手误触有电流的电线损坏处、用湿手接触电开关、用手拿有电流的湿电线和晒在电线上的衣服等，均可发生触电。常见的症状有皮肤灼伤、抽搐、休克、昏迷和心跳、呼吸停止。若患者仍与电源接触，抢救者应首先切断电源（注意在移去电源前勿接触患者，移除电源时应用绝缘体如干燥木棒等），对心跳呼吸停止者应边进行人工呼吸和心外按摩，边送医院抢救。

磁场 存在于磁体和通电导体周围空间的一种特殊物质。磁场具有方向性。把小磁针放在磁场的某一点上，小磁针的北极（N极）所指示的方向，便是这一点上磁场的方向。磁场具有在磁体与磁体间、磁体与电流间以及电流与电流间传递相互作用的能力。

磁极 磁体上磁性最强的部分叫磁极。每个磁体都有两个磁极，一个叫北极（N极），一个叫南极（S极），磁极是成对存在的。同名磁极相互排斥，异名磁极相互吸引。

磁力线 在磁场中，某一点小磁针N极的受力方向亦即小磁针静止时N极所指的方向规定为该点的磁场方向。在磁场中，画一些有方向的曲线，曲线上任何一点的切线方向都与该点的磁场方向相同。这些曲线叫磁力线。磁力线为闭合曲线。磁力线在磁体内部是从S极到N极，在磁体外部是从N极到S极。磁力线分布的疏密可表示磁场的强弱。磁力线越密的地方，磁场越强。

磁体 一些物体具有吸引铁、镍、钴等物质的性质，这种性质叫磁性。具有磁性的物体叫磁体。磁体分永久磁体和电磁铁。电磁铁是利用通电螺线管有磁性和铁芯在磁场中被磁化的现象制成的，它只有通电时才有磁性。永久磁体不能杂乱地放在一起，也不要把磁针跟强磁体放在一起，以免磁体的相互作用削弱它们的磁性。条形磁体不用时，必须把两个条形磁体的N、S极倒置合并在一起。蹄形磁体两极前要加一衔铁。

次大陆 指面积比洲小，但在地理上或政治上又有某种程度独立性的大陆。通常专指南亚。范围约在北纬8°～37°，东濒孟加拉湾，西濒阿拉伯海，南临印度洋。南北长度和东西宽度各约3100千米。面积435万平方千米。北部为高山区域，中为印度河—恒河平原，南为德干高原。人口8亿多，有印度、巴基斯坦、孟加拉国、尼泊尔、不丹等国。

次声 次声是一种人耳听不到的声波，每秒振动1～20次。它的穿透力很强，几乎无孔不入，因此具有极大的破坏力，能使船只破裂、飞机解体，也能使人感到极度不适甚至死亡。在自然界里，风暴、海啸、火山爆发等都会产生强大的次声。此外，原子弹的爆炸、机器和螺旋桨的高速运转等，也会产生次声。

一些国家正在利用次声的破坏力，研制功率强大的次声武器，用来攻击正在飞行的飞机或导弹。

4. D

大洋洲 介于亚洲和南极洲之间。西面临印度洋，东面同南、北美洲遥遥相对，包括澳大利亚大陆和太平洋赤道南北广大海域中的一万多个岛屿，是举世闻名的"万岛世界"。共有 21 个国家和地区，面积 900 万平方千米，人口约 2500 多万。除南极洲外，是世界上面积最小、人口最少的一个洲。大洋洲拥有很多世界上独有的珍奇动植物，如桉树、澳大利亚袋鼠、鸭嘴兽等。矿产资源也很丰富，其中，镍的储量占世界首位。许多岛屿是联系各大洲的重要通道，在国际交通具有重要地位。

大理石 大理石因产于我国云南大理而得名，是天然矿石的一种，为颗粒状方解石的密集块体。方解石的主要成分是碳酸钙（$CaCO_3$），常为白色，含有杂质时呈淡黄色、玫瑰色、褐色等。三方晶系，硬度为 3，有玻璃光泽。可做建筑材料、艺术雕刻和装饰品，也可用作制碳酸钙等的化工原料。其细粉做橡胶、油漆等填充物。

大陆 地球表面被海洋环绕的广大陆地。全球有 6 块大陆，按其面积大小依序为欧亚大陆、非洲大陆、北美大陆、南美大陆、南极大陆和澳大利亚大陆。习惯上以乌拉尔山、乌拉尔河、里海、高加索山、博斯普鲁斯海峡、达达尼尔海峡分欧亚大陆为亚洲和欧洲（洲是大陆及其附属岛屿的总称）。以苏伊士运河作亚洲大陆和非洲大陆的界线；以巴拿马运河为北美大陆和南美大陆的界线。澳大利亚大陆、南极大陆各以自己海岸线为界。大陆轮廓的特点：除南极大陆外，所有的大陆都是成对相应的。如北美和南美，欧洲和非洲，亚洲和澳大利亚，每对大陆成一大陆瓣，在北极区汇合，构成大陆星。

大陆架 大陆向海洋自然延伸的宽广平坦的浅海地区。又称"陆架""陆棚"或"大陆棚"。宽度有 0 ～ 1000 千米不等，水深一般在 200 米以内，深的可达 500 ～ 600 米。世界各大洋的大陆架平均宽度约 70 千米，宽度与沿海陆地地形的关系很大，山丘临海就窄，平原临海就宽。大陆架生物资源非常丰富，还蕴藏着石油、煤、铜、锡等矿产资源。我国是世界上最大沿海国家之一，沿海大陆架相当宽广。

大洲　地球上的大陆及其附近的岛屿的总称。全球共分为七大洲：亚洲、非洲、欧洲、北美洲、南美洲、大洋洲和南极洲。七大洲中，亚洲面积最大，大洋洲面积最小。亚、非、欧和大洋洲主要分布在东半球。乌拉尔山、乌拉尔河，里海和高加索山是亚、欧两洲的分界线，苏伊士运河是亚洲、非洲的分界线。南美洲和北美洲在西半球，巴拿马运河是它们的分界线。大洋洲和南极洲被海洋包围，与其他大洲不相连。

大洋　简称洋。远离大陆，深度大、面积广的海洋的主体部分。地球上共有四大洋：太平洋、大西洋、印度洋和北冰洋。太平洋是世界第一大洋，面积17968万平方千米。大西洋为世界第二大洋，面积9336万平方千米。印度洋排列第三，面积7491万平方千米。北冰洋最小，约1310万平方千米。

大陆漂移说　解释地壳运动和大洋大洲分布的一种假说。1912年德国地球物理学家魏格纳提出。他根据大西洋两岸，特别是非洲和南美洲海岸轮廓非常相似等资料，认为地壳的硅铝层是漂浮于硅镁层之上的，并设想全世界的大陆在古生代石炭纪以前，是一个统一的整体（原始大陆），在它的周围是辽阔的海洋。

大陆性气候　受大陆影响强烈的气候。日照充足，空气干燥。降水量少，且多集中在夏季。冬冷夏热，昼热夜凉，春温高于秋温，气温的年、日差较大。一年中最热、最冷月的出现都比海洋性气候约早一个月。由于干湿状况不同，又分森林、草原、沙漠气候，以沙漠地区气候最为典型。

大气圈　包围地球最外部的气体圈层。它是一种混合体，由干洁空气、水汽、悬浮着的液体微粒及固体杂质组成。干洁空气主要成分为氮（78%）、氧（21%）、氩（0.93%）、二氧化碳（0.03%）等。底界是地面，没有明确的上界。越高空气越稀薄，逐渐过渡到星际空间。大气圈对地球表面的能量和水分的输送及生命循环起着重要作用，对地球上的生命起着保护作用。

大气降水　从云雾中降落到地面的液态水和固态水的总称。雨、雪、霰、雹都是降水现象。形成的基本条件是水汽，必要条件是空气做上升运动（使水汽达到饱和后产生凝结）。"降水量"指落到平地上的水积成的水层深度，以毫米表示，通常把地面上的霜、露也算在降水量中。降水的多少，对农业生产影响很大。

大气温度 即气温。空气冷热的程度。气象台（站）一般所指的气温是指离地面1.5米高度的百叶箱内温度表或温度计测得的空气温度。以摄氏（℃）或华氏（℉）两种温标表示。我国采用摄氏温标。在理论研究中，用绝对温标（K）。三种温标的换算公式：

$$℃ = \frac{5}{9}（℉-32）$$

$$℉= \frac{5}{9}℃+32$$

$$K=℃+273.15$$

大气监测 对大气污染情况进行测定。监测的主要内容有：大气中二氧化硫、二氧化碳、一氧化碳、氯、氨、氟化物、飘尘和酸雨等含量。通过监测可及时掌握大气污染的现状，并为污染预报和制订防治对策提供依据。

大气污染 洁净大气被有害气体和悬浮物质微粒污染的现象。核爆炸后散落的放射性物质、化学毒剂、工业和交通运输工具等排放的污染物，如煤烟、粉尘、硫氧化合物、碳氢化合物、氮氧化合物等有害物质，在空气中达到一定浓度并持续一定时间后，就会造成空气污染，危害人类健康和动植物的生长，其中二氧化硫遇到水汽形成酸雾、酸雨，会造成土壤、河湖酸化，破坏农作物和森林，影响鱼类的生长繁殖，腐蚀建筑物等。

大气压强 地球的表面包围着一层空气，这层空气叫大气。由于大气有重量，所以大气对在它之中的物体有压力。物体表面单位面积承受的大气压力，叫作大气压强，简称大气压。实验表明：大气对地面上一切物体表面每平方米大约有10^5牛顿（大约有10000千克）的作用力。在地面附近，大气压随高度而变化，平均每升高12米，大气压约下降1毫米水银柱。测量大气压的仪器叫作气压计。常用的气压计有水银气压计和无液气压计。

大兴安岭 在内蒙古草原与东北平原之间，北起黑龙江畔，南止西拉木伦河上游，东北至西南走向，长1200千米，海拔多在1000米以上。山顶浑圆，西坡平缓，东坡陡峻。为古老褶皱断块山。主要由花岗岩、安山岩组成。林产丰富，为我国木材主要产地，多落叶松、桦树。产珍贵鸟兽、皮毛和药材，为人参、貂皮的主要产地。

淡水湖 水中含盐量不超过 1% 的湖泊。也称"排水湖"或"吞吐湖"。湖水与河流相通，可以自由出入，所以水中盐分极小。如我国的鄱阳湖、洞庭湖、洪泽湖、太湖、巢湖等。

大运河 "京杭大运河"的简称。我国古代伟大的水利工程。北起北京通县，南到浙江杭州，流经北京、河北、天津、山东、河南、安徽、江苏、浙江的广大地区，沟通海河、黄河、淮河、长江、钱塘江五大水系，全长1794 千米。公元前 5 世纪（春秋末期）吴国在邗（hán）城（今江苏扬州附近）开凿邗沟；隋炀帝时，以河南洛阳为中心，向南到江苏淮阴，开凿通济渠；向北经过山东临清到北京，开凿永济渠；又从今江苏镇江到浙江杭州，开凿江南运河，同时修复邗沟。元朝建都北京后，从山东临清到江苏淮阴，开凿济州河，又引北京西山各泉水经北京城和通县，汇合温榆河到天津，称为北运河。大运河是我国古代漕运的主要渠道，对南北经济交流起过很大作用。清末以后，因海运兴起，铁路通车，大运河河道淤浅，多处断航。新中国成立后，部分河段得以加宽加深，又兴建了江都、淮安等多项水利工程，使运河发挥了灌溉的作用，并成为"南水北调"的主要通道。

岛屿 在海洋、河流、湖泊、水库中被水包围的小块陆地。岛屿面积相差悬殊，最大的格陵兰岛，面积达 217.56 万平方千米，小的不足 1 平方千米。单独或成群分布。按成因分为大陆岛、海洋岛（火山岛和珊瑚岛）、冲积岛等。世界岛屿总面积共约 970 多万平方千米，约占陆地总面积的 7%。

地理学 自然地理学和经济地理学的总称。前者研究地理环境的结构及其发生发展规律，可分为综合自然地理学（普通自然地理学、区域自然地理学、古地理学）和部门自然地理学（气候学、地貌学、水文地理学、土壤地理学、植物地理学、动物地理学等）；后者研究生产布局规律，各个国家、地区、部门的生产发展及布局条件和特点，一般分为普通经济地理学（如经济地理学概论、经济地理学原理等），部门经济地理学（如农业地理学、工业地理学、运输地理学等）和区域经济地理学（如中国经济地理、华中区经济地理等）。二者各成体系，又密切联系。我国最古老的地理书籍有《禹贡》《山海经》等。

等高线 地面上海拔高度相等的各点连成的曲线。用以表示地面起伏形态和地面高度。等高线密集，地面坡度陡；等高线稀疏，地面坡度缓。地形图上的等高线，分为首曲线、计曲线、间曲线、助曲线等。

等深线 水底深度相等的各点连成的曲线。用以表示海洋、湖泊的深度、地形起伏。依最低低潮海水面或湖面做起算面而测定。

低气压 中心气压低于四周，气流沿反时针方向（北半球）向中心流动的大气涡旋。也称"气旋"。主要是因地面受热不均，引起气压的差异而造成。多发生在温带地区。气旋区多云雨天气；气旋雨是我国降水的主要形式之一。

低等动物 一般指构造简单、组织及器官分化不显著、且无脊椎的动物。在动物学中，与高等动物无明确的界线。如在脊椎动物中，对四足类而言，称鱼类为低等动物。

地平面 当我们站在平坦的原野上，眼睛平视，无论向哪个方向远望时都可以看到，远方的地面和天空好像连成一条线。这条实际上并不存在的线叫地平线。地平线以内的地方叫地平面。地平面的范围，随人们所处的高度的增加而扩展。站在平地上，人们只能看到 4 千米左右的范围。但若站到 100 米高的地方，就可看 36 千米左右的范围。若站在 1000 米的高山上，就可看到 113 千米左右的范围。

地平方向 地平面上有四个基本方向，即平时我们所说的东、南、西、北。在这四个基本方向之间又可分出东南、西南、西北、东北等方向。进一步细分，还可把地平方向分成 16 个方向或 32 个方向等。

平面图 把一个很小地区（20 平方千米以内）的地理事物（如房屋、河流、山头等），根据从上向下看时所见到的形状和它们之间的相互位置，按一定的比例缩小，并用一定的符号，不同的颜色、文字，在平面的图纸上画成的图形。确定平面图上的方向、选择一定的比例尺、注明图例是画平面图时要注意的三个问题。

地方时 地球表面任何一点根据太阳位置而定的时间。太阳在天空中达到最高位置时，就是地方时的正午。因地球自西向东自转，经度不同的地方，同一瞬间的地方时便有差异：经度相差 1°，地方时刻相差 4 分；经度相差 1′，地方时刻相差 4 秒。

地层 地球历史发展过程中所形成的成层岩石的总称。以层状的沉积岩、变质岩、火山岩为主，也包括结晶岩石（花岗岩、片麻岩等）。在正常情况下，先沉积的地层居下，后沉积的地层在上。地层中保存着地壳各历史时期的构造变动、遗迹、化石，为研究地壳的发展提供了依据。

地磁场 地球周围的空间里存在着磁场，这个磁场叫地磁场。地磁北极在地理南极附近，地磁南极在地理北极附近。磁倾角、磁偏角和水平场强称地磁三要素，由这三个量就可以知道某处地磁场的方向和大小。地磁场对人类的生产、生活都有重要意义。除大家熟知的行军、航海利用地磁场对指南针的作用定向外，导弹、人造卫星等也要利用地磁场来定向，人们还可以根据地磁场在地面分布的特征寻找矿藏。地磁场的变化还能影响无线电波的传播。

地核 地球内部构造的中心层圈。可分外核、内核两部分。外核自地下 2900 千米到 5000 千米，内核自地下 5100 千米至 6371 千米。地核物质密度为每立方厘米 9.7～17.2 克，压力达 318～360 万个大气压，温度为 3700～5000℃，质量为整个地球质量的 31.5%。目前认为外核为液态铁，而内核是固态铁、镍。

地极 地球自转轴同地面相交的两点，叫"地球两极"，即北极和南极，合称"地极"。地球北极位于北冰洋，地球南极位于南极洲，它们是地面上正北和正南方向的标志，是一切经线的共同交点。由于地轴在地球内部位置的变化，地极在地球表面上的位置有轻微的变化，称"极移"。

地理大发现 西方史学家对 15—17 世纪欧洲航海者发现新航路"新大陆"的通称。1492 年，哥伦布航抵美洲；1498 年，达·伽马发现绕好望角通往印度的新航路；1522 年，麦哲伦的船队完成了第一次环球航行。随着新航路的开辟，欧洲各国开始了海外殖民地掠夺活动。

地幔 介于地壳和地核之间的层圈。又称"中间层"。上地幔从 33 千米到 984 千米，物质成分主要为硅、铁、镁、铝等，平均密度每立方厘米为 3.8 克，压力约 50 万个大气压，温度为 1200～1500℃，物质状态为固态结晶，但具有较大塑性。下地幔从 984 千米到 2000 千米，物质成分主要是硅酸盐、金属氧化物与硫化物，特别是铁、镍显著增加，平均密度每立方厘米 5.6 克，压力约 150 万个大气压，温度 1500～3700℃，体积占地球总体积的 83%，质量占整个地球的 66%。

地貌 地球表面各种形态的总称。也叫"地形"。由内力（主要是地壳运动）和外力（风化作用、流水、冰川、风沙、波浪等）长期相互作用而成。包括陆地和海洋两大部分。岩石是其形成的物质基础。按形态，陆地分山地、丘陵、高原、平原、盆地等，海底分大陆架、大陆坡、大陆盆地、海

一、花草树木

131

底山脉等；按动力，分流水地貌、岩溶地貌、冰川地貌、风沙地貌、海岸地貌等；按成因，分构造地貌、气候地貌、侵蚀地貌、堆积地貌等。

地壳 地球内部构造的一个层圈，由岩石组成的固体外壳。厚度各地不等，约 5 ～ 70 千米。分大陆型地壳和大洋地壳两种。前者平均厚度约 33 千米，高山高原地区最厚，中国青藏高原厚达 70 千米左右；后者平均厚度为 7.3 千米。上部除表层覆盖着一层极薄的沉积岩、风化土和海水外，主要由花岗岩类的岩石组成，富含硅和铝，称"硅铝层"。硅铝层的厚度不一，在大洋地区甚至有缺失现象。下部主要由玄武岩或辉长岩类的岩石组成，富含硅和镁，称"硅镁层"。除大洋底部有硅镁层直接出露外，其余都埋在硅铝层之下。

地壳运动 由内力作用引起地壳结构改变和地壳内部物质变位的运动。可分为水平运动和垂直运动两种基本形式。水平运动，又称造山运动或褶皱运动，地壳物质大致平行于地球表面的运动。它常使岩层发生水平位移和弯曲变形，造成巨大的褶皱、断裂构造带。世界上许多高峻山脉都是水平运动所形成。垂直运动，又称升降运动、造陆运动或振荡运动，地壳物质沿着地球半径方向进行缓慢升降运动。它表现地壳某部分隆起或凹陷，并引起地势高低变化和海陆变迁。从地壳某一地区和某一阶段看，水平、垂直运动皆可为主。但从地壳发展历史看，水平和近于水平运动为主导，垂直运动是派生的。

地球 人类居住的星球。太阳系八大行星之一。按距离太阳远近顺序为第二颗。日地平均距离 14959.787 万千米。月球是地球的唯一天然卫星。地球的赤道半径约 6378 千米，极半径约 6356 千米，平均半径约 6371 千米，扁率约为 1：298.25，面积约 51000 万平方千米，体积约 10832 亿立方千米，赤道周长约 40075 千米，质量约 5.976×10^{27} 克，平均密度约 5.52 克 / 立方厘米。地球绕轴不停地自西向东旋转，自转一周时间为 23 时 56 分 4 秒。与此同时，地球还绕太阳公转，方向自西向东。公转轨道是椭圆。公转周期为 365.2422 日。地球赤道面与公转轨道面呈 23°26′ 夹角。地球自转和公转运动相结合，产生地球上的昼夜交替、四季变化和五带的区分。地球由大气圈、水圈、生物圈以及地壳、地幔和地核等不同物质和状态的同心圈层构成。地球大气圈外还包围磁层，其内有由带电粒子组成的两条辐射带。地球年龄约 46 亿年。

地球仪 用球体代表缩小的地球,以表示地面地理状况和地球自身特性的模型装置。球面上绘有各大洲、各海洋的分布,以及某些重要地理要素、赤道、经线、纬线等。为便于说明地球的自转、公转、四季形成和昼夜长短等自然现象,地球仪一般大约按 23.5° 的倾斜装置。多用于科学普及、时事宣传及地理教学中。

地热 存在于地球内部的热量。主要因地球内部铀、钍等放射性元素蜕变而产生。地壳内温度随深度增加;增温率的大小与各地地质构造条件、岩石的热容量、火山与岩浆活动等情况有关。在一般地区,每下降 100 米,平均增温约 3℃;在地壳断裂活动地区和火山地区,每下降 100 米,地热增温可达几摄氏度到几十摄氏度。地热是一种取之不尽的天然能源。

地图 按照一定法则,用来显示地球表面自然和社会现象的图。上面标有符号和文字,有的还有颜色。按其内容可分为普通地图和专门地图;按其比例尺可分为大、中、小比例尺地图;按其表现形式又可分为线划地图、影像地图和立体地图等类。现代地图还有电视图像和全息像片等新形式。

地下水 埋藏于地表以下各种状态的水。主要补给来源为大气降水、地表水的渗透,还有岩浆水(又叫原生水)。在土壤、岩石空隙中,或受重力作用而自由移动,或受毛细管力的作用而附着于土壤、岩石颗粒的表面。和地表水一样,有液态、固态和气态三种形式。可分上层滞水、潜水和自流水三类。地下水占地球水总储量的 4.1%,是宝贵的水资源,是工农业生产、生活饮水的重要供水源,兼有发电、医疗、矿产之利。

地轴 地球的自转轴。它连接地球两极,通过地心,同赤道面相垂直,与地球的轨道面相交呈 66°33′ 的交角。

地心说 又称"地球中心说""地静说"。认为地球静止不动居于宇宙中心,日、月、星辰围绕地球运行的一种学说。公元前 4 世纪古希腊学者亚里士多德最早提出,公元 2 世纪古希腊天文学家托勒密进一步完善、发展。认为宇宙系统分为九重天:月球、水星、金星、太阳、火星、木星和土星依次形成 1 至 7 个天层;其他所有恒星镶在第 8 个天层上,各天层都绕地球旋转;第 9 层天叫"最高天",是上帝居住的极乐天堂。这种观点符合宗教需要,在西方统治 1400 多年,直到 16 世纪被"日心说"所推翻。

地形图 主要表示地形的普通地图。经实地测绘和调查资料编绘而成。常按大、中比例尺,表示地物、地貌的平面位置和高程。地貌一般用等高线表示，能反映地面的实际高度、起伏特征，具有立体感；地物按图式符号加注记表示。

地震　地壳的快速震动，一般可分三类：①构造地震，由地球内部应力引起构造变动而发生的地震，活动频繁，持续时间长，震级高，波及面广，破坏性最强，约占地震总数 90% 以上；②火山地震，由火山爆发产生的地震，强度小，范围小，约占地震总数的 7%；③陷落地震，由岩层崩塌陷落所引起的地震，范围小，强度弱，约占地震总数 3% 不到。此外，由于水库蓄水、从地下抽水、矿区采空、深井注水等也会发生地震。平均每年世界发生地震 500 万次，其中人们能感觉到的只有 5 万次左右，造成严重破坏的约 10 多次。

地峡　两个海洋之间连接两大陆的狭窄陆地。如在太平洋和墨西哥湾间，墨西哥东南的特万特佩克地峡。其他如连接南北美两大陆的巴拿马地峡，连接亚非两大陆的苏伊士地峡。

地狱　①由梵文意译而来，原意即"苦难的世界"。古印度传说人在生前做了坏事，死后要堕入地狱受苦。佛教也采用此说。②与"天堂"相对。犹太教经典中原意为"阴间"，仅指人死后灵魂的去所，与赏罚无关。基督教将它发展成为不信基督的恶人死后灵魂永受刑罚的地方。

地球引力　地球上的一切物体与地球之间的相互吸引力。地球无时无刻不在转动，正因为有地球引力的作用，人和物才能稳稳当当地稳住在地球上；一切物体总是落向地面而不是飞向空中；物体的重量也是受地球引力的作用而产生的。发现地球引力的规律是牛顿的功绩。有了这个发现，才能有克服地球引力的办法，使宇宙飞船能飞出地球，到月亮上去，到别的星球上去。

东北平原　我国三大平原之一。在大兴安岭与长白山之间，包括辽宁、吉林、黑龙江和内蒙古各一部分。主要由辽河、松花江、嫩江冲积而成，故又称松辽平原。大多在海拔 200 米以下。土地肥沃，是我国主要农业基地之一，盛产大豆、高粱等。东北平原北部的北大荒，原为荒芜地区，新中国成立后进行开垦，现已成为我国北方的大粮仓，盛产小麦、大豆和甜菜等。

东海　位于我国大陆与台湾岛以及日本九州岛和琉球群岛之间，北与黄海相连，南以广东省南澳岛到台湾岛南端边线与南海分隔，是一个比较开阔的边缘海，海水平均深度约 370 米，面积约 77 万平方千米。水呈蓝色，水温较高，海岸线曲折，大陆架宽广。沿海多岛屿，舟山群岛附近是我国最大的渔场，盛产大黄鱼、小黄鱼、带鱼等。

东半球　本初子午线以东的半个地球。那里的地方时早于格林尼治地方时。习惯上以西经 20° 和东经 160° 的经线圈为界，把地球平分成东、西两半球。西经 20° 向东至东经 160° 的半个地球，称东半球。这样使分界线基本上在大洋中通过，避免非洲、欧洲某些国家分在东、西两半球上。

东南亚国家联盟　简称"东盟"。1967 年 8 月 8 日在泰国首都曼谷成立。成员有印度尼西亚、泰国、新加坡、菲律宾和马来西亚。联盟强调"发展相互间政治、经济和军事合作关系"。该联盟除每年召开一次部长会议外，还设有常务委员会和秘书处。

对流　通过介质的运动（液体或气体的流动）将热从一个地方传播到另一个地方去的热的传输过程。通过流动使温度趋于均匀。在这种热传输过程中，介质成为载热体。

断层　岩层断裂变动的一种构造形态。因地壳运动使岩层发生断裂，并沿断裂面发生显著的相对移动。断层都具有断层面、断层线、上盘和下盘等要素（平移断层无上、下盘之分）。根据断块上下盘相对运动的方向，分正断层（上盘向下移动，下盘相对向上移动）、逆断层（和正断层的移动方向相反）、平移断层（两个地块作水平移动）。

断层山　地壳断裂错动上升到一定高度而形成的山体。也叫断块山，边缘为平直的悬崖峭壁，如我国山东省的泰山。由断层活动造成的陡岩，称为断层岩，如华山北峰的断层岩。

对流层　大气紧贴地面的一层。厚度随纬度、季节和其他条件而异；低纬地区约 17～18 千米，中纬地区约 10～12 千米，高纬地区 8～9 千米。一般夏季厚而冬季薄。气温随高度增加而递减，平均每上升 100 米，气温下降 0.6℃。空气对流和乱流运动明显，并导致有强烈的垂直混合。对流层集中了大气质量的 3/4 和几乎所有水汽，形成云和降水现象。受地表影响大，使温度、湿度水平分布不均匀。对流层上部称"对流层顶"，厚度约数百米至 1～2 千米，平均温度在低纬地区约 -83℃，在高纬地区约 -53℃；随高度上升略有升高或等温，上升气流受到阻止。

多年生植物　连续生活两年以上的植物。有草本和木本两大类。多年生草本植物的地上部分每年死去；而地下的根、根状茎或鳞茎能生活多年，如蒲公英、天竺葵等。多年生木本植物中的地上部分有一年生或多年生。多年

一、花草树木

135

生植物中大多数一生中能开花结果多次，如桃、石榴等；也有一生中只开花结果一次的，如某些竹类。

5. E

二年生植物　指种子萌发的当年仅长出根、茎、叶等营养器官，次年才开花结果而死亡的植物，如萝卜、白菜等。

二十四节气　根据太阳在黄道上的位置（黄经），将全年划分为二十四个时段，称为"二十四节气"，二十四节气是我国劳动人民在长期农业生产实践中，根据农事活动的需要，总结出来的宝贵经验。它表明气候变化和农事季节，是指导农业生产的时间表，在农业生产上起着重要作用。

6. F

反射定律　当光线斜射到两种媒质界面上时，其中一部分在原来的媒质里改变传播的方向，这种现象叫作光的反射。这就是人们能够看见不发光的物体的原因。光的反射规律依据光的反射定律。实验证明：反射光线在入射光线和法线所决定的平面内，反射光线和入射光线分居法线的两侧；反射角等于入射角。上述两条是光的反射定律。

非洲　阿非利加洲的简称。在亚洲的西南面，欧洲的南面。包括埃及等55个国家和地区，面积3000多万平方千米，仅次于亚洲，是世界第二大洲。非洲土地辽阔，但人口较为稀少，大约5亿人口，其中黑人占三分之二。海岸线比较平直，海湾、岛屿和半岛很少。地形以高原为主，地面起伏不大，平均海拔600多米，被称为"高原大陆"。非洲的气候特点是气温高，气候炎热，干燥地区广，所以又称为"热带大陆"。非洲矿藏丰富，品种多，储量大，黄金和钻石产量均占世界首位，按地理位置一般把非洲划分为南部非洲，东部非洲、中部非洲、西部非洲和北部非洲五个部分。

方舟　又称"诺亚方舟"。圣经故事中诺亚为避洪水而造的长方木柜形大船。据《圣经·创世记》记载，上帝因世人行恶，降洪水灭世。因亚当之子塞特的后裔诺亚一家能持守正义，上帝便命他造此方舟，率领全家人及留种的禽兽各一对避入舟中。七日后洪水泛滥，诺亚一家和所带各种动物得到保存。西方文学常以方舟作为避难处所的象征。

防护林 为了调节气候，减少水、旱、风、沙等自然灾害营造的林带或大片森林。如防风林、固沙林、护路林、海防林、水土保持林等。

防风林 在干旱多风的地区，为了减低风速，防止急速降温或强度蒸发而造的森林或林带。

沸点 液体开始沸腾时的温度。沸点随着外界压力的不同而改变，压力低，沸点也低。水在标准大气压下的沸点是100℃。

分贝 计量声音强度或电功率相对大小的单位。分贝数值等于音强或功率比值的常用对数乘以10。当选定一个基准音强或功率时，分贝数也表示音强或功率的绝对大小。

分水岭 相邻两流域之间的山岭或高地。降落在分水岭两边的降水沿着两侧斜坡注入不同的河流。如秦岭是长江和黄河的分水岭。秦岭以北的降水流入黄河，秦岭以南的降水流入长江。另外，平常人们也常用"分水岭"来比喻不同事物的主要分界。

风 空气在水平方向流动的现象。既有方向，也有速率。通常用风向和风速（或风级）表示。风会促使不同性质的空气发生交换，是天气变化的重要因素之一，也是一种自然能源。

风车 ①利用风力的机械装置。它可以把风能变为机械能，带动抽水机、小型发电机和粮食加工机械，用来抽水、发电和加工粮食。②即"扇车"。

风化 结晶水合物在常温时及比较干燥的空气中失去一部分或全部的结晶水，使晶体遭受到破坏的过程。如碳酸钠十水合物（$Na_2CO_3 \cdot 10H_2O$）晶体失去结晶水而变成一水合物（$Na_2CO_3 \cdot H_2O$）的白色粉末。

风级 根据风对地面（或海面）物体影响程度而定出的等级。常用以估计风力的大小。我国唐朝科学家李淳风在《观象玩占》一书中，把风分为八级。1805年，英国人蒲福把风力分为13个等级（0～12级）。以后有些国家又增加到18个等级（0～17级）。

风力发电 利用风力做动力的发电方式。风力发电的机械装置主要有两部分：一是风力机，二是发电机。利用风使风力机转动，经过增速器提高转速，再通过传动装置带动发电机快速运转，发出电能。风能是免费的，在自然界中取之不尽，用之不竭，而且没有污染，我国和世界各国都在使用和研

一、花草树木

究。如我国清华大学与中国科学院联合设计的立轴式风轮发电机就是一种新型风力发电机组，其最大功率为 5000 瓦，并配有蓄电池，能把电储存起来，供无风时使用。

发达国家 又称"工业化国家"，泛指生产力高度发达的国家。其主要标志是：在工业中，现代化科学技术成果得到广泛应用，生产社会化得到高度发展，农村中建立了资本主义大农业；农业生产广泛实现了机械化、电气化，化学化也有相当程度的发展，具有较高的劳动生产率，具有与现代科学技术基础相适应的国民经济结构，生产国际化得到较高的发展。

发展中国家 旧称"不发达国家"或"欠发达国家"。指原来经济落后，正处在传统经济向现代化经济过渡的发展过程中的国家。主要分布在亚、非、拉、南太平洋和地中海地区，一般又称为南方国家，约占全世界土地面积的五分之三，人口的四分之三。大多数发展中国家过去是帝国主义的殖民地和半殖民地及附属国，在第二次世界大战后，先后获得了政治上的独立。发展中国家的基本特征是：大多数国家现代化工业不发达，农业在国民收入中占主要地位，生产结构单一，国民收入分配平均，劳动人民生活贫困，经济发展极不平衡。

锋面雨 "锋"为两种性质不同的气团的狭窄过渡区域。看作一个面，叫"锋面"。锋面附近各种气象要素的变化最激烈，是云、雨、大风等天气现象集中的地方。"锋面雨"就是锋面活动形成的降水。由冷、暖气团相互冲突，使暖湿空气上升冷却凝结形成。一般雨时长、雨区广，全年都有，冬春出现多，是我国降水的主要形式。如江淮流域春夏之交的梅雨，就是锋面降水的一种。

辐射 波（机械波或电磁波）或大量微观粒子从它们的发射体出发，在空间或媒质中向各个方向传播的过程。有光辐射、热辐射、声辐射等。单独"辐射"二字，通常指电磁辐射。

伏旱 7 月上、中旬梅雨结束后，长江中下游地区处在暖热气流控制之下，进入盛夏季节。7、8 月份往往连续数日、数十日天气晴朗，骄阳似火，干燥无雨，形成伏旱。这时正是水稻生长的旺季，需要充足的水分，因而伏旱对水稻生长极为不利，抗旱任务很重。

7. G

干热风 也叫"干旱风"。出现在温暖季节的一种干而热的风。常使气温显著升高，湿度显著降低，蒸发迅速，严重时往往导致农作物的枯萎或死亡。

附属国 名义上保有一定的主权，实际在内政外交及经济上都从属于帝国主义强国，并受它控制和约束的国家。含义和半殖民地相同。

干冰 即固态的二氧化碳，形状似冰的结晶。受热直接气化。在常压下让它蒸发，可得 –80℃左右的低温。干冰常用作冷冻剂、人工降雨的化学药剂，也用于灭火剂和汽水。将二氧化碳气体压缩成液态，然后再急速减压让它膨胀，便可制得干冰。

港口 在江、河、湖、海沿岸，具有一定的设备和条件，便于船只往来停泊、旅客上下和货物装卸的地方。按所在地分，有海港、河港、湖港等；按用途分，有商港、渔港、军港、避风港等。

高等动物 一般指体制复杂、组织及器官分化显著的脊椎动物。在动物学中，与低等动物无明显的界线，只是相对而言。如在脊椎动物中，对鱼类而言，则称四足类为高等动物。

高气压 中心气压高于四周，气流从中心呈顺时针方向（北半球）向四周涡旋式流散的天气系统。也称"反气旋"。主要是因地面受热不均，引起气压差别所造成。高气压区内，空气向外流散，中心由上空气流不断下沉补充，所以多是晴好稳定的天气。

戈壁 被砾石覆盖的地区。蒙语"戈壁"即荒漠，又称砾漠。戈壁的砾石多是古代河流冲积物、冰川或冰水挟带的碎屑物，或是基岩风化后的残积物。由于强劲风力的作用，吹走了细沙或微尘，留下粗大的砾石覆盖着整个地表，形成了广大的砾石荒漠。一般无土壤发育，植物稀少。在我国内蒙古、柴达木盆地边缘地区都有分布。

公海 地球上的海洋，除沿海各国管辖范围（包括领海、内海等）以外的广大海域，都被认为是公海。公海的海域及其资源，原则上应为世界各国所共有，不属于任何国家主权所管辖。各国应在平等互利的基础上，共同管理和使用。

公元 即公元纪年，是国际通用的公历纪元。以传说中耶稣基督诞生的

一、花草树木

139

那一年为公元元年，因此又称"基督纪元"。公元 6 世纪开始实行，现为世界多数国家所采用。我国在 1949 年正式规定采用公元纪年。

光的干涉　如果 S_1 和 S_2 是一对相干光源，从 S_1 和 S_2 发出的光将在空间叠加，屏幕上将出现一系列稳定的明暗相间的条纹，这个现象叫作光的干涉，这些条纹称为干涉条纹。我们日常生活中，在肥皂泡上，在水里的油膜上，常常会看到各种彩色花纹，这就是光的干涉现象。干涉是波的一个重要特性。两束波产生干涉的条件是：频率相同，振动方向相同，相位差恒定。这也叫相干条件。

光的色散　复色光分解为单色光的现象，叫光的色散。如果让一束白光（太阳光）射到三棱镜的一个侧面上，经过折射后从棱镜另一侧面出来的不再是平行的白光，而是在镜后的屏幕上出现一条明亮的彩色光带，其中包括红、橙、黄、绿、蓝、靛、紫等色，跟虹的颜色相同。这个现

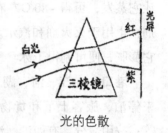

光的色散

象就叫光的色散。这种现象的产生，是由于棱镜材料对于不同的色光有不同的折射率。这样各种色光在棱镜中的偏折也不同，其中紫光偏折最大，红光偏折最小，从而形成色带。

光的衍射　光在均匀媒质中是直线传播的。但是，当它通过圆孔、狭缝、毛发等障碍物时，假如这些障碍物的大小和光波波长相差不多，就会观察到光线偏离直线绕过障碍物传播，并且在光屏上出现明暗相间的条纹。这种现象称为光的衍射。

光的折射定律　当光线从一种媒质斜射进入另一种媒质时，它的传播方向总要发生改变，这种现象叫作光的折射。光的折射规律依据折射定律：折射光线在入射光线和法线所决定的平面内，折射光线和入射光线分居在法线的两侧；入射角的正弦跟折射角正弦的比，对于一定的两种媒质来说是

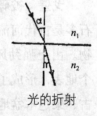

光的折射

一个常数。公式为：$\dfrac{\sin\alpha}{\sin\gamma}=n_f$ 式中，$n_f=\dfrac{n_1}{n_2}$ 称为相对折射率。n_1、n_2 分别为介质 1、介质 2 的折射率。

光的电磁说　光的电磁说认为光是一种能够引起人类眼睛视网膜生理感觉的电磁波。可见光的频率范围为 $3.9\times10^{14}\sim7.7\times10^{14}$ 赫兹。光既可以在

介质中传播，也可以在真空中传播。真空中的光速为 $C=3\times10^8$ 米/秒。光的电磁说能圆满地解释光的干涉、衍射、偏振等一系列光的波动现象。

光电效应 光（包括不可见光）照射在金属板上时，在一定条件下从金属板内发射出电子（叫光电子）的现象称为光电效应。光电效应显示了光的量子性质。它的发现，使人们对光的本性有了更全面、更深刻的认识。利用光电效应制成的器件在测光、计数、自动控制、录音、有声电影放映中有广泛的应用。

光辐射 核武器爆炸后所发出的灼热的强光，可持续几秒至一二十秒钟，能烧伤人、畜，烧毁物体，具有强大的杀伤和破坏力。白色、淡色可减弱光辐射。

灌溉 把水输送到田地里。它能及时满足作物对水分的需要，还能对土壤温度和养分起调节作用。灌溉的主要方法有畦灌、沟灌、淹灌三种。

灌木 矮小而丛生的木本植物。无明显主干、多年生。如玫瑰、茉莉、木芙蓉等。

故宫 位于北京城中心，旧称"紫禁城"，原是明清两代的皇宫，曾有 24 代皇帝在此居住。故宫建于明永乐四至十八年（1406—1420 年），占地 32 万平方米，宫中有大小宫殿 150 多座，房屋 9000 多间，是我国现存最大的宫殿建筑群和世界最大的皇家宫殿，整个建筑按中轴线对称布局，层次分明，体现皇权至尊的思想。故宫前半部叫前朝，是皇帝举行大典和处理政务的场所，以太和殿（俗称"金銮殿"）、中和殿、保和殿为中心，尤以太和殿最为宏伟；后半部叫内庭，是皇帝日常生活和后妃太子居住的地方，以乾清宫、交泰殿、坤宁宫为中心，东西两翼为东六宫和西六宫。现在每天故宫都以丰富的文化艺术宝藏和雄伟的古建筑艺术吸引无数游客。

光合作用 绿色植物吸收太阳光的能量，把水和二氧化碳制成有机物质并排出氧气的过程，可以下式表示：

$$CO_2+H_2O \xrightarrow[\text{绿色植物}]{\text{光}} CH_2O+O_2\uparrow$$

一般认为光合作用是在叶绿体中进行的。它可以分为光反应（光所引起的化学反应）和暗反应（有各种酶参加的化学反应）两个阶段。光合作用是地球上利用太阳能的最重要的过程，也是规模最大的利用水和二氧化碳等无机物制造有机物的过程，又是大气中氧的来源。粮食、煤炭中的能量，是依靠光合作用贮存起来的；植物要依靠光合作用生长发育；动物和人类也要依靠光合作用提供的有机物和能量才能生存。因此可以说，没有光合作用就没有地球上的一切生物。

光年　计量天体距离的经过一种单位。一光年即光以每秒299792.46千米的速度真空中传播一年所经过的距离，约等于 9.4607×10^{12} 千米。如离地球最近的半人马座中的比邻星，相距4.22光年，它所发的光，在空间须走4.22年才能到达地球；地球上任何时刻接收到的比邻星的光，都是它在4.22年前所发出的。

光谱　复色光色散时各成分色按一定次序排列成的光带，叫复色光的光谱。光谱的种类有：连续光谱、明线光谱（也叫原子光谱）、吸收光谱等。每种原子都有自己独特的明线光谱，原子不同，明线光谱也不同。利用光谱仪（摄谱仪）观察（记录）光谱，根据光谱鉴别物质并确定其化学组成，这种方法称为光谱分析。它具有灵敏度高、分析快的特点，在科学技术中得到广泛的应用。

光线　表示光进行方向的直线叫光线。光在同一种均匀媒质里是沿着直线方向传播的。根据光的直线传播规律，可以解释影子的形成、小孔成像等自然现象。

光子　又称光量子。基本粒子中的一种静止质量为零的粒子。光子具有能量和动量。光子的能量跟它的频率成正比，即 $E=h\nu$，ν 为频率，h 为普朗克恒量（6.63×10^{-34} 焦耳·秒）。动量 $p=E/c$，c 为光速。光子说是爱因斯坦1905年为解释光电效应的规律时首次提出的。这种学说认为电磁辐射的发射和吸收不是连续的，而是一份一份地进行的，每一份能量即是光量子。在空中传播的光也是由光子组成的。

鬼火　即磷火。尸体腐烂时从骨殖中分解出的磷化氢，在空气中会自动燃烧发光，夜间在野地中的火焰呈绿色，随风跳动。旧时人们认为人死后灵魂会化为鬼，而这些飘动的磷火便是野地里鬼点的火，所以叫它"鬼火"。

8. H

海　①大洋的边缘部分。紧靠大陆，深度较浅，一般在2000米以内，面积较小，约占海洋总面积的11%。受大洋和大陆的双重影响，有明显的季节变化，没有独立的潮汐和洋流系统，海底沉积物多是陆生的，如砂、泥砂等。按所处位置不同，可分为边缘海（如我国的黄海、东海、南海等）、地中海（如欧、亚、非三洲之间的地中海等）、内海（如我国的渤海等）。②天文学上指月球表面比较平坦的部分，最大的"海"叫风暴洋，面积约达500万平方千米（月球表面无水，"海"只是平原）。③指内陆湖泊。如北京的"北海"等。

海岸线　海水与陆地接触的分界线。随潮位的升降和风引起的增水或减水作用而经常变动位置。一般把多年平均高潮时海水到达的线作为海岸线。

海拔　也叫"绝对高度""绝对高程"或"海拔高度"。地面某个地点高出海平面的垂直距离。在地图上，常用海拔表示地面的高度。中国各地海拔以青岛黄海水准原点（即黄海平均海平面）为起算点。

海底山脉　也叫"海脊""海岭"。深海底部狭长绵亘的高地。长度可达上万千米，宽1000～3000千米，高2000～4000米。个别山峰露出水面成为岛屿，如北大西洋的亚速尔群岛、南大西洋的阿森松岛。大西洋中央海底山脉，纵贯南北，山脉走向与大洋轮廓一致，呈S形。太平洋海岭分布在中部，南北绵延1万千米以上。印度洋海岭分布呈人字形。

海沟　大洋中水深超过6000米的狭长陷落地带。长可达数千千米，宽一般在100千米左右，两侧坡度陡急。常与海岭相伴分布。海岭出露水面成为岛屿，在太平洋西部和北部，一系列岛屿呈弧形，成岛弧。海沟一般在岛弧的凸面，邻近大陆沿海山脉或紧靠岛屿，大洋的边缘上。海沟多分布在太平洋，尤以西海岸最著名。世界上最深的海沟是西太平洋马里亚纳群岛东南侧的马里亚纳海沟，深达11034米、长2550千米、平均宽度70千米，海沟分布地区是地壳最不稳定地带，火山、地震频繁。

海里　旧称"浬"。计量海洋上距离的长度单位，国际公制1海里等于1852米。

哈雷彗星　肉眼能看到的一颗著名周期彗星。英国天文学家哈雷在1075年首先确定它的轨道是一个扁长的椭圆，以76年的周期绕太阳运行，所以用他的名字命名。我国自春秋鲁文公十四年（公元前613年）就有关于哈雷慧星的记载，到1910年共记载了31次。1986年，哈雷彗星又一次出现。

海市蜃楼　也叫"蜃景"。由于气温在垂直方向上的剧烈变化，使空气密度的垂直分布随之显著变化，从而引起光线的折射和全反射现象，导致远处的地面景物在人眼前造成奇异的幻觉，常现于沙漠和海边。海边多形成"上现蜃景"，如我国山东蓬莱县常见的渤海庙岛群岛的幻景，沙漠地区多见"下现蜃景"，造成的幻景多为倒影，位于实物下面。另有侧现及其他复杂蜃景。各种蜃景只能在无风或微风的天气条件下出现。

海湾 洋或海伸入陆地的部分，深度和宽逐渐减小。如北部湾。海湾中潮差较大，杭州湾潮差 8.9 米，芬地湾潮差达 18 米。水性质与邻近洋或海相似。有的湾比海大，如哈德逊湾、墨西哥湾等。有的海和湾没什么区别，如阿拉伯海是湾，又称为海；墨西哥湾是海，却又称它为湾。

海王星 太阳系中八大行星之一。按距离太阳的次序为第七颗。与太阳的平均距离约 449400 万千米。赤道半径为地球的 3.88 倍，体积为地球的 57.1 倍，质量为地球的 17.22 倍，平均密度每立方厘米是 1.66 克。有两颗卫星。外部有浓密的大气和云层，大气主要是氢、甲烷和氨等。表面温度约 -227℃。公转周期为 164.8 年，自转周期约 22 小时。

火箭 火箭是唯一能运用于太空中的引擎，并且是依靠一种喷气式航空发动机推进的飞行器。原因是太空中没有空气，而它却能以自备的氧来供给燃料的燃烧。燃料在膛中燃烧，变成蒸气或以热的气体喷出，当气体自火箭体内向后喷出，其作用会产生反弹力（反冲力）而把火箭向前推进。为了脱离地心引力（或万有引力），必须两个或两个以上的火箭连接在一起，才能把顶端的物体推进太空。这种多级火箭可以用来发射人造卫星、宇宙飞船和洲际导弹。火箭的级数越多，构造也越复杂，工作的可靠性也越差。目前一般都是三级的。

火力发电 用煤、汽油、柴油、煤气等做燃料，在锅炉内燃烧，使水变成蒸汽，推动汽轮发电机组发电。火力发电是目前普遍应用的发电方法。

海峡 两块陆地之间连接两个海或洋的狭窄水道，如台湾海峡。海峡水流急，潮流速度大，上下层或左右两侧的海水性质不同，流向也各不相同，常是海上交通要冲。

海啸 海洋中巨大的浪潮现象之一。因海底火山活动、地震或由海底斜坡上的物质产生滑坡现象等，使海底地形发生急剧升降运动，导致海水强烈的扰动所致。据记载，世界上发生的最强大的地震海啸，波高达 30～40 米，波速每小时达数百千米，它的破坏力很大。海水冲上陆地，往往造成灾害。

海洋 地球表面广大连续的水体。是地理环境中水圈的主体。面积为36200万平方千米，相当于地球表面的70.9%，体积为137000万立方千米，平均深度3800米，最大深度11034米。北半球，海洋占半球面积60.7%；南半球，海洋占半球面积80.9%。中心部分叫洋，边缘部分叫海。海与洋彼此沟通组成统一的世界海洋。世界海洋分为太平洋、大西洋、印度洋和北冰洋。

海洋性气候 受海洋影响显著的气候。因多受海洋气团影响，空气潮湿，云雾多，日照较少。冬暖夏凉，春温低于秋温，气温的年、日变化小，一年中最冷、最热月的出现都比大陆性气候约迟一个月。降水多，季节分配均匀。这种气候以欧洲西部最典型。

氦 惰性气体元素之一。元素符号He。原子数2。无色无臭。以液态空气分馏法提取。是最难液化的气体。液氦能获得接近绝对零度（−273℃）的低温。是除氢以外密度最小的气体，不能燃烧、也不助燃。用于填充电子管、飞艇和潜水服等，也作为保护性气体。

好望角 非洲西南端的岬角。位于南纬34°21′，东经18°30′处。北距开普敦52千米。1488年葡萄牙航海家迪亚士在寻找欧洲通向印度的航路时到此，因多风暴，取名风暴角。但从此通往富庶的东方航道有望，故改称好望角。苏伊士运河通航前，来往于亚欧之间的船舶都经过好望角。现特大油轮无法进入苏伊士运河，仍需取此道航行。

寒潮 北方寒冷空气像潮水般奔流南下的过程。常伴有霜冻等天气现象，为灾害性天气之一。我国气象部门规定：凡48小时内气温下降10℃以上、最低气温在5℃以下，同时有大范围5～7级的偏北大风，定为寒潮。每年晚秋到早春，我国大部分地区常遭受寒潮侵袭。

寒带 南、北极圈以内的地带。在北半球称北寒带，在南半球称南寒带。面积仅占地球总面积8.3%。南、北极圈上，每年各有一天极昼和极夜。从南、北极圈到两极，夏季有极昼，冬季有极夜，极昼极夜的日数随纬度增高而递增，至两极，半年极昼，半年极夜。正午太阳高度终年很低，是全球获热量最少的地带。

航标 指示船舶安全航行的标志。其种类很多，如以特定的音响帮助船舶在雾中航行的叫音响航标，用雷达或无线电指向供较远距离导航的叫电波航标，用灯塔、浮筒等直接观察物导航的叫视觉航标。

一、花草树木

航空母舰　作为海军飞机海上活动基地的大型军舰，有机库、升降机、飞行甲板、飞机弹射器等特种设施，可载飞机几十架至百余架。能远离海岸机动作战。按任务和所载飞机性能的不同，分攻击航空母舰和反潜航空母舰。

航天飞机　又名"空间渡船"。由火箭发射，脱离地球引力，进入空间近地轨道飞行，完成任务后再进入大气层，滑翔返回地面，经检修后，可多次重复使用。1984 年 4 月，美国航天飞机哥伦比亚号首次发射试航成功，顺利返回地面，成为世界航天史上的创举。航天飞机的主要任务是空间运输、卫星服务、星际天文观测、军事应用和大型空间结构建造等。

河西走廊　又称甘肃走廊。位于甘肃省西北部祁连山地以北，北山山地以南。因形状狭长，地势不高，又在黄河以西而得名。河西走廊全长约1200 千米，宽度从几千米到二三百千米不等，海拔在 1000 ～ 1500 米。河西走廊内有不少绿洲，农业发达，是西北地区重要的农业区和商品粮基地。自古以来是通往新疆和中亚的丝绸之路的通道。

河流　沿陆地表面线形凹地集中的经常性或周期性的水流。因流水与地表相互作用而成。较大的称江、河、川，较小的称溪、涧。流经溶洞或裂隙没入地下的，为地下河（又叫"暗河"或"伏流"）。

河流的发源地称河源，终点是河口，流程常分为上、中、下游三段。利用河流可以发展农田灌溉、水上航运、水产养殖和水力发电。河流和人类历史发展的关系密切，中国的黄河流域、印度的恒河流域、埃及的尼罗河流域和西南亚美索不达米亚平原的两河流域，都是古代文明的摇篮。

河外星系　与银河系同级的恒星系统。以前又称"河外星云"，直到1924 年才肯定它们是银河系外的恒星系统。按外形，分为旋涡星系（如银河系）、棒旋星系、椭圆星系、不规则星系。组成星系的恒星数目由几十亿颗、几百亿颗至几千亿颗不等。目前观测到的河外星系约 10 亿个。在银河系内肉眼可见的河外星系只有仙女座星云和麦哲伦星云。近年发现一些特殊星系，发出强烈的无线电波或红外电波，或 X 射线。

黑龙江　东北地区最大河流，我国第三大河。河源有二，南源额尔纳河出自内蒙古东北大兴安岭西坡，北源石勒喀河出自蒙古国北部肯特山东麓，在黑龙江省漠河西汇合后称黑龙江。以河水青黑而得名。主要支流的结雅河、松花江、乌苏里江，注入鞑靼海峡，全长 4370 千米。其中流经我国境内和中苏边境的长度为 2965 千米。干流自漠河以下可通轮船。黑龙江流域气温较低，河流封冻期长达 6 个月。流域内森林资源丰富，有金、煤等矿藏，特产大马哈鱼。

衡山　又称南岳，为我国五岳之一。位于湖南省。山势雄伟，群峰巍耸，有祝融、天柱、芙蓉、紫盖、石禀等 72 名峰。祝融峰海拔 1290 米，为衡山最高峰。衡山以秀著称，风光优美，气候宜人，为我国旅游胜地之一。有南岳庙、方广寺、藏经殿、祝融峰、水帘洞、魔镜台等名胜。而祝融峰的高，藏经殿的秀，方广寺的深，水帘洞的奇，合称为"南岳四绝"。现已建有环山公路，交通便利。

恒山　又称北岳，为我国五岳之一。在山西省浑源县城南。主峰天峰岭，海拔 2017 米。自东北伸向西南，绵延起伏。有 108 峰，重峦叠嶂，气势雄伟。有悬空寺、朝殿等古建筑，有大字岭、虎风口、果老岭等名胜。悬空寺筑在 30 米高悬崖峭壁之上，凿石为基，就岩起屋、形势险峻，造型奇特。大字岭山峰上刻有"恒宗"二字，一个字 30 平方米，气势雄伟。

恒星　由炽热气体组成的、能自己发光的天体。因在短时期内很难发现它们的位置发生变化而得名。整个天空，人眼能看到的恒星约 6500 颗，离地球最近的一颗是太阳。恒星都在不停地运动。物理性质千差万别：直径约从几千米到 10 亿千米以上，质量为太阳质量的百分之几到 120 倍，密度从每立方厘米约 10^{-9} 克（红超巨星）到每立方厘米约 $10^{13} \sim 10^{16}$ 克（中子星），表面温度从几千度到几万度，中心温度达千万度到亿度以上。维持恒星辐射的能源主要是热核反应。

横断山脉　四川、云南两省西部及西藏东部南北走向山脉的总称。因山高谷深，横隔东西交通而得名。谷底与山岭相对高度相差在千米以上，地形险峻，自西向东有高黎贡山、怒江、怒山、澜沧江、宁静山、云岭、金沙江、大雪山、邛崃山、雅砻江等。北部山岭多雪峰冰川。植物、土壤垂直分布明显，具有热、温、寒三带景色。植物总类多，是我国最大原始林区之一。矿产资源丰富，有铁、铜、铅、锌等。

虹　天空出现的彩色或白色的圆弧。分主虹和副虹两种。若同时出现，主虹在内，副虹在外。主虹，又称"虹"，由阳光射入水滴经一次反射和两次折射被分散为各色光线而成，色带为内紫外红。副虹，又称"霓"，由阳光射入水滴经两次反射和两次折射而成。色带为内红外紫，色彩不鲜明。在夏季雨后，出现在太阳相对的一边天空上。中纬度地区，高空盛行偏西风，云、雨等天气系统一般自西向东移动，若虹现东方，说明云雨区在本地以东，不会影响本地；虹现西方，云、雨将影响本地，故有"东虹日头，西虹雨"的说法。我国对虹的正确解释，比外国早 200 年左右。

虹吸现象　液体能够从液面高的容器里，通过管子流到液面低的容器里去，这个现象叫虹吸现象。虹吸现象是由于大气压强的作用而产生的。

红外线灯　一种主要发射红外线的灯。温度可达 500℃ 左右，红外线被人体组织吸收后主要引起温热反应，具有消炎、止痛、抗痉挛等作用，在工业上也可作为烘干、发热之用。

湖泊　陆地表面自然洼地中蓄积着水的天然水域。各大陆上湖泊的总面积约 2500 万平方千米，占全球陆地总面积的 1.8% 左右。湖泊有多种分类，如按湖盆成因，可分为构造湖、火口湖、堰塞湖、冰川湖、泻湖、堆积湖、牛轭湖、风成湖、岩溶湖、人工湖等种类；按湖水的进出情况，以湖泊水源分为源湖和无源湖，以泄水条件分外流湖、舌吐湖和闭口湖；按盐度高低，分淡水湖、微咸水湖和咸水湖；按营养物质，分贫营养湖、富营养湖和腐殖营养湖。湖泊具有灌溉、供水、航运、水产养殖和调蓄水量等功能，并蕴藏有矿产资源。

环境保护　简称"环保"。通过人们有意识地积极努力，保护自然环境，使其不受到破坏和污染，以适合于人类生产、生活和自然界生物生存。环境保护工作包括：合理利用资源，防治环境污染；处理三废（废水、废气、废渣）；在产生环境污染后，做好综合治理。环境保护科学是一门新兴的综合学科，涉及公共卫生、地质学、海洋学、土壤学、生态学等多种学科知识。做好环境保护工作，有利于人们的劳动、生活和身心健康，有利于自然界生物的生存。

环境污染　指由于有害物质的扩散，对人类生活环境（土地、水域、大气等）造成的危害。这主要是由于工厂排放的"三废"（废气、废水、废渣）、汽车排放的废气以及农业上使用农药等原因造成的。人类为了正常生活，对环境污染必须采取防治措施、开展环境科学的研究、进行环境保护。如对"三废"进行综合利用，化害为利，化废为宝。人们常将"三废"、粉尘、噪声、放射性物质及地面沉降等对人类生活环境，特别是对大自然的危害和生态平衡的影响称为"公害"。

华山 又称西岳，为我国五岳之一。在陕西华阴市。北临渭河，南依秦岭，主峰海拔 2154 米，雄奇险峻，为五岳之首，自古有"华山天下险"之誉。因东、西、南、北、中五峰环耸，如一朵盛开的莲花而得名。华山以险著称，奇峰耸立，绝壁如削，只有一条路相通，陡险难攀。有玉泉院、镇岳宫、玉井、仰天池、仙人掌等名胜。

黄道 地球的公转轨道平面和天球相交的大圆。天球是一个假想的以空间任意点为中心、以无限长为半径所作的球。黄道也就是地球上的人看太阳于一年在天球上所走的视路径。黄道和天赤道成 23°27′ 的角，相交于春分点和秋分点。黄道上距天赤道最北和最南的两点，分别就是夏至点和冬至点。

黄河 我国第二大河，长 5464 千米，发源于青海省巴颜喀拉山北麓，流经青海、四川、甘肃、宁夏、内蒙古、陕西、山西、河南、山东，注入渤海。上游多峡谷，有龙羊峡、刘家峡、青铜峡等。中游经黄土高原，大量泥沙被裹带而下，水色浑黄，黄河之名也由此而来。下游泥沙沉积，河床高出地面，容易泛滥成灾。新中国成立后，人民政府在上、中游地段进行水土保持，兴建三门峡、青铜峡水利枢纽工程和刘家峡水电站；在下游修建、加固河堤，修建水渠等，不仅能对黄河水利资源综合利用，而且免除了洪水灾害。黄河是中华民族的摇篮和古代文化的发祥地，沿河有兰州、包头、郑州、济南等重要城市。

黄山 我国著名自然风景区，旅游胜地。拥有世界文化、自然双遗产和世界地质公园三项桂冠。位于安徽省黄山市北，占地面积约 1200 平方千米。古称黟（yī）山，唐天宝六年（747 年）改今名，因传说轩辕黄帝在此修炼成仙而得名，意为"黄帝之山"。有天都峰、莲花峰、始信峰等 72 峰，最高峰莲花峰海拔 1860 米。黄山风景雄伟秀丽，以奇松、怪石、云海、温泉、冬雪"五绝"闻名于海内外。明代大旅行家徐霞客有"五岳归来不看山，黄山归来不看岳"的赞语，陈毅誉为"天下第一山"。有宾馆、疗养院多处，还有温泉游泳池、温泉浴室、商店、电影院等设施。并架有缆车，供游人上下。特产黄山毛峰、太平猴奎等名茶和石耳、灵芝等滋补品。

黄土高原 在黄河中上游地区，包括祁连山以东、太行山以西、秦岭以北、内蒙古高原以南地区。面积 40 万平方千米，海拔 800～2000 米，地面覆盖黄土，一般有 50～80 米厚，最厚的地方达 150 米。土质疏松，植被破坏，流失严重，沟壑纵横。新中国成立以来，大力开展植树种草、修梯田、建水库等水土保持工作，使农业生产的面貌有了很大的改变。

黄海 位于我国大陆与朝鲜半岛之间，北在鸭绿江口，南以长江口北角到韩国济州岛的西南角连线与东海分隔，西北以辽东半岛南端的老铁山角到山东半岛北岸的蓬莱角连线与渤海分隔，为一半封闭的流海，海水平均深度约 44 米，面积约 38 万平方千米，近岸一带水呈黄色，因而得名。海上交通和渔业都很发达。

回归线 地球上南、北纬各 23°26′ 的两条纬线圈。在北半球的称北回归线，南半球的称南回归线。它是太阳直射的南、北界。因地球公转轨道平面（黄道平面）和赤道平面有 23°26′ 的夹角，地轴倾斜方向保持不变，使太阳直射点在一年中往返于南北纬 23°26′ 之间。北半球夏至日（6 月 22 日前后），太阳直射北纬 23°26′，过后，太阳系直射点南移，至北半球。

彗星 绕太阳运行的一种奇特天体。我国古代叫"妖星"。同一彗星，离太阳远近随时间差别很大。体积庞大，尾部长达数千万、数亿千米；质量不到地球的十亿分之一。远离太阳时，呈发光的云雾状小斑点；接近太阳时，现出彗核、彗发和彗尾三部分。彗尾形状像扫帚，故俗称扫帚星。运行轨道多呈扁长的椭圆，少数呈抛物线或双曲线。彗星的出现是一种自然现象，不是灾祸的预兆。公元前 7 世纪，我国已有彗星的观测记录。到目前，在太阳系中已观测到 1600 颗彗星。

浑天说 我国古代的一种宇宙论。认为天地形状像鸟卵。天包着地像卵包着黄那样，天的形体浑圆像弹丸，所以叫"浑天"；天一半在地上，一半在地下，其南北两极稳定在天的两端，天和日月星辰都循偏斜的方向而旋转。

火山 地壳内部喷出的岩浆和碎屑物质堆积而成的山体。典型的火山，在地貌上一般顶部具有凹形洼地的圆锥形孤立山丘。山顶漏斗状的喷口称火山口，口下为一个通向地下的长管，称火山颈或火山管。火山常蓄水成湖，叫火口湖，如长白山主峰的天池。按火山活动状况分：现在仍在活动或有史以来经常作周期性喷发的叫活火山；史前曾喷发而有史以来未曾活动的叫死火山；有史以来曾活动但长期以来处静止状态的叫休眠火山。

火山岛 海洋岛的一种。由海底火山喷发物质堆积而形成。一般面积小，岩体较高，地势险峻。形态很不规则，有的丛聚在一起，如斐济岛；有的成团状，如冰岛；有的呈弧形，如阿留申群岛。

火星 太阳系中行星之一。中国古代称之为"荧惑"。按距离太阳的次序为第四颗，与太阳的平均距离为22794万千米。赤道半径约3395千米，为地球的53%，体积为地球的15%。两极有白色极冠，温度在−139℃到−70℃之间，外部存在大气，95%是二氧化碳，有2颗很小的卫星。火星斜着身子在椭圆轨道上绕太阳公转，周期687天；自转周期24小时37分。据"海盗"号着陆火星探测表明，火星上大概不存在生命。

9. J

极光 高纬地区晴夜天空出现的一种辉煌瑰丽的彩色大气光象。一般呈带状、弧状、幕状或放射状，多为黄绿色，也有白、红、蓝、灰、紫色，或兼而有之。由太阳发出的高速带电粒子使高层空气分子或原子激发而成。这些粒子因地球磁场作用折向南北两极附近，分别形成"北极光"和"南极光"。出现次数多少与太阳活动强弱密切相关。我国记录有公元前32年10月27日的一次极光，是世界上较早的最精确的记录。

极圈 地球上距南北极各23°26′的纬度圈。北半球的称北极圈；南半球的称南极圈。极圈内，每年有一段时间出现极昼、极夜。北半球夏至日（6月22日前后），太阳直射北回归线，北极圈内，阳光终日照射，南极圈内，阳光整天不见。北半球冬至日（12月22日前后），太阳直射南回归线，这时的情况和夏至日恰相反。从南、北极圈始，随纬度增高，极昼、极夜时间越长，至两极，形成半年白昼、半年黑夜。极圈是地球上"五带"中温带和寒带的界线。

脊椎动物 动物界最高等的类群。分为圆口纲、鱼纲、两栖纲、爬行纲、鸟纲和哺乳纲六纲。脊椎动物体内有由脊椎骨连接而成的脊柱，并有发达的头骨。体形左右对称，一般分头、躯干和尾三部分。与无脊椎动物相反，中枢神经系统在身体背侧，心脏在腹侧。

季风 大范围地区盛行风向在一年内随季节发生显著的周期性变化的现象。主要由海、陆温度差异的季节性变化或行星风系的季节性移动所造成，或两种因素兼有。温带和副热带季风的成因主要是前者，热带季风的成因主要是后者。季风的强弱、迟早，直接影响农业生产。

季风气候 季风盛行地区的气候。一般冬季寒冷干燥，夏季炎热多雨。

因海陆受热不均或行星风系的季节移动，引起风向随季节发生显著改变。冬季主要受大陆气流影响；夏季主要受海洋气流影响。按地理位置不同，可分为热带季风气候、副热带季风气候和温带季风气候。我国是典型的季风气候国家。季风气候一般夏湿冬干，有利于农作物的生长。

纪元 纪年的开始。如公历纪元以传说耶稣基督的诞生年为公元元年。当今世界上多数国家采用公元纪年。中国纪元始于西周"共和"元年（公元前841年）。自汉武帝"建元"元年（公元前140年）以后，历代帝王都自立年号纪元；也有在中途改元的。新中国成立后，采用公历纪元。

甲烷 分子式 CH_4。为最简单的有机物。广泛分布于自然界，是天然气、沼气、坑道气等的主要成分之一。无色、无味、难溶于水的可燃性气体。化学性质稳定。若与空气混合成一定比例，遇火星发生爆炸。可用作燃料，是制取氢、一氧化碳、炭黑等的原料。

界河 也叫"国境河流"，是两个国家相邻国境上的河流。界河为国与国间的自然边界，除条约另有规定外，一般能通航的河流以主要航道的中心线为界，不能通航的河流以河道中心线为界。

金 元素符号 Au。原子序数79。黄色金属。以游离态存在于自然界中。不溶于酸和碱，可溶于王水中。金的合金可制笔尖、硬币及装饰品等。

金刚石 存在于自然界中的一种结晶形碳。等轴晶系，常为八面体，大都是透明的。常为无色、淡黄色、天蓝色、蓝色或红色。黑色面多凹陷的称黑金刚石。硬度10。不与各种试剂起反应，但在空气或氧气中加强热，能烧成二氧化碳。透明的做宝石，经磨琢成钻石。微小的碎粒用于制金刚粉，可用作研磨材料。人工可合成小粒的金刚石。

金属 具有光泽、延展性、容易导电、传热等性质的一类物质。除汞外，在常温下都是固体。化学性质活泼的金属（如钠、钾、镁、钙等）的氧化物或氢氧化物呈碱性。一般分为黑色金属（铁、铬、锰等）和有色金属两大类。有色金属又大致分为轻金属（钙、铝、镁等）、重金属（铜、铅、锌等，以比重5为轻重金属的分界）、稀有金属（钛、钨、钼等以及稀土元素、还包括铀等放射性元素）及贵金属（金、银、铂等）四类。少数金属同非金属之间有时很难划分，如非金属砷、锑等，其性质似金属。自然界中金属元素是与其他元素、尤其是与氧结合在一起，以矿物形态存在于地壳中。

经纬网 在地球仪或地图上，经线和纬线相互交织，构成经纬网。利用经纬网，可确定地表任何一点的位置，并知该地与世界其他地点位置相互关系。经纬度广泛地运用在国防、交通、科学实验、生产建设等方面。

金星　太阳系中八大行星之一。中国古代又称"太白星""太白金星""启明"或"长庚"。按离太阳的次序为第二颗，与太阳的平均距离约为 10820 万千米。半径约 6050 千米，质量约 4.87×10^{21} 吨，为地球质量的 81.5%，平均密度为地球的 95%。是各大行星中离地球最近的一颗。和水星一样，都是太阳系中没有天然的卫星的行星。

京杭大运河　见"大运河"。

经度　本初子午面（通过本初子午线的平面）与某地子午面（通过某地的子午线平面）的夹角。在本初子午面以东的叫"东经"（°E），以西的叫"西经"（°W），各由 0° 起而相遇于 180°，通常用度、分、秒表示；有时也用时、分、秒表示。例如，北京的经度是东经 116°28′13″ 或 7 时 45 分 52.9 秒。

经济林　以利用木材或其他林产品为主要目的的森林。其中，以利用木材以外的其他林产品，如果实、树皮、树叶等为主要目的，从中取得食料、油料、栲（kǎo）胶、松脂、橡胶、纤维等工业原料的森林，又称"特用经济林"或"特用林"。

经济作物　收获物主要供作工业原料的农作物。如棉花、油菜、甘蔗、烟叶、茶叶等。

经线　地球上一切通过地轴的平面同地面相割而成的正圆，称"经线圈"，都是地球上的大圆。所有的经线圈都相交于南北两极，并被两极分割而成两个半圆，称"经线"，即"子午线"。经线表示当地的南北方向，同所有的纬线正交。所有经线长度都相等。同一经线上的各点，都有相同的经度。经线就是等经度线。

九华山　在安徽省青阳县。古称九子山，又名陵阳山。唐代诗人李白游九华，见九峰如莲花，写下"昔在九江上，遥望九华峰。天河挂绿水，秀出九芙蓉"的诗句，后人便将九子山改称为九华山。九华山为我国四大佛教名山之一，明清时有大小寺庙二三百座，僧尼五六千人。现仍有寺庙 70 余座，佛像 6000 余尊。著名寺院有化成寺、祇园寺、百岁宫、肉身宝殿、万佛寺等。

九九　①冬至后的 81 天分为九个时段，每一时段 9 天，称为"冬九九"，即通常所说的数九天气。按次序分为头九、二九、三九……九九。自三九到四九，约相当阳历 1 月中、下旬，正是我国冬季最冷的时期，所以有"冷在三九"的说法。最末一个九已是阳春三月，所以有"九九艳阳天"之称。②乘法口诀，以一至九每两数相乘而成。例如九九八十一，一一如一等。古时是由九九自上而下，而至一一，故称"九九"。

九州　传为夏禹治水所划分的九个行政区域。但夏、商、周三代实际未实行过这种制度，它是战国时的地理学者，就其所知用自然分区方法对"海内"所划分的九个地理区域，而假托为夏禹治水后的区域。《尚书·禹贡》载"九州"之名为冀、兖、青、徐、扬、荆、豫、梁、雍。九州之说着眼于全国，打破战国时大邦小国狭隘的封疆观念，因此后人常用来指代全中国。

绝对湿度　单位体积的空气（包括水蒸气在内）中实际所含有水蒸气的质量，叫作绝对湿度。

10. K

开普勒定律　德国天文学家开普勒（1571—1630 年）经过长期的观测、分析和计算，在 1609 年和 1619 年发表的行星运动所遵循的三条定律。是，第一定律（轨道定律）：所有行星分别在大小不同的椭圆轨道上围绕太阳运动，太阳在这些椭圆的一个焦点上。第二定律（面积定律）：太阳和行星的联线在相等的时间内扫过相等的面积。第三定律（周期定律）：任何两行星公转周期的平方同椭圆轨道半长轴的立方成正比。开普勒定律同样适用于卫星绕行星的运动。

氪　惰性气体元素之一。符号 Kr。原子序数 36。100 升空气中约含氪 0.114 毫升。能吸收 X 射线，用于 X 射线工作时的遮光材料。也用来填充灯泡。

空气　指地球周围空间的混合气体，无色、无味，主要成分是氧气和氮气，此外还含有水汽、二氧化碳及惰性气体等。

干燥空气的平均组成

成分	体积百分率（%）	重量百分率（%）
氧（O_2）	20.95	23.14
氮（N_2）	78.09	75.54

氧 O_2	20.95	23.14
氩（Ar）	0.93	0.05
其他	微量	微量

昆仑山 横贯新疆、西藏、青海境内，东西走向，长约 2500 千米，海拔 6000 米左右，最高峰公格尔峰，海拔 7649 米。为古老褶皱山，多冰川、雪峰。气候干燥，有火山活动，多温泉。矿藏丰富。

11. L

拉丁美洲 指美国以南的美洲地区，包括墨西哥、中美地区、西印度群岛和南美洲四部分。这个地区历史上长期遭受西班牙、葡萄牙的殖民统治，西班牙语和葡萄牙语成为普遍采用的正式语言。绝大多数国家独立后仍以西班牙语或葡萄牙语为国语，这两种语言都是从拉丁语演变而来。"拉丁美洲"这一名称即由此而来。全洲面积 2070 万平方千米，约占全球陆地总面积的 14%。

雷 大气中的一种强烈的爆炸声。出现闪电时，闪电中因高温使空气膨胀、水滴汽化产生爆炸。

雷雨 阵风暴雨并伴有雷电现象的总称。多发生在具有猛烈上升运动的积雨云（雷雨云）中。有时伴有冰雹，甚至龙卷风。降水范围小、阵性、强度大，往往发生在夏天的下午。

凌汛 春季解冻，上游较低纬度河段的河冰先融化，而下游较高纬度河段河冰尚未解冻，于是上游解冻后的冰块拥塞在下游尚未解冻的河道上，使下游水位猛涨。黄河的河套一段和山东境内的河段常发生凌汛。

冷锋 冷气团向暖气团地区移动而在两者之间形成的锋面。根据移动速度不同，分缓性冷锋和急性冷锋。前者经过某地时，依次出现雨层云、高层云、卷层云、卷云等，伴有连续性降水和大风；后者经过某地时，有浓积云、积雨云等，伴有强烈阵雨、大风等，持续时间短。我国境内冷锋活动频繁，四季均会出现冷锋；一般情况是：北方的冷锋多于南方，冷季的冷锋多于热季。

离子 原子（或分子）失去或获得电子后形成的带电粒子。带正电荷的

一、花草树木

原子或原子团称正离子。如氢离子 H^+、钠离子 Na^+、铵离子 NH_4^+ 等。带负电荷的原子或原子团称负离子。如氯离子 Cl^-、硫酸根离子 SO_4^{2-} 等。离子所带的电荷数，为该离子的价数。离子与原子的性质完全不同。如钠原子与水会发生猛烈反应，而钠离子则不能与水反应。

两种电荷 自然界中存在着两种电荷，即正电荷和负电荷。原子核中质子带正电荷，绕核高速旋转的电子带负电荷。由于原子核内的质子数与核外的电子数相等，所以原子为中性。物体多余了电子就带负电，缺少了电子就带正电。处于带电状态的物体称为带电体。电子和质子分别带有最小量的负电荷和正电荷，称它为基本电荷。基本电荷的电量 $e=1.6 \times 10^{-19}$ 库仑。同种电荷互相排斥，异种电荷互相吸引。

磷 元素符号 P，原子序数 15，原子量 31，化合价 1、3 和 5。通常有白磷和赤磷两种同素异形体。白磷或黄磷为无色或淡黄色的透明蜡状结晶固体，在暗处发磷光，有蒜味恶臭，极毒。在空气中能自燃。不溶于水，可放在水中保存。易溶于二硫化碳等有机溶剂。可用作烟幕剂等。赤磷为红棕色粉末，无毒。熔点、着火点都高。不溶于水及有机溶剂。用于制造火柴、磷化物。用磷酸钙（骨灰、磷灰石）和二氧化硅、碳共热于电炉中，迅速冷却生成的磷蒸气，得白磷。将白磷置于密闭的惰性气体中加热可得红磷。

领海 指沿海国主权管辖下的与该国海岸或内水相邻接的一定范围的海域。沿海国主权管辖到领海上空及其海床和底土。领海宽度，国际上没有统一规定。各国可根据具体情况，合理地确定其领海范围。

领空 一国的陆地、河流、湖泊、内海、领海等的上空。是一国领土的组成部分，受该国主权管辖，其他国家不得侵犯。1919 年巴黎《关于航空规则公约》，确认国家对领空享有主权的原则。一国领空的法律由该国国内法规定，非经该国许可，外国的飞机和其他航空器不得飞入该国领空，否则，地面国有权按照情况采取相应措施。

领土 在一国主权下的区域，包括一国的陆地、河流、湖泊、内海、领海以及它们的底床、底土和上空（领空）。领土是主权国神圣不可侵犯的主权，任何形式的侵犯，都是侵略行为。领土完整和不可侵犯是国际法基本原则之一。

我国领土西起新疆帕米尔高原，东至黑龙江、乌苏里江汇合处，东西相距约 5200 千米。最北端在黑龙江省漠河镇以北的黑龙江主航道中心线，最南端在南沙群岛最南缘的曾母暗沙，南北相距约5500千米。我国的国土总面积约为960万平方千米，仅次于俄罗斯和加拿大，同整个欧洲的面积差不多相等。

流量 河流在单位时间流经某一过水断面的水量。单位为立方米/秒。其大小决定于过水断面的面积和流速。一般分瞬时流量、日平均流量、月平均流量、年平均流量、多年平均流量和洪水流量等。

流速 河流或其他水体中水质点在单位时间内移动的距离。单位为米/秒。其大小受河床的粗糙度、比降、河床宽度、冰冻、风的影响。一般在河底与河岸附近的流速最小；河流中部接近表面的水流流速最大。常用流速仪等仪器测量。

流体力学 研究力对流体作用的物理学的分支。传统上将其分为两个部分：流体静力学和流体动力学。流体静力学的研究对象是在静力作用下的平衡流体；流体动力学是研究流体的运动和引起运动的原因。

露点 使空气里原来的未饱和水汽变成饱和水汽的温度叫作露点。一般用露点下的饱和水汽压来测量空气中的绝对湿度。

流域 分水线所包围的区域，即是一条河流（或水系）的集水区域。地面分水线与地下分水线重合的流域称闭合流域；不重合的流域称非闭合流域。最大的可达数百万平方千米，最小的不到10平方千米。流域可以按各级支流来划分，也可按上、中、下游分别来命名。

流星 天空中星光如箭掠过的现象。星际空间的固体微粒和固体块闯入地球大气层后，因摩擦而燃烧发光形成。一般出现在离地面50～140千米上空。这些固体微粒、固体块呈多孔的松脆状、碳质球粒状或坚硬球粒状等，多数绕太阳旋转为椭圆轨道，速度由每秒12千米到75千米。

龙卷 近地面范围小而时间短的猛烈旋风。因强烈发展的积雨云中温度、湿度、风向和风速的差别很大，内部空气强烈激荡产生旋转而形成。中心气压很低，直径从几米到几百米不等，云形呈漏斗状下垂，风速每秒可达100米到200米，持续时间几分钟到几小时。对在地面上的人、畜、建筑物破坏极大，经过水面时，常吸水上升如柱。

龙王 古代神话中住在水中统领水族、专司布云降雨的神。有诸天龙王、四海龙王、五方龙王等。

陆地 地球表面未被海水淹没的部分。总面积约为1.5亿平方千米，占

一、花草树木

157

地球表面的 29.1%。陆地相对地集中在北半球，南半球海洋面积更大。面积广大的陆地叫大陆，小块陆地叫岛屿。大陆及其附属岛屿合称洲。全球分七大洲，即亚洲、欧洲、非洲、大洋洲、北美洲、南美洲、南极洲。大陆和岛屿是人为划定的。最小的大陆是澳大利亚大陆，面积为 769 万平方千米。最大的岛屿是格陵兰岛，面积有 216 万平方千米。

陆地水 存在于大陆和岛屿上的各种水体（包括地面水和地下水）的总称。总水量约 3700 万立方千米，占地球表面总水量的 2.8%。以淡水为主，在人类的生活、生产上起着巨大作用。

绿化 栽种树木、花卉、草皮等绿色植物，用来改善自然环境和生活条件。绿化可以净化空气，美化环境，减少噪音，减少环境污染和自然灾害。

绿洲 又称"沃洲"。沙漠中水源丰富可供灌溉的地方。一般分布在河流两岸、泉井附近及高山冰雪融水灌注的山麓地带。在沙漠、戈壁之间，仿佛是沙漠中绿色的岛屿，故名。

落叶阔叶林 又称"夏绿林"。主要是在温带气候条件下，由大、中、小叶片的乔木构成。叶薄树皮厚，有坚实的芽鳞。森林层次简单清晰，乔木只有一层或两层，林下有一个灌木层和一到三个草本层。主要分布在北半球受季风影响的区域。在我国主要分布于华北、东北及淮河以南亚热带山地。林中有多种果树，如梨、苹果、桃、杏等，还有栓皮栎及壳斗科植物。

毛细现象 有细微缝隙的物体，在与液体接触时出现的液体沿缝隙上升或下降的物理现象。毛细现象是由于物体分子间作用力而产生的。能产生毛细现象的内径很小的管子叫"毛细管"。液体如能浸润管壁、管内液面便上升并形成凹形弯月面；不能浸润管壁、管内液面便下降并形成凸形弯月面。

煤 最重要的固体燃料。几百万年以前，沼泽地长满了高大植物，经地壳变动，植物被埋入水底泥沙中，再进入地层，受细菌作用，隔绝空气，长期受着高温、高压的影响形成了煤。按成因分为腐植煤和腐泥煤。按煤化程度分为泥炭、褐煤、烟煤和无烟煤。可直接用作燃料，或用于炼焦炭，也用以制造液体燃料、气体燃料及化工产品。

梅雨 每年六月（春末夏初），南方的湿热空气与北方冷空气在我国长江中下游地区相遇，势均力敌，相持不下，形成时雨时晴，闷热潮湿的天气，其间有时还间隔几场大雨。这时正是江南梅子黄熟的时候，因而把这一时期下的雨叫梅雨（即黄梅天）。在这段时间里，由于气温较高，湿度又大，衣物容易受潮发霉，所以又叫"霉雨"。梅雨期一般能持续一个月左右。六月中旬入梅，七月中旬出梅。此时正是水稻生长需要水的时候，梅雨适时适量，对水稻生长非常有利。但有的年份梅雨期过短或过长，雨量过少或过多，就会出现旱灾或涝灾，危害农业生产。

蒙古包　蒙古族牧民居住的帐篷。蒙古包的古名又叫"穹庐""毡帐"或"毡包"。为圆形，高两三米，直径3米多，由圆形围壁和伞形顶架组成。周围和顶上覆盖厚毡，用毛绳从四面勒紧。包顶中央有天井，用以通风和采光。蒙古包一般都具有容易在短时间内拆除、搬运方便、能挡风抗寒等优点，适用于游牧生活。

摩擦力　在相互接触的两个物体的接触面上产生的阻碍相对滑动的力。摩擦力的方向与物体滑动（或滑动趋势）的方向相反。在物体具有滑动的趋势但尚未滑动时产生的摩擦力叫"静摩擦力"；物体正在滑动时产生的摩擦力叫"滑动摩擦力"。静摩擦力的大小是由物体受力情况和运动情况来决定的。当受力加大到物体即将开始运动时，静摩擦力也达到最大值，叫作最大静摩擦力。最大静摩擦力 $fm=\mu_0 N$，其中，μ_0 是最大静摩擦系数，N 是正压力。当物体受力超过一定限度时，物体便开始相对滑动。滑动摩擦力的大小为 $f=\mu N$。式中，μ 是滑动摩擦系数。

木本植物　有木质茎的植物。茎杆坚硬直立，寿命较长，能逐年生长，如杨柳、玫瑰等。

木星　太阳系大行星中最大的一颗。中国古代又称"岁星"。按距离太阳的次序为第五颗，与太阳的平均距离为 77830 万千米。赤道半径为 71400 千米，是地球的 11.2 倍，体积为地球的 1316 倍，质量为地球的 317.94 倍，平均密度每立方厘米仅 1.33 克。确认有 16 颗卫星。表面有一个显著的大红斑，可能是一个巨大的风暴。有浓密的大气，主要成分是氢、氧、氨、甲烷和水。表面观测温度约为 −139℃。公转周期 11.86 年，自转周期 9 小时 50 分 30 秒。1979 年，"旅行者"1 号发现木星周围有环。

12. N

南半球　赤道把地球分成两个半球，赤道以南称南半球，赤道以北称北半球。南半球中，海洋占 80.9%，陆地占 19.1%。南半球的夏至日在 12 月

22 日前后，冬至日在 6 月 22 日前后。在气候统计上多以 1 月为最热月、7 月为最冷月的代表。

南美洲　南亚美利加洲的简称。位于西半球的南部，东面是大西洋，西面是太平洋，北面是加勒比海，西北角与北美洲相连，南隔德雷克海峡同南极洲相望。南美洲大陆北宽南窄，近似三角形。大部分地区海岸平直，岛屿、半岛和海湾较少。面积约 1800 万平方千米，人口 2 亿 6000 多万，包括巴西、阿根廷等 13 个国家和地区。南美洲地形分为三个部分：西部是高大的山脉，东部是高原，中部是平原。其中亚马孙平原面积 500 多万平方千米，是世界上最大的冲积平原。

氖　惰性气体元素之一。元素符号 Ne。原子序数 10。无色无臭。100 升空气中约含氖 1.818 毫升。用于霓虹灯和指示灯中，和氩混合使用能产生美丽的蓝色光。

南岭　又称五岭。在湖南、江西南部和广东、广西北部，东连武夷山，西连云贵高原，东西长 1000 多千米，平均海拔 1000 米左右，是我国南部重要的地理分界线，是长江和珠江水系的分水岭。岭北常见霜雪，越冬作物较耐寒；岭南少见霜雪，多热带作物。矿藏丰富，以有色金属钨、锑、铅、锌为主。

南海　位于我国南部，南接大巽他群岛中的加里曼丹岛，东邻菲律宾群岛，西面是中南半岛和马来半岛。浩瀚的南海，从台湾海峡以南到曾母暗沙附近的海域，向西经马六甲海峡与印度洋相连，北经台湾海峡与东海相通，航运地位十分重要。面积 350 万平方千米，平均水深 1212 米，水温高，是我国面积最大、水温最高的海区。海中多珊瑚岛礁。盛产鱼虾和名贵海产品。

南海诸岛　是中国南海上岛屿的总称。北自北卫滩，南至曾母暗沙，有暗滩、暗沙、暗礁、沙洲和岛屿 250 座以上，可分东沙、中沙、西沙和南沙等珊瑚礁群岛。南海古称"涨海"。南海诸岛古称"涨海崎头""珊瑚洲"。南海大陆坡和大陆架具有大陆型地壳（硅铝壳），基底是中生代和古生代的花岗岩和变质岩。新生代喜马拉雅运动时，曾发生褶皱、断裂和火山爆发，并形成一系列东北西南向的断裂和构造脊。南海深海盆具有大洋型地壳（硅镁壳），为超基性玄武岩类所组成，地壳较薄，约 6～10 千米，莫霍面深 10～14 千米，沉积层亦较薄。除个别火山外，南海诸岛都由珊瑚礁组成。

珊瑚礁以环礁为主，台礁（桌礁）次之。南海诸岛主要有珊瑚岛 34 座，火山岛 1 座，沙洲 13 座，总面积约 12 平方千米。岛洲以小、低、平为特点，面积一般仅为 0.1 ～ 0.5 平方千米，海拔 2 ～ 6 米；最高的是石岛，海拔不过 15 米，最大的是永兴岛，面积不过 1.85 平方千米；大于 1.5 平方千米的珊瑚岛还有东沙岛、东岛等。

南洋 旧称东南亚各地为"南洋"。清末民初又称今江苏、浙江、福建、广东等南方沿海各省为"南洋"。清设南洋大臣，专理上述各省诸口通商、国际交涉等事务。

内海 ①又称"内陆海""封闭海"。是四周被大陆或岛屿、群岛包围，但有狭窄水道或海峡与大洋相通的海。如渤海、地中海、红海、波罗的海、波斯湾等；②国际法名词。指一国领海基线以内的海域。它的法律地位和一国的湖泊、河流相同，完全处于该国主权之下，非经主权国允许，他国船舶不得进入。它包括各海港以及为陆地所包围的海湾和通向海洋的通道（海峡）等，如我国的渤海和琼州海峡。

内流河 不能流入海洋的河流。又称内陆河。大多分布于大陆内部干燥地区。因水量不足，蒸发量大，河水中途消失或注入内陆湖泊（或盆地），如中国新疆维吾尔自治区南部的塔里木河。凡是供给内流河河水的区域，称为"内流区"。

内蒙古高原 在我国北部。西起马鬃山，东到大兴安岭，南沿长城，北接蒙古国，包括内蒙古和甘肃、宁夏、河北一部分。为我国第二大高原，海拔 1000 米左右。地势平坦，草原辽阔，是我国畜牧业基地之一。地处内陆，气候干燥，多戈壁、沙漠。

年轮 木本植物茎干横断面上的环形轮纹，称为年轮。年轮的总数大体相当于树的年龄。

泥石流 山地突然爆发含有大量泥沙、石块的洪流。主要发生在半干旱山区和高原地区。这些地区在特大暴雨或有大量冰雪融化的情况下，容易形成泥石流。在短暂时间内，往往有数十万立方米到数百万立方米的固体物质流动，来势凶猛，能淹没农田、江河、森林、路基，摧毁村镇等，具有极大的破坏力。

农历 又称"夏历"或"阴阳历"。我们日常所讲的阴历，实际上是指农历。农历的特点是：既考虑到平均历月等于朔望月，又考虑平均历年等于

一、花草树木

回归年；既重视月亮圆缺的变化，又照顾寒暑节气。农历的历月和阴历的历月完全一样。平均历月等于 29.5 日，分大月和小月，大月 30 天，小月 29 天。历年分平年和闰年。平年置 12 个月，共计 354 天，比回归年短 11 天多。为了使平均历年接近回归年，约每隔 3 年设置一个闰月，这一年就叫闰年，闰年有 13 个月，共计 384 或 385 天。但每隔 3 年插入一个闰月，平均每年仍比回归年少几天。于是我们祖先又采用了在 19 年里设 7 个闰月的方法。传说农历在我国夏代就已创造和应用了。

凝固 物质从液态变成固态，叫作凝固。液态晶体也要在一定的温度下凝固，凝固时的温度叫作凝固点。同一晶体物质的熔点跟它的凝固点是相同的，如水的凝固点是 0℃，冰的熔点也是 0℃。液体凝固时放出热量。对同一种晶体来说，单位质量的液体，在凝固点变成同温度的晶体时放出的热量，等于它的熔解热。

凝结 气体变成液体。水蒸气的凝结需具备两个条件：①降低气温；②具有凝结核。空气中的尘埃、微生物等都是凝结核。当气温降低时，水蒸气依附在核上就能凝结成水。

农田水利 为农业生产服务的水利事业。主要内容包括：灌溉、除涝排水、水土保持、盐碱地改良、沼泽地改良、围垦、改造沙漠等各项水利措施。

农谚 有关农业生产经验的谚语。是农民长期生产和生活实践经验的概括，一般为通俗的韵语形式，对农业生产有一定指导作用。如"清明前后，种瓜种豆""庄稼一枝花，全靠肥当家"等。我国的农谚非常丰富，除有关农业生产的各种技术经验和气象知识外，全国各地区因具体地域条件的差异，也有各自不同的农谚。

农业 利用动植物的生活机能，通过人工培育以取得农产品的社会生产部门。通常分为种植业和畜牧业两部门。我国国民经济中的农业，还包括林、牧、副、渔各业。农业是人民生活资料的主要来源，并为轻工业提供大量原料，是国民经济的基础。

13. O

欧洲 欧罗巴洲的简称，意为太阳下落的洲。位于东半球的西北部，北临北冰洋，南临地中海，西临大西洋，东与亚洲大陆相邻。大陆边缘有许多内海、海湾、海峡、半岛和岛屿，是世界上海岸最曲折的一个洲。面积1010万平方千米。包括英国、法国、俄罗斯等34个国家和地区。人口约7亿（大部分是白种人），是世界上人口最稠密的地区。欧洲地形以平原为主，平均海拔300米，是世界上平均海拔最低的一个洲。按地理位置，一般把欧洲分为西欧、中欧、南欧、北欧、东欧五个部分。

14. P

盆地　四周高（山地或高原）、中部低（平原或丘陵）的盆状地形。盆地面积相差悬殊，如中国的四川、柴达木、准噶尔、塔里木等盆地，面积都在10万平方千米以上，而小盆地面积仅数平方千米。盆地的海拔高度也不同，我国的柴达木盆地海拔2600～3000米，吐鲁番盆地中部的艾丁湖面低于海平面154米，是中国陆地上最低之地。按成因分为构造盆地、侵蚀盆地、风成盆地、岩溶盆地、塌陷盆地等。

淠史杭灌区　位于长江、淮河间的安徽中部及河南东部地区的灌溉工程。1958年至1970年底建设完成。全部工程由淠河、史河、杭埠河三个灌区组成，引用三条河流上的佛子岭、磨子潭、响洪甸、梅山和龙河口五大水库的蓄水灌溉江淮丘陵地区10县1市的80万公顷农田。整个灌区的13条总干渠和干渠长980千米，300多条分干渠和支渠长约4000千米，兼有排水、通航、发电等综合效益，在皖中丘陵地带，形成了一个"蓄、引、提、排相结合，渠、库、塘、田相连接"的有效灌溉网络。

喷灌　利用移动或固定的机械和动力设备，使水通过喷头（或喷嘴）成为雨滴状态射落田间的灌溉方法。它是一种既能节约水量又能调节地面气候，既能不破坏土壤结构又不受地形限制的灌溉方法。它的缺点是需耗用动力和大量管材。

平原　陆地上海拔一般在200米以下、地面宽广、切割微弱或略有起伏的地形。以较低的高度区别于高原，以较小的起伏区别于丘陵。按高度分高平原和低平原；按成因分堆积平原、侵蚀平原、侵蚀—堆积平原、构造平原等。按表面形态，分倾斜平原、凹状平原、波状平原等。按外力作用可分冰川及冰水作用形成的平原、冲积平原、湖成平原、海成平原等。如我国东

一、花草树木

163

北松辽平原、渭河平原。世界上最大的平原是南美洲的亚马孙平原，面积约560万平方千米，海拔一般不超过150米。

平流层 又称同温层。对流层顶到50～55千米左右。因受地面影响微弱，温度随高度增加不变或少变，在30千米以上，因臭氧含量增多，并直接吸收强烈的太阳辐射热，温度随高度增加而递增，形成了显著的暖层。平流层含水汽极微，透明度好，天气现象少见。以水平运动为主，垂直运动较弱，故名平流层。

瀑布 从河床纵断面陡块或悬崖处倾泻下来的水流。规模较小的叫"跌水"。主要成因是水流对河底软硬岩石的差别侵蚀。其次是山崩、断层、熔岩阻塞，以及冰川的差别侵蚀和堆积等，均能形成小型瀑布。我国贵州省的黄果树瀑布、北美洲的尼亚加拉瀑布等，都是差别侵蚀形成。瀑布是游览胜景，也是重要的动力资源，可用来建设水电站。

15. Q

钱塘潮 钱塘江通向东海的杭州湾是一个形状像大喇叭口似的河口，外宽内窄，出海处宽度达100千米，到澉浦附近收缩到20千米左右，到海宁市的盐官镇仅剩3千米宽。当海水涨潮，大量的海水从喇叭口涌进来时，一方面因湾口宽度越来越窄，另一方面因海的深度越来越浅，海水与海底发生摩擦，使涨潮的海水受到约束，潮水涌积，激起高达数米的水墙，后浪赶前浪，一层叠一层，真是排山倒海，飞沫溅花，犹如万马奔腾，冲向海堤，形成了世界闻名的钱塘潮。其中以每年农历8月18日在海宁见到的海潮最为壮观，所以钱塘潮也叫"海宁潮"。每年到这个时候，数以万计的国内外游客都涌向海宁观潮。人潮观海潮，成为世界上绝无仅有的奇观。

潜水艇 军事上的一种重要舰艇。它能浮在水面，也能潜入水下航行，进行侦察或作战。潜水艇的潜水与上浮是靠改变自身的重量来实现的。艇的两侧有水舱，向舱里灌水，当艇的重量大于水的浮力时，就下沉；用压缩空气排出舱里的水，当艇的重量小于水的浮力时，就上浮。由于潜水艇能够潜入深水，行动隐蔽，不易被敌方发现，在军事上可用它来侦察敌情、攻击敌舰。在建设事业中，也可用它来进行海底考察。

七夕 我国古时传统节日之一，又叫"乞巧节""穿针节"。古时传说每年农历七月初七晚上，是织女与牛郎相聚的日子，于是妇女们都趁她与牛郎团圆、心情舒畅的时候，摆香案、穿针线向她乞求灵巧。有的地方，少女们用七根线和七根绣花针，在月光下比赛谁穿得快。

祁连山　位于河西走廊以南，甘肃、青海两省交界处。西北至东南走向，西北接阿尔金山、东南接秦岭，长 1000 余千米。平均海拔 4000 米以上。山、谷相间，格状水系发达，为黄河和内陆水系分水岭。多雪峰、冰川，冰雪融水对河西走廊农业的形成和发展有重大作用。东段气候湿润，有大片森林，谷地水草繁盛，为良好牧场。西段气候干燥、植物稀疏。

气候　某一地区多年的天气特征。由太阳辐射、大气环流、地面性质及人类活动等因素相互制约所形成。地球上的气候多种多样，且在不断变化，它直接影响农业生产和人类的一切活动。

气体　没有一定的形状也没有一定的体积，能够流动的物体。它的种类很多，如氮、氧、氢、氦、二氧化碳等。空气是多种气体的混合物，其中有大约五分之四的氮，大约五分之一的氧和少量其他气体。各种气体都有自己的化学性质和物理性质。气体所占的空间叫作气体的体积，气体作用在器壁单位面积上的压力叫作气体的压强，气体的热量则标志着气体内部分子热运动的平均动能。

气体常数　在标准状况下（温度为 273K 和一个大气压），一摩尔的任何气体都占有相同的体积。$V_0=22.414$ 升 / 摩尔。②普适气体恒量 R（也称摩尔气体常数），它是一个普遍适用于任何气体的恒量。在国际单位制中 R 的量值为 R=8.31 焦耳 /（摩尔·开尔文）或 R=0.0821 大气压·升 /（摩·开尔文）。

上述 V_0 与 R 称为气体常数。

气体压强　气体作用在器壁单位面积上的压力用公式 $P=F \cdot S^{-1}$ 表示。理想气体压强只取决于气体的密度和温度。在国际单位中，气体压强的单位是帕斯卡，简称帕。1 帕 =1 牛顿 / 米^2。此外，也常用标准大气压和厘米高水银柱作单位。它们的转换关系为：1 标准大气压 =76 厘米高水银柱 $=1.013 \times 10^5$ 帕。

汽化　物质吸热后，从液体变成气体。有蒸发和沸腾两种形式。蒸发，是液体表面发生的汽化现象，在任何温度下都能发生。如洗过的衣服能晒干、放在盆里的水过几天会变少，是因为其中的水分蒸发而汽化了。液体蒸发的速度，与温度、表面积、液体表面上空气流动的速度有关。温度越高，表面积越大，蒸发速度越快；液面上空气流动得快，蒸发也快。沸腾，在液体内部与表面同时发生的剧烈汽化现象。水烧开时，里面翻滚大量的气泡，并冲出许多水蒸气，就是沸腾。沸腾只能在一定温度下发生，这个一定温度称为沸点。如水的沸点是 100℃，酒精的沸点是 78℃。

气象　大气中的各种物理现象和物理过程的统称。包括冷、暖、干、湿、风、云、雨、雪、霜、雾、雷、电、光象等。

气象观测　对气象要素进行观测的总称。一般分地面气象观测和高空气象观测两部分。前者的观测项目指气压、气温、湿度、风、降水、云、日照、蒸发、地温等；后者指高空的风、温度、气压及湿度等。

乔木　主干直立，分枝茂盛、植株高大的木本植物。在离地面较高处有由分枝形成的树冠。如杉、松、白杨、枫等。

气象台　进行气象观测、发布天气预报、进行气象研究的科学机构。气象台还担负着积累气象资料和指导气象站工作的任务。我国各省、市、自治区和地区都设有气象台，还有为航海服务的海洋气象台和为航空服务的民航气象台等。与各地气象站、气象哨一起，组成了一个系统的气象网络。

气象卫星　探测高空气象的特定轨道的人造卫星。轨道经过地球两极附近的叫"极轨卫星"；与地球自转角速度、方向相同的称"静止卫星"。能不断把在高空探测的气象情况（云、雨、温度、湿度等）拍成照片或变成无线电信号，发送到地面接收站。

汽化热　液体汽化时要吸收热量。单位质量的某种液体，变成同温度的气体时吸收的热量，叫作这种液体在该温度下的汽化热。用符号 L 表示。同一种液体，不同温度时的汽化热也不同。一个大气压下，水在 100℃ 的汽化热是 $2.26 \times 10^6 \text{J/kg}$。质量 m 的物质，汽化刚吸收的热量可以用下式表示：

$$Q = Lm$$

丘陵　陆地表面相对高度在 200 米以下，表面比较圆浑的低矮山丘。以无明显的脉络区别于山地，又以明显的相对高度区别于平原。我国丘陵面积约占全国总面积的十分之一，较集中的分布在长江以南、云贵高原以东，直抵海岸的东南地区。

秦岭　位于我国中部地区。狭义上的秦岭，东以灞河与丹江河谷为界，西止于嘉陵江，为东西走向的古老褶皱断层山脉。我国南、北方的重要地理分界线，渭河、汉江、洛河、嘉陵江水系的分水岭。东西长约 400 多千米，海拔 2000～3000 米。主峰太白山，高 3767 米，为秦岭最高峰。山间多盆地，汉中盆地即是其中之一，为农业区。

氢 最轻的化学元素，符号 H，原子序数 1，原子量 1.0079。通常是由氢的三种同位素所组成。氢气是无色、无臭的气体。能燃烧，与许多非金属和金属直接化合。自然界的氢主要存在于水、石油等化合物中，是合成氨、氯化氢、有机合成中的氢化反应的原料。氢氧焰用于钢铁等的切割和焊接。液态氢可用作高能燃料。

青藏高原 在我国西部及西南部。为世界最高的高原，有"世界屋脊"之称。四周为喜马拉雅山、昆仑山、祁连山、横断山所环绕。包括青海、西藏、四川西部，面积占全国的四分之一，平均海拔在 4000 米以上，高原湖泊众多，草原辽阔，矿藏丰富。高峰终年积雪，水源充足，是东亚、东南亚和南亚各大河流的发源地。

全反射 光从光密媒质射向光疏媒质时，当入射角大于临界角，光线全部反射回原媒质，没有折射光线，这种现象称作全反射。全反射现象在自然界里是常见的。水中或玻璃中的气泡之所以显得特别光亮，是由于投射到气泡界面上的光产生全反射的缘故。海市蜃楼的成因也是由于大气中的全反射所形成的现象。

全反射棱镜 棱镜的主截面是等腰直角三角形。如果光线垂直射到成直角的两面中的一面 *AB* 上，光线就按原方向进入棱镜，当光线射到 *AC* 面时，入射角（45°）大于从玻璃到空气的临界角（35°～42°），就发生全反射，反射光线从 *BC* 边上垂直射出，因此叫作全反射棱镜。利用它可以使光线进行方向偏转 90°，光学仪器上常用全反射棱镜来改变光线的方向。

全反射棱镜反射原理

群岛 海洋中彼此相距很近的许多岛屿之聚集。世界最大的群岛是马来群岛（南洋群岛），共由 2 万多个岛屿组成，陆地总面积超 250 万平方千米。

16. R

燃烧 可燃物质与空气中的氧剧烈化合，两物质起剧烈的化学反应而发热和发光的现象。发生光和热，是常见的燃烧现象。气体燃料能直接燃烧并发生火焰。液体和固体燃料，通常需先受热变成气体后才能燃烧并发生火焰。

壤土 地质学上也叫"垆（lú）坶（mù）土"，是由适当比例的砂粒、砂粉粒和粘粒构成的土壤。因为它砂性、黏性适中，保肥保水性能良好，又能通气透水，含有较高养分，耕作方便，所以适于作物生长。

热传递 热从高温物体传到低温物体，或从物体的高温部分传到低温部分的热现象叫热传递。热传递发生的条件是存在温度差。实质是分子热能的传递。热传递的方式有三种：传导、对流、辐射。

热带 南、北回归线之间的纬度带。面积占全球总面积的39.8%。正午太阳高度终年大，阳光直射或接近直射。回归线上，太阳每年直射一次；回归线之间的地带，太阳每年直射两次。地面获热量居全球最多，故称热带。昼夜长短与季节变化很小，赤道上整年昼夜等长。

热机 一种将热能转变成功的装置。其工作原理可以用下面三步过程来说明：①热机从高温热源吸收热量 Q_1。②热机利用输入热能一部分来做功 A。③剩余的热量 Q_2，释放到低温热源。热机是一种广泛使用的动力设备。蒸汽机、内燃机、空气喷气发动机等都是常见的热机。热机从高温热源吸收的热量 Q_1，与输出功 A 的比值，叫作热机的热效率。用符号 η 表示：

$\eta = \dfrac{A}{Q_1} = \dfrac{Q_1 - Q_2}{Q_1} = 1 - \dfrac{Q_2}{Q_1}$，$Q_2$ 为热机做功后向低温源放出的热量。汽油机的效率在 20%～30%，柴油机的效率可达 28%～40%。任何热机的热效率都是小于 1 的，不可能等于 1。

热量 物体之间或同一物体各部分之间由于温度不同而被传递的热能，用 Q 表示。在国际单位制中的单位是焦耳。也常用卡做单位。1 卡就是 1 克纯水温度升高（或降低）1℃时所吸收（或放出）的热量。

热胀冷缩 物体在温度升高时体积增大、温度降低时体积缩小的现象。这是一种物理属性。利用水银、酒精等液体热胀冷缩的性质，可以做成温度计。铺设铁轨，在接头处要留一定的空隙，使铁轨有热伸冷缩的余地，以免轨道发生扭曲或拱起变形。夏天架设高压线不能拉得太紧，以防止冬季电线受冷收缩变形。

热平衡方程式 现有两个物体，甲物体的质量为 m_1，比热为 c_1，温度为 t_1℃；乙物体的质量为 m_2，比热为 c_2，温度为 t_2℃，且 t_1℃ > t_2℃。令它们互相接触并不受外界的影响，于是甲物体因向乙物体传热而温度降低，乙物体因得到热量而温度升高，最后它们温度均变为 $t℃$，则达到热平衡。甲物体所释放的热量为：$Q_1=c_1m_1$（t_1-t），乙物体所得到的热量为：

$$Q_2=c_2m_2（t-t_2）$$

由于甲、乙两物体接触后，不再受到外界的影响，因此，甲物体放出的热量必然等于乙物体得到的热量，即 $Q_1=Q_2$。于是：

$$c_1m_1（t_1-t）=c_2m_2（t-t_2）$$

上式叫热平衡方程式。

人工降水 人工促使云层降水的措施。根据不同云层的物理特性，把化学药品（盐粉、固态二氧化碳、碘化银等）播入云中作为凝结（华）核或冷却剂，使云中水滴或雪花增大到一定程度，降落到地面，形成降水。

人工造林 在没有林木的地上，用人工种植方法营造森林的工作。

人口密度 在面积相同的两块土地上，居住的人数多少，一般是不相同的。为了便于相互比较，用单位面积的人口数来表示，这就是人口密度，它从数量上反映人口分布的地区差异。适当的人口密度可以保证良好的居住条件和卫生条件。世界各地的人口密度相差很大。

人造地球卫星 简称"人造卫星"。用火箭把一个物体送到高空，使它达到或超过第一宇宙速度、并进入一定轨道环绕地球运行的人造天体。在通信、军事、气象、科学探测等方面有广泛应用。1970 年 4 月 24 日我国成功发射了第一颗人造地球卫星。1975 年 11 月 26 日发射的人造地球卫星，经过正常运行之后，首次按预定计划返回地面。近年来，我国已成功发射了环绕月球和火星的人造卫星，并多次按预定计划回收人造卫星。

日光浴 光着身子让日光照射以促进新陈代谢，增强对疾病的抵抗力的一种锻炼方法。可促使小儿骨骼正常发育，预防佝偻病，并可健全神经系统功能，促进人体的生长发育。

日晷 也叫"日规"。古代利用太阳投射的影子来测定时刻的一种仪器。一般是在一个有刻度的盘（叫"晷盘"）中央装上一根与盘垂直的金属棍（也叫"晷针"）组成。针影随太阳的运转而移动，照射在刻度盘上的不同位置，表示出不同的时间。

日环食 太阳圆面的中央被月球所遮掩，而四周依然放光的现象。其原因是在月球本影未能接触地面的情况下，地面上的观测者进入月球的伪本影。日环食发生的机会较日全食多（约多 20%）；持续时间也较日全食长。在同一地点看，日环食以前和以后，都有日偏食发生。

日界线　绕地球航行一周的人，回到出发点时，会发现与当地日期相差一天。为了避免这种日期的紊乱，1884 年国际经度会议规定 180° 经线为国际日期变更线，简称日界线。日界线以西的日期比日界线以东的早一天。航船向西过日界线，日期要加一天（即跳过一日）；向东过日界线，日期要减去一天（即重复一天）。日界线是地球上新一天的起点，为照顾各国领土界线，日界线并不完全沿 180° 经线划分，而是绕过某些岛屿、海峡，成为曲折的线。

日偏食　太阳圆面局部被月球圆面遮掩的现象。其原因是地面上的观测者进入月球的半影之中。在时间上，日偏食发生在日全食前后；在地区上，日偏食发生在日全食地区的四周。随观测者进入半影深度的变化，日偏食也有由浅变深或由深变浅的变化。

日全食　太阳圆面全部被月球圆面所遮掩的现象。其原因是地面上的观测者进入月球的本影之中。日全食时，天空群星显现，有如夜幕降临。由于月球本影的平均长度短于月球对于地球的距离，日全食发生的机会远少于日偏食。在同一地点看，日全食的持续时间最长不超过 7 分 30 秒。在日全食前后，总伴有日偏食现象，其持续时间远较日全食为长。

日食　太阳被月球遮掩的现象。当月球恰好从太阳和地球之间的连线上经过，月球的影子落到地球上，月影掠过的地区便发生日食。日食只发生在朔日（农历初一），但不可能每月朔日都发生日食，因黄道与白道平面呈 5°9′ 的交角。全球每年可看到日食，最少 2 次，最多 5 次。日食可分为日全食、日偏食和日环食三种。

日心说　认为太阳处于宇宙中心，地球和其他行星都围绕太阳运动的一种学说。又称"太阳中心说""地动说"，由波兰天文学家哥白尼根据近 40 年的观测和研究，于 1543 年发表的《天体运行论》一书中正式提出，认为日、月、星辰的东升西落是地球自转的反映，阐明地球是一颗普通的行星，推翻了"地心说"，沉重打击了宗教，引起了宇宙观的革命，从此自然科学开始从神学中解放出来。日心说把太阳看成静止不动、宇宙的中心等观点，是它的局限一面。

溶解　一种物质（通称溶质）均匀地分散在另一种物质（通称溶剂）中

的过程，如食盐或糖溶于水而成均匀的水溶液。在溶解过程中往往伴有放热（如硫酸、氢氧化钠溶于水）或吸热（如硝酸钾溶于水）现象。

溶解度 在一定温度和压力下，物质在一定量溶剂中溶解的最大质量数。通常以 100 克溶剂中能溶解物质的克数来表示。物质的溶解度常随温度或压力的改变而有所不同。如在 20℃ 时，100 克水中可以溶解氯酸钾 7.3 克。所以，氯酸钾在该温度下的溶解度是 7.3 克 /100 克水。

入梅 也叫进梅。指初入梅雨季节的日子。一般在芒种以后。入梅日说法不一，我国目前历书中多采用"芒种后逢丙日进霉"的说法。

溶液 也叫"液体"，由两种或两种以上的不同物质组成的一个均匀的体系，有固态溶液（如镍铜合金等）、液态溶液（如盐水、碘酒等）、气态溶液（如空气等）。通常是指水溶液。以溶液中含溶质的量不同，分为浓溶液和稀溶液。又以溶质含量小于、等于或大于在该温度（和压力）下的溶解度，分为不饱和溶液、饱和溶液和过饱和溶液。

溶液的浓度 溶液中溶质和溶液相对量的标记。标记的方式很多，常用的有重量百分浓度、当量浓度以及克分子浓度等。

溶质 溶解在溶液中的物质。溶质在溶液中，有的以分子（如糖水中的糖）状态存在，有的以离子（如食盐水中的食盐）或原子（如碘酒中的碘）的状态存在。

熔解 物质从固态变成液态，称之熔解。晶体结构的固态物质熔解时的温度是一定的，这个熔解温度叫熔点。冰的熔点是 0℃，在熔解过程中需要吸收热量，但温度保持不变。单位质量的某种物质，在熔点时变成同温度的液体所吸收的热量，叫作这种物质的熔解热。用符号 λ 表示。冰的熔解热为 80 卡 / 克。质量 m 的物质在熔解过程中吸收的热量为：$Q = \lambda m$。

17. S

塞北 古代泛指长城以北的地区，又称"塞外"。包括今内蒙古自治区、甘肃省和宁夏回族自治区北部及河北省外长城以北等地。

三保太监下西洋 郑和（1371—1435 年）云南回族人，小字三保（保也作宝），因为是宦官，所以世称三保太监。明永乐三年（1405）与副使王景弘率水手、官、兵 27800 余人，分乘宝船 62 艘，从苏州刘家港（今江苏

一、花草树木

太仓东浏河镇）出发，远航西洋（指今加里曼丹至非洲之间的海洋），历经占城（今越南南部）、爪哇、苏门答剌（今苏门答腊洛克肖马韦）、锡兰（今斯里兰卡），最后经印度西岸折回，至永乐五年（1407）返国。以后28年间又7次远航（一说8次），历经30多个国家，最远曾达非洲东岸、红海和伊斯兰教圣地麦加。所乘的船，最大的长148米，宽60米，可容1000人。这些航行，比欧洲哥伦布、达·伽马等航海家的航行早半个多世纪，舰队规模与船只之大，都超过他们几倍，是世界航海史上的壮举。它促进了中国和亚非各国的经济文化交流，增进了中国人民同这些国家人民的友谊。

三八线　第二次世界大战末期，根据对日作战的盟国的一项协议，以朝鲜国土上北纬三十八度线作为美、苏军事行动和受降范围的临时分界线。北部为苏军受降区，南部为美军受降区。这条线通常称"三八线"。1950年，美国发动侵略战争，悍然越过三八线，逼近鸭绿江中朝边境。中朝两国人民并肩战斗，把美国侵略者赶回三八线附近，迫使美国于1953年7月在停战协议上签字，从新划定"三八线"附近为临时军事分界线。

三角洲　河口地区的冲积平原。系河流入海或入湖时，因流速减低，所挟带的泥沙堆积而成。外形常呈三角形或弓形，顶端指向上游，底边为其外缘。三角洲地势低平，河网密布，多为良好的农耕区，如我国的珠江、长江等河口的三角洲。

沙漠气候　大陆性气候的极端典型。分为热带沙漠气候和温带沙漠气候。前者主要分布在副热带高压带，如撒哈拉沙漠、阿拉伯沙漠和澳大利亚中部的大沙漠；后者主要分布在温带大陆内部，如中亚地区，我国新疆、内蒙一带及北美西南部等沙漠。沙漠地区的气温日较差可达50℃以上；湿度小，云雨少，有时有狂风；日射极强。

沙洲　在河床中部或两侧，海滨或浅海中，由泥沙堆积，浅滩淤高，露出水面的大片低地。在河流中间的沙洲称江心洲，如中国长江支流——湘江中的橘子洲。

沙漠　一般指地表为流沙覆盖、沙丘广布的地区。世界上沙漠面积约占陆地总面积的十分之一，主要分布在南北纬15°～35°副热带高压控制的范围，以及北纬35°～50°之间的大陆中心。沙漠地区气候干燥，气温变化大，地面缺少经常性水流，植物稀少矮小，多风沙地貌。

森林　通常指大片生长的树木；林业上指在相当广阔的土地上生长的很

多树木，连同在这块土地上的动物以及其他植物所构成的整体。森林不仅提供木材和其他林产品、副产品，还具有保持水土、调和气候、防护农田等作用。

山地　陆地表面海拔在 500 米以上，相对高度较大，顶部高耸，陡坡，沟谷幽深的地区。依山地外貌、海拔、相对高度、山坡坡度及我国具体情况，分低山、中山和高山。

山地气候　因高度和地形影响而形成的山区特殊气候。由地理位置、海拔高度、山脉的坡度坡向及地形的凹凸形状等因素，由辐射、温度、降水、蒸发等不同所致。同一地点气候要素的年、日变化剧烈；高度差别很大的山顶、山脚，气候迥然不同。特殊的气候条件决定着山区植物的多种多样。

山脉　沿一定方向有规律分布的若干相邻山岭的总称。因具脉状，故名。构成山脉主体的山岭为主脉，从主脉延伸出去的为支脉。

山区　泛指山地、丘陵以及较崎岖的高原地区。山区有丰富的矿藏和地热资源，多生长森林，有种类繁多的动植物，水力资源也很丰富，为发展多种经济提供了物质基础，我国的山区面积占全国总面积的三分之二以上。

珊瑚岛　由珊瑚礁构成的岛屿或在珊瑚礁上形成的沙岛。面积一般不大，地势平坦低缓，地面多沙。分布在热带和亚热带的海洋上。如我国的西沙群岛、南沙群岛、太平洋中的中途岛等。

珊瑚礁　热带和亚热带浅海中多有无以计数的珊瑚虫以及珊瑚虫伴生的造礁生物（灰藻类），它们成千上万地生活在一起，构成庞大的灰质结构体。当珊瑚虫死亡之后，石灰质骨骼就积累下来，而它们的后代又繁殖在这些骨骼上，如此长年累月地堆积起来，在水面下形成了珊瑚礁。地壳上升时，露出水面，就形成了珊瑚岛。

闪电　大气中的一种放电现象。云层间、云地间或云气间的电位差增大到一定程度时，则发生猛烈的放电，同时伴随有电光。

上弦　月相的一种，当月球由朔变望的过程中，月球有一半光明一半黑暗。这时月球在太阳东面 90° 处，从我们北半球来看，月球光明部分朝向西方，这就称为"上弦"，它发生在农历每月的初七、初八。

少数民族　多民族国家中人数最多的民族以外的民族。我国在汉族以外，共有 55 个少数民族。各少数民族的人口数量不等，据统计，人口在 100 万以上的有 13 个民族；人口在 10 万以上 100 万以下的有 15 个民族；人口在 1 万以上到 10 万的有 18 个民族；人口在 1 万以下的有 9 个民族。其中最少的还不到千人。在 55 个少数民族中，回族和满族同汉族使用汉语。其余 53 个民族都使用本民族的语言。我国的少数民族大多能歌善舞，具有优秀的文化艺术传统。新中国成立以后，汉族和其他 55 个少数民族在根本利益一致的基础上，形成了团结、友爱、平等、互助的新型社会主义民族关系，为共同建设伟大的社会主义祖国而努力奋斗。

生态平衡　人类生存的大自然中，各种生物和环境之间，各种生物和有机体之间都是相互联系、相互制约的，构成了一个和谐平衡的统一体，这就叫"生态平衡"。如果受到破坏而失去平衡，就会给人类带来不同的灾难。例如森林能调节气温、保持水土、阻挡风沙等，如果受到破坏，人类就要受到水灾、风灾的袭击，益鸟益兽也会因此而灭迹，害虫、老鼠就会猖獗起来。所以保护生态平衡，必须引起人们的高度重视。

生态系统　生物群落内所有的生物及非生物环境，由复杂的相互作用所联系的自然系统。

生物　自然界中具有生命（即有生长、发育、繁殖等能力）的物体。包括动物、植物、微生物三大类。

生物标本　用不同的材料、不同的方法，经过加工处理，保持原有形态或特征而能长期保存的生物体。如动物标本、植物标本和骨骼标本等，可供教学、科研或陈列观摩用。

生物圈　地球表面有机体（植物、动物、微生物等）及其生存环境的总称。生物种类多，分布广泛，存在于地壳上层、大气圈低层和水圈全部。但生物的绝大部分集中在地面以上 100 米至水面以下 200 米这一薄层里，因这一范围具有适合生命活动的光能、水分、温度、营养元素等各种环境条件。生物圈是地球所特有的圈层，质量微小，据估计，相当于大气圈质量的三百分之一，水圈质量的七千分之一，但在地理环境的形成发展中起巨大的作用。

生物学　自然科学的基础学科。它是研究生物的结构、功能、发生和进化规律的科学。它有许多学科，如动物学、植物学、微生物学、解剖学、组织学、遗传学等。生物学的研究为人类利用生物、改造生物提供理论指导。

生长期　农作物可生长的日数。也叫"生季"。农业气候以上日平均气温高于 5℃ 的持续日数为生长期日数，稳定通过该平均温度的初、终日为生长期起止日期。我国温州、浦城、吉安、桂林、兴仁一线以及四川盆地的达县、雅安以南全年平均为生长期；东北北部地区 5 月初到 10 月初为生长期，时长仅 5 个月。

湿度 空气的干湿程度。常有水汽压、相对湿度、饱和差和露点等表示法。空气中的水汽压强为"水汽压"，是大气压的一部分，以毫巴为单位；在一定温度下，水汽达到饱和时的压强，称"饱和水汽压"。空气中实有水汽压与同温度下饱和水汽压的百分比，即"相对湿度"，表示空气中水汽距饱和的程度。某温度下，空气的饱和水汽压与实际水汽压的差值，为"饱和差"，表示空气中的水汽含量距离饱和的程度。未饱和空气和气压不变、水汽不变时，冷却到饱和时的温度，称"露点温度"（简称"露点"）。露点越高，反映空气中的水汽越多；反之，露点越低，反映空气中的水汽越少。

石英 学名氧化硅，是分布很广的一种造岩矿物。为透明、半透明或不透明的六方柱或六方双锥形晶体。硬度 7，是花岗岩等的主要成分。有许多种类，其中呈带状的玉髓称作玛瑙。石英用途很广，水晶可做光学仪器和工艺品，石英粉可用作塑料制品的填充剂。玛瑙可制乳钵、天平刀口等。

石油 液体矿物，是碳氢化合物的混合物，是由几百万年以前的低等动植物，经过地壳变动，被埋到很深的地下，经过长期的复杂变化而形成的。往往聚集在地层的孔隙或岩石的裂缝中。钻井开采，有的能自动喷出地面，有的需用泵抽出或加水压出。一般呈褐色、墨绿色或黑色，称为原油。经过工厂加工制得汽油、煤油、柴油、润滑油、凡士林、石蜡、沥青等。石油产品也可用来制成溶剂、树脂、塑料、合成橡胶、合成纤维等。

势能 若物体之间相互作用力为保守力时，由物体间相对位置决定的能量称为势能。若作用力为重力，叫作重力势能；$Ep=mgh$；若作用力为弹性力，叫作弹性势能：$Ep=\frac{1}{2}kx^2$；若作用力为万有引力，叫作引力势能 $Ep=-G_0\frac{Mm}{r}$。势能的量值与势能的零点选取有关；势能是相互作用的物体系所具有的。例如重力势能是地球和物体所组成的这个物体系具有的，而不是地球上的物体所单独具有的。

世纪 计算年代的单位。100 年为 1 世纪。每世纪中又以 10 年为一"年代"。如 20 世纪 80 年代，即 1980—1989 年。

首都 又叫"国都""京都""首府"，国家最高政权机关所在地。首都

一、花草树木

175

通常又是一国的政治、经济和文化中心，由国家政府决定和宣布。中华人民共和国的首都是北京，这是 1949 年 9 月 27 日中国人民政治协商会议通过的定都决议和 1954 年《中华人民共和国宪法》所规定的。

霜 近地面空气中水汽直接凝结在温度低于 0℃ 的地面上或近地面物体上的白色松脆冰晶。一般出现在晴朗微风的夜间或清晨。早春、晚秋或冬季，寒潮过境后，地面处在高气压中心附近，天空无云（或少云）、无风（或微风），成霜机会多，有"霜重见晴天"的农谚。谷地和洼地因从山坡和平地倾注大量冷空气，成霜机会更多，有"雪打山头霜打洼"的说法。伴随霜，往往有霜冻，直接危害农业生产。

霜冻 由于温度下降引起农作物遭受伤害或死亡的低温（0℃ 或 0℃ 以下）称"霜冻"。有霜时，由于水汽冻结释放潜热，农作物不一定遭受霜冻之害。出现霜冻时不一定伴有霜。霜冻对作物危害较大，尤其是早霜冻和晚霜冻。

水 分子式 H_2O。纯净的水是无色、无臭、无味的透明液体。大量的水呈蓝色。在一个大气压下，水的沸点是 100℃，凝固点是 0℃（结成冰，又称冰点）、4℃ 时密度最大（1 克 / 厘米³）。水结成冰，体积增大、密度减小，冰总是浮在水面上。自然界里水分布很广，占地球表面四分之三。地层、大气、动植物体内都含有大量的水。人体含有约 70% 的水。水是一切有机体不可缺少的组成部分。水能溶解许多物质，是最重要的溶剂，广泛用于各种工业以及灌溉农田。水的热容量大，对于调节气候起着重要作用。电解水可以制取氢气和氧气。

水分循环 地球上水分不断蒸发、输送、凝结、降落的往返循环过程。在太阳辐射能的作用下，地表水体经过蒸发和生物蒸腾，化为水汽上升到高空，随气流运行。在水汽上升和输送过程中，有一部分水汽在适当条件下凝结，又以降水形式降落到地面或水面上，再以河流或地下水形式汇入海洋。水分循环分大、小循环两种。大循环是指水分由海洋→天空→陆地→海洋的循环，又叫全球性水分循环、外循环。小循环是指水分由海洋→天空→海洋，或者陆地→天空→陆地的循环。水分循环是物质循环的主要方式之一，对自然界和人类具有重要的意义。

水库 一种人工湖泊。大部分由人工封坝或开挖建成。较大的水库，一般在河流流经的河谷盆地或山间宽阔的谷地，在河谷狭窄处筑坝拦水而成。

库容量在 1 亿立方米以上的为大型水库，1000 万至 1 亿立方米的为中型水库，小于 1000 万立方米的为小型水库，对发电、防洪、灌溉、改善航运和水产养殖，都起着很大作用。

水力发电 利用江河等的水力转动水轮机，使水轮机带动发电机发电。水力发电的优点是：不用燃料，不污染环境，运行成本较低，机电设备较简单，操作调节灵活。

水利枢纽 兼有防洪、发电、灌溉、航运、养殖等多种水利效益的综合性大型水利工程，如江都水利枢纽工程。

水位 水体的自由水面高出基面以上的高程，单位为米。表示水位所用的基面，通常有绝对基面（标准基面），以海平面为零点，现在我国统一以青岛海平面为基面，来计算水面高程。另一种是测站基面（即相对基面），以略低于历年最低水位（0.5～1 米）或河床最低点来计算水面高程。一般把多年水位的平均值称正常水位，明显高于正常水位的称高水位，明显低于正常水位的称低水位，接近正常水位的称中水位。

水系 流域内各种水体构成脉络相通的系统，也叫河系，包括同一范围内河流的干流及各级支流、地下暗河和湖泊，通常以干流来命名，如长江水系、珠江水系等。

水土流失 雨水冲刷土壤，使土壤和水同时流失。水土流失给人类的生产、生活造成很大危害。它破坏土壤肥力，影响绿色植物生长；它淤积水库、阻塞河道、抬高河床，影响水利航运，导致洪水泛滥。大力植树造林、绿化荒山荒坡，是制止水土流失的根本措施。

水土保持 采取措施，阻止水土流失。一般可采取三项措施：①工程措施，如治坡治沟，修造小型水库。②生物措施，造林种草、绿化荒山荒坡。③耕作措施，在耕地上筑埂作垄、合理密植，增加作物的覆盖度。多种措施、综合治理，可有效地拦蓄水土。

水星 太阳系中行星之一。中国古代也称"辰星"。按距离太阳的次序为第一颗，与太阳的平均距离为 5791 万千米。半径约 2440 千米，质量为 3.33×10^{20} 吨，是地球的 5.58%。平均密度每立方厘米为 5.46 克。因离太阳最近，肉眼很难看到。表面像月球，布满环形山。极稀薄的大气中含有氦、氢、氧、碳等。白天太阳直射处温度达 427℃，夜晚降到 −173℃。在一个很扁的轨道上以每秒平均 47.89 千米的速度绕太阳运转，周期为 87.969 天；自转周期 58.646 天。

四川盆地 位于四川省东部，周围被巫山、巴山等大山所环绕，为我国形状最完整的盆地。土地肥沃，气候湿润，是我国重要农业区之一，盛产稻米、小麦、油菜籽、甘蔗、柑橘、棉花，自古就有"天府之国"的称号。矿产丰富，有天然气、井盐、煤、铁等。长江横贯南部，切穿巫山峡谷，和长江中下游地区相通。

四大发明 指南针、造纸术、火药、印刷术为我国古代四大发明。指南针原称为"司南"，在战国时已有用天然磁铁矿琢磨而成。在公元 105 年（东汉殇帝元兴元年）以前，就开始用树皮、麻头、破布、鱼网等为原料造纸，公元 105 年蔡伦总结、推广前人经验，开始大量造纸。火药，原名"黑色火药"，据隋末唐初孙思邈在《丹经》中的记载，用硝石、硫磺各二两，加入三个炭化的皂角，即可制成火药。印刷术，我国早期的印刷方法是将图文刻在木板上用水墨印刷的，到唐代已很盛行。1041—1048 年（宋庆历年间），毕昇首创泥活字版，使书籍印制更为方便。以后又陆续出现用木、锡、铜和铅等金属制成的活字版。四大发明先后传入世界各地，这是我国人民对世界文明的伟大贡献。

四大文明古国 指世界上最先由原始社会进入奴隶社会的古代埃及、巴比伦、印度和中国。这些国家的劳动人民创造了灿烂的古代文化，被看作世界文明的发源地。

四季 一年分春、夏、秋、冬四季，严格地说，这仅是南、北半球中纬度的现象。南、北半球季节相反，北半球是夏季时，南半球是冬季；北半球是春季时，南半球是秋季。四季划分的标准不一。我国古代以立春、立夏、立秋、立冬为四季的开始；天文上以春分、夏至、秋分、冬至为四季开始；现行一般气候统计上，把阳历 12 月到次年 2 月作冬季，3—5 月作春季，6—8 月作夏季，9—11 月作秋季。我国疆域广阔，以上四季划分与各地气候实际有出入，对农业生产意义不大，所以通常采用候（五天为 1 候，全年共 72 候）平均温度作划分四季的标准。候平均温度在 10℃ 以下为冬季，22℃ 以上为夏季，介于 10～22℃ 为春、秋季。这样划分四季，和各地物候现象基本符合。

丝绸之路 古代横贯亚洲大陆，联系中国和欧洲的国际通道。东起我国汉、唐首都长安，西经河西走廊、天山南北路，越葱岭再经阿富汗北部，入伊朗至伊拉克，溯两河流域到地中海东岸的叙利亚，而止于大秦（罗马帝国）。全程 7000 多千米。中国是世界上最早养蚕和缫丝织绸的国家，中国的丝绸在公元前数世纪就从这条古道输往欧洲。19 世纪德国地理学家李希霍芬，就把这条在古代东西经济、文化交流上起过重要作用的国际通道，形象化地称之为"丝绸之路"。通过这条通道，汉族人民生产的丝绸不断带进西域，汉族先进的农业技术和炼铁技术也传入西域，西域生产的葡萄、核桃、大蒜等也传入汉朝。唐以后我国政治重心南移，加上航海业的发展，丝绸之路的重要性逐渐被海运所代替，特别是元朝蒙古西征后，就更为衰落了。

嵩山 又称中岳，为我国五岳之一。在河南登封县境内。有 72 峰，东为太室山，西为少室山，主峰海拔 1490 米。有中岳庙、少林寺、塔林、嵩阳书院、观星台等胜迹。中岳庙始建于秦，北魏改今名。占地面积 10 余万平方米，庙房 400 余间，为河南现存规模最大、最完整的古建筑群。嵩阳书院为我国古代四大书院之一，司马光、范仲淹、欧阳修、朱熹等都先后在此教书讲学。少林寺始建于北魏，印度僧人达摩在此首创禅宗，是我国佛教的发祥地。

18. T

土壤 地球陆地表面上能够生长植物的一层疏松的表层。它具有肥力，可以提供作物生长发育所需要的水分、养料、空气、温度等生活条件。土壤有很多种类，如可分为沙土、黏土等种，还可以分黄壤、红壤等类。

土壤结构 土壤颗粒排列或互相黏结的形式。可分为片状、柱状、棱柱状、块状、团状、核状、团粒状等。其中具有团粒结构的土壤，对作物能够同时提供足够的水分、养料和空气，多分布于土壤表层，非常有利于农业生产。

塔里木盆地 我国面积最大的盆地。在新疆南部，天山和昆仑山两大山系之间。平均海拔约 1000 米。从盆地边缘到中心，依次出现戈壁滩、冲积扇平原和沙丘地区，呈环状结构。盆地内沙漠面积广大，中心的塔克拉玛干沙漠是我国最大的沙漠。盆地外围的冲积平原，水草丰美，为农业发达的"绿洲"。

台风 发生在热带洋面上的一种猛烈的风暴。西印度群岛一带称"飓

一、花草树木

风"，孟加拉湾叫"热带风暴"，东亚各国称"台风"。我国气象部门规定，热带气旋中心附近最大风力小于 8 级时为"热带低压"，8 级和 9 级风力时称为"热带风暴"，达到 10 级和 11 级风力时称为"强热带风暴"，达到 12 级风力时称为"台风"，12 级以上为"强台风"。台风是由洋面上局部聚积的湿热空气大规模上升，低层周围的空气向中心活动，在地转偏向力的作用下，形成的空气的大涡旋。直径约 200～1000 千米。台风形成后，常自东向西或向西北移动，速度一般每小时为 10～20 千米。当进入中纬度西风带后，便转向东或东北方向。袭击我国的台风，常发生在 5—10 月，以 7—9 月最为频繁。所经地区，常伴有狂风暴雨，沿海则有高潮巨浪；深入内陆后，风力减弱。台风雨可以解除旱象。

台风编号 我国从 1959 年开始，按每年热带气旋出现的次序先后进行编号。编号由四位数码组成，前两位表示年份，后两位是当年风暴级以上热带气旋的序号。例如 0414 号台风，就是 2004 年出现的第 14 号台风。从 2000 年 1 月 1 日起，开始使用新的命名方法，分别由台风委员会的 14 个成员国家或地区各提供 10 个名字，共 140 个名字分成 4 组，每组 14 个名字，按每个成员国家或地区英文名称的字母顺序一次排列，按顺序循环使用，同时保留原有热带气旋的编号。当某个台风造成了特别重大的灾害或人员伤亡，或是由于名称本身因素而退役的，那它就会永久占有这个名字，该名字将从现行命名表中删除，换以新名字。

台湾海峡 位于台湾、福建两地之间，属东海南部海域。长约 300 千米，平均宽度约 190 千米，最狭处 135 千米，大部分海区深度小于 100 米。台湾海峡是连接南海和东海的重要水道，被称为我国的"海上走廊"。海峡水域渔产丰富，海底储藏石油、天然气等资源。

太平洋 世界最大的海洋。位于亚洲、大洋洲、南美洲、北美洲和南极大陆之间，北经白令海峡与北冰洋相通，西南以西经 146°51′（通过塔斯马尼亚岛）与印度洋分界，东南以东经 67°（通过南美洲的合恩角）与大西洋分界。在世界四大洋中，太平洋面积最大（约 18000 平方千米，占全球海洋总面积一半），水体最深（平均深度超过 4000 米，其中马里亚纳海沟深 11034 米，是世界海洋最深处）、水温最高（表面水的年平均温度超过 19℃）、岛屿最多（约占世界岛屿总面积的 45%）。海底地形复杂多样。大规模洋流系统以赤道为界，分南北两大环流系统。太平洋西部边缘分布一系列岛弧，东部边缘分布高大山系，环太平洋有巨大的火山地震带。太平洋有丰富的海洋生物、矿产、动力、化学资源，交通和战略地位极为重要。

太阳 太阳系的中心天体，也是银河系中一颗普通恒星，直径139.2万千米，是地球的109倍。表面积6.087×10^{12}平方千米，是地球的1.2万倍。体积1.4122×10^{18}立方千米，是地球的130万倍。平均密度每立方厘米为1.41克，是地球的$\frac{1}{4}$。质量约为1.989×10^{27}吨，是地球的33万倍。太阳是太阳系的质量中心。肉眼看到的表层叫"光球"，中间层为"色球"，最外层叫"日冕"，这几层构成太阳大气。表面温度5770K，中心温度约1.5×10^{7}K（"K"是绝对温度，规定以-273.15℃为绝对温度的零度，分度法和摄氏温标相同）。太阳是地球光、热主要来源。它和整个太阳系以每秒20千米的速度向武仙座方向运动，以每秒250千米的速度绕银河系核旋转。还不停顿地自转，在日面赤道带的自转周期约25天，在两极的自转周期约35天。

太阳风 日冕内部的温度高达100万度，日冕离太阳表面较远，受到的引力较小，在高温下粒子动能很大，可以摆脱太阳引力而向外膨胀。这种高速度向外运动的粒子流，好像是从太阳吹出来的一股"风"，所以叫作"太阳风"。太阳风的主要成分是电子和氢离子。太阳风的平均密度为每立方厘米8个粒子。它把面向太阳的地球磁场压缩到很小的范围，而把背向太阳的半球的磁场带到极遥远的行星际空间。

泰山 又称岱山、岱宗、东岳，为五岳之首。位于山东省中部，历城、长清、泰安之间。面积426平方千米，主峰海拔1545米。泰山拔地隆起于华北平原，气势雄伟。唐代诗人杜甫有"会当凌绝顶，一览众山小"的赞誉。从秦到清，中国历代封建帝王多来此封禅祭祀，文人、学士也慕名攀登，是帝王、文人游迹最多的名山，他们留下大量石刻和文物古迹。主要有南天门、日观峰、经石峪、黑龙潭等名胜。现从中天门到南天门设有游览缆车。

太阳黑子 太阳光球上出现的斑点。太阳黑子的直径大的超过10万千米，小的仅3000千米左右。温度约4000℃以上，比周围光球低1000℃以上，呈暗淡的黑斑点。多数成群出现，每群由几个到几十个、多至100多个组成。黑子群在日面上的分布图像一群蝴蝶，双翅以太阳赤道对称，在

一、花草树木

±8°～±45°的纬度范围内，多集中在 15°～20°的区域。平均以 11 年为周期。有极强的磁场（几千高斯），大黑子出现时，地球上常发生磁暴和电离层扰动现象，影响地面的无线电通信和造成天气、气候的反常。我国在汉成帝河平元年（公元前 28 年）就有了世界公认最早的太阳黑子记录，比外国早 1000 多年。

太阳能　太阳所发出的辐射能，由太阳上的氢原子核进行聚合反应而产生。它是地球上光和热的源泉。充分利用太阳能，是开发能源的一个重要课题。如用大面积的反光镜可以利用太阳能取得高温，用来烧水、冶炼、发电等。

太阳系　以太阳为中心，由受太阳引力支配而围绕其运转的天体所构成的系统。共包括太阳、大行星及其卫星、无数小行星、彗星、流星等。太阳系的直径为 120 亿千米，太阳系是庞大的，但它在银河系中又只是极小的天体系统。

碳　元素符号 C，原子序数 6。化合价 2 或 4。化学性质在常温下很稳定。高温时能与许多元素反应。不溶于一般溶剂，但溶于某些熔融的金属中。在自然界中，碳的同素异形体有金刚石、石墨和无定形碳，它们是以游离态存在的。另外还有化合态的，如石油、碳酸盐等。在碳的化合物中，除一氧化碳、二氧化碳、碳酸盐及碳化物等外，其他都属于有机化合物类。用于化工和冶金工业等。

碳水化合物　亦称糖类。是构成细胞的一种成分。人体进行各种生理活动，如肌肉收缩、物质运输等，所需消耗的能量主要由食物中的糖类来供给。

碳酸钙　分子式 $CaCO_3$。白色固体。是石灰石、方解石、白垩（è）、大理石等主要成分。加热至 900℃，碳酸钙分解成二氧化碳 CO_2、氧化钙 CaO 不溶于水，溶于酸。用作建筑（水泥、石灰、人造石）及化学工业原料。

藤本植物　有缠绕茎或攀援茎的植物。茎干细长，不能直立，匍匐地面或攀附他物而生长，如葡萄、紫藤等。

梯田　沿着山坡开辟的一级一级的农田，形状像楼梯，边缘用石或土筑成田埂，以便拦蓄雨水，防止水土流失。

天干　也叫"十干"。即甲、乙、丙、丁、戊、己、庚、辛、壬、癸的总称，古时用作表示次序的符号。

天气　短时间各个气象要素（风、霜、雨、雪、温度、湿度、气压）连续变化所综合显示的大气状态与物理现象。例如，人们生活中所遇到的阴、晴、冷、暖、干、湿等天气状况，都是温度、气压、湿度、风、云、降水各气象要素值综合的结果。

天气图　填有广大范围各气象台站同一时间所测得的气象要素，能够表征大气状况的特种地图。它反映该时刻广大地区的天气形势与实况。在天气图上可以定出气团性质、锋面位置、气压系统及天气区域等。天气图一般分地面天气图和高空天气图两大类，是预报未来天气的重要工具之一。

天气形势　表示高、低空环流状况和高、低气压及锋面等天气系统的分布概况。能显示未来一定时间内的天气变化趋势。是气象部门作出天气预报和其他部门了解天气变化趋势的重要依据。如某地处在冷锋运动的前方时，该地将有一次云雨过程等。

天气谚语　群众在长期生活和生产实践中积累了许多看天经验，并归纳总结出来的谚语。我国天气谚语十分丰富，如"东北风，雨太公""东虹日头，西虹雨"等。天气谚语至今仍不失为各种天气预报的基本依据，尤其是单站预报的基本依据，但应注意其地方性和季节性特点，不宜任意使用。

天气预报　对未来一定时期内天气状况的预报。气象台、站根据天气图、气象资料、地形、季节特点及群众经验等综合研究作出。按范围，分本地和区域两种预报；按时效，分临近、短时、短期、中期和延伸期天气预报；按服务对象，分农业、渔业、航空交通运输等不同专业的天气预报。

天然气　蕴藏在地层内部的可燃性气体。主要是甲烷等低分子量烷烃。一般是由有机物质经生物化学作用分解而成。或与石油共存于岩石的裂缝和空洞中，或以溶解状态存在于地下水中。由钻井开采而得，然后用管道输送。可用作燃料和化工原料。

土壤微生物　指土壤中存在的细菌、放线菌、真菌、藻类和原生动物等。能促进土壤中的有机物质分解和养分的转化，以适应农业生产的需要。

土壤有机质　土壤中的动植物残体和死亡的微生物等。它是影响土壤肥力最重要的因素，不但是作物重要的养料来源，而且还能改良土壤，适宜作物的生长。

天山　横贯新疆中部，西端伸入哈萨克斯坦、吉尔吉斯斯坦、乌兹别克斯坦等国，东西走向，为亚洲中部的巨大山系。长2500千米。由三列平行的褶皱断块山脉组成。平均海拔 3000～5000 米，最高峰汗腾格里峰高近 7000 米。多冰川。山间的盆地和谷地，为人口集中、农牧业发达的地方，如吐鲁番—哈密盆地、伊犁河谷地等。南坡多山地草原，为我国重要牧区之一。矿藏丰富，多石油、煤、铁等。

天坛　我国明清两代皇帝祭天和祈求丰年的地方。位于北京崇文区正阳门外。创建于明永乐十八年（1420），当时名天地坛。后因立四郊分祀制度，于是在嘉靖十三年（1534）改称天坛。清乾隆、光绪时都曾重修改建。建筑物有祈年殿、皇穹宇、圜丘等，著名的回音壁也在这里。占地约 270 万平方米，是我国现存最大的古代祭祀性建筑群，也是世界建筑艺术的珍贵遗产。现已辟为天坛公园，是全国重点文物保护单位之一。

天堂　与"地狱"相对。基督教教义中指上帝在天上的居所。基督教认为，信仰耶稣基督而得救者的灵魂皆升入天堂，与上帝同享幸福。

天体　宇宙间各种星体的通称，例如，恒星（包括太阳）、行星（包括地球）、卫星（包括月亮）、小行星、彗星、流星等。近年来人类发射的人造地球卫星、人造行星等，可称作"人造天体"。

天王星　太阳系中行星之一。按距离太阳的次序为第七颗。与太阳的平均距离约为 28.8425 亿千米。赤道半径为地球的 4.06 倍，体积为地球的 65.2 倍，质量为地球的 14.63 倍，密度为水的 1.3 倍。有 5 颗卫星，并有光环。外部有浓密的大气，主要是氢，次为甲烷。表面温度约 –211℃。公转周期 84.01 年，自东向西自转，周期为 24±3 小时。

天文单位　天文学中测量距离的基本单位。天文常数之一。以地球到太阳的平均距离作为一个天文单位。1964 年国际天文学联合会取 1.4960 亿千米为一个天文单位，自 1968 年一直使用到 1983 年；1976 年国际天文学联合会取 1.49597870 亿千米为一个天文单位，从 1984 年起统一使用。此单位多用于表示太阳系内各天体之间的距离。如水星离太阳的平均距离为 0.39 天文单位，木星与太阳的平均距离为 5.2 天文单位。

图例　表示地图要素的线划和图形，称地图符号；注明地图要素的名称、质量与数量特征的文字和数字，称地图注记。符号和注记合起来统称图例（小比例尺地图）或图式（指地形图，并包括图幅规格）。

图腾崇拜　原始社会中最早的宗教信仰。原始人相信每一个氏族都与某种动物、植物或无生物有着亲属或其他特殊关系，此物即成为该氏族的图腾——"保护者"和象征。

土星 太阳系中行星之一。中国古代叫"填星""镇星"。按距离太阳的次序为第六颗。与太阳的平均距离为 142700 万千米。赤道半径为地球的 9.42 倍，体积是地球的 745 倍，质量为地球的 95.18 倍，密度为水的 0.7 倍。形状很扁。有多颗卫星并有光环。外部包围着一层很厚的大气，主要是氢、氦和少量的固态氨。表面温度约 −140℃。公转周期 29.5 年，自转周期 10 小时 14 分。

19. W

外流河 直接或间接流入海洋的河流。如我国的长江、黄河、珠江、黑龙江等。外流河所在的区域就相应称为"外流区"。

万里长城 春秋战国时，秦、赵、燕等国为了防御北方游牧民族入侵，在国境北部修筑长城。秦统一六国后，派蒙恬北击匈奴，接着又将原来秦、赵、燕长城连接起来，西起临洮，东至辽东，长达万里，故称"万里长城"。此后各朝代屡有修建。14 世纪中叶，明朝灭元朝后，为防止蒙古贵族卷土重来，从开国之初即着手修筑长城，前后共修筑 18 次，历时 100 多年。其时间之长、工程之大、质量之高（明前长城用土夯石砌，明改用砖、石砌，石灰嵌缝）都是空前的。明长城东起河北山海关，西至甘肃嘉峪关，加上宣化、大同之南，河北、山西界上所筑的内长城，总长达 13400 里。这就是我们今天所见到的"万里长城"。万里长城越过崇山峻岭。穿沙漠、跨黄河，碉堡、烽火台踞险而布，关寨、水口因地而设，工程艰巨，气魄雄伟，被列为古代"世界七大建筑奇迹"之一。长城是我国古代劳动人民智慧的结晶，是中华民族的象征和骄傲。

望 从地球上看月球处在与太阳相对位置的时候，遥遥相望，称为"望"或叫"满月"。这时月球以它的明亮半球朝向地球的夜半球，所以看上去是明亮的，呈现满月的月相。一般发生在农历十五，也可能发生在十六，甚至十七。

微生物 生物的一大类，与植物和动物共同组成生物界。特点是形体微小，构造简单，繁殖迅速，具有多种多样的生命活动类型，如细菌、真菌、病毒等，广泛分布在自然界中。研究微生物的科学叫作微生物学。

维生素 旧称维他命。生物生长和代谢不可缺少的微量有机物质。存在于许多天然产物中。现在已知的重要维生素有 20 多种。常用英文字母表示。有的溶于脂肪，如维生素 A、D、E、K 等。有的溶于水，如 B_2、B_5、B_6、B_{12} 及 C 等。大多数维生素，人体内都不能自行合成，需从食物中得到。应注意食物多样化及烹调加工方法，减少维生素损失，防止因缺乏维生素患特异位病变。许多维生素都可以从天然物提取或人工合成。

纬度 地球表面南北距离的度数。地球上某一地点的纬度是通过该点的铅垂线与赤道平面之间的夹角，通常用度、分、秒表示。从赤道向两极度量，由 0° 至 90°。赤道以北称"北纬"（°N），赤道以南称"南纬"（°S）。习惯上又把 0° ～ 30° 的地带称为低纬度，30° ～ 60° 的地带称为中纬度，60° ～ 90° 的地带称为高纬度。

纬线 假定的沿地球表面跟赤道平行的线。地球上一切垂直于地轴的平面同地面相割而成的正圆。所有的纬线相互平行，和经线正交。纬线表示当地的东西方向。纬线圈大小不等，赤道是最大的纬线圈，距离赤道越远，纬线圈越小，至两极，纬线圈缩成点。在同一纬线上各点，都有相同的纬度。纬线就是等纬度线。

卫星 围绕行星运行的天体。如月球是地球的卫星。卫星本身不发光，大小、质量相差极大，运动特性也很不一致。八大行星有的有卫星，但数量不一，有的没有卫星。太阳系里除水星、金星尚未发现有卫星外，地球有 1 颗卫星，火星有 2 颗卫星，木星有 13 颗，土星有 10 颗，天王星有 5 颗，海王星有 2 颗。

卫星城镇 为分散中心城市（母城）的人口和工业，以避免城市发展过大，在中心城市的郊区或附近其他地区新建或扩建的城镇。它与中心城市的生产、生活等方面既有一定联系，又有相对的独立性。世界上卫星城镇开始建造于第二次世界大战以前，我国自 20 世纪 50 年代末期以来也开始建造卫星城镇。

卫星通信 利用人造卫星进行通信的技术。卫星通信是一种现代化通信技术。用于通信的人造地球卫星有两种：一种是低或中高轨道的卫星，这种卫星对地面是运动的，覆盖区域小，通信时间短，地面天线必须随时跟踪；一种是轨道高度约 36000 千米的同步定点卫星，这种卫星对于地球是静止的，覆盖面积大，三颗卫星几乎就可以覆盖地球的全部面积，能全天 24 小时通信。卫星通信系统由空间部分（通信卫星）和地面站构成。利用通信卫星可以转发或发射电话、电报、电视、广播和数据等无线电信号。

温标　为量度物体温度高低而对温度零点和分度方法所作的一种规定。常见的有摄氏温标和热力学温标。摄氏温标：规定在一个大气压下纯水与冰的混合物的温度为 0℃，纯水沸腾的温度为 100℃。0℃和 100℃之间分成100 等分，每一等分就是 1℃。摄氏温度用 t 表示，代号为℃。例如 37℃记为 37℃；热力学温标（或绝对温标）：把 −273.15℃作为零度的温标，用符号 T 表示，单位是开尔文，中文代号是开，国际代号是 K。就每一度的大小来说，热力学温度与摄氏温度是相同的。它们的换算关系为：$T=t + 273.15$。

温带　南、北回归线和南、北极圈之间的两个地带。在北半球称北温带，在南半球称南温带。面积占全球总面积的 51.9%，这里没有阳光直射，也无极昼极夜现象。正午太阳高度大小、昼夜长短有明显的季节变化。

温度　表示物体冷热程度的物理量。物体温度的升高或降低，表示物体内部分子热运动平均动能的增加或减少。

温度计　测定温度仪器的统称。一般的温度计都是根据物体热胀冷缩的原理制成的。它有各种不同的类型，如水银温度计、酒精温度计、电阻温度计、气体温度计等。另外，我国气象上把能自动记录装置的仪器称为"温度计"，而把无自动记录装置的仪器称为"温度表"，也称"寒暑表"。

温泉　称水温超过 20℃的泉。一般也称水温超过当地年平均气温的泉。温泉的水大多是下渗的雨水和地表水循环到地壳深处而形成，由于泉源靠近火山或者泉中所含矿物放出热量，所以其水温较高。

温室　也叫"暖房"。一种有防寒、加温、透光、通气设备的房屋，在寒冷季节用来栽培不耐寒的花木、蔬菜等作物。如玻璃温室、塑料薄膜温室，一般是利用日光照射和人工加温来保持室内适于植物生长的温度。

温室效应　透射阳光的密闭空间由于与外界缺乏乱流等热交换而产生的保温效应。塑料薄膜育秧、玻璃窗苗床等在不同程度上都利用着这一效应。

无霜期　一年中春初最后一次降霜到秋末第一次降霜的一整段时期。一般由南向北、由沿海向内陆逐渐缩短。我国南岭以南和四川盆地一带，无霜期长达 300 天以上；东北、内蒙古等地约 100 天。农作物的生长期和无霜期有密切关系：无霜期越长，生长期也越长。

无线电　"无线电技术"的简称。研究利用电波的振荡在空中传递信号

一、花草树木

的技术设备。因为它不用导线，所以称无线电。它的研究范围广泛，如电路的网络、信号的分析、电磁波的发射、传播和接收，等等。现在我们日常生活也用"无线电"作为"无线电广播"或"无线电收音机"的代称。

五带 地球上热带、南温带、北温带、南寒带和北寒带的总称。热带在南、北回归线之间，温带在南、北极圈和南、北回归线之间的两个地带，寒带在南、北极圈以内的两个地带。五带划分的直接依据是太阳高度和昼夜长短两个要素。太阳高度越高，昼长越长，受太阳的辐射越多。五带中，热带最显著的特征是有太阳直射，南、北寒带最显著的特征是有极昼极夜，南、北温带则介于两者之间。这种划分只是一般地反映各地获得太阳光热的多少，与气候上的气候带的界线不同。

五湖四海 先秦古籍中常提到吴越地区有五湖，当指太湖流域的大小湖泊。近代则以洞庭湖、鄱阳湖、太湖、巢湖、洪泽湖为五湖。古人以为中国四境有海环绕，九洲之外即为四海，因此有东海、西海、南海、北海之说，引申为"四方""天下"。"五湖四海"的联用，泛指四面八方、全国各地，是一种形象化的说法。

五岭 横亘于今湖南、江西和广西、广东等省（自治区）边境的越城、都庞、萌渚、骑田、大庾（yǔ）五座山岭的总称，也称"南岭"。

五行 指金、木、水、火、土五种物质。我国古代有人以五种常见的物质来说明宇宙万物的起源和变化，这种观念包含着朴素的唯物主义思想。战国时产生了五行相生相克的观念。五行的学说被子思、孟子等人神秘化，但其中的合理因素对发展古代天文、医学还是起了一定作用。如中医就用五行来说明生理病理上的种种现象。

五岳 我国历史上的五大名山的总称。即东岳泰山、南岳衡山、西岳华山、北岳恒山、中岳嵩山。

雾 气温下降，空气中所含的水蒸气凝结成小水滴，浮在接近地面的空气中，这就形成了雾。雾的程度有所不同，所以有"轻雾"与"大雾"之分。按其形成原因，又有"辐射雾"与"平流雾"之别。

物候 主要指动植物的生长、发育过程及活动规律对气候的反应。如植物的萌芽、抽叶、开花、结果、落叶，动物的冬眠和复苏，候鸟的来去等，都与气候有十分密切的关系。这种关系，就叫物候。我国在2700多年前，就有物候的记载。中华人民共和国成立后，科学家们进行了长期的物候观测和研究。物候可作为指示农时、确定农作物栽培技术的一种依据，可用作预报天气的参考。

20. X

西半球　本初子午线以西的半个地球。那里的地方时迟于格林尼治的地方时。习惯上以西经20°和东经160°的经线圈为界，把地球平分成东、西两半球。西经20°向西至东经160°的半地球称西半球。陆地包括南美洲、北美洲和南极洲的一部分。

喜马拉雅山　位于我国西藏和巴基斯坦，印度、尼泊尔、锡金、不丹的边境，为我国最高最长的山脉。东西长约2450千米，平均海拔6000米，最高峰为珠穆朗玛峰，海拔8848.86米，为世界最高峰。7000米以上峰有40座，终年冰雪覆盖。北坡为高山草甸，4100米以下河谷有森林及灌木。南坡降水丰富，4500米以上为高山草甸，2000米以上为温带森林，1000～2000为亚热带常绿林，1000米以下为热带季雨林。山间多珍禽奇兽，有孔雀、长臂猿、雪豹等。矿藏丰富，有煤、铬等。

霞　日出和日落时，在太阳附近和云层上出现的光彩。早晚太阳高度低，阳光接近地平线，通过的大气层最厚，光波较短的各色光几乎全被水汽和尘埃散射掉，剩下光波较长的红、橙、黄等色光映在天空或云层上，这叫"霞"。早上出现在东边天空或云层上的叫"早霞"（朝霞），傍晚出现在西方天空或云层上的叫"晚霞"。

峡谷　狭而深的河谷地形。谷地两坡陡峭，横剖面常呈"V"字形。主要由河流强烈的下蚀作用所形成。河床上常有急流或瀑布出现。如我国金沙江的虎跳峡，深达2500～3000米，是世界最大的峡谷之一。

下弦　月相的一种，在月球由望变成朔的过程中，月球有一半光明，一半黑暗。这时月球在太阳西90°，从我们北半球来看，可看见月球东边的半圆。下弦发生在农历每月二十二日或二十三日。

氙　惰性气体元素之一。元素符号Xe。原子序数54。100升空气中含氙约0.0087毫升。具有极高的发光强度，在照明技术上用来充填光电管、闪光灯和氙气高压灯。氙气高压灯具有高度的紫外光辐射，可用于医疗。

咸水湖　水中含盐度超过1‰的湖泊。也称"非排水湖"或"内陆湖"。

一、花草树木

189

因一般无泄水道，蒸发作用大，所以盐分聚积，如我国的青海湖。

霰 也叫雪子。空中降落的白色或乳白色不透明的小冰粒，常呈圆锥形或球形，直径约 2～5 毫米。由过冷水滴碰撞在冰晶（或雪花）上冻结所致。常在近于 0℃时降落，常于下雪前或与阵性雪（雨）同时降落。

相对湿度 空气中实际所含水蒸汽密度和同温度下饱和水蒸汽密度的百分比值，叫作相对湿度。由于在温度相同时，蒸汽密度与蒸汽压强成正比，所以相对湿度也等于实际水蒸汽压强和同温度下饱和水蒸汽压强的百分比值。相对湿度过高或过低对人体健康和舒适感都不利。

相对高度 地面上某个地点高出另一地点的垂直距离。

小气候 一般指小范围贴近地面的特殊气候"微气候"，垂直范围一般在 100 米以内，水平范围从几毫米到几十千米，包括单株植物周围和动物巢穴的微气候、城市气候、森林气候、湖滨气候等。除受大气候条件影响外，主要受局部的地形起伏、坡度坡向、土壤性质、植物覆盖等因素经人为作用所影响。对工农业生产、日常生活影响很大。可由人工改变或控制。

小行星 沿椭圆轨道绕太阳运行的小天体。多数分布在火星和木星之间。离地球最近的约 700 千米。体积最大的谷神星，直径约为 770 千米。太阳系内全部小行星的总质量约占地球的万分之四，到目前已编号的小行星有 2000 颗以上。我国紫金山天文台曾发现过一些小行星，如 1974 年发现的钟山 1 号和钟山 2 号两颗小行星，已被国际正式命名为 2077 号—江苏、2078 号—南京。

泻湖 湖泊的一种。在浅水海湾，因为湾口被泥沙淤积成的沙嘴或沙坝所封闭或接近封闭而形成的。这种湖水的含盐度因所在地区气候和与海的隔绝程度不同而不同。完全与海隔绝的，又叫作残迹湖，如果陆地上的水流不断注入，这种湖可以变为淡水湖，如杭州的西湖就是一例。

星团 在一个较小的空间内有很多恒星集中在一起而形成的稠密的恒星集团。同一集团里的恒星之间有一定的物理联系，一般认为它们也有共同的起源。星团可分为疏散星团和球状星团两大类。星团的研究对天体演化有很大的意义。

星云 天空中看起来像云雾一样的天体。在天文学不太发达的时候，人们认为它们就是云雾状的天体，大型天文望远镜问世以后，才知道它们并不是云雾状的天体，而是和银河系同级的恒星系统，所以现在都改称为"河外星系"了。

星云说　关于太阳系起源的一种学说。即认为由一个旋转着的星云在收缩过程中形成了太阳系。康德和拉普斯拉都主张这种学说。20世纪开始以来，先后又提出了十多种星云学说，总的来说，都认为太阳系是由星云形成，但阐述太阳系形成的具体方法和过程却各有不同。

星座　为了便于人们认识和研究星空，古人把星空划分为若干区域，每一个区域就叫一个星座，星座的名称大多是以人或动物名来命名的，各国的划分和命名不尽相同。现在国际通用的星座共有88座。我国古代划分为三垣和二十八宿。

行星　太阳系的主要成员，沿着大小不同的椭圆形轨道绕太阳运行的天体。它们本身并不发光，只能反射太阳光。太阳系的大行星，按距离太阳从近到远的顺序，它们是水星、金星、地球、火星、木星、土星、天王星、海王星。

行政区域　又称"行政区划"。国家为了便于分级进行行政管理而划分的区域。各国因具体国情不同，所以行政区域的划分和名称也不同。一国内因多种原因，所划分的行政区域面积大小也不相同。我国现在的行政区域划分为省、县、乡三级。省级行政区包括省、自治区、直辖市、特别行政区。县级行政区包括县、自治县、旗、自治旗、县级市、市辖区。乡级行政区包括乡、民族乡、苏木、镇、街道、民族苏木、县辖区。少数民族聚居的民族自治地方则包括了自治区、自治州、自治县三级。但为便于管理，目前全国普遍分为省级、地级、县级、乡级四级行政区域。地级行政区包括地级市、地区、自治州和盟。

雪　从云中降落的白色结晶。是固体降水形成。由于气温较低，水汽在空中直接凝结所致。空气中所含水汽多少和温度高低不同，所形成的雪花形状也就有异，单个晶体多为六角形，这一发现在我国西汉时就有记载，比欧洲早1700多年。地面积雪能防冻害、防春旱、肥土壤（雪中含氮化物），有"瑞雪兆丰年"的农谚。

汛期　江河发生定时性的水位上涨现象。按成因和发生时间，可分春汛（桃汛）、伏汛、凌汛、潮汛等。水位高而历时久的称大汛，比一般水位稍有上涨的称小汛。

21. Y

亚洲　亚细亚洲的简称，意为"太阳升起的洲"。位于东半球的东北部，东、南、北三面分别濒临太平洋、印度洋和北冰洋。大陆边缘有许多边缘海、海湾和半岛。全洲平均海拔 1000 米左右。面积约 4400 万平方千米，约占世界陆地面积的 1/3。人口超过 28 亿，占世界总人口的半数以上，是全世界面积最大、人口最多的一个洲。亚洲地形复杂多样，地势起伏很大，高原和山地面积广大，约占全洲面积的 3/4。许多大河都发源于中部的高原、山地，各河的中下游地区大多是平原。亚洲包括中国、日本、印度等 41 个国家和地区。按地理位置可分为东亚、东南亚、南亚、西亚、中亚、北亚等部分。

氩　惰性气体元素之一。元素符号 Ar 或 A。原子序数 18。100 升空气中约含氩 934 毫升。是稀有气体在空气中含量最多的一种。不能燃烧、也不能助燃。在高温冶炼纯金属时，用作保护气体。

盐　①化学上指金属原子置换酸分子中氢原子生成的化合物。它的组成是金属离子和酸根离子，有的还同时含有氢离子或氢氧根离子。可分为正盐、酸式盐、碱式盐及复盐等。在常温下一般是结晶体，熔融盐或盐的水溶液都能导电。盐的溶解度各不相同，有的极易溶解（如硝酸钾、氯化铵等），有的难溶或几乎不溶解（如硫酸钡、氯化银等）。盐是地壳的主要构成部分。广泛用于农业及国防工业等。②日常生活中所食用的盐的通称。它的成分是氯化钠。根据产地的不同，有海盐、池盐、岩盐和井盐四种。

盐碱土　含有可溶性盐分较多的土壤。在旱地表面往往有一层白霜一样的盐碱结皮，庄稼播种后很难出苗，有的出苗后很快会被盐碱渍死。

岩浆　在上地幔或地壳深处的天然的炽热熔融体。主要成分是硅酸盐，其次为各种挥发性成分，还有少量的重金属和放射性元素等。由于岩浆温度很高，内压力大，活动性强，常向压力低的地方——地壳破碎的地带移动，甚至喷出地表，是造成各种火成岩和内生矿床的母体。

岩浆岩　由岩浆经过冷却、凝固、结晶而形成的岩石。又叫"火成岩"。在地壳深处凝固而成的称"深成岩"，在地表附近凝固而成的称"浅成岩"。深成岩和浅成岩又称"侵入岩"；喷出地表冷却凝结而成的称"喷出岩"。

岩溶　国外称"喀斯特"。1966 年我国岩溶学术会议改称"岩溶"。是地表水和地下水对可溶性岩石进行以化学溶蚀作用为主的地质作用，以及由这些作用所形成的地貌的总称。岩溶地貌发育的地区，往往奇峰林立，地表水系缺乏，而地下水系发育较好。一般在石灰岩地区分布最广。我国广西、贵州、云南等地，为世界上岩溶地貌发育最典型的地区。

岩石　由一种或多种矿物所组成的集合体。由一种矿物组成的，如大理石，主要由方解石组成；由多种矿物组成的，如花岗岩，由石英、正长石、云母等组成。自然界中的岩石约有 2000 多种，按成因可分为岩浆岩、沉积岩和变质岩。

洋　海洋的中心部分。远离大陆，面积广阔，约占海洋总面积的 89%，水深两三千米以上。温度和盐度不受大陆影响。水色多为蓝色，透明度较大。自有潮汐系统和强大的洋流系统。洋底沉积物多为钙质软泥、硅质软泥和红黏土。全球有四大洋，即太平洋、大西洋、印度洋和北冰洋。

洋流　海水从一个海区流向另一个海区大规模的非周期性的运动，具有相对稳定的速度。又称"海流"。按形成原因可分梯度流、风海流、补偿流和潮流。按温度可分为寒流和暖流。海流在海洋水文特征、气候、渔业、交通和国防上，具有重要的作用。

阳历　又称"太阳历"，根据是地球绕太阳公转定出的历法。地球绕太阳一周，就是一个回归年，一个回归年有 365.2422 日，即 365 天 5 时 48 分 46 秒。阳历（即公历）规定每连续 4 年内有 3 年各以 365 天来计算，而其余一年则为 366 天。有 365 天的年份叫平年。有 366 天的年份叫闰年。因为一年只能看到 12 次满月，所以阳历把一年分为 12 个月，并规定 1、3、5、7、8、10、12 是 31 天，叫作大月；4、6、9、11 是 30 天，平年 2 月是 28 天，闰年 2 月是 29 天，叫作小月。阳历的每一个日期都能代表太阳光在地球上的直射点的纬度，对于农业生产十分有利。许多国家都先后采用，我国于 1912 年开始采用。

液化　物质从气态变成液态的现象叫液化。气体在液化时要放出热量，单位质量的某种气体液化时所放出的热量等于这种物质在同一温度下的汽化热。正是由于水蒸气在液化中能放出大量的热量，因此在热电站中，人们往往把高温的废蒸气输送到附近工厂去，利用它在液化过程中放出的大量的热量。

液晶　即液态晶体。某些有机化合物在一定温度范围内呈现介于晶体和

一、花草树木

液体之间的中间形状，既具有液体的特征又具有晶体的特征，它的颜色或透明度可以随外界条件（如温度、电场、磁场、吸附气体等）变化而改变。常用于显示、电视、无损探伤等方面。

液体　物质的一种形态，物质在这种形态下具有一定的体积而没有固定的形状，会流动。在常温下，水、酒、原油、水银都是液体。

叶绿素　植物体中的绿色色素。是一种复杂的有机酸，以一定状态存在于叶绿体的片层膜上，植物在进行光合作用时，利用它来吸收和传递光，主要是吸收红光和蓝光，也能进行一些光的化合反应。有叶绿素 a、叶绿素 b 和细菌叶绿素等多种。叶绿素已能用人工合成的方法制造。

一年生植物　在一年之内完成全部生活史的植物。从种子萌发至开花、结果而死亡的过程都在当年内完成。如大豆、水稻、花生等植物。

氧　元素符号 O，原子序数 8。氧气是双原子分子，分子式 O_2。臭氧是三原子分子，分子式 O_3。氧气无色无臭，占空气总体积的 21%，可由液态空气分馏而得。实验室可用氯酸钾和二氧化锰共热制取。氧气是燃烧及动植物呼吸所必需的气体。化学性质活泼，能与许多元素直接化合为各种氧化物，同时放出热。氢氧焰、氧炔焰为高温火焰，用于焊接或切断金属。医疗上用于氧气疗法。冶金工业有纯氧顶吹转炉炼钢法，可提高钢铁产量。液态氧可制液氧炸药。水及矿石中含的氧约占地壳总重量的一半。

阴历　又称"太阴历"。是根据月亮圆缺变化的周期定出的历法。月亮圆缺变化的周期是一个朔望月。1 朔望月等于 29 天 12 时 44 分 2.8 秒。为使每一个历月尽可能地接近朔望月，因此阴历设大月 30 天，小月 29 天，一年中包含 6 个大月、6 个小月。全年共 354 天。闰年 355 天，阴历年的长短只是历月的整倍数，和回归年无关，月份也和四季寒暑无关。目前除了伊斯兰教以外，很少有人有采用阴历了。我国通常所称的"阴历"，又叫"农历""夏历"，其实是阴阳合历。

银河　由距离地球十分遥远的众多恒星组成的一条银色的光带，共经过 23 个座，高悬天空。银河的宽窄不一，亮度也不同。在银河东岸，有一颗 1 等亮星，叫牛郎星，在银河西岸，有一颗闪着白光的 0 等亮星，叫织女星，两颗星"隔河相望"，牛郎织女的故事，就是依此想象出来的。

银河系　包括太阳在内的恒星系统。是一个旋涡星系。因投影在天球上的乳白亮带像流经天空的大河，故名。包含约 1000 亿～ 2000 亿颗恒星及星云物质。多数恒星集中在一个扁球状的空间范围内，形似铁饼，扁球密集部分的直径约 10 万光年，中心厚度约 1.2 万光年，太阳离中心约 3.3 万光年。中心在人马座方向。整个系统的质量为 1.4×10^{11} 个太阳质量，恒星约占 90%，气体和尘埃组成的星际物质约 10%。各部分不等速地绕中心转动，太阳处的转动速度约每秒 250 千米，周期约 2.5 亿年。

殷墟 商代后期的都城遗址，在今河南安阳小屯村及其周围，是商代国王盘庚迁都到殷后 270 多年间的都城。1899 年在这个遗址上发现了甲骨。从 1928 年开始考古挖掘到现在，先后发现了宫殿、作坊、陵墓等遗迹，以及大量的生产工具、生活用具、礼乐器和甲骨等遗物。方圆 24 平方千米以上。洹水以南有王宫，王宫周围是居民点、手工业作坊和平民墓葬；洹水北岸有商王陵墓，以及屠杀奴隶祭祀的坑，是我国历史上可以肯定确切位置的最早的一个都城，它的发现，为研究商代后期历史提供了宝贵的资料。

有机肥料 含有机质的肥料，也叫农家肥料。如人粪尿、厩肥、堆肥、饼肥、绿肥、垃圾等。有机肥料含有大量有机质和多种营养元素，肥效缓慢而持久，长期施用有利于土壤改良。

渔汛 某些鱼类由于产卵、越冬等原因，在一定的时期内成群地出现在一定海域，这个时期鱼类集中便于捕捞，人们称为渔汛，也称"渔期"。按鱼类集中程度和时间区分，有初汛（又叫头汛）、旺汛（二汛）和末汛（三汛）；按季节和鱼的种类区分，有春汛、冬汛、小黄鱼汛、带鱼汛等。

渔业 社会物质生产的一个部门。以捕捞、养殖鱼类和其他水生动物以及海藻类水生植物为主要内容，为社会提供水产品。其中，在近海或远洋进行捕捞作业或在沿海养殖生产的称为海洋渔业，在内地江河湖泊或水库等淡水水面养殖捕捞的称为淡水渔业。

雨 云中降落的液态水滴，是降水的主要形式。主要由云中冰晶或雹粒因水汽转移、碰撞、合并等作用，不断增大到上升气流无力支持时下降融化而成；或由水滴直接增大下降而成。根据单位时间内的降水量，可分为小雨、中雨、大雨、暴雨四级。龙卷或台风卷起地面上某些物体，随雨滴一起下落，称为"奇雨"，如"谷雨""鱼雨""红雨"等。

雨带 冷、暖空气相会时，锋面上产生大范围的雨区，在天气图上表现为近东西向或东北—西南向的带状，称为"雨带"。它随着冷、暖空气中较强一方的移动而推移。如我国夏季风盛行时，雨带随暖湿空气的北上而向北推进，5月份主要在江南地区，6月上半月到7月上半月在江淮流域，7月下半月到8月下旬在华北和东北。冷暖空气势均力敌时，雨带呈稳定静止状态，江淮一带六七月间的梅雨是典型的例子。

宇宙通信　也叫"空间通信"。利用电磁波进行地面同星体间（包括人造卫星、宇宙飞船等）或星体同星体间的远程通信。

宇宙航行　也叫"空间飞行"。人造天体或宇宙飞船，脱离地球的引力，到星际空间的飞行（即行星际航行）和脱离太阳系天体的引力，到星际空间的飞行（即星际航行）的统称。

宇宙　"宇"指空间，"宙"指时间。时间、空间和万物的总称。时间上无始无终，空间上无边无际。它是客观存在的物质世界，处在不断的运动和发展中。既有多样性（有密集的、松散的和连续的），又有统一性（普遍和永恒的物质世界）。既没有边界、形状和中心，也没有起源、年龄和寿命。人类对宇宙的认识，从太阳系到银河系，扩大到河外星系、星系团、总星系。现在能观测到150～180亿光年的距离。总星系也不是宇宙的终极，随着科学技术的发展，它的范围将不断扩大。

宇宙飞船　全名"卫星式宇宙飞船"。一种载人飞行器，用火箭把飞船送入地球卫星轨道，在轨道上运行，然后再进入大气层，回到地面。苏联"东方—1号"飞船是人类第一艘宇宙飞船，载一名宇航员于1961年4月12日发射。

宇宙速度　从地球表面向宇宙空间发射人造天体必须具有的最低速度。人造天体环绕地球运行必须具有的速度为每秒7.9千米，称"第一宇宙速度"或"环绕速度"。人造天体脱离地球引力环绕太阳运行必须具有的速度为每秒11.2千米，称"第二宇宙速度"或"脱离速度"。脱离太阳系飞向星际空间必须具有的速度为每秒16.7千米，称"第三宇宙速度"。因大气阻力和其他因素的影响，实际发射的速度都应比各级宇宙速度稍大一些。

原子　组成单质和化合物分子的最小颗粒。原子是由带正电荷的原子核及围绕核运动的、与核电荷数相等的电子（负电荷）所组成的。原子核又是由带正电荷的质子和不带电荷的中子等微粒子所组成的。原子的质量几乎全部集中在原子核上。在一般的化学反应中，原子核是不发生变化的，只是核的最外层价电子发生得失现象。

原子结构　见"原子"。

原子量 因为各种原子都非常小，若采用一般的质量单位（如"克"）来表示原子的实际质量就很不方便（都是非常小的小数），所以人们就将碳的同位素 $^{12}_{6}C=12$ 作为标准，其他各种元素与之比较，便可得到各自的相对质量，即各种元素的原子量，或称相对原子量。采用这个标准，能够使得最轻的元素氢原子量约等于 1，氧原子量为 16，使用起来非常方便。

原子能 原子能实际上指原子核能，就是核结构发生变化时放出的能量，如裂变和聚变时放出的能量。裂变是指原子核分裂为两个质量相近的核的过程。原子核裂变时，释放出巨大的能量，例如原子弹的爆炸。聚变是指质量较轻的原子核聚合为较重的原子核并放出巨大能量的过程。自然界中只有在太阳等恒星内部，因温度极高，轻核才有足够的动能克服斥力，才自动发生持续的聚变。氢弹爆炸是人工聚变。

原子能发电 将原子核的能量转换为电能。原子能发电主要通过原子核反应堆（原子锅炉）、蒸汽发生器、蒸汽轮机、发电机等装置。铀在原子反应堆中经过裂变释放出巨大的热能，这些热量传给水，水变成高温蒸气，推动蒸汽轮机工作，蒸汽轮机再带动发电机发电。

远东 西方国家开始向东方扩张时对亚洲最东部地区的称呼，以后广泛流行。一般指中国、朝鲜、韩国、日本和俄罗斯太平洋沿岸地区。

月球 地球唯一的天然卫星。俗称"月亮"或"太阴"。除流星和人造卫星外，是距地球最近的天体，与地球的平均距离为 384400 千米。月球直径 3476 千米，约相当于地球直径的 1/4。体积 220 亿立方千米，相当于地球体积的 1/49。质量 7.350×10^{19} 吨，相当于地球质量的 1/81。平均密度 3.34 克 / 厘米 ^{3}，重力加速度为地球的 1/6，无水，基本无大气。昼夜温差可达 310℃。月面凹凸不平，有环形山、山脉、高原等。物质组成与地球上相同。自转周期和绕地球公转周期都为 27.32 日。

月食 地球遮掩住太阳射向月球的光线而产生的现象，当地球运行到月球和太阳之间。月球进入地球的影子时，月亮上出现黑影，这便是月食。月食只发生在望日（农历十五、十六日）。因为地球的体积大于月球，所以没有月环食，只有月全食或月偏食。射向月球的太阳光全部被地球遮住时，叫月全食；部分被地球遮住时，叫月偏食。全球每年最多时可看到 3 次月食。我国在公元前 13、14 世纪的甲骨文中就有月食记载，比外国约早 600 年。

月相 被日光照亮了的月球明亮部分的各种形象。月球本身不发光。月球、地球、太阳三者相对位置不断改变，从地球上看到的月球被日光照亮的部分就不断地增加或减少，造成周期性的圆缺盈亏变化，这就是月球的位相，简称"月相"或"月象"。月相更替的周期是 29.5 日，叫作一个朔望月。

云 大气中的水滴、冰晶或它们共同组成的可见悬浮集体。由水汽在空中冷却凝结或凝华而成。按云底的高度，分低云、中云、高云 3 族；按外形特征、结构和成因等，分为 10 属及 29 类主要云状。云的运动可显示气流的移动方向、速度。云状的变化能表明大气的结构状况和天气变化。

云冈石窟 我国著名石窟。分布在山西省大同市武州（周）山，此山又名云冈。东西绵延约 1 千米。主要石窟在北魏迁都洛阳之前，约公元 460 年至 494 年之间完成。现存较大洞窟有 51 个，造像 5.1 万多尊，最大的 17 米，气魄雄伟，庄重肃穆。雕刻的风格是在汉代石刻艺术传统的基础上吸收外来艺术的影响形成的。现为全国重点文物保护单位之一。

云贵高原 在我国西南部，北靠四川盆地，包括云南省东部和贵州全省。自西向东逐渐升高，在贵州省海拔约 1000 米，到云南省就逐渐升到 2000 米。地势高低起伏，崎岖不平，山岭之间多散布着小盆地，俗称"坝子"。坝子里气候温暖、土地肥沃，是农业发达、人口密集之地。为我国多民族杂居地区，有苗族、布依族、彝族、白族、傣族、哈尼族等 20 多个少数民族。

陨星 质量大的流星体在地球大气圈中未被完全烧毁而落到地面上的碎片或碎块。分石陨星、铁陨星和铁石陨星。有些石陨星在高空爆炸，石块像"雨"一样散落到地面，叫陨石雨。1876 年 3 月 8 日，在我国吉林地区降落一次。500 平方千米的面积上散落 100 多块陨石，共重 2 吨多，最大的一块重 1770 千克，是目前世界上最大的陨石。我国是记载陨星最早的国家。现今世界上发现的铁陨星中，在我国新疆境内的一颗重 33.2 吨，落在纳米比亚的一颗约重 60 吨。研究陨星，对研究太阳系的形成、演化，生命的起源，空间技术等有重要科学价值。

晕 包围在日、月外围的光环。俗称"风圈"或"枷"。包在太阳外围的叫"日晕"，多是内红外紫的彩环；包在月亮外周的叫"月晕"，多呈白色。是日、月光线经过高空卷层云中的冰晶发生折射或反射形成的。因卷层云有时出现在低气压和锋的前部，紧接着就是高层云和雨层云，常出现大风或阴雨天，故有"日晕三更雨，月晕午时风"的农谚。

运河 人工开凿的河流，用来沟通不同河流、水系和海洋，联接重要城镇和工矿区，发展水上运输。如沟通地中海和红海的苏伊士运河，沟通太平洋和大西洋的巴拿马运河及沟通海河、黄河、淮河、长江、钱塘江五大水系的我国的京杭大运河等。

运输枢纽 又称"交通枢纽"。是各种运输交叉与支线的据点而言。包括铁路枢纽（其中包括所有线路、车站和支线）、水运、公路运输与空运的枢纽，还有将城市与所有交通线相联系的都市与工业交通枢纽，以及所有交通线彼此间相联系的都市交通枢纽与工业交通枢纽。

运输业 也叫"交通运输业"。国民经济中从事运送货物和旅客的社会生产部门。有铁路运输业、公路运输业、海上运输业、内河运输业、航空运输业等。运输业把各个地区和各个部门连接起来，在国民经济建设中起着重要的作用。

22. Z

政区图 以表示国家领土范围、政区（省、直辖市、自治区、县、乡等）的位置、范围为主的地图。同一政区内着同一种颜色，互相邻近的政区着不同的颜色，这样看起来就会使人一目了然。政区图着重反映出政区的界线、政治中心（首都、省会、县政府所在地等）、主要市镇、重要的河流、海岸线和海洋及交通干线等。根据所表示范围的大小，有世界政区图、某国政区图、某省政区图、某县政区图等。

藏历年 藏族人民一年中最重要的一个传统节日，是按照藏历推算出来的，每年藏历初一，就是藏历新年。这一天家家要用酥油、糌粑做成各式美味点心，酿制青稞酒。在屋里陈放染上颜色的青稞苗和麦穗，预祝丰收，并在屋顶上燃起松烟象征吉祥。大家互相祝贺新年，有的还互赠哈达，晚上，青年男女围着篝火跳锅庄舞。有的还要到寺里朝佛，希望菩萨保佑。这样的活动，一般要进行两三天。还举行各种展览和文体活动，如放电影、演藏戏，欢庆这个传统节日。

噪声 不同频率和不同强度的声音，无规律的组合在一起即成噪声。听起来有嘈杂的感觉。有时也指一切对人们生活和工作有妨碍的声音。噪声会妨碍人们的休息，并影响健康，降低工作效率。强大的噪声还能引起生理上的伤害。

赵州桥　又名"安济桥"。我国现存的著名古代大石拱桥。位于河北赵县城南洨河上。隋开皇、大业年间（605—618 年）工匠李春创建。桥全长50.82 米，桥面宽约 10 米，单孔，跨径 37.02 米，拱圈矢高 7.23 米，弧形平缓，拱圈上有四个小拱。设计与工艺在世界桥梁史上都是卓越的典范，反映了我国古代劳动人民的智慧和才能。现为全国重点文物保护单位。

褶皱　成层岩石受力的作用而产生的波状弯曲的构造。组成褶皱的基本单位是褶曲。褶曲是指岩层的一个弯曲，两个以上的褶曲组合就是褶皱。褶曲的基本形式，分向斜和背斜两部分。向斜为褶皱构造中岩层向下弯曲的部分，背斜为褶皱构造中岩层向上穹起的部分。

褶皱—断层山　褶皱山经断裂抬升而形成的山体。其山体先经褶皱，然后断裂上升，同时受强烈垂直方向错动，各断层间断距很大。如阿尔泰山、天山等。

褶皱山　地壳岩层受水平挤压作用而形成的山体。主要由沉积岩组成。以喜马拉雅山和阿尔卑斯山最为典型。

蒸腾　植物蒸发排出水蒸气的过程。蒸腾可通过茎、叶实现，但以叶面气孔蒸腾为主。植物体内的水分，其实只有 1% 是真正用于各种生理过程，保留在植物体内，99% 的水分通过蒸腾散失到大气层中去了。如一株向日葵，一生需消耗 200 千克左右的水。蒸腾可促进植物根系不断地吸收水分及无机盐，还可降低叶面温度，使植物免受烈日灼伤。

针叶林　由一至多种能适应干旱和寒冷的针叶乔木组成的纯林或混交林。主要树种有云杉、冷杉、铁杉、松及落叶松等。其中，由云杉、冷杉组成的针叶林，又称"阴暗针叶林"；由落叶松组成的称"明亮针叶林"。世界上针叶林主要分布在北美、欧亚大陆的寒温带，通称"泰加林"。我国针叶林主要分布在大兴安岭、阿尔泰山（寒温带针叶林，为泰加林的一部分）、秦岭—淮河以南（亚热带针叶林）、西南及台湾的高山上（亚高山针叶林）。

植物　生物的一大类，与动物和微生物共同组成生物界。这一类生物的细胞多具有细胞壁。一般的叶绿素及类似的色素，多以无机物为养料，没有神经，没有感觉。已知植物约 30 余万种，遍布于自然界。植物是自然界物质循环、能量转化的不可缺少的环节，它的活动及其产物同人类经济文化生活有极其密切的关系。

植物保护 简称"植保"。指防治和消灭病、虫、鸟、兽和杂草等对农林植物的危害，以保护植物的正常发育。植物保护通常根据病虫害的生物特性和发展规律，使用多种方法，如增强植物的抗病虫害的能力，造成不利于病虫害生长的环境，运用化学、生物等方法适期防治等。

植物学 研究植物的构造、生长和生活机能，植物的分布、分类及遗传和进化的科学。早在植物学创立之前，我国劳动人民就积累了很多植物方面的知识。《南方草木状》《橘录》等书，可称世界上最早的植物学专著。近代植物学的研究已从植物个体转向植物群体和植物细胞、分子，研究植物的发生和发展规律。按照对植物研究的不同方面，植物学又分为植物分类学、植物形态学、植物胚胎学、植物遗传学、植物化学等多种学科。

植物园 广泛搜集种植各种植物，以科学研究为主，并进行科学普及教育和供群众游览休息的园地。我国北京、上海、广州等地都有植物园。

殖民地 最初指一国在国外侵占并将大批居民移去居住的地区，例如古罗马在北非等地建立的殖民地。在资本主义时期，特别是在帝国主义阶段，指遭受外来的资本主义强国侵略、丧失了主权和独立，在政治和经济上完全由资本主义强国统治和支配的国家或地区。第二次世界大战以后，许多殖民地都获得了解放。

指南针 指示方位的一种简单仪器。我国古代劳动人民的四大发明之一。它主要组成部分就是一根可以转动的磁针。磁针在地磁作用下能始终保持在磁子午线平面内，利用这一性能，可以辨别方向。广泛应用于行军、旅行和航空、航海中。关于它的记载最早见于《韩非子·有度》。

质量 物体所含物质的多少叫质量。质量是物体本身的一种属性，它不随物体的形状、温度、状态等变化而改变，也不随物体的位置变化而改变。牛顿第二定律中引入的质量，称为惯性质量，是物体惯性的量度，即表示物体在没有外力作用时保持原有速度不变以及在外力作用下获得加速度的能力。在万有引力定律中引入的质量，称为引力质量。它反映了万有引力的强度性质。实验证明，这两种质量总是等价的。在国际单位制中，质量的标准单位是千克（kg）。测量质量的量具很多，最常用的是天平。

中东 一般泛指欧、亚、非三洲连接的地区。西方国家向东方扩张时开始使用，以后广泛流行。离西欧最近的地区称近东，较远的称中东。近东和中东经常混用，狭义的中东仅指伊朗和阿富汗。现在普遍指广义的中东，除伊朗和阿富汗外，还包括埃及、巴勒斯坦、伊拉克、黎巴嫩等近东国家和地区在内。面积 700 多万平方千米，人口 1 亿多，是欧、亚、非三洲的交通枢纽，战略地位重要。石油资源蕴藏量及产量居世界首位。

中国 我国国名，原意为"中央之国"。上古时华夏部族居住在黄河流域，因地理环境优越，文化发展早于周围各族，便以为自己居天下之中，故称"中国"。这时所称的中国，只是一个局部的区域概念，与"中土""中华"等同义，还不是整个国家的名称。到秦汉以后，随着国家的统一，废分封制为郡县制，实行中央集权，"中国"一词便由局部的区域概念，发展成全国的概念，成为整个国家的称呼。

中华 我国古代华夏族兴起于黄河流域，文化发达，历史悠久，自认为居四方之中，因而称其地为"中华"，也称中国。随着国家的统一、疆域的扩大，凡属中国范围，皆称中华。

中华民国 1912 年至 1949 年 9 月，遂成我国称号，参见"中国"中国国家的名称，亦简称"民国"。1911 年（宣统三年）武昌起义后，各省响应。1912 年 1 月 1 日孙中山在南京建立临时政府，就任临时大总统，结束了两千多年来的封建帝制，建立了资产阶级政权，称"中华民国"。在帝国主义和国内封建势力的压力下，孙中山于 4 月 1 日让位于袁世凯，政权落入北洋军阀手中。1916 年以后，黎元洪、冯国璋、徐世昌、曹锟相继为总统。在北洋军阀统治时期，南北军阀之间，连年混战。1924 年孙中山在中国共产党的推动下，改组国民党，进行北伐战争。1927 年蒋介石背叛革命，建立了封建地主阶级和大资产阶级联合专政的政权，并于 1948 年取得"总统"职位，1949 年被中国共产党领导下的广大人民所推翻。

中世纪 也称"中世"或"中古"。通常指欧洲历史上的封建制时代，分早、中、晚三期。一般以公元 476 年西罗马帝国灭亡至 1640 年英国资产阶级革命，作为欧洲中世纪时限。

中华民族 我国境内各民族和海外华人、华侨的总称。大约在四千多年以前，在我国黄河流域居住着许多部落，黄帝和炎帝是其中两个最有名的部落首领。后来，黄帝部落与炎帝部落合并，并结成联盟。炎黄部落在黄河流域长期生息繁衍，构成了后来的华夏族，即汉族的前身。华夏族与各少数民族在漫长的历史长河中相互交往，彼此融合，奠定了统一的多民族的基础，共同构成了中华民族。中华民族共有 56 个民族结合而成。有四千多年的有文字可考的历史。各个民族虽然在历史和文化上发展程度不同，但是对于共同缔造、共同建设的伟大祖国，都有重要的贡献。除回族、满族通用汉语外，其他各民族都有自己的民族语言。新中国成立以后，各民族之间建立了平等、友爱、团结、互助的新关系。各少数民族地区的政治、经济和文化事业都有巨大的发展。各族人民在中国共产党的领导下正同心协力，为把伟大的中华民族建设得更加繁荣昌盛而努力奋斗。

中原　与边疆地区相对而言，和"中土""中州"同义。具体是指黄河中下游今河南省及其附近地区。古人视豫州为九州之中，故称这一带为"中原"。在我国历史上南北分裂时期，中原还往往和江东、江左等词对称。

中立国　有战时中立国和永久中立国两种。战时中立国指在其他国家之间发生战争时，保持中立的国家，又叫"局外中立国"。永久中立国指根据条约或宣言无论平时或战时都永久奉行中立政策的国家。

中华人民共和国　简称"中国"。社会主义国家。位于亚洲东部，太平洋西岸。北起漠河附近的黑龙江江心，南至南沙群岛的曾母暗沙，西起帕米尔高原，东至黑龙江、乌苏里江汇合处。陆地面积约 960 万平方千米，是世界上面积最大的国家之一。首都北京市。全国划分为 4 个直辖市、23 个省、5 个自治区和香港、澳门 2 个特别行政区，有汉、满、蒙古、回、藏、维吾尔、苗、彝、壮等 50 多个民族，是一个统一的多民族国家。全国共有人口 14 亿多。中国是世界文明发达最早的国家之一，云南北部的元谋猿人化石证明早在 170 多万年前就有人类居住。经过长期的原始社会和奴隶社会阶段，约在公元前 5 世纪逐步进入封建社会。1840 年鸦片战争以后，逐步沦为半殖民地半封建社会。中国人民素以勤劳勇敢著称，有着悠久的革命传统，在长期的奴隶社会和封建社会中，爆发过多次奴隶起义和农民起义。鸦片战争以后，为推翻帝国主义、封建主义和官僚资本主义的统治进行了长期英勇斗争，终于在中国共产党的领导下取得了新民主主义革命的彻底胜利。1949 年 10 月 1 日，中华人民共和国成立，标志着社会主义历史阶段的开始。

钟乳石　又叫"石钟乳"。石灰岩溶洞中自洞顶下垂的冰锥状物体，是碳酸钙淀积物。含有碳酸钙的水从洞顶向下滴落时，水分蒸发，水中的碳酸钙便淀积下来，自上而下逐渐堆积而成。因它的形状像钟乳，所以得名。

重力和重量　重力是由于地球吸引而产生的对物体的作用力。重量是物体对支持它的物体的作用力。物体在静止、匀速竖直上升或下落时，重力和重量相等。在超重情况下，物体对支持物的作用力（也就是重量）大于它所受的重力。在失重情况下，物体对支持物的作用力（重量）小于它所受的重力。

重水　是指氢的重同位元素（氘 dāo，元素符号 D）和氧的化合物。分子式 D_2O。在普通的水中它约占 0.15%。重水的熔点为 3.82℃，沸点为 101.42℃，比重为 1.10445（25℃）。在原子核反应堆中，重水用作中子减速剂。也可用作获得重氢（氘）的原料。

昼夜　地球向着太阳的半球，接受阳光照射，称昼半球；背着太阳的半球，被地球本身阴影所掩盖，称夜半球。昼夜两半球的界线叫晨昏线。地球自转、公转的结果，使晨昏线在地球上的位置不断以太阳日为周期发生变化，因而产生地球上昼夜交替的现象。

重力和引力　19 世纪末，英国科学家牛顿在前人观察研究天体运动的基础上，发现了万有引力定律，其内容是：任何两个物体之间都是相互吸引的，引力的大小跟两个物体质量的乘积成正比，跟两物体间距离的平方成反比。如果用 m_1 和 m_2 表示两个物体的质量，用 r 表示两物体间的距离，用 F 表示引力，那么万有引力定律可以用公式表示为：$F=G\dfrac{m_1 m_2}{r^2}$，式中 G 叫作万有引力常数。重力是由于地球对物体的吸引而产生的，但是重力并不等于地球的引力，这是因为地球在不停地自转。物体在地球上不同纬度的地方所受的重力不同。

准噶尔盆地　在新疆北部，天山和阿尔泰山之间。平均海拔 500 米左右。略呈三角形。西北边缘有些缺口，大西洋水汽可以进入，降水较多，沙漠以固定、半固定沙丘为主。边缘为山麓绿洲，中部为草原和沙漠。牧场广阔，畜牧业发达。山麓绿洲盛产棉花、麦类。盆地南缘冲积扇平原，为新垦农业区。矿藏有石油、煤等。

紫外线　一种波长比可见光线短的电磁波。波长范围在 0.04 ～ 0.39 微米之间。太阳光含有大量紫外线。人工方法可以用低压电流通过水银蒸汽灯产生紫外线。紫外线照在人的皮肤上可以使皮肤产生人体需要的维生素 D，但照射过多会灼伤皮肤。医疗卫生上常用来杀菌、消毒和治疗痈、疖、关节炎等慢性病。工业上可用于探测矿层等。

自然灾害　由水、旱、风、雹、霜冻、寒潮、山崩、泥石流、海啸、地震、火山爆发以及病、虫、鸟、兽等自然现象、事物造成的灾害。

自然带　由于太阳辐射从赤道向两极递减，造成最大范围的热量纬度差异，以此为基础，自然环境各组成要素相互作用，形成沿纬向延伸，具有一定宽度，南北向更替的带状自然综合体。一般将地球的南北半球分为六个带，即赤道带、热带、亚热带、温带、亚寒带、寒带。在同一带内，又由于海陆位置、地形等因素作用，产生沿经向延伸和垂直方向延伸的带状自然综合体。

自然环境　围绕在生物周围的客观世界，包括非生物环境和生物环境。非生物环境有阳光、温度、空气、水、土壤等。生物环境有植物、动物、微生物。通常把非生物环境简称为环境。不同的动物、植物所要求的环境不一样，如蚯蚓喜欢潮湿、黑暗的环境，蝗虫喜欢明亮、干燥的环境；柑橘要在温度高的环境中生长，苹果却生长在温度低的北方；向日葵是喜光植物，人参则是喜阴植物。

中国南极长城站　1984 年 11 月 20 日，中国南极考察船队由上海出发，横渡浩瀚的太平洋，于 12 月 25 日到达南极洲，在南纬 61°～ 63°、西经 50°～ 65° 之间的乔治岛上建立了我国第一个南极科学考察站。并于同年 12 月 31 日命名为"中国南极长城站"。该站的建设具有中国特色，所有建房材料都是我国自己生产的。它不仅能抗十二级以上的大风，而且能抵御严寒，既能保温，又能防火。长城站的建立，标志着我国科学技术水平已达到了新的高度，揭开了我国南极科学考察史上具有开创性的新篇章。

一、花草树木

二十四节气表

季	节气		日期	意义
春	立春 雨水	2 月	4 日前后 19 日前后	春季开始，雨水逐渐增多
	惊蛰 春分	3 月	6 日前后 21 日前后	始雷，冬眠动物醒眠出土，日夜等长
	清明 谷雨	4 月	5 日前后 20 日前后	草木繁茂，天气明朗，雨水增多，谷物生长有利
夏	立夏 小满	5 月	6 日前后 21 日前后	夏季开始，夏熟作物开始饱满成熟
	芒种 夏至	6 月	6 日前后 22 日前后	麦收，忙种晚秋作物，白昼最长
	小暑 大暑	7 月	7 日前后 23 日前后	天气炎热，天气最热
秋	立秋 处暑	8 月	8 日前后 23 日前后	秋季开始，炎热天气将过去
	白露 秋分	9 月	8 日前后 23 日前后	天凉有露，日夜等长
	寒露 霜降	10 月	8 日前后 23 日前后	天渐寒，露变凉，有白霜出现
冬	立冬 小雪	11 月	7 日前后 22 日前后	冬季开始，开始下雪
	大雪 冬至	12 月	7 日前后 22 日前后	下大雪，黑夜最长
	小寒 大寒	1 月	6 日前后 21 日前后	天寒冷，最寒冷

风力等级表

风力等级	风的名称	海面船只情况	地面物体情况	风速（米/秒）
0	无风	静	静，烟直上	0～0.2
1	软风	寻常渔船略觉摇动	烟能表示风向，但风向标不能转动	0.3～1.5
2	轻风	渔船张帆时可随风移行每小时 2～3 千米	人面感觉有风，树叶有微响，风向标能转动	1.6～3.3
3	微风	渔船渐觉簸动，随风移行每小时 5～6 千米。	树叶及微枝摇动不息，旌旗展开	3.4～5.4
4	和风	渔船满帆时倾于一方	能吹地面灰尘和纸张，树的小枝摇动	5.5～7.9
5	清劲风	渔船缩帆（即收去帆的一部分）	有叶的小树摇摆，内陆的水面有小波	8.0～10.7

风力等级	风的名称	海面船只情况	地面物体情况	风速（米/秒）
6	强风	渔船加倍缩帆，捕鱼须注意风险	大树枝摇动，电线呼呼有声，举伞困难	10.8～13.8
7	疾风	渔船停息港中，在海面上的渔船应下锚	全树动摇，迎风步行感觉不便	13.9～17.1
8	大风	近港的渔船皆停留不出	微枝折毁，人向前行感觉阻力甚大	17.2～20.7
9	烈风	汽船航行困难	建筑物有小损坏（烟囱顶部及屋顶瓦片移动）	20.8～24.4
10	狂风	汽船航行很危险	陆上少见，见时可使树木拔起或将建筑物损坏较重	24.5～28.4
11	暴风	汽船遇到这种风极危险	陆上很少，有则必有重大灾害	28.5～32.6
12	飓风	海浪滔天	陆上绝少，摧毁力极大	32.7～36.9
13	—	—	—	37.0～41.4
14	—	—	—	41.5～46.1
15	—	—	—	46.2～50.9
16	—	—	—	51.0～56.0
17	—	—	—	56.1～61.2
18	—	—	—	＞61.2

注：表内渔船是指小机帆船。

云的类型和天气

云族	云类		组成	外形特征	伴随的天气
	中文学名	国际简写			
低云（云底高度低于2500米）	积云	Cu	大、小水滴	底平、顶成圆拱形突出，个体分明的云块	晴，少云或多云，小阵雨
	积雨云	Cb	大、小水滴冰晶或雪花	垂直发展旺盛的大云块，云顶丝状结构模糊或明显	多云或阴，有雷阵雨，伴有大风、雷电，有时产生冰雹、龙卷
	层积云	Sc	大小水滴或雪花	松动大云块或滚轴状云条	晴，多云或阴，有时小雨（或雪）
	层云	St	小水滴	低而较均匀的云幕（像雾）	晴，有时毛毛雨或米雪
	雨层云	Ns	大、小水滴、雪花、冰晶混合	暗黑、低而均匀的降水云层	连续性雨雪
	碎雨云	Fn	大、小水滴	云体边缘散乱破碎	

云族	云类		组成	外形特征	伴随的天气
	中文学名	国际简写			
中云（云底高度在2500～5000米）	高层云	As	雪花、小水滴混合	条纹丝缕状云幕	阴，有时小雨
	高积云	Ac	小水滴冰晶	薄块、团块状	晴，多云或阴
高云（云底高度在5000米以上）	卷云	Ci	冰晶	白色丝缕结构	晴
	卷层云	Cs	冰晶	白色丝缕状云幕	晴或多云，北方冬天可能下雪
	卷积云	Cc	冰晶	细鳞片、小薄球状	晴，有时阴雨、大风

地质年代表

地质时代			距今年数（百万年）	地壳运动、海陆变迁、生物演化	
新生代	第四纪	全新世	0.012	人类出现，冰川广布，黄土形成，喜马拉雅山强烈上升	
		更新世	2—3		
	第三纪	上新世	12	喜马拉雅山褶皱隆起	高等哺乳动物和被子植物时代
		中新世	25	亚丁湾、红海、加利福尼亚湾开裂	
		渐新世 始新世		印度板块与亚欧板块接触，北冰洋裂开	
			60		
		古新世	70	北大西洋扩张	
中生代	白垩纪		140	南大西洋裂开，被子植物出现	裸子植物和爬行动物时代
	侏罗纪		195	南极大陆与非洲、美洲与非洲分开，鸟类出现，成煤时期	
	三迭纪		230	原始哺乳类出现	
古生代	晚古生代	二迭纪	280	两栖动物繁盛，成煤森林出现，成煤时期	
		石炭纪	350		
	早古生代	泥盆纪	400	鱼类时代	——加里东运动——
		志留纪	440	植物开始登陆	
		奥陶纪	500	原始鱼类出现	
		寒武纪	600	无脊椎动物大发展，三叶虫时代	
元古代	晚元古代（震旦纪）		1000	地壳趋于稳定，菌藻繁盛，冰川出现	
	早元古代		2600	地壳处于活动状态，岩石普遍变质	
太古代	晚太古代 早太古代		4500	地壳运动强烈，岩层褶皱变质，从化学进化到生命起源	

地球陆地面积的分布

	陆地面积 （万平方千米）	占全球陆地 面积的 %
全球陆地面积	14955	100.00
亚　　洲	4400	29.40
非　　洲	3020	20.20
欧　　洲	1016（包括岛屿）	6.80
大　洋　洲	897（包括太平洋岛屿）	6.00
北　美　洲	2435（包括岛屿）	16.30
南　美　洲	1797（包括岛屿）	12.00
南　极　洲	1410（包括岛屿）	9.40

世界各洲高度表

	最高海拔 （米）	最低海拔 （米）	平均高度 （米）
全　　球	8848.86（珠穆朗玛峰）	-392（死海）	875
亚　　洲	8848.86（珠穆朗玛峰）	-392（死海）	约1000
非　　洲	5895（乞力马扎罗峰）	-150（亚萨尔湖）	650
欧　　洲	5633（厄尔布鲁士峰）	-28（黑海）	约300
北美洲	6193（麦金利峰）	-85（死谷）	700
南美洲	6964（阿空加瓜峰）	-44（恩里基略湖）	580
大洋洲	5030（查亚峰）	-12（埃尔湖）	350
南极洲	6096（文森山）	—	2350

世界主要的沙漠

沙漠名称	所在地区	面积 （万平方千米）
撒哈拉沙漠	北非	约800
利比亚沙漠	东北非	约200
阿拉伯大沙漠	亚洲西南部	233
卡拉哈里沙漠	博茨瓦纳	约50
塔克拉玛干沙漠	中国新疆	约33
澳大利亚沙漠	澳大利亚中西部	约150
塔尔沙漠	南亚次大陆	约30

一、花草树木

世界主要的运河

运河名称	所属大洲	运河长度（千米）	概况
京杭大运河	亚洲	1794	沟通中国海河、黄河、淮河、长江、钱塘江
苏伊士运河	亚、非界河	173	连结地中海和红海，沟通印度洋和大西洋
列宁运河	欧洲	101	沟通亚速海和里海
白海—波罗的海运河	欧洲	227	沟通白海和波罗的海
基尔运河	欧洲	98.7	沟通波罗的海和北海
科林斯运河	欧洲	6.3	沟通爱奥尼亚海和爱琴海
巴拿马运河	南美洲	81.3	沟通太平洋和大西洋
伊利运河	北美洲	564	沟通伊利湖和哈得逊河
莫斯科运河	欧洲	128	连结莫斯科河和伏尔加河

世界主要的河流

河流名称	长度（千米）	流域面积（万平方千米）	发源地	流经地区	注入海洋
亚马孙—乌卡亚利河	7025	705	安第斯山脉	秘鲁、巴西	大西洋
尼罗河	6670	287	坦噶尼喀湖附近	埃塞俄比亚、布隆迪、坦桑尼亚、卢旺达、乌干达、扎伊尔、苏丹、埃及	地中海
长江	6300	180	唐古拉山的主峰—各拉丹冬雪山西南侧	中国	太平洋
密西西比—密苏里河	6020	322	落基山脉东坡	美国	墨西哥湾
黄河	5464	75	青海，雅合拉达泽山	中国	太平洋
刚果河	4640	370	卡坦加高原	赞比亚、扎伊尔、刚果、安哥拉	大西洋
澜沧江—湄公河	4500	81	中国唐古拉山脉	中国、缅甸、老挝、柬埔寨、越南	中国南海
巴拉那河	4400	310	巴西高原	巴西、阿根廷、巴拉圭	大西洋
黑龙江	4350	184		中国、蒙古、俄罗斯	鄂霍次克海
鄂毕河	4070	248	阿尔泰山	俄罗斯	北冰洋

世界主要的湖泊

湖泊名称	所在地区	面积 （平方千米）	最大深度 （米）	湖泊高度 （米）
里海	欧州与亚洲交界处	371000	1025	-28.5
苏必利尔湖	美国—加拿大	82400	406	183
维多利亚湖	乌干达—肯尼亚—坦桑尼亚	68000	80	1134
咸海	哈萨克斯坦、乌兹别克斯坦	64500	67	53
休伦湖	美国—加拿大	59580	229	177
密歇根湖	美国	58000	281	177
坦噶尼喀湖	坦桑尼亚—扎伊尔	32900	1435	773
贝加尔湖	俄罗斯	31500	1620	465
大熊湖	加拿大	31080	413	156
马拉维湖	马拉维—莫桑比克—坦桑尼亚	30800	706	472

世界主要的岛屿

岛屿名称	面积 （平方千米）	所在海洋	所属国家
格陵兰	2176000	北大西洋	丹麦
伊里安	785000	太平洋	印尼等
加里曼丹	734000	太平洋	印尼等
马达加斯加	595000	印度洋	马达加斯加
巴芬	512000	北冰洋—北大西洋	加拿大
苏门答腊	434000	印度洋	印尼
大不列颠	230000	大西洋	英国
本州	227000	太平洋	日本
维多利亚	约215000	北冰洋	加拿大
埃尔斯米尔	约200000	北冰洋	加拿大

我国各省、自治区、直辖市及省会（或首府）名称表

（按汉语拼音字母顺序排列）

省、自治区、直辖市名	简称 （或别称）	省会（或 首府）名	省、自治区、直辖市名	简称 （或别称）	省会（或首府）名
安徽	皖	合肥	内蒙古	蒙	呼和浩特
北京	京		宁夏	宁	银川
重庆	渝		青海	青	西宁
福建	闽	福州	山东	鲁	济南
甘肃	甘（陇）	兰州	山西	晋	太原
广东	粤	广州	陕西	陕（秦）	西安

一、花草树木

211

省、自治区、直辖市名	简称（或别称）	省会（或首府）名	省、自治区、直辖市名	简称（或别称）	省会（或首府）名
广西	桂	南宁	上海	沪（申）	
贵州	贵（黔）	贵阳	四川	川（蜀）	成都
海南	琼	海口	台湾	台	台北
河北	冀	石家庄	天津	津	
河南	豫	郑州	西藏	藏	拉萨
黑龙江	黑	哈尔滨	新疆	新	乌鲁木齐
湖北	鄂	武汉	云南	云（滇）	昆明
湖南	湘	长沙	浙江	浙	杭州
吉林	吉	长春			
江苏	苏	南京	香港（特别行政区）	港	
江西	赣	南昌	澳门（特别行政区）	澳	
辽宁	辽	沈阳			

我国的主要山脉山峰

名称	走向	一般海拔（米）	主峰名称	海拔（米）
天山	东—西	3000～5000	托木尔峰	7439
阴山	东—西	1000～2000	—	—
昆仑山	东—西	5000～7000	木孜塔格峰	7723
秦岭	东—西	2000～3000	太白山	3767
南岭	东—西	约1000	真宝顶	2123
大兴安岭	北北东	500～1500	黄岗梁	2029
太行山	东北—西南	1500～2000	小五台山	2870
雪峰山	东北—西南	约1000	—	—
长白山	东北—西南	500～1000	白头山	2744
武夷山	东北—西南	1000～1500	黄岗山	2158
台湾山	北北东—南南西	3000～3500	玉山	3950
阿尔泰山	西北—东南	1000～3500	友谊峰（中、苏、蒙）	4374
祁连山	北西西	4000以上	祁连山	5547
喀喇昆仑山	西北—东南	6000	乔戈里峰	8611
横断山	南—北	2000～6000	玉龙山	5596
贺兰山	南—北	2000～2800	—	—
六盘山	南—北	2500	六盘山	2928
喜马拉雅山	弧形	6000	珠穆朗玛峰（中、尼）	8848

我国的主要丘陵

名称	分布范围	主要特征
江南丘陵	长江中下游以南，南岭以北，云贵高原以东，武夷山、天目山以西	海拔多在 200～600 米，主要山峰超过 1500 米，山脉多成东北—西南走向。丘陵、低山之间多河谷盆地，适宜发展农业和亚热带经济林木
闽浙丘陵	大致包括武夷山、天目山以东的浙江、福建两省和广东省东部的低山丘陵	海拔多在 200～1000 米，主要山峰超过 1500 米。山脉多成东北—西南走向，地形破碎，流水切割强，形成峡谷急流。多河谷小盆地和河口小平原
两广丘陵	包括南岭以南广东、广西两省区的大部分低山、丘陵	海拔多在 200～400 米，少数山脉（如十万大山）超过 1000 米。东北—西南走向。广西境内多石灰岩地形。沿江多河谷小平原
山东丘陵	在山东省中部和东部	海拔 200～500 米，由古老地块久经侵蚀而成。在地形上由胶东丘陵、鲁中南低山丘陵和胶莱谷地三部分组成

我国的三大平原

名称	分布范围	主要特征
东北平原	位于中国东北部，大小兴安岭与长白山之间，包括黑、吉、辽三省及内蒙古的一部分	是中国最大的平原，大部海拔 200 米以下，由三江、松嫩、辽河三块平原组成，除中部地势稍高外，地势低平。北部和西北部有分布较广的黑土
华北平原	位于黄河中下游，西起太行山、豫西山地，东到黄、渤海和山东丘陵，西南到桐柏山和大别山，东南到苏、皖北部，包括冀、鲁、豫三省及京、津二市	是中国第二大平原，主要由黄河等泥沙冲积而成，大部海拔在 50 米以下，地势低平
长江中下游平原	位于长江三峡以东，长江两岸地区，北到淮阴山地和黄淮平原，南抵江南丘陵和浙闽丘陵，跨鄂、湘、赣、皖、苏、浙、沪等省市	沿长江中下游分布，由两湖平原，皖中平原和长江三角洲组成，地势低平，河湖众多，水网稠密，素有水乡泽国之称

我国的四大高原

名称	分布范围	主要特征
青藏高原	在中国西部和西南部，主要包括青、藏和川西	平均海拔 4000 米，是世界最高的大高原（面积达 250 万平方千米）。边缘和内部有许多高大山脉。海拔 5000 米以上冰雪连绵。湖泊众多
内蒙古高原	在中国北部，西起马鬃山，东到大兴安岭，南沿长城，北接蒙古。包括内蒙古全部和甘、宁、冀等省区的一部分	一般海拔在 1000 米左右，地势坦荡，多宽广盆地，是中国第二大高原
黄土高原	太行山以西，乌鞘岭、日月山以东，古长城以南，秦岭以北，包括晋全省和陕、甘、宁等省区的一部分	海拔在 1000～2000 米，覆盖松厚的黄土层，地表破碎，千沟万壑，是世界上黄土分布最广阔、最深厚的地区

一、花草树木

213

名称	分布范围	主要特征
云贵高原	在中国西南部，包括黔全省，滇东、桂西北、川、湘、鄂边境地区。	海拔在 1000—2000 米，地势西高东低，地面受河流切割强烈，破碎、崎岖，多山间盆地（坝子）。石灰岩分布广，岩溶地貌发育。

我国的地震区简表

地震区	分布范围	主要特征
东部地区	主要包括黄河中下游地区的汾渭断裂带、太行山麓、京津唐（山）张（家口）地区、渤海沿岸和广东、福建沿海一带。	地震强度大，复发期长。
西部地区	主要包括西北的河西走廊、六盘山和天山南北；青藏高原东南边缘的四川西部、云南中南部和西藏。	地震活动频率高，复发期短，强度大。
台湾地区	包括台湾岛及其附近海域。	是中国地震活动频率最高地区。多发生在海域，地震活动频繁，复发期短，强度大。

我国的四大盆地

名称	分布范围	主要特征
四川盆地	位于长江上游四川省东部，西面是青藏高原，南面是云贵高原，东面是巫山，北面是大巴山和秦岭	是中国最大的外流盆地。盆地内丘陵广布，海拔 300～600 米，多紫色砂页岩，有紫色盆地之称。西缘为成都平原
塔里木盆地	位于新疆南部，天山和昆仑山、阿尔金山之间	是中国最大的内陆盆地。盆地内海拔 1000～1300 米，干旱少雨，中部有广大的沙漠，边缘山麓带绿洲，灌溉农业发达
准噶尔盆地	位于新疆北部，天山和阿尔泰山之间	是中国第二大内陆盆地，盆地内海拔 500～1000 米，气候略为温湿，中部为草原、沙漠，边缘山麓有绿洲
柴达木盆地	位于青海省西北部，阿尔金山、祁连山和昆仑山之间	是中国地势最高的内陆盆地，底部海拔 2600～3000 米，气候干寒，盐湖、沼泽面积较广，矿藏丰富，有"聚宝盆"之称

我国的主要沙漠

名称	面积（万平方千米）	分布范围	主要特点
塔克拉玛干沙漠	32.74	在塔里木盆地中部	是中国最大沙漠。以流动沙丘为主，沙丘高大，形态复杂
古尔班通古特沙漠	4.73	在准噶尔盆地中部，玛纳斯河以东及乌伦古河以南地区	是中国第二大沙漠。以半固定沙丘为主

名称	面积（万平方千米）	分布范围	主要特点
巴丹吉林沙漠	4.71	主要分布在内蒙古自治区西部	是中国第三大沙漠。以流动沙丘为主，中心部分有沙山，沙山之间有洼地和盐湖
腾格里沙漠	3.67	在巴丹吉林沙漠以东的内蒙古境内，东到贺兰山，南越长城	是中国第四大沙漠。沙丘、盐沼、湖盆交错分布
柴达木盆地沙漠	3.31	在柴达木盆地西部	戈壁、沙漠交错分布，以流沙为主
毛乌素沙漠	2.50	在内蒙古伊克昭盟南部和陕北榆林一带	以流沙为主。北部多固定和半固定沙丘，南部多流沙，风沙危害严重

2008 年世界各国和地区面积、人口、首都（或首府）一览表

国家或地区	面积（平方千米）	人口（千人）	首都（或首府）
亚洲			
中国	约 9600000	1358624	北京
蒙古	1566500	2683.4	乌兰巴托
朝鲜	123000	22110	平壤
韩国	99600	48747	首尔
日本	377925	127710	东京
老挝	236800	5870	万象
越南	329556	86160	河内
柬埔寨	181035	14400	金边
缅甸	676581	57500	内比都
泰国	513115	66700	曼谷
马来西亚	330257	27730	吉隆坡
新加坡	710	4839	新加坡
文莱	5765	390	斯里巴加湾市
菲律宾	299700	88000	大马尼拉市
印度尼西亚	1904443	222000	雅加达
东帝汶	14874	1015	帝力
尼泊尔	147181	27000	加德满都
不丹	38000	658.9	廷布
孟加拉国	147570	142000	达卡
印度	约 2980000	1160000	新德里
斯里兰卡	65610	20217	科伦坡

一、花草树木

215

国家或地区	面积 （平方千米）	人口 （单位：千人）	首都 （或首府）
马尔代夫	298	299	马累
巴基斯坦	796095	165000	伊斯兰堡
阿富汗	647500	29000	喀布尔
伊朗	1645000	71500	德黑兰
科威特	17818	3400	科威特城
沙特阿拉伯	2250000	23700	利雅得
巴林	711.85	1047	麦纳麦
卡塔尔	11521	1640	多哈
阿拉伯联合酋长国	83600	5080	阿布扎比
阿曼	309500	2740	马斯喀特
也门	555000	23100	萨那
伊拉克	441839	30100	巴格达
叙利亚	185180	20500	大马士革
黎巴嫩	10452	4100	贝鲁特
约旦	89340	6100	安曼
巴勒斯坦	11500	10340	耶路撒冷[②]
以色列	15200	7380	特拉维夫[③]
土耳其	783600	71517	安卡拉
乌兹别克斯坦	447400	27555	塔什干
哈萨克斯坦	2724900	15780	阿斯塔纳
吉尔吉斯斯坦	199 900	5 296.2	比什凯克
塔吉克斯坦	143100	7215.7	杜尚别
亚美尼亚	29800	3238.4	埃里温
土库曼斯坦	491200	6836	阿什哈巴德
阿塞拜疆	86600	8730	巴库
格鲁吉亚	69700	4382.1	第比利斯
欧洲			
冰岛	103	319	雷克雅未克
法罗群岛（丹）	1398.9	48.8	托尔斯港
丹麦	43096	5476	哥本哈根
挪威[④]	385000	4800	奥斯陆
瑞典	449964	9260	斯德哥尔摩
芬兰	338417	5326	赫尔辛基
俄罗斯联邦	17075400	141900	莫斯科
乌克兰	603700	46080	基辅

国家或地区	面积 （平方千米）	人口 （单位：千人）	首都 （或首府）
白俄罗斯	207600	9671	明斯克
摩尔多瓦	33800	3560	基希讷乌
立陶宛	65300	3350	维尔纽斯
爱沙尼亚	45277	1340	塔林
拉脱维亚	64589	2260	里加
波兰	312679	38130	华沙
捷克	78867	10320	布拉格
匈牙利	93030	10020	布达佩斯
德国	357114	82108	柏林
奥地利	83871	8353.2	维也纳
列支敦士登	160.5	35.59	瓦杜兹
瑞士	41284	7700.2	伯尔尼
荷兰	41528	16503.7	阿姆斯特丹
比利时	30528	10667	布鲁塞尔
卢森堡	2586	493.5	卢森堡
英国	244100	60944	伦敦
直布罗陀（英）	6.5	27.88	
爱尔兰	70282	4420	都柏林
法国	543965	64620	巴黎
摩纳哥	1.95	31.1	摩纳哥
安道尔	468	81.2	安道尔城
西班牙	505925	46157.8	马德里
葡萄牙	92391	10707.9	里斯本
意大利	301333	60020	罗马
梵蒂冈	0.44	0.791	梵蒂冈城
圣马力诺	61.19	30	圣马力诺
马耳他	316	412	瓦莱塔
克罗地亚	56594	4430	萨格勒布
斯洛伐克	49036	5400	布拉迪斯拉发
斯洛文尼亚	20273	2030	卢布尔雅那
波斯尼亚和黑塞哥维那	51000	4010	萨拉热窝
马其顿	25713	2040	斯科普里
塞尔维亚	88300	9900	贝尔格莱德
黑山	13800	620	波德戈里察
罗马尼亚	238391	21520	布加勒斯特

一、花草树木

国家或地区	面积 （平方千米）	人口 （单位：千人）	首都 （或首府）
保加利亚	111001.9	7610	索非亚
阿尔巴尼亚	28748	3140	地拉那
希腊	131957	11070.5	雅典
塞浦路斯	9251	791.7	尼科西亚
非洲			
埃及	1001450	79500	开罗
利比亚	1760000	6173	的黎波里
突尼斯	162155	10400	突尼斯
阿尔及利亚	2381741	34400	阿尔及尔
摩洛哥	459000	31170	拉巴特
西撒哈拉	266000	270	阿尤恩
毛里塔尼亚	1030000	3200	努瓦克肖特
塞内加尔	196722	12400	达喀尔
冈比亚	10380	1800	班珠尔
马里	1241238	14300	巴马科
布基纳法索	274200	15200	瓦加杜古
佛得角	4033	546	普拉亚
几内亚比绍	36125	1670	比绍
几内亚	245857	9400	科纳克里
塞拉利昂	72326	6100	弗里敦
利比里亚	111370	3750	蒙罗维亚
科特迪瓦	322463	19600	亚穆苏克罗⑤
加纳	238537	23900	阿克拉
多哥	56785	6600	洛美
贝宁	112600	9300	波多诺伏
尼日尔	1267000	14740	尼亚美
尼日利亚	923768	146000	阿布贾
喀麦隆	475442	18900	雅温得
赤道几内亚	28051	1015	马拉博
乍得	1284000	10910	恩贾梅纳
中非	622984	4300	班吉
苏丹	2500000	39150	喀土穆
埃塞俄比亚	1103600	77400	亚的斯亚贝巴
吉布提	23200	820	吉布提市
索马里	637660	10400	摩加迪沙

国家或地区	面积 （平方千米）	人口 （单位：千人）	首都 （或首府）
肯尼亚	582646	38600	内罗毕
乌干达	241038	29592.6	坎帕拉
坦桑尼亚	945087	40430	达累斯萨拉姆 （后迁往多多马）
卢旺达	26338	9200	基加利
布隆迪	27834	8200	布琼布拉
刚果（金）	2344885	62520	金沙萨
刚果（布）	342000	4200	布拉柴维尔
加蓬	267667	1400	利伯维尔
圣多美和普林西比	1001	160	圣多美
安哥拉	1246700	17400	罗安达
赞比亚	752614	11900	卢萨卡
马拉维	118484	13070	利隆圭
莫桑比克	801600	21800	马普托
科摩罗	2236	800	莫罗尼
马达加斯加	590750	19100	塔那那利佛
塞舌尔	455.39	100	维多利亚
毛里求斯	2040	1270	路易港
留尼汪（法）	2512	802	圣但尼
津巴布韦	390000	13300	哈拉雷
博茨瓦纳	581730	1880	哈博罗内
纳米比亚	824269	2100	温得和克
南非	1219090	48687	比勒陀利亚⑥
斯威士兰	17363	1140	姆巴巴内
莱索托	30344	2350	马赛卢
圣赫勒拿（英）⑦	122	4	詹姆斯敦
厄立特里亚	124000	4690	阿斯马拉
法属南部领地	7391	⑧	
英属印度洋领地	60	⑨	
大洋洲			
澳大利亚	7692000	21559	堪培拉
新西兰	270534	4290	惠灵顿
巴布亚新几内亚	462840	6300	莫尔斯比港
所罗门群岛	27540	487.2	霍尼亚拉
瓦努阿图	12200	221.5	维拉港

一、花草树木

国家或地区	面积 （平方千米）	人口 （单位：千人）	首都 （或首府）
新喀里多尼亚（法）	18575	227.4	努美阿
斐济	18333	837	苏瓦
基里巴斯	812	95	塔拉瓦
瑙鲁	21.1	11	亚伦区⑩
密克罗尼西亚	705	107	帕利基尔
马绍尔群岛	181.3	64.55	马朱罗
北马里亚纳群岛⑪	477	88.66	塞班岛
关岛（美）	541.3	178.43	阿加尼亚
图瓦卢	26	9.81	富纳富提
瓦利斯和富图纳（法）	274	15.29	马塔乌图
萨摩亚	2934	185	阿皮亚
美属萨摩亚⑫	199	65.63	帕果帕果
纽埃（新）	260	1.44	阿洛菲
诺福克岛	34.6	2.13	金斯敦
帕劳	458	20.8	梅莱凯奥克
托克劳（新）⑬	12.2	1.47	
库克群岛（新）	240	22.6	阿瓦鲁阿
汤加	747	101	努库阿洛法
法属波利尼西亚	4167	287.03	帕皮提
皮特凯恩群岛（英）	47	0.048	亚当斯敦
赫德岛和麦克唐纳群岛⑭	412		
科科斯（基林）群岛（澳）	14	0.6	西岛
美国本土外小岛屿⑮			
圣诞岛（澳）	135	1.4	
北美洲			
格陵兰（丹）	216600	56.5	努克，前称戈特霍布
加拿大	9984670	33504.7	渥太华
圣皮埃尔和密克隆（法）	242	6.35	圣皮埃尔市
美国	9158960	305000	华盛顿哥伦比亚特区
百慕大（英）	53.3	66.5	汉密尔顿
墨西哥	1964375	106700	墨西哥城
危地马拉	108889	13400	危地马拉城
伯利兹	22966	322	贝尔莫潘
萨尔瓦多	20720	7190	圣萨尔瓦多市
洪都拉斯	112494	7707	特古西加尔巴

国家或地区	面积（平方千米）	人口（单位：千人）	首都（或首府）
尼加拉瓜	121400	6200	马那瓜
哥斯达黎加	51100	4510	圣何塞
巴拿马	75517	3454	巴拿马城
巴哈马	13 39	333	拿骚
特克斯和凯科斯群岛（英）	431	36	科伯恩城
古巴	110860	11236	哈瓦那
开曼群岛（英）	264	51.9	乔治敦
牙买加	10991	2 690	金斯敦
海地	27797	8920	太子港
多米尼加	48734	9529	圣多明各
波多黎各（美）	8870	3971	圣胡安
美属维尔京群岛	346	109.8	夏洛特·阿马里
英属维尔京群岛	153	28	罗德城
圣基茨和尼维斯	267	53	巴斯特尔
安圭拉（英）	96	14.44	瓦利
圣巴泰勒米（法）	21	7.448	古斯塔维亚
圣马丁（法）	54.4	29.82	马里戈特
安提瓜和巴布达	441.6	83	圣约翰
蒙特塞拉特（英）	102	4.8	普利茅斯®
瓜德罗普（法）	1702	452.78	巴斯特尔
多米尼克	751	76.6	罗索
马提尼克（法）	1128	401	法兰西堡
圣卢西亚	616	170	卡斯特里
圣文森特和格林纳丁斯	389	167.8	金斯敦
巴巴多斯	431	274	布里奇顿
格林纳达	344	106	圣乔治
特立尼达和多巴哥	5128	1300	西班牙港
荷属安的列斯	800	227	威廉斯塔德
阿鲁巴（荷）	1800	100	奥拉涅斯塔德
南美洲			
哥伦比亚	1141748	42090	波哥大
委内瑞拉	916700	27920	加拉加斯
圭亚那	215000	766	乔治敦
苏里南	163820⑰	493	帕拉马里博
法属圭亚那	86504	216	卡宴

一、花草树木

续表

国家或地区	面积 （平方千米）	人口 （单位：千人）	首都 （或首府）
厄瓜多尔	256370	13890	基多
秘鲁	1285216	28220	利马
巴西	8514900	189610	巴西利亚
玻利维亚	1098581	10028	苏克雷⑱
智利	756626	16600	圣地亚哥
阿根廷	2780400	40620	布宜诺斯艾利斯
巴拉圭	406800	6670	亚松森
乌拉圭	176200	3323.9	蒙得维的亚
马尔维纳斯群岛⑲	12173	3.14	阿根廷港⑳
南乔治亚和南桑德韦奇群岛（英）	3903		

注：①其中，祖国大陆31个省、自治区、直辖市（不包括福建省的金门、马祖等岛屿）的人口共132802万人。香港特别行政区人口为700.89万人。澳门特别行政区人口为54.92万人。台湾省和福建省的金门、马祖等岛屿人口为2304.6万人。

②1988年11月，巴勒斯坦全国委员会第19次特别会议通过《独立宣言》，宣布耶路撒冷为新成立的巴勒斯坦国首都。目前，巴勒斯坦国政府机构设在拉马拉。

③1948年建国时在特拉维夫，1950年迁往耶路撒冷。1980年7月30日，以色列议会通过法案，宣布耶路撒冷是以色列"永恒的与不可分割的首都"。对此，阿拉伯国家同以色列一直有争议。目前，绝大多数同以色列有外交关系的国家仍把使馆设在特拉维夫。

④包括斯瓦尔巴群岛、扬马延岛等属地。

⑤政治首都亚穆苏克罗，经济首都阿比让。

⑥行政首都比勒陀利亚，立法首都开普敦，司法首都布隆方丹。

⑦阿森松岛、特里斯坦—达库尼亚群岛为属岛。

⑧领地无常住人口，每年约有包括科学考察人员在内的200人定期来此居住。

⑨领地无常住人口。2004年约4000名英美军事人员和民间承包商驻扎该地。

⑩不设首都，行政管理中心在亚伦区。

⑪拥有美国联邦领土地位。

⑫又称东萨摩亚。

⑬行政中心随首席部长办公室轮流设于三个环礁岛。

⑭无常住人口，为澳大利亚海外领地。

⑮包括太平洋上的贝克岛、豪兰岛、贾维斯岛、约翰斯顿岛、金曼礁、中途岛、巴尔米拉环礁、威克岛及加勒比海上的纳瓦萨岛。

⑯首府普利茅斯毁于1997年火山爆发。政府临时所在地为该岛北部的布莱兹。

⑰包括同圭亚那有争议的17000平方千米。

⑱苏克雷为法定首都（最高法院所在地），政府、议会所在地在拉巴斯。

⑲英国称福克兰群岛。

⑳英国称斯坦利。

二

长江巡礼

（一）大江东去 ①

我们伟大祖国，有许多源远流长的大江巨河，纵横奔流，滔滔不息。

据不完全统计，全国流域面积在 1000 平方千米以上的江河共有 1500 多条，流域面积在 100 平方千米以上的更达 5000 余条。这些河流的总长度超过 22 万千米。在这么多江河之中，最大的是长江。

长江是我国第一大河，也是世界上有名的大河。就长度说，只有拉丁美洲的亚马孙河和非洲的尼罗河，比它长一些，居世界大河的第三位；就水量的丰富来说，它也仅次于亚马孙河、非洲刚果河，居世界大河的第三位。

长江，古称为"江"，习惯上又称"大江"。宋代大文学家苏东坡，在他的《念奴娇》一词中，第一句就是"大江东去"。的确，长江从世界屋脊——青藏高原唐古拉山脉主峰，海拔 6221 米的各拉丹冬雪山西南侧发源，出千峡，汇万川，吞五湖，横贯青海、西藏、四川、云南、重庆、湖北、湖南、江西、安徽、江苏和上海等 11 省（直辖市、自治区），由崇明岛以东注入浩瀚的东海。她像一条五彩缤纷的大彩带，从西向东地镶嵌在我们祖国的大地上。

长江之源（摘自《地理知识》，1977 年第 12 期）

---

① 本节以及本章（二）至（十五）节写于 20 世纪 80—90 年代。

不尽长江滚滚流。长江正源沱沱河，汇合当曲以后，称为通天河。通天河在青藏高原之上流淌，经过青海省玉树县，进入四川和西藏交界的高山峡谷，称为金沙江。金沙江循横断山脉纵向南下，流到云南的石鼓附近，突然折向东北方向，汇集了雅砻江、龙川江、普渡河、以礼河和牛栏河等支流，进入高山环峙的四川盆地。在四川宜宾与岷江汇合后，始称长江。

长江在四川盆地汇集了沱江、嘉陵江和乌江等大支流，水量成倍增加。汹涌的江水，流经四川奉节以东，便进入闻名中外的三峡，即瞿塘峡、巫峡和西陵峡。过湖北宜昌，进入江汉平原，江面突然展宽。

人们一般把宜昌以上的河段称为长江的上游。这段河流奔腾在神奇的高原、雪山、草原、狭谷、群峰和莽林之中，河谷深窄，急流险滩，惊涛万千。

宜昌以下至江西湖口为长江的中游。长江在中游平原又汇集了它的主要支流汉江，洞庭湖水系的湘、资、沅、澧四水，以及鄱阳湖水系的赣、信、抚、饶、修五水。这一地区，湖泊毗连，河道纵横，物产丰饶。

鄱阳湖口以下，江水折向东北，进入长江下游河段。这一段江面十分宽阔，水流平稳，流量异常丰富。两岸是富饶的苏皖平原和长江三角洲。在三角洲东端的崇明岛以南，长江接纳了最后一条支流黄浦江，便浩浩荡荡奔入海洋，结束了它的全部流程。

长江全长 6300 千米，比我国第二大河黄河要长 800 余千米。它平均每年入海的水量约一万亿立方米，为黄河每年入海总量的 20 倍。它拥有数以千计的大小支流，它们大致呈南、北辐射状，分别穿越贵州、甘肃、陕西、河南、广西、广东、浙江和福建等 8 个省（自治区）的部分地区。这样，整个的长江流域，面积广达 180 万平方千米，相当于中国大陆总面积的五分之一。

长江支流流域面积超过 1000 平方千米者 437 条，超过 3000 平方千米者 170 条，超过 10000 平方千米者 49 条。

在长江流域的宽广土地上，许多高山千姿百态，雄伟壮丽，不少山峰悬崖峭壁，直插云霄。有些山岭，冰雪覆盖，寒光闪闪。这里不仅有连绵的山地，而且有壮阔的高原、巨大的盆地，还有坦荡的平原、成群的湖泊。山丘水泽，漠漠平原，茂林丰草，春华秋实，景色无穷，风光无限。

也许你会问:长江的面貌自古如此吗?

不是。根据地质学家的研究,今日长江是经过漫长时间的演变而形成的。

大约在距今两亿年前,即地质科学上叫作三叠纪的时候,我国南方和华北地势是东高西低,长江流域西部地区被古地中海所占据,海水淹没着西藏、青海南部、川西、滇西、滇中、黔西和桂西大片地区,并向四川盆地和鄂西延伸,形成了一个广阔的海湾,止于巫峡和西陵峡之间。

到了一亿年前,时代已进入地质上的侏罗纪了。这时,由于一次强烈的造山运动,形成了横断山脉,秦岭升高,古地中海大规模后退,它不仅从西藏、青海南部、四川"撤出",还从黔西、桂西"撤出",原始的云贵高原开始形成。古地中海"撤出"后,在横断山脉、秦岭和云贵高原之间的广大低地里,遗留下了云梦泽、巴蜀湖、西昌湖和滇池。

这几个大水域当时正是原始生命繁殖的地方。四川在那时就是个"恐龙之乡";那时人类还没有演变成。那个时代的不少遗物,在云阳的文物馆里,陈列有大如小猪的鲫鱼化石,在忠县的石宝寨的长江的沙滩上,可看到长有数丈的"龙脊石",也叫"霸王鞭"的,那便是亿万年以前的恐龙化石。

这几大水域,当时被一条水系串连起来,从东向西由南涧海峡流入古地中海,这就是古长江的雏形。

以后,经过白垩纪的一次造山运动,四川盆地上升,洞庭盆地下降,湖北西部的古长江逐渐发育,积极向四川盆地溯源伸长。

又经过漫长的岁月,到了距今三四千万年前的第三纪,我国大陆发生了"喜马拉雅造山运动"。这时,整个长江流域地面普遍间歇上升,地貌轮廓已与现在的地貌相似了:流域的上游上升最烈,多形成高山、高原与峡谷;中、下游上升的幅度较小,出现丘陵与山地,低凹地带伴随着下沉而形成若干平原,如两湖平原、南襄平原、鄱阳平原、苏皖平原等。与此同时,往昔溯源伸向四川盆地的古长江,已沟通四川盆地的水系,由于地势变为西高东低,于是汇成了滚滚东流的巨川,演变为今日形态的长江。

从很早的古代起,我们祖先就在长江流域休养生息,艰难创业,开辟成锦绣河山。长江,是中华民族的又一摇篮。

1965 年，在金沙江南岸元谋县发现了元谋人的两颗牙齿化石。1977 年又在汉江北岸郧西县白龙洞发现猿人牙齿化石。这证明：远在一百万年前的旧石器时代初期，古人类就活动在长江流域的广袤土地上。

从已经发掘的湖北长阳人、四川资阳人和云南丽江人的化石和石器中，反映出大约在十万至一万年以前，也就是在旧石器时代的中期和晚期，我们的祖先已在长江两岸定居、劳动、生息、繁殖了。那时候，石器制作技术有所改进，古人开始从事采集和渔猎事业。还有，像江汉之间的屈家岭文化、江淮之间的青莲岗文化、杭州湾的河姆渡文化、吴县一带的良渚文化，都属于大约一万年至四千年前的新石器时代遗迹，表明当时长江流域出现了原始的农业、畜牧业、制陶业和磨制石器，氏族制度逐渐发达。

在湖北、江西、湖南陆续发掘出来的大量文物，如家畜骨骼、房屋、水稻的遗迹，陶器残片，酒器四羊尊等，更为人们描绘了远在三千五百年前的奴隶社会中期，长江流域生产力高度发展的繁荣面貌。

当历史的车轮进入了封建社会，特别是在一千七百多年前，四川临邛（今邛崃市）劳动人民对天然气井的开凿，一千三百多年前，湖南郴县劳动人民在农业灌溉上对温泉水的利用，等等，充分表现出长江流域人民高度的智慧和对我国科学技术的杰出贡献。

长江流域在我国历代社会生活中也占有重要地位。春秋战国时期，长江下游一带主要是吴越的势力范围，中游一带是"楚地千里，称霸南方"的楚国，上游一带是有西鄙之国的巴蜀。当时社会动荡，战事频仍，吴越相争，越灭吴，楚灭越，强秦征服巴蜀后又继而伐楚，长江流域成了诸侯争霸的战场。秦始皇统一中国，汉承秦制，中央集权巩固，休养生息，国力殷富，促进了长江流域社会经济、文化进一步发展。成都、重庆、汉中、南阳、江陵、襄阳、武汉、长沙、九江、安庆、南京、扬州、东洲、杭州等长江流域的名城，向来是我国文化经济荟萃之地。

到 20 世纪 70 年代末，长江流域，居住着 3 亿人口，有 4 亿亩耕地，是我国重要的农业生产基地。大部分地区处于亚热带，气候温暖，雨量充足，无霜期长，土壤肥沃，适宜农作物生长。大部分农田可收获两次。粮食产量约占全国粮食总产量的 40%，其中稻米产量约占全国总产量的 70%，棉花产量占全国总产量的 30%，淡水鱼产量接近全国总产量的 70%。因此，四川就成了"天府之国"，两湖就成了"两湖熟，天下足"的粮仓，长江下游三角洲就成了"富甲天下"的鱼米之乡了。

长江流域的森林和矿产资源也很丰富。上游的云南省，四川省的西部和南部，以及鄂西、湘西、江西等地，群山耸立，峰峦重叠，到处生长着茂密的森林。用材林面积仅次于东北林区，经济林则居全国首位，以油桐、油茶、漆树、柑橘、竹林等最为著称。流域内已建立了约100处以保护野生动植物群落、物种的自然保护区。古老珍稀的子遗植物如水杉、银杏、珙桐，珍禽异兽——大熊猫、金丝猴、扬子鳄、朱鹮等驰名中外，多属长江流域等有。流域内的重要矿产，如铜、铅、锌、锑、钨、钒、钛、汞、锰、磷等的蕴藏量，在全国占有很大比重，其中湖南、江西的钨矿、湖南的锑矿、湖北的磷矿，均居全国之首。铁和锰的蕴藏量在全国享有盛名。流域内煤矿储量少，主要集中于黔、川、滇三省，石油、天然气等燃料资源也在不断发现。

由于长江从我国地形的第一级阶梯青藏高原出发，流经第二级阶梯云贵高原和四川盆地，汹涌澎湃地泻入第三级阶梯—中下游平原，因而蕴藏着极为丰富的水力资源。干支流上有许多河段适于建设大型水利枢纽。据初步计算，全流域可以开发利用的水力资源达2亿3千万千瓦，相当于全国水力总蕴藏量的40%。

长江干流是我国东西航运的大动脉，沟通内地和沿海的广大地区。航运价值很大，被誉为"黄金水道"。支流横贯我国东西，交流伸延南北，干支流航运总长达8万多千米，形成一个纵横广阔的水运网，把富庶而辽阔的西南、华中和华东地区联结在一起。

滚滚长江，美丽富饶。可是在旧中国，长江不仅得不到合理利用，而且长期水利失修，洪水成灾，旱涝频仍。据统计，自汉朝至清代的2100年间，共发生过214次大水灾，平均约10年一次。20世纪以来，从1911年至1949年就发生过7次大洪水。1931年洪水，灾区遍及长江中、下游的广大地区，吞噬农田5000多万亩，受灾人口2288万人，14万多人被夺去了生命，哀鸿遍野，惨绝人寰。

长江历代水灾次数统计表

朝代	起讫时间（公元年）	年数（年）	水灾次数（次）			备注
			长江	汉江	合计	
唐	618—906	289	12	4	16	①长江水灾包括洞庭湖、赣江及潮汐影响在下游造成的水灾 ②五代水灾记载不详，略
宋	960—1276	317	45	18	63	
元	1277—1367	91	15	1	16	
明	1368—1643	276	55	11	66	
清	1644—1911	268	54	8	62	

长江流域的旱灾也很严重。近 300 多年来，如 1646—1649 年四川境内的连年大旱，1685 年中下游各省的大旱，1924—1925 年贵州省大旱，以及 1934 年中下游各省大旱，都是赤地千里，一片荒芜，饿殍遍野，灾情不亚于水灾。

新中国成立后，长江进入了人民的新世纪。中国共产党和人民政府领导人民展开了大规模的治江斗争，在防洪、灌溉、发电和航运等方面，都取得了巨大成绩。长江的 3000 多千米干堤和 20000 多千米的支堤，都普遍经过了整修、加高和培厚。又修建了荆江分洪工程、汉江分洪工程和其他蓄洪排涝工程，整治了许多湖泊，对一些河道进行裁弯取直，大大提高了长江的抗洪能力。同时还兴建了许多以灌溉为主的小型水库，几百座大中型综合利用水库和几十处大灌区。1965 年当年施工、当年受益的湖南韶山灌区，可灌溉农田几十万亩。在一些较大的支流上，已建成了龚嘴、丹江口等许多水利枢纽。此外，在许多河道上，特别是川江和下游，经过大力治理、疏浚，消除了礁石、险滩，设置了航标，改善了航运条件。各支流通航轮船的里程，已从几千千米增加到了几万千米。每年运货量占全国河流运货量的 70%。

你瞧，那些过去被人们认为难以跨越的长江天堑，现在已有好多座雄伟壮丽的长江大桥，像彩虹般横跨其上了。大桥上，满载的火车、汽车穿梭似的南来北往。历史的河流，也只有流到我们这样一个时代，才能更好地造福于人民。

韶山灌区的干渠鸟瞰

（二）长江之源

1. 登上世界屋脊

翻开伟大祖国的地形图，我们看到西南部有一片涂着褐色的地方，那便是大名鼎鼎的"世界屋脊"——青藏高原。

青藏高原是世界上海拔最高的大高原。世界上最高的大陆南极洲，平均高度是 2550 米，青藏高原要比它高出将近一倍，平均海拔在 4500 米左右。世界上最低的大陆是欧洲，平均海拔只有 340 米，和欧洲比较，青藏高原更是高得惊人。另外，青藏高原的面积也很大，不但包括西藏自治区和青海的全部，也包括甘肃、四川和新疆等省（自治区）的一部分，共 230 万平方千米，将近我国总面积的四分之一。青藏高原是这么一个大面积的高峻地区，难怪人们常常赞誉它为"世界屋脊"了。

登上世界屋脊是到长江之源去的第一步。

汽车从青海省会西宁出发，在青藏公路上向西驶去，沿着我国最大的咸水湖——青海湖南岸，顺着我国著名的"聚宝盆"——柴达木盆地北侧，西至大柴旦镇。过大柴旦，汽车折向南行，穿过柴达木盆地中部已经干涸的大盐池，到达昆仑山下的格尔木。行程 900 千米。

格尔木是从青海去西藏的交通要道，也是登上世界屋脊的最后一站。这里海拔 2780 米。从这里，南望莽莽昆仑，奇峰耸峙，突兀撑天，山舞银蛇，气势雄伟。

从格尔木继续南行，到昆仑山地南麓的昆仑山口去，高程骤然增至海拔 4772 米。这一段距离只有 162 千米，而地势竟上升了 2000 米！

不过，"远看高山拦路，近看必有垭口"。昆仑山中是有平缓的垭口的。所以汽车顺着通过垭口的青藏公路前进，翻过这座大山，并不觉得险峻。出了昆仑山口，公路坡度更为和缓，视野更显开阔，不知不觉地，展现在眼前的已是无边无际的青藏大高原了。

"远看是山，近看是川"。这是每一个来到青藏高原的人对这里地形的统一结论。从昆仑山口，来到青海和西藏交界处的唐古拉山下，这中间长达

451 千米的公路都是横贯在青藏高原腹部的，海拔最低处也在 4500 米以上。中间横列的一些山岭海拔虽超过 5000 米，但相对高度都只有几百米，看上去好像一般的丘陵。所以人们又说这里是"山高地势平"。

青藏高原的气候严寒，干燥。沱沱河沿是青藏公路沿线地势较低，气候条件最好的地方，其平均气温也只有 –4.4℃。"四时积雪明，六月飞霜寒"。每年 9 月到次年 4、5 月，高原大地上的封冻时间长达 7～8 个月，即使在夏季，夜间地面也常常结上一层冰。有时，一天之内，忽而乌云翻滚，风雪交加，忽而雷声大作，电光闪闪，狂风挟着豆大的冰雹迅猛地袭来，而转瞬之间，却又是烈日当空了。真是瞬息万变，四季如冬。

沱沱河沿气象站的探空雷达（摘自《人民画报》，1977 年 4 月）

青藏高原上草滩茫茫。海拔 4800 米以下的地方，特别是在那百里湖塘周围，山间宽谷地带和向阳缓坡上，一块块草滩，好似巨大无比的翠绿的绒毯，铺盖着大地。每年夏、秋季节，在青藏公路附近，可以看到那无数羊群在墨蓝墨蓝的天穹下，像珍珠一样撒满大地，远处的牦牛群沿着辽阔的草原，向着天际浮动，到处是一派兴旺景象。

更引人注目的是青藏高原上的丰饶的自然资源。科学工作者在这里采集过 300 余种植物标本。有一种分布较广的硬叶苔草，是牦牛爱吃的草料；还有几种雪莲，是名贵的药材。说到动物，科学观察队员们看到很多藏羚羊、高原羚、藏野驴和野牦牛在草原上奔跑；藏狐、旱獭和灰尾兔在高山上疾驰；雪豹和棕熊在丛山中出没，斑头雁、赤麻鸭、秋沙鸭在湖面上翱翔、嬉水，黑颈鹤则在湖滨迈动长腿，优雅地踱步觅食。至于矿产，这里已发现了煤、铁、铜、铬、磁铁矿，以及其他许多金属矿点。还有水晶矿和丰富的地下热资源——温泉。大小湖泊里又蕴藏着丰富的盐类和矿产。

所以，青藏高原不仅壮丽多姿，而且还是一个正待开发的"宝库"。

江源地区牧场
（摘自《人民画报》，1977 年 4 月）

雪莲花
（摘自《人民画报》，1977 年 4 月）

藏铃羊

黑颈鹤

藏野驴

野牦牛

猞猁

斑头雁

2. 探索长江源

你看，在昆仑山和唐古拉山之间，在那南北宽达 400 多千米的大地上，北、西、南三面有昆仑山、唐古拉山、可可西里山、祖尔肯乌拉山等高山冰雪融水，以及雨、雪、泉涌汇聚而成的大小水流，或分或合，静静地流淌。这些大小水流，共同组成了长江的上源水系。

长江上源水系中，比较大的河流，自北而南依次有楚玛尔河、沱沱河、尕尔曲（得列楚卡河）、布曲（拜渡河，"曲"，藏语，即河）和当曲（阿克达木河）。其中，除北面的楚玛尔河发源于可可西里山东麓外，其余四河都发源于唐古拉山北麓，先由南而北，然后顺着高原地势，缓缓东流，先后归并，汇集成一股，组成了通天河。

可是，在江源水系的五条大河中，究竟哪一条才是长江的正源呢？

确定长江源谈何容易：人们经历了一段漫长的探索过程。

"昆仑山的半腰，飞瀑从天而下……奔流入海，砰訇如震雷，不可逼视，相传为天河下游……"这段故事记载在《曲园琐记》的《海老人》里，是人们幻想中所指的江源位置。

战国时期的地理著作《禹贡》中，有"岷山导江"的说法，把长江支流如嘉陵江、岷江当作了正源。汉朝（公元前206—220年）时，《汉书·地理志》记载了"遂文绳水出缴外"（遂文在今云南宁蒗，绳水即金沙江），人们已知长江源远流长了。

在唐朝（618—907年），地理书上有"江出犁牛河"的记载。到明代（1368—1644年），又有许多著作提到："金沙江源出吐蕃共龙川犁牛石下，谓之犁牛河。"明代大地理学家徐霞客，经过实地考察写了《江源考》，纠正了"江源于岷"的说法，指出发源于犁牛石的金沙江才是长江正源，但他不可能把源头的情况完全弄清楚。

清代，根据1708—1718年实测资料绘制的《康熙内府舆图》上，绘出通天河和木鲁乌苏河，并指出木鲁乌苏河为通天河最远的一源。后来，乾隆年间齐召南在《江道论》中指出："金沙江即古丽水，亦曰绳水，亦曰犁牛河，木鲁乌苏……出西藏卫地之巴萨通拉木山东麓，山形高大，类乳牛，即古犁石山也……在黄河源之西经一千五百里。"

明、清时所指犁牛石、犁石山或巴萨通拉木山，就是当拉岭，又叫朝午拉山。"当拉"，即唐古拉的音译之别。这说明早在明、清时期，人们已认为长江源远在黄河源头以西，为唐古拉山脉巴萨通拉木岭（犁牛石）下的布曲了。

清代以后，人们对长江源仍然纷纭不一，仍然靠的片断资料进行推断，谁也没有对长江源地区进行过专门调查。

19世纪时，一些外国"探险家"曾偷偷到过青藏高原一带活动，但他们都未到达长江源头。1892年，美国人洛克希尔大体沿着今青藏公路一线溜到这一带。1896年，英国人韦尔伯窜入叶鲁探湖附近。沙俄军官普尔热瓦尔斯基在1867—1865年间，五次纠集武装的所谓探险队，借口"科学侦察"，两度闯到通天河上游。高原上悍勇的藏族人民对他们进行了无情的袭击和驱逐，使他们企图遍探通天河的阴谋没有得逞。

新中国成立后，有关长江源的描述多倾向于有南北两源：北源出自可可西里山东麓的楚玛尔河，南源为唐古拉山脉东断山麓的沼泽地，两源相汇后称通天河。还有人认为木鲁乌苏河"出青海省西南唐古拉山北麓，支流乌兰木伦河为长江正源，出祖尔肯乌拉山"。这里所指的乌兰木伦河应为沱沱河。虽然沱沱河并非发源于祖尔肯乌拉山，但说明新中国成立后已开始趋向于沱沱河为长江的正源。

随着我国社会主义建设事业的发展，一批又一批的科学工作者相继出现在青藏高原上，对长江源地区进行了一系列的科学观察。按照"河源唯远"的原则，江河源头应以上游最长的一条河流来确定。1977年长江流域办公室组织查看的结果表明：在江源五大河中，沱沱河最长，所以它应该是长江的正源。

3. 溯沱沱河而上

过去，一般的地理书上说，沱沱河发源于祖尔肯乌拉山。

现在，经过实地考察后知道：沱沱河并不是从祖尔乌拉山发源的。溯沱沱河而上，向南穿过祖尔肯乌拉山的峡谷，来到唐古拉山主峰各拉丹冬，它的西南侧就是沱沱河的真正源头了。

各拉丹冬雪峰海拔6621米。藏语"各拉丹冬"一名是"高高尖尖的山峰"的意思。它巍然耸立，白雪皑皑，冰川纵横，金光闪闪。在它的周围，还簇拥着21座海拔6000米以上的雪峰，共同组成了南北长50千米、东西宽20千米的庞大雪山群。

江源勘查队设在沱沱河上游的高山营地（摘自《人民画报》，1977 年 4 月）

各拉丹冬雪山群以西是尕恰迪如岗雪山群。它的南北长 23 千米，东西宽一二十千米，主峰海拔 6573 米。周围另有 13 座海拔 6000 米以上的雪山直插云天。

在这两组雪山群中，那积聚在山洼里的千年万年的大量积雪，由于自身的沉重压力，加上表层的雪融化后又渗透到底层重新凝结，变成带有一定柔性的冰层，然后顺着山岩缓缓向下滑动，犹如一条长长的冰舌头，透明晶亮。这就是冰川。远远望去，那耸入云端的悬崖下，长龙一样的冰川像一道道"固体瀑布"高悬在山腰凹地，鳞次栉比，在金色璀璨的阳光下光芒四射。

这两组雪山群中的常年积雪面积超过 750 平方千米，分布着大约 60 条现代冰川。由于高山地形复杂，冰川形态变化较大，有的状如树枝；有的貌似漏斗；有的酷像舌头；有的赛过裙子；有的气势磅礴，好像凝固了的大海波涛；有的静卧幽谷，宛如绵羊偃睡；有的龙骨错落，弧拱迭起，犹如琉璃瓦栋。

更为美好的是，在冰川分布的地区，还有无数像仙境一般的冰洞，四壁都是透明的、碧绿的，像水晶一样晶莹洁净；洞里崩塌下来的冰块，有的像翡翠，有的像汉白玉，有的像大理石。更奇特有趣的是巨大的冰笋、美丽的冰杯、平滑的冰桌子。真是五光十色，美不可言，宛如神话里的水晶宫一般。在冰舌部位，因融溶作用，又形成许多奇异华丽、姿态万千的冰塔林，仿佛水晶林园。你瞧，大自然真像一个能工巧匠，把自己打扮得多么艳丽啊。

冰洞（摘自《民族画报》，1978年1月）

长江上源沱沱河
（摘自《地理知识》，1977年第12期）

冰川，雪谷，夏日消融。冰水沿着冰塔林中的冰崖峭壁直泻而下，形成无数飞瀑，或者冲开千沟万壑，形成涓涓细流。这些瀑布、细流就是哺育伟大长江的不尽之源。据观察，以各拉丹冬雪山群和尕恰迪如岗雪山群的冰川下部，共流出20多条水量较大的冰雪融水。它们像匹匹白练，奔流谷底，汇成了沱沱河。

沱沱河是从唐古拉山主峰各拉丹冬雪山西南侧的姜根迪如冰川发源的。它北流9千米后，才接纳了尕恰迪如岗雪山群冰川融水，再继续北流。它缓缓流过群峰之间宽浅的谷地，沙洲随处发展，水流散乱，汊道纷繁，时分时合，水系像松散的辫子一样。沿河排水不良，有大片沼泽和小湖泊，影响人马通行。

江源地区河流两侧多沼泽地带
（摘自《民族画报》，1978年1月）

祖尔肯乌拉山峡谷
（摘自《人民画报》，1977年4月）

　　平静的沱沱河水，向北蠕行约 50 千米后，切穿祖尔肯乌拉山，形成长 30 千米、宽 1 千米的峡谷；河谷两岸陡坎高出水面 4～9 米。过祖尔肯乌拉山后，仍然向北流淌，至葫芦湖附近急转折向东流，经过青藏公路上的沱沱河沿，然后接纳了上游的主要支流当曲后（尕尔曲和布曲均汇入当曲），继续东流。

　　据测算，从各拉丹冬雪山西南侧到当曲口，沱沱河全长 375 千米，河宽 19～2300 米，水深 0.5～2 米，流域面积 2 万多平方千米[①]。沱沱河以下的长江河段，就是水势汹涌的通天河了。

长江上游第一桥——沱沱河大桥　　　　　　江源勘查队设沱沱河上游的高山营地
（摘自《民族画报》，1978 年 1 月）　　　　（摘自《人民画报》，1977 年 4 月）

　　由于长江源头有了新的发现和确认，经过中国科学院地理研究所按地图重新量算，长江从江源到四川宜宾一段长 3496 千米，宜宾以下仍为 2884 千米，其中减去因荆江裁弯取直流程的 80 千米，合计全长 6300 多千米，比美国的密西西比河还要长，因而长江就仅次于南美洲的亚马孙河和非洲的尼罗河[②]，跃居世界第三大河了。

---

① 据 1986 年长江科学考察漂流探险队对江源的考察，主张当曲应为长江起源，因为他们认为当曲在长度、水量、流域面积三方面均超过沱沱河，其实探险队在量冀河长时，没有把沱沱河源头的冰川包括进去。如果包括冰川，沱沱河比当曲要长一些的。沱沱河源头高程超过雪线，本来可形成河流的谷地变成冰川谷地，而冰川内部包括上段积累区和下段冰区消融区，均有季节性水流存在，故进行河长比较时，应把冰川长度计入，因此沱沱河和当曲的河道长度是 358.1 千米。所以，沱沱河才是长江真正的源头。
② 密西西比河以密苏里河为源的长度为 62 千米，亚马孙河以乌卡亚利河为源的长度为 6480 千米，尼罗河以卡格腊河为源的长度 6450 千米。

4. 巴颜色索大草原

告别了长江正源——沱沱河，从当曲河口往下，只见那雄壮的通天河宛如一条银带飘忽在无垠的大草原上。

通天河，在当地藏族同胞中，流传着这么一个有趣的神话：远古时候，玉帝把一只神牛犊降落到青藏高原上，指令它在这广阔无垠的高原上啃完青草，踏平雪峰山峦，使它变成一片沙砾。可是，神牛犊违背了玉帝的旨意，它鼻孔中喷出两股清泉来。清泉像甘露，滋润了草原。顷刻，草原显得格外美丽，格外妖娆。玉帝知道后，十分恼怒，指牛为石。而顽强的小牛犊不屈不挠，当它变成石头后，仍从石缝中喷出两股清泉。这两股潺潺的流水，就汇集成了通天河，藏族人民称为"直曲"。"直"，藏语意为牛犊，"曲"，意为河流。美丽的神话总是令人神往的。实际上，通天河不过属于万里长江的上游河段，离长江源已经是很远很远的了。

从当曲河口到曲麻莱，通天河流动在青海省玉树藏族自治州内的巴颜色索大草原上。夏天到来了，巴颜色索大草原上绿油油的嫩草像地毯一样，铺展到看不见的远方。五颜六色的鲜花星星点点镶在中间，弯弯曲曲的通天河像银色丝带嵌在上面，织成美丽的图案。蓝天下面，满身黄毛、只有脊背上有一条黑线的野马，周身如漆、头上生着巨臂似的两只大犄角的野牛，和土黄色的、长着一条短尾的调皮的野羊，成群结队，悠闲地低头吃草。如果你这时不注意，惊动了栖息在世界最高的淡水湖中的成千上万的黄鸭，它们就猛地腾空而起，遮天蔽日，扇起呼呼的风声；雄伟矫健的山鹫，展着它那两只巨大的翅膀，翱翔在碧蓝的、幽深的穹苍；千变万化的朵朵白云，像一道由最巧妙的工艺家雕刻的洁白的扇屏，排列在茫茫草原的尽头的地平线上。白云深处，牛羊欢叫，勇敢的藏族牧民骑着骏马驰骋，勤劳的藏族妇女在帐篷边挤着牛奶……

在巴颜色索大草原，那些排水良好的谷地、滩地和广大的低缓坡地上，广泛分布着草甸草场。草场上生长着高约 5～15 厘米的矮生蒿草、高山蒿草和线叶蒿草。一些水热条件稍好的地方，还生长着禾本科的早熟禾、羊茅、披碱草、鹅观草、落草。植物种类 40～50 种。草被茂密，亩产青草最高为 337 千克，平均 160 千克。这些牧草的营养成分高，适口性好，特别是蒿草，它的营养价值可以和豆科牧草媲美。7、8 月间正当蒿草和禾草吐出苗壮穗头的时候，草群中的圆穗蓼、黄花棘豆、龙胆、银莲花等的鲜艳花朵点缀其间，使草场显得格外绚丽多彩。在山间谷地气候比较温暖，土壤疏松肥沃的地方，还生长着茂密的垂穗披碱草，植株高大，产草量高，是刈青干草的天然打草场，也是牲畜越冬的理想营地。

在巴颜色索大草原，那些开阔平坦、河流迂回、排水不畅的低洼地上，广泛分布着沼泽草场。那里的地下 50 多厘米处，往往有多年冻土层，成为隔水层，使地表水不能下渗而积水，发育成了沼泽。牧草有二三十种，以西藏蒿草、苔草占优势。草高 10 ~ 15 厘米。亩产青草 138 ~ 400 千克。草丛中，那粉红色的花朵随风摇曳，那金莲花、毛茛等金黄色的花朵相继开放，使整个草场显得分外妖娆。在这样的草场上放牧牛、马最为适宜。

巴颜色索大草原上的气候是变化无常的。刚才太阳还是炽热灼人，突然间就会是云层簇拥，游漫天地，暴风雪迎面袭来。7 月份，生活在长江中下游一带的人们，无不感到暑热难耐，而这时在巴颜色索大草原上，即使穿着棉衣皮袄，却依然寒冷彻骨。年平均气温只有 –4.4 ~ 0.1℃。年降水量是 430 ~ 600 毫米。由于气候干旱，空气稀薄，南方人初到这里，会感到呼吸困难，头昏脑胀，口干舌燥，全身软弱无力。

过去，整个巴颜色索大草原是一个野兽的王国。草原上不仅野驴、野羊、野牛成群，还有狼、豹、熊等猛兽。草原上又有无数条流沙河，还有很多险滩和泥潭。行走在洼地和沼泽附近，一不小心，人、马就会陷进里面。有些河中，平常泥深及腰，到了雨季，一片汪洋，不要说人、马，就连飞鸟也都绝迹了。河流上空常有云雾，很容易使人迷失方向。另外，在沼泽草场，由于地面过分潮湿，绵羊在这里放牧容易感染死水坑中病菌，会使蹄壳腐烂，时间一长就不能行走，采食不到足够的饲料，抓不上膘，造成死亡，所以多少年来无人敢到那里放牧。

新中国成立后，在发展牧业的过程中，勤劳勇敢的牧民把牛、羊引进"无人区"，开辟了一个个牧场，在好些地方建立了居民点。昔日荒凉冷落的大草滩，如今变成了欣欣向荣的新牧场。

5. 从曲麻莱到结古

通天河在巴颜色索大草原上和它的支流楚玛尔河汇合后，不久就进入了曲麻莱县境。曲麻莱县是个藏族聚居的纯牧业区。这里平均海拔4500多米，空气稀薄，年平均气温 –3.9℃，牧草生长期只有两个来月，经常遭受干旱和雹灾袭击，是过去被称为野牛出没的地方。

通天河两岸的天然牧场（摘自《人民画报》，1977年5月）

可是，就是这样一个空气稀薄、条件很差的地方，今天已经发生了巨大变化。畜牧业生产一年比一年发展。牧民生活一年比一年改善。当年在无名草原上架起第一批白帆布帐篷作为县委机关办公的地方，如今已出现长江源头第一城——曲麻莱县城了。

曲麻莱以下，通天河猛然进入了峰回路转的山谷中。谷底只有海拔3000多米左右。中下游河槽平坦，水面宽约300米，枯水期水深1米以上，水位变动在3～5米间。行驶一二百吨的木船和机帆船，每年可通航七八个月。

通天河流域的珍贵动物白唇鹿，目前它可以进行人工放养（摘自《人民画报》，1977年5月）

通天河下游河谷景色（摘自《人民画报》，1977年5月）

通天河中下游是砾石河床，覆盖不厚，河岸山坡台地和平滩上，绝大部分有草皮、矮林覆盖，水土保持较好，河谷中的台地，海拔都在 4000 米以下，加上河谷里气候温和，雨水丰沛，人烟较密，所以多半为半农半牧区。在岗桑寺至直门达一带的两岸台地上，农田片片，种有青稞、小麦、油菜、白菜、萝卜等，好些河岸的山冈上还生长着一片片耐寒的苍松翠柏，河滩上水草茂盛，河里鳞细肉嫩的鱼也挺多。

在通天河口附近，北面有支流歇武沟来汇。歇武沟西岸，藏民用片状岩石建成的城堡似的山庄，矗立在山腰和山巅上。沿着河谷向南伸展到直门达附近，可见通天河滚滚东流，酷似甘肃一带黄河的河段，浑黄湍急的水流，宛转奔泻在高峻的峡谷中。

通天河下游的南面，有一条支流巴塘河来汇。巴塘河畔以北 20 多千米处，有一个群山环抱、二水汇流、气候宜人的小盆地，就是玉树藏族自治州州府所在地结古镇。传说唐朝初年（641 年）的文成公主往嫁松赞干布路经玉树时，深深地爱上了这一带的山光水色，在此地停留了一段时间，向群众传授了中原地区先进的耕稼技术。公主进藏以后，玉树的藏族人民为了寄托对她的思念，让民间艺人用自己精巧的手艺，雕刻出一座栩栩如生的公主石像。巴塘河畔至今还保存着一座"公主庙"。巨大的石灰石峭壁上，刻有一组两丈多高的浮雕像。八个手执宝剑、宫衣的侍女，簇拥着文成公主。公主端坐在狮子莲花宝座上，双眸炯炯，仿佛在深情地凝望着眼前的秀丽河山。

玉树附近的通天河上公路桥
（摘自《人民画报》，1977 年 5 月）

文成公主入藏后，玉树地区便成了由祖国内地通往青藏高原的交通要道。随着汉藏往来不断增加，于是兴起了一座热闹的商业集镇——结古。结古，在藏语中是众生会聚的意思。在名山大川荟萃、交通极为不便的玉树高原，有这样一座四方客商云集，藏、汉、回族杂居的古老集镇，这在新中国成立前确是绝无仅有的。

　　如今，玉树藏族自治州24万平方千米土地上丰富的自然资源，得到了开发和利用。玉树特产的冬虫夏草、鹿茸，经过州制药厂加工包装，畅销海外。今日结古镇呈现出一片繁荣秀丽的新姿。

　　整个通天河流域东西长约700千米，南北宽约500千米，相当于江苏、浙江两省面积的总和，大约居住着13多万人口。这里除了极少数蒙古族、汉族、回民族人外，可以说基本是藏族的聚居地。过去这里没有一条公路可通。如今随着结古附近通天河上的青藏公路大桥通了车，从结古到西宁，只要三天时间就到了。

（三）金沙江上

1. 握手得一天

自通天河流至玉树市的直门达附近，全部旅程便走完了。从直门达往下，长江犹如一条银龙飞舞，先穿行在西藏、四川之间，再进入云南西北部和川、滇两省的交界，直到宜宾岷江口，全长 2308 千米，流域面积 34 万多平方千米。

这一段河道自古以盛产沙金著称，故名金沙江。

自从金沙江进入川、藏之间的山原地区后，当地又叫它布垒河。它像一把利斧，在丛山巨岭中劈开一线通道，一直向南奔泻。雀儿山、沙鲁里山和达马拉山、宁静山夹峙于左右两岸，高插云霄。这一带山脊，北部海拔多在5000 米以上，南部也有 3000 ～ 4000 米；不少 6000 米以上高峰，终年白雪皑皑。著名的雀儿山主峰海拔 6168 米，冰川晶莹。但在海拔 4000 ～ 4500米，都普遍有辽阔坦缓的剥夷面，所以称作"山原"。金沙江在这里强烈下切，除局部河谷稍见宽阔外，大都是幽深狭窄的 V 形峡谷，河宽一般仅有100 ～ 200 米，而岭谷高差竟达 1000 ～ 1500 米，谷坡陡峭，到处是巉崖绝壁，悬沟飞瀑，是有名的"天堑"。人们形容这里"仰望山接天，俯看江如线""上山入云间，下山到河边，两山能对话，握手得一天"。

金沙江的左边，沙鲁里山以东是大支流雅砻江和它并肩奔驰，像是争取早日会师。金沙江右边，宁静山以西是东南亚的著名大河湄公河的上游澜沧江；再过一座大山，则是"滩高十丈"的怒江（下游在缅甸，叫萨尔温江）。它们之间的最狭处不到 70 千米，但中间有大山隔开，彼此不能会面，只能在峰峦叠嶂中各奔前程。

川藏之间的地势，从北往南急剧倾斜。这一段的金沙江河床，自直门达至得荣南端 600 千米间，几乎下降了 1500 米，平均 1 千米内跌落 2 米多。江水以高屋建瓴之势往南倾泻，犹如万马奔腾，势不可挡，加之两岸经常发生山崩，江中暗礁林立，险滩密布，激起浪花千堆雪，吼声回荡，极其惊险，自古以来就是"航运禁区"。

金沙江两岸人民多么渴望有一条横跨江上的"天桥"啊！这一天，终于来到了。1950年，中国人民解放军一面进军西藏，一面修建从四川雅安出发，跨越金沙江通往西藏拉萨的康藏公路 ①。这条公路于1954年12月25日和青藏公路同时通车。它翻过海拔5300米、号称"鞭子打着天"的雀儿山，在岗拖渡口飞越金沙江。现在，一座坚固的公路大桥已傲然屹立在金沙江的急流之上。

另外，过去从岗拖至白玉之间的物资交流主要靠牦牛驮运，行程要三天。现在两地间长约八九十千米的金沙江航道已打通，小机动船从岗拖顺流而下，只要四个小时就可到达白玉县城了。

2. 虎跳峡一带

金沙江在得荣以下，逶迤于川滇之间，进入了真正的横断山地。

在横断山地，金沙江和它的伙伴澜沧江、怒江并肩前进，直抵滇北石鼓。石鼓是一个古老的小镇。它前面临江的山崖上，有一座小亭，里面放着一面汉白玉凿成的大石鼓，直径近两米、光润、洁白，正对大江。石鼓上，刻有纳西族木氏土司征伐异族人民的文字："行路尸横绊马，难舒足……"今天，它成了一种难得的具有教育意义的历史文物——通过批判反动土司屠杀民族兄弟的行径，使各民族之间的团结坚如磐石了。

金沙江奔泻到石鼓这里，距中甸县城有130千米，在中甸县的沙松碧村，突然离开它的伙伴，来了个一百多度的急转弯，扭头独自折向东北，穿过虎跳峡，至水落河口（无量河）又折而向南，到梓里以后，河流便大体顺流东下了。金沙江在平面上的这一大曲折，就是众所周知的以"雄、奇、险、峻"著称的"长江第一弯"。从虎跳峡上峡口至梓里，弯道长约220千米，两地直线距离仅36千米，但地势都下降了500多米！

这奇特的"长江第一弯"是怎样形成的？

过去，有些学者认为，古金沙江是从石鼓向南流去，沿着今天的漾濞江汇进澜沧江，再流入海的。后来，由于地壳运动，古长江不断溯源侵蚀。源

---

① 康藏公路的起点雅安，原属西康省，后西康省建制撤销，并入四川省。现在这条公路已改名川藏公路，并且把原有的成都到雅安一段公路一起算在里面，以成都为起点。

头不断向上伸展，终于把金沙江拦腰切断，使古长江和古金沙江连接起来，石鼓以上的金沙江水流入长江河道，并成为它的上游，而石鼓以下的漾濞江则成了断头河，日渐萎缩。

金沙江进入云南省后，在石鼓地方，突然折向东北，形成了长江第一弯
（摘自《横断山脉》一书，云南人民出版社，1975年版）

这种在石鼓附近发生河流袭夺的说法，新中国成立后经过科学工作者实地考察。最后被否定了。因为，事实上，被认为发生金沙江袭夺的地方——石鼓的长江第一弯，是受到北北东至南南西、北北西至南南东的两组交叉地质构造所控制。其次，被认为是金沙江古河道的漾濞江，并没有像金沙江那样大的宽谷，而且，其河谷的沉积物，也不是金沙江的沉积物。所以，金沙江在这里并没有河流袭夺现象，石鼓的河道大转弯是地壳的造山运动，形成的两组交叉的断裂带，控制了金沙江的流向。

石鼓附近的江西只有50～100米宽，可是水流特别湍急。中国工农红军长征时，贺龙率领的红军二方面军于1936年4月来到这一带。在石鼓至巨甸的五个渡口上，用木船、木筏只渡了三天三夜，18000人的队伍和马匹、辎重便全部顺利渡过江去，踏上北上抗日的征途。

过了石鼓，金沙江下行35千米以后，开始切穿滇北玉龙雪山和中甸雪山，劈出了举世闻名的"虎跳峡"。它从云南省中甸县的桥头镇到丽江县的大县镇，峡长约16千米，两岸雪山海拔5000多米，玉龙雪山的主峰扇子陡（扇子斗）5590米，河谷下切3000多米，谷壁如斧砍刀削，直入苍穹，像一道天梯。河谷束狭，河宽只有60～80米，最狭窄的地方仅30米。峡谷中，云团缭绕，水雾蒸腾。金沙江像从紧束的石门冲来，以雷霆万钧之势穿过密布的滩礁怪石，跃过七个陡坎，卷起巨澜千重重，激起水声如猛虎咆哮。真如当地民谣所说："望天一条线，看地一条沟，山鹰飞不过，猴子也发愁。"但江中屹立一块巨石，据说是老虎一纵而过的地方，所以有虎跳峡这个名字。

玉龙雪山远眺

金沙江虎跳峡

在虎跳峡这里，江面海拔1630米，上峡口海拔1800米，170米的落差，使这里具有丰富的水力资源。两岸山峰则在5000米以上，所以，峡谷深达3000多米。号称世界最大峡谷的美国西部科罗拉多峡谷，最深的地方才1800米，同虎跳峡相比，逊色多了。

虎跳峡两岸是一个绚丽多彩的地方。特别是东侧的玉龙雪山，它那13座高峰犹如擎天玉柱，主峰扇子陡山顶终年戴着厚厚的冰雪帽子，无数条冰川垂挂在悬崖峭壁，形成冰瀑布。它如龙首昂视东南，后面峰峰相连好像龙体，其他各峰一年中大部分时间也白雪皑皑。晴空万里，但见群峰闪烁万道银光，峰腰白云缭绕，随风飘荡，变幻莫测，真像一条晶莹蜿蜒的玉龙，龙跃云中，云托龙飞。玉龙山就因此而得名。明代徐霞客曾深入这里观察，在他游记中写道："见玉龙独挂山前，漾荡众壑，领挈诸胜。"真是引人入胜。

由于玉龙山所处的纬度较低，地势又高，气候随着地势而变化，气候的垂直地带甚为典型，所以有"一山有四季，十里不同天"的民谣。6月的天气，在山脚和江边人们穿着单衣，有时还热得喘不过气；可是在4000多米高的雪线边缘地区，不时飘着鹅毛雪，有时简直是大雪纷飞，穿上羊皮大衣，还冷得很。这里秋冬春三季很少下雨，气候比较干燥，初到这里的人，常会干得嘴唇裂口流血，但过一星期以后就逐渐适应了。7月是雨季，几乎天天下雨，很难遇上晴天。

玉龙山上的植物也因高度而变化。靠近山麓是一片松树的海洋，微风起处，涛声哗哗；半山坡上，先后出现云杉林、红杉林、冷杉林。一棵棵大树好像撑天巨伞，亭亭玉立，树冠又分别组成粉绿色、嫩绿色和暗绿色等不同层次，给雪山添绘了和谐的色彩。紧接冷杉林带，杜鹃花满坡盛开，鲜艳夺目。再向上是大片的高山草地，草地上还散生着各种美丽的高山植物……5000米以上，已是冰雪世界了。

据统计，玉龙雪山单单树木就有200多种，珍贵药材为冬虫夏草、雪茶、贝母等，共有600余种，难怪人们称誉玉龙雪山为"植物宝库"和"森林王国"了。

1956年，云南省的考古工作者，在虎跳峡以南的丽江县城附近的木家桥，发现了古人类遗址。从已发掘到的完整女性头骨、三节腿骨化石，石器，以及大量的动物化石，可以晓得早在一两万年以前，属于旧石器时代晚期的中华民族的祖先，曾在这里过着原始阶段的狩猎和采集的生活。后来，考古人员还在丽江县上游和下游的金沙江边，发现了多处古人类文化遗址，其中有属于新石器时代的陶器、房子、粳稻，以及距今170万年前的"元谋人"遗址。

现在，虎跳峡一带除居住着极少数的汉人外，大多数是兄弟民族。这里有纳西族、白族、彝族、傈僳族、景颇族、藏族等，他们的风俗习惯、穿着与汉族完全不同。纳西族的妇女，从小孩到老人，一年四季背上都背着一块"宝贝"——羊皮。藏族兄弟习惯于野外露宿，彝族兄弟多分居于山上，用树木编成木栅，以树皮泥土筑屋而居。他们过

玉龙山下（摘自《地理组织》，1978年第1期）

去被历代的反动统治者赶上山，受着残酷的剥削和歧视，终年过着非常贫困的生活。这里的很多地方是一片荒凉。

中华人民共和国成立后，一切都变好了。这里的兄弟民族分了田地，搬入了新居。荒芜的土地，变成了取之不尽的粮仓，畜牧业也兴旺起来。如今从山顶俯瞰虎跳峡一带，到处是阶梯式的田园、密集的村庄、成群的牛羊，一派繁荣的景象。

3. 川滇界碑

出了虎跳峡，金沙江劈山开路，继续穿行在深山峡谷间。峡谷内水流湍急，滩险密布，两岸谷坡陡峭，悬崖重重，悬瀑飞溅，景色非常壮丽。

当金沙江奔向三江口这个地方时，突然来了一个猛回头，沿着玉龙山东麓南下，直抵梓里。此后，它逐渐脱离横断山地，在金江街附近又来一个90°的变向，折往东去。渡口市以下，还有几处转折，但总趋势是流向东北，转入滇北高原和滇东北、川西南山地。由于金沙江在这一带是蜿蜒在四川和云南省之间，成为它们的天然分界线，所以有"川滇界碑"之称。

川滇一带的金沙江，沿岸山岭一般只有 2500～3500 米，但江水下切仍极为强烈，江面宽度一般为一二百米，江面和山岭的高差仍达 1000 米左右。几经转折，恰似一条矫健的银龙在群山中飞舞。河谷一束一放。大致在三堆子以上，江水顺白草岭北坡而过，河谷较开朗，河宽约 200 米，至三堆子，接纳雅砻江后，水量增加二分之一。三堆子至蒙姑，流路呈一大 "U"形，被束于左岸的龙帚山、鲁南山和右岸的三台山、拱王山之间，河谷陡狭，河面宽仅 80～100 米。蒙姑以下流经 23 家盆地，河谷豁然开朗，河面宽达 200 余米。23 家以下，江水辗转向东北流，沿途受大小凉山及其支脉和五莲峰等山地的进迫，峡谷连绵，岭谷高差可达 1000 余米，一般谷宽仅有 500～800 米，河宽不到 100 米了。

由于近代金沙江仍处于下切的过程中，因此河谷两侧的谷坡极不稳定，崩坍作用十分活跃。从云南中江街至四川新市镇（宜宾以上约 120 千米）的900 多千米河道中，一滩接一滩，较大的险滩就有 400 多处。险滩上下，水位跌落很大。位于普渡河口上游的老君滩，滩长 4.3 千米，上下水位竟相差50 多米。据考察，这个滩就是由于垮山崩岸而造成的。

在老君滩的上口，左岸有一白沙沟，沟侧有一老垮山，在 1915 年、1927 年、1932 年曾几度垮山，崩下来的巨石，于 1932 年被白沙沟的洪水冲至江中，堵塞江流半天，江水抬高后，将堵塞的巨石逐渐推移成为分布在 4000 米河段中的大小礁石 600 余块，形成了老君滩。

另外，据实地的调查，在砀江县十二栏杆、元谋县鲁车渡、巧家县红路等局部河段中，近几十年都曾发生过大规模的山崩，阻塞河床，使江水断流数日。崩坍的物质，估计约在 1 万立方米以上。

所以，垮山崩岸现象，在川滇一带的金沙江沿江地区不同程度都有发生。许多险滩是由于两岸溪流中冲出的砂砾或岩石阻塞江流而成，也有一些是山崩的巨石直接落入江中所致，往往此消彼长，变化很大。

当湍急的金沙江水流过险滩时，或则滚过滩头直泻而下，形成所谓"浪"；或则强行穿插在明滩暗滩之间，产生许多漩涡，这叫"乱"；或则后浪赶前浪，冲向乱石或岩壁，激浪翻腾，叫作"卷"，船工称之为"滚皮浪"，对于航行最为危险。由于险滩暗礁的影响，只能分段通航。洪水期间，江流过于湍急，航行困难，船只还要停航。这里往往几十里地才有一个渡口。船只过河，必须先上行几里，然后顺流而下到达彼岸。

金沙江在新市以下，基本上已进入四川盆地的范围。它的"脾气"已和川江相似了。自金沙江街至宜宾千米路途间，"百折千回向东去"，落差为900 余米，平均比降已不到千分之一，有开发航运的价值。

金江街以下河段，还有一个引人注意的特点，就是支流多而不大，但左右两岸分布不均。其中以雅砻江和普渡河最为著名。雅砻江源出自青海巴颜喀拉山南麓的休马滩，在渡口市三堆子汇入金沙江，全长 1320 千米，流域面积 13 万平方千米，河流的形态和特性都和金沙江相似，也有金河之称。普渡河源出自云南高原中部著名的滇池，上游称螳螂川，富民以下称普渡河，全长 294 千米。由于金沙江在这一带接纳了雅砻江、普渡河等许多支流，水势更为浩大。

4. 丰饶的物产

在金沙江流域内，水力资源丰富，原始森林遍地，地下宝藏无穷无尽。真是祖国一块瑰宝。

由于金沙江干支流奔腾于高山峡谷区，流量丰富，落差很大，虽然这里航运之利不大，但却蕴藏着极为丰富的水力资源。尤其是从云南丽江纳西族自治县到四川省宜宾市这一河段，有虎跳峡、白鹤滩、溪落渡、向家坝等优良坝址，水力资源总蕴藏量达5800多万千瓦，可以布置建设八级电站群，而且装机容量大，淹没耕地和人口迁移都很少。如在虎跳峡下峡口兴建一座200余米高的大坝，形成300亿立米的大型水库，可装机四五百万千瓦，并通过水库的调节，提高下游各个梯级发电能力1000万千瓦。据统计，整个金沙江干支流水力资源超1亿千瓦，约占全国水力蕴藏量的16.7%。

金沙江流域是我国第二大林区——川西滇北林区的主体。木材蓄积量占全国林区的22.3%左右。林木产量高，每公顷平均有七八百立方米，而且大都是云杉、冷杉等质韧而轻的优质木材。这些木材不仅是建筑、桥梁、船舶及车辆用材，还是飞机、乐器、胶合板、高级纸张的特殊用材。还有适应性极强的云南松，数量仅次于云杉、冷杉，大量分布于气候干暖的金沙江中、下游河段。铁杉、高山松、高山栎、红桦、白桦、槭、椴等也有分布，是重要的用材林。另外，在森林和草原中生长着许多药用植物，如贝母、知母、虫草、大黄、当归、黄芪、秦艽、川芎、党参、茯苓、杜仲等，都是名贵药材。

"山高一丈，大不一样""十里不同天"。在金沙江流域内，气候垂直变化非常显著，干流上游的气候差异也很大。正是那复杂多样的气候，使这里从温带到南亚热带的水果和经济林品种繁多。苹果、石榴、梨、桃、杏、柑桔以及核桃、板栗、花椒、油桐等产量大、质量高，尤以苹果和石榴久负盛名。巴塘有"苹果之乡"之称，生产的苹果具有水足、色鲜、味美、耐储藏的特点；会理的软籽石榴，个头硕大，皮薄核小，珠光璀璨，汁多味美。

金沙江河套的最南段，像米易丙谷和会理红格等地，由于热量资源丰富，

金沙江两岸的森林

（摘自《人民画报》，1977年6月）

已发展了多种热带和亚热带经济作物。咖啡、剑麻、木瓜、芒果、菠萝、油棕、油梨、油橄榄、紫胶等，在这一带都生长良好。这里已利用有利地形种植橡胶，这是目前我国橡胶树分布的最北界。

金沙江流域的鸟兽种类众多。小熊猫、金丝猴、雉鹑、灰斑角雉等，都是稀有珍贵动物。广大林区又是药用动物的生活场所，如林麝、水鹿、猕猴、短尾猴、黑熊、猞猁、金钱豹子、石貂等，可提供名贵的鹿茸、麝香、虎骨、豹骨及獾油等药材。

红腹角雉　　　　　　　　　　　　　小熊猫

金沙江中的鱼类有 72 种。这里有我国特有的裂腹鱼和条鳅，它具有一系列的生态特性，能适应海拔高、气候寒冷、水流湍急的特殊环境。金沙江下游还是我国著名鲟鱼产地之一，所产中华鲟（大腊子）和达氏鲟（沙腊子）均为大型鱼类，最大个体重约 500 千克，四川渔民有"千斤腊子万斤象"之说。

在水库中放养中华鲟（四川万县）

尤其是金沙江流域内的地下矿藏种类多，储量大。明代宋应星在《天工开物》一书中说："金沙江古为丽水……回环五百余里，出金者有数截。"可见在很久以前，劳动人民就在这一带淘取沙金了。比这更早，我们的祖先已在金沙江边的东川等地艰难地开采着铜矿。近年来云南省出土了许多青铜器，这些中国古代文化的瑰宝，就是当时奴隶社会的铜质手工制品。

　　现在东川、会理都分别为我国和四川的"铜都"。崭新的工业城——渡口市东部的攀枝花铁矿，储量大，铁矿石中伴生钒、钛等多种有用金属，供攀钢使用。渡口市西部的宝鼎煤炭是西南地区新兴的一个重要煤炭工业基地。还有铅、锌、镍、锡、银，以及多种稀有金属和磷、重晶石、石墨、天然气、水晶、井盐等非金属矿。丰富的地下宝藏为本区工农业的发展提供了良好的物质条件。

东川铜矿
（摘自《人民画报》，1977年6月）

渡口市弄弄坪一角
（摘自《地理知识》杂志，
1979年第10期）

（四）众水会涪万

1. 千里川江

离开江源，来到四川宜宾，长江已经走完它全部流程的一半以上了。

这一段流程，从号称"世界屋脊"的青藏高原奔腾而下，沿着横断山脉，穿过峰峦叠嶂的云贵高原，下降到四川盆地的西部边缘，上下高度相差5000 米，几乎占全江总落差的 95%。长江干流蕴藏的丰富水力资源，主要集中在这一段。从宜宾开始，正式称为长江。

长江（左）与岷江（右）汇流处的宜宾市（摘自《人民画报》，1977 年 8 月）

不过，从四川宜宾到湖北宜昌之间的 1030 余千米的一段，习惯上又称为川江。它沿着四川盆地的南侧，先从西向东，随即又转向东北，蜿蜒曲折地流去。四川盆地是我国四大盆地之一，周围环绕着海拔 1000 ～ 3000 米的高山和高原，内部丘陵和低山交错，还夹杂着小块平原，平均海拔 500 米左右。

从宜宾起，乘轮船顺流而下，可以看见川江沿途数不清的低丘，像一张张桌子平放着。这是因为：构成这些山丘的岩石层次接近水平，经过流水长期的侵蚀切割，就形成桌子般的平顶方山。它们高出地面一般还不到 50 米。山坡上，分布着肥沃的紫红色土壤，梯田从山麓一直修到山顶，顶部也有田园村落。真是别有天地。

四川盆地中的梯田（摘自《人民画报》，1976年9月）

过了江津，景色又有变化。两岸平行排列着东北到西南走向的较高的山岭，山岭和山岭间又隔着一道道河谷，地势起伏较大，但分布非常整齐。长江横切这些山岭，形成一系列小型峡谷。重庆西面的猫儿峡、东面的铜锣峡及长江长寿段以下的黄草峡，号称"小三峡"。一般在重庆和丰都之间，峡谷两岸高山对峙，岩石紧束江身，造成湍流漩涡；峡与峡之间，地形低缓，水势渐缓，航道变浅，有碛坝出现。因此，在这一段峡谷之中，湍流与浅滩交替出现。丰都至奉节间，江道完全在向斜谷中，水势舒缓，大量砂石沉积下来，又因水道细狭，形成许多碛坝，成为川江河道碛坝最多之处，且多为横铺江侧或江心的巨石。

川江两岸有些局部的平地，靠江一面多为斜坡，从江中望去，又像巨大的阶梯，所以地理上叫作阶地。四川盆地的一些沿江城市，都是建在这种阶地上。

在四川盆地内，长江河床的坡度再不像金沙江那样陡峻，江水流得也就缓慢了。由于四川盆地的地势从北向南倾斜，所以从北面流入长江的支流多，水缓流长，如岷江、沱江和嘉陵江；从南面流入长江的支流则少，而且短小、水急，其中比较著名的是"天险"乌江。这些支流带来的大小石砾，多沉积于两河汇口的下游，且每年冬夏之间，江水起落，变化无常，往往构成险滩急流，只有河道中一些水深而平静的河弯（当地称它为"沱"），才是船只停泊的好场所。

四川盆地中众水汇集，长江中流的水量大大增加，江面比上游也宽展了。如重庆附近，高水位时，江面竟达 800 米，水深 35 米；低水位时江面也有 400 米宽，深达 10 米。若把三层楼房放到这样深的江水中去，连屋顶也露不出来呢！重庆附近的平均流量达到 1100 立方米每秒，差不多等于黄河平均流量的 8 倍。

"众水会涪万，瞿塘争一门"。滔滔的江流，到万县后，便改向东去，终于在奉节县的白帝城附近，夺瞿塘峡而出。从这里起，江面又突然变窄，江水又汹涌澎湃起来。

千里川江，向以航道艰险而著称于世。历史上，这条江段中的急湍、险滩、暗礁、浅槽很多，一直没有得到整治，给船只航行造成了很大困难。三峡地段极其险恶，由于河床曲折狭窄，水势汹涌，礁石林立，险滩密布，形成了"三里一弯，五里一滩"的重重障碍，严重地威胁着船舶行驶的安全。轮船根本不能夜航，小型的客货轮也只能在白天无雾的情况下，勉强航行；木船逆水上行，则要靠人力拉纤，才能过滩。洪水季节，水流紊乱，涡旋翻滚，惊险万状。

新中国成立后，川江迎来了光明。从 1953 年起，经过炸礁治滩，疏浚航道，筑坝导航，大大改善了川江航运条件。近三十年来，整个川江共治理滩险 150 多处，总工程量达 400 多万立方米。并在 1959 年就实现了航标电气化。千古以来川江不夜航的陈规已被打破。1973 年，长江出现了近 36 年来最枯的水位，川江航道仍然畅行无阻，大型船队日夜航行。目前，长江上游船舶的运输能力已经有了翻天覆地的变化，沿江两岸的各个港口码头更是热闹非凡。

2. 山城·雾都

从宜宾到奉节，长江流经四川盆地，两岸有许多重要的沿江城市。这些城市有一个共同特点，就是绝大多数位于长江和它的支流的汇合处。如岷江口的宜宾、沱江口的泸州、嘉陵江口的重庆、乌江口的涪陵等。由于它们分别是各支流通往干流的门户，自然而然地就成为重要的港口，进而发展为地方性的经济中心。重庆是最为突出的例子。

沱江（左）与长江汇流处的泸州市（摘自《人民画报》，1977年8月）

重庆是长江上游最大的城市，位于嘉陵江与长江的汇合口，向有"山城"之称。它的境内多山，而城市又主要建筑在两江之间形如半岛的丘陵上，房屋、道路顺着山势参差错落，层层分布。白天看山城，山水交映，层次分明，有鲜明的立体感。夜晚登高望远，遍山灯火，映入两江，犹如水上浮宫。

重庆市（摘自《地理知识》杂志，1976年第4期）

气候上夏季炎热，秋冬多雾，也是重庆在自然环境上的一个显著特征。重庆高温季节长达5个多月，5月初已是炎风暑雨，9月底才稍见秋意。据统计，全年日平均气温超过30℃的约有90天，超过35℃的有34天，极端最高气温到过43.9℃。

造成重庆和武汉夏季特别热的主要原因是地势的影响。这两个地方都在长江流域的盆地里。从海洋上吹来的东南风，由于来到这些盆地的路途上，遇到许多山地、丘陵阻拦，所含水汽有相当大的部分变成雨降下去了，到达盆地时，水汽已经不多，加上它是从山地向盆地吹，由高处往低处吹，不但不能凝成雨，反而变得愈来愈干，气温也愈来愈高。另外一个原因是盆地中风速小，重庆 7 月份平均风速是每秒 1.1 米，武汉是每秒 2.2 米。至于南京夏季特别热的原因，主要是由于盛夏 7 月梅雨期已过。天气晴朗，日照强烈，同时又长时间处在太平洋副热带高压楔控制下，高空有下沉气流。地面热量不易散失，因此气候炎热。

重庆多雾，尤以深秋和冬季最多，冬季大约平均每 5 天就有 4 天是雾日或阴天。一年之中，平均有 93 天半是雾日，多的年份有 150 天，最多出现过 205 天。在雾天，白茫茫的浓雾笼罩着一切，中午，汽车还要开灯行驶，船只不得不抛锚停航。有时终日浓雾不散，甚至连续两三天不露太阳。

为什么重庆多雾呢？

这是因为，重庆附近空气比较湿润，全年相对湿度达 80% 以上，周围有高山阻挡，地面又崎岖不平，风力不强，空气中的水汽不易吹散。每当天气晴朗、微风吹拂的夜晚，地面散发出来的热量急剧冷却，靠近地面的潮湿空气，由于温度迅速下降，空气里含水汽的能力变少，一部分水汽凝结成无数细小的水滴，飘浮在贴近地面的低空，形成了雾。特别是冬季，由于日照时间较短，太阳辐射微弱，白天虽能使雾变得薄些，却往往不能使雾气消散，到了日落以后，由于盆地地形的影响，山坡上密度较大的冷空气会向盆地底部下沉，积聚在盆地底部，更有利于雾的形成。这就是重庆有"雾都"之称的来由。

重庆城市的发展与河流有密切的关系，这从它的名字的演变可以得到证明。重庆古有巴国，秦始皇统一全国后设巴郡，是当时全国三十六郡之一。"巴"相传是因嘉陵江水道曲折，如"巴"字而得名。巴国和巴郡都要以重庆为中心。因为它傍依两江，三面环水，好像江中之洲，当时就叫江州。隋朝时，又因它在嘉陵江之滨，而嘉陵江古称渝水，故改名渝州。重庆简称"渝"，就是这样来的。可见，长江和嘉陵江两条河流，对于重庆的发展，关系非常密切。两江汇口附近，由于水运方便，就成了最早的城市核心所在的地方。

3. 岷江和都江堰

岷江发源于川西松潘高原（海拔 3000 多米）上的岷山弓杠岭和朗架岭。

它的东源起于分水岭海拔 3727 米的弓杠岭南麓的板隆沟，西源则在分水岭海拔 4610 米的朗架岭，两河在松潘元坝乡虹桥关汇合，成为岷江的主源头。岷江上游山高谷深，水流湍急；到了灌县附近，地势突然低平，水流速度才缓和下来，到乐山，它和青衣江及大渡河两条支流汇合。从此南流，在宜宾注入长江，全长共 735 千米，流域面积 14 万平方千米，全河落差 3560 米，水力资源 1300 多万千瓦。

在长江的支流中，论长度，岷江并不突出，但是水量和水力资源却是首屈一指。由于岷江流域所处的四川盆地西部是我国多雨的地区之一，向有"西蜀漏天"之说，因此岷江水量特别充足，相当黄河的 2 倍还多。加上干流上游和大渡河等支流都是激流奔腾，水力资源的蕴藏量很大，要占整个长江水系的五分之一。

岷江在灌县以下，由于流速变慢，从上游冲来的大量泥沙石块便沉积下来，冲积成一块扇形平原。主要由于岷江、沱江及其支流的冲积扇的联缀发育而形成著名的成都平原。平原地势由西北向东南微微倾斜，稠密的河渠循冲积扇面灌溉几百万亩农田，使成都平原成为"天府之国"的精华。

但是，在成都平原上的河道没有整治之前，河道从上游特别是岷江从上游带来的泥沙石块，逐渐把河床淤塞填高。每逢融雪和多雨季节，洪水宣泄，泛滥成灾。水退河干以后，又常出现旱象。

两千两百多年前，秦国蜀郡郡守李冰组织广大劳动人民，选择灌县一带，"壅江作堤"，兴建都江堰水利工程。工程建成后，引来了充沛的岷江水，"灌溉三郡，开稻田，于是蜀沃野千里""天下谓之天府"。水旱频繁的成都平原，一变而为谷仓了。

都江堰工程位于岷江中游的灌

李冰石像

二、长江巡礼

y

261

县，它由都江鱼嘴、飞沙堰、宝瓶口三个主要工程以及成千上万条渠道与分堰组成。

当岷江水从崇山峻岭中奔腾而下，流到灌县城外的玉垒山下时，便被都江鱼嘴工程把江水分为两股。在鱼嘴南面的叫外江，是岷江的正流，除了灌溉外，主要是排泄洪水。在鱼嘴北面的叫内江，主要是灌溉农田。鱼嘴后面是由无数巨大的鹅卵石筑成的内、外"金刚堤"，它和都江鱼嘴连成一个整体，是分水工程的主要部分。金刚堤后面紧接着是长约 180 米的"飞沙堰"（溢洪道）。内江水流到这里，因为峭壁临江，水流湍急，容易横决。飞沙堰可以泄洪水、排沙石，使内江水保持适当的水量。在飞沙堰后面就是"离堆"巨崖，崖下便是"宝瓶口"工程。这个工程为内江打出了一条通畅的水路，使岷江水自流灌溉成都平原上的农田。

都江堰渠首
（摘自《人民画报》，1977 年 7 月）

都江堰的引水口"宝瓶口"
（摘自《人民画报》，1977 年 7 月）

在都江堰二郎庙前的一座石碑上，书刻着对这座水利枢纽工程进行使用、管理和维修的完整制度："深淘滩，低作堰，六字旨，千秋鉴。挖河沙，堆堤岸，砌鱼嘴，安羊圈，立湃阙，留漏罐，笼编密，石装健。分四六，平潦暵，水画符，铁椿见。岁勤修，豫防患。遵旧制，毋擅变。"

2200 多年来，都江堰工程使人们在一定程度上做到了"旱则引水浸润，雨则杜塞水门"，为成都平原的抗旱防洪增添了巨大力量。经过劳动人民世世代代持续不断的维修和改造，灌溉面积逐步扩大，到清代还能灌溉农田300万亩，成为我国规模最大的古老灌区之一。

但是，到了国民党反动统治时期，都江堰灌区的灌溉面积不但下降到只有200万亩，而且由于年久失修，整个工程体系支离破碎，灌区里渠道淤塞、紊乱，曾经标榜是"水旱从人"的成都平原上，水旱灾害相继出现。1943年7月，岷江泛滥成灾，都江堰灌区里60处干渠引水口全部被泥沙壅堵，成都平原上90%的稻田无法灌溉。以后，1947年和1949年，岷江两次来洪把内江排洪工程"飞沙堰"全部打乱，沿江两岸大片田园被一扫而光，成都市低洼处浊浪漂舟。

三穿龙泉山的隧洞之一，全长6.5千米
（摘自《人民画报》，1977年7月）

都江堰外江节制闸
（摘自《人民画报》，1977年7月）

新中国成立后，党和人民政府对都江堰的恢复和发展十分重视。整个都江堰灌区经过大力治理，不断扩建设施，已把过去那种"长、多、宽、浅、乱"的渠道系统，改造成沟直、路平、园田化。灌区面积由新中国成立初期的12个县、市，扩大到今天的27个县、市，由灌溉200万亩扩大到800多万亩。

1974年4月，都江堰水利枢纽工程的重要部分——外江节制闸胜利建成。这座高12米、长104米的钢筋混凝土大闸，电动节制水流，使都江堰在排洪、灌溉、运输和供水等方面发挥更大的作用。今后，一个横越岷、沱、涪三江流域的都江堰水利工程，将以更宏伟的规模出现在长江上游。

二、长江巡礼

4. 奔腾的大渡河

大渡河发源于四川、青海两省交界的果洛山，自北而南，流经阿坝、甘孜、雅安、凉山和乐山等地区，全长1155千米，流域面积92000多平方千米。上游有杜柯河、麻尔柯河和梭磨河，三者汇合于可尔因称大金川，在丹巴纳小金川后始称大渡河，在乐山附近有最后一条支流青衣江汇入后，至乐山城南注入岷江。

大渡河两岸削壁千仞，河床暗滩隐滩林立，水急浪大，是一条惊险万状的峡谷河流，它自源头到河口总落差3600多米。由于中上游有冰雪融水补给，下游又是四川省多雨地区，因此水量极为丰富，河水奔腾急泻。

沿途山河壮丽，气象万千。人们习惯地把泸定以上称为上游段，其中可尔因以北各支流蜿蜒于雪山草地之上，河床下切不深，河谷宽浅，河滩广布，入冬河水封冻，人、畜过河如走平地。这里又有许多宽广无垠的大草场，每当夏季，异花盛开，五彩缤纷，风光诱人。

可尔因以下，河流穿行于横断山脉的东北部。河床强烈深切，河谷急剧收束，一些地方仅宽百米，谷坡陡立，石峰嶙峋，尤其是丹巴附近切割成90°的悬崖绝壁，流急浪大，水声如雷，数里以外都可以听到。河中巨石横梗，险滩遍布，河床极为复杂，这一河段素有"大渡河的险关"之称。

泸定至铜街子为中游段，它右傍大雪山、小相岭，左控夹金山、二郎山、大相岭等巍峨大山，山高谷深，水急浪汹。尤其泸定至石棉段，两岸皆是群峰突兀，怪石峥嵘，水流急湍澎湃，形势格外险要。这里最引人入胜的山峰首推大雪山主峰贡嘎山，它海拔7590米，不仅是四川第一高峰，也是世界有名的高峰之一。它与泸定直线距离不到50千米，可是相对高差竟达6000多米。其地势的悬殊为世界其他地方所罕见。石棉以下，大渡河折向东流，河道迂回曲折，在局部红色砂页岩地区，河谷较为宽敞，出汉源后，复入于高山峡谷之中，"抬头一线天，低头江水翻"，就是这里最生动的写照。

铜街子以下为下游段，大渡河切穿了山势峻拔、森林翁郁的大凉山和风景秀丽的峨眉山缺口，江水一泻千里地进入了梯田层层的红色丘陵和平畴沃野，农业富庶的乐山小平原。由于河道开阔，比降减小，泥沙开始大量沉积，洲滩、岔道普遍发育，江中千舟竞发，万木争流。

奔腾的大渡河，流域辽阔，地形复杂，气候多样，物产丰富，是四川省一条重要的河流，大渡河自金川以下，由于北有连绵起伏的高原为屏障，阻挡了北方寒冷气流的入侵。同时峡谷地形闭塞，热量也不易散失。因此河谷底部终年温暖，年平均气温在 12 ～ 18℃，无霜期达 180 ～ 320 天，作物一年两熟到三熟，农业相当发达。这里中稻分布到海拔 2200 米，是四川省中稻分布最高的地区之一。中下游河谷平原适宜双季稻生长。高寒地区气温虽低，但太阳辐射强烈，日照丰富，可种植春小麦、青稞和洋芋，作物分布高达 3500 米左右，在上游气候凉爽，牧草丰盛的地方，饲养着数以万计的绵羊、牦牛、马等牲畜，是四川省主要畜牧业基地之一。

大渡河两岸分布着茂密的原始森林。森林面积约占四川省的 15.3%，蓄积量占 26.1%，在四川省各流域中仅次于雅砻江。这里有参天蔽日的云杉、冷杉、铁杉和桦木。森林里生活着大熊猫、金丝猴、扭角羚羊和白唇鹿等世界上稀有而珍贵的动物。

在 3000 米以下的大渡河谷里，盛产着亚热带到温带的各种水果。其中最负盛名的是金川雪梨，它以皮薄、核小、水多、味甜而受到省内外的好评。其他如汉源的梨、核桃和柑橘，泸定的香桃，金川的柿子也很有名。

大渡河流域还有畅销国内外的贝母、虫草、大黄、羌活、麝香、鹿茸等重要的动植物药材，以及油桐、白蜡、蚕桑、茶叶、花椒等林副产品。其中，汉源的花椒，具有芳香浓，麻味足、油质重、色泽好等特点，在国际市场上享有盛誉。

大渡河又蕴藏着巨大的水力资源，仅干流蕴藏量达 1660 万千瓦，为四川境内其他河流所不及。目前长江上游最大的水电站——龚嘴电站就建在乐山市的高山夹峙的大渡河上。它以发电为主，电站安装的大型水轮发电机组，总容量相当于新中国成立前的四川省总装机容量的 15 倍。

它还兼有防洪的效益，并为航运、灌溉、水产养殖等综合利用创造了有利条件。

大渡河流域还埋藏着种类繁多的矿产，金川、泸定等地的金、银开采历史悠久，丹巴县的云母，石棉县的石棉驰名全国。煤、铁、铜、铅、锌、羌镁矿、石膏、磷和稀有元素也很丰富。

大渡河上的龚嘴水电站（摘自《人民画报》，1978 年 2 月）

　　"大渡桥横铁索寒"，毛主席在《七律·长征》一诗中这样写道。著名的大渡河铁索桥（泸定桥）就在泸定县城西门。1935 年 5 月 29 日，22 位工农红军勇士，冒着密集的枪弹，手攀桥栏，脚踏铁索，腾空在咆哮的大渡河上，从火焰中冲入敌人阵地，取得"飞夺泸定桥"的胜利，开辟了红军继续北上抗日的道路。

5. 嘉陵江

　　嘉陵江发源于陕西省凤县东北部的嘉陵谷，西南流到略阳县北，与源出甘肃省南部的西汉水汇合南下，始称嘉陵江。

　　嘉陵江从源地南下，流经陕南、甘南的高山深谷，进入"天府之国"后，奔腾在郁郁苍苍的大巴山、剑门山之间，在广元市附近接纳了白龙江[1]。向南越过丘陵起伏、田畴相望的川中盆地，在重庆注入长江，全长 1119 千米。

---

　　① 白龙江源出甘、川边境岷山北侧，东南流过甘肃省南部，到碧口附近，纳支流白水江后，水量大增。白龙江和淮河、秦岭同为我国自然地理上的南北分界线。

从地图上看，嘉陵江水系好比一棵大树，枝茂叶繁。你瞧，它的上游，广元以上的西汉水和白龙江等，水系纷繁，向北展布，至合川附近，先后更有渠江，涪江汇入。渠江干流发源于川北米仓山，上游有许多支流，大部分都源出大巴山麓；涪江源出松潘草地，上源和岷江非常接近，渠江和涪江各自拥有一个较大的流域。

在整个嘉陵江流域广达 16 万平方千米的土地上，汇合着白龙江、渠江、涪江等 144 条大小支流，形成叶脉状的庞大水道网，连接着陕、甘、川的略阳、成县、广元、合川等五十多个县市，滋养着勤劳勇敢的 4000 多万汉、藏人民。在万里长江的许多大支流中，它的长度仅次于汉江和雅砻江，平均每秒钟倾注 1970 立米水量给长江，壮大着大江东去的浩荡声势。

"千里嘉陵江水色，含严带月碧玉兰"，这是唐代诗人李商隐对嘉陵江的描绘。春天，嘉陵江烟树晴润，和风习习，夹带的桃李槐花，使一江都飘散着清香；秋日，含蓄的远山像锦屏一样，静悠悠地映照着江上烟帆，别有一番景色。

说到嘉陵江的景色，值得特别一提的还有"小三峡"，合川以下，因为支流的汇合，嘉陵江水量骤增，奔腾浩荡，滚滚向前，以不可阻挡的气势，切断了挡住它流路的华蓥山脉南段，形成了三个险峻的峡谷：从北到南，依次为沥鼻峡、温塘峡、观音峡。这三个峡谷，雄奇瑰丽，犹如长江北三峡的一幅缩影，素以"小三峡"著称。

小三峡是重庆的著名风景区，从重庆乘船，溯江而上，三个多小时就能到达观音峡。观音峡以江岸有观音山得名。这里险要、雄奇：山高崖陡、峭拔幽深，最狭处只有百余米，颇有"船在江中过，仰望一线天"之感。峡谷中部，瀑布从山崖上飞溅而下，分为三叠，恰似一匹银练从天降。峡口处，大桥雄踞，气势壮观。温塘峡，清秀绮丽，久负盛名的北温泉就在这里。温塘峡就因温泉而得名。这里山势高峻，高山含烟耸翠，流水清澈透明，山崖上松竹繁茂。附近有缙云山、温泉等瀑布，风光尤其妩媚。由温塘峡北上，可达沥鼻峡。沥鼻峡以江岸有石灰岩洞如鼻得名。谷形宽展，峡坡稍缓，两岸山地低平。山上林木苍翠，生机勃勃。

嘉陵江两岸，自古以来就是粮棉产地，丝绸之乡。南充的绸绫，在唐朝就"名重长安"。小三峡地区是全国著名的柑橘产地，蚕桑也居重要地位。苍溪的雪梨，很早就以香甜播誉天府。山地林木葱郁，有众多的林业副产，多种药材和著名的四川银耳。天府和中梁山的煤，贮量大，质量好。

嘉陵江干支流航运都比较发达。但是，"想起从前嘉陵江，滩多水浅行船险，冲毁土地又淹田。沿江人民苦难言"。新中国成立后，它的面貌一新，过去密布江中的礁石和200多个险滩已全面整治。重庆至广元的近千里航线上，轮船终年畅通无阻。

嘉陵江流域还是个古战场。战国时候，司马错伐蜀时，曾与蜀王交战于今广元一带。诸葛亮伐魏，也曾在江边大练军伍，上出师表，发明木牛流马。宋末抗元战争中的合川保卫战，明末张献忠领导的农民起义，更是彪炳史册。

嘉陵江有着光荣的胜事。朱德委员长就诞生在江边的仪陇县马鞍场，并在这里度过他的童年。1933年，工农红军曾在嘉陵江畔击败反动统治，建立苏维埃政权，播下革命的幸福种子。

6. 乌江天险变通途

乌江是长江在四川盆地的最后一条大支流。它来自贵州，到四川境内，又叫黔江，全长1013千米，流域面积近9万平方千米，要占贵州全省面积的三分之一。

乌江发源于乌蒙山区。上源有南北二处：北源叫六冲河，南源叫三岔河，两河都发源于贵州西部的草海附近。两源汇合以后称为鸭池河，向东奔流在娄山和苗岭之间，沿途接纳了好些支流，到贵州东北部的梵净山以西，北折流入四川，到涪陵注入长江。

在涪陵城北，有一道狭窄的天然石梁伸入长江江心，叫作白鹤梁。就在石梁中段的砂岩斜面上，刻着三尾石鱼和108幅题记，这一系列石刻水文资料，记载了从唐代广德二年（764年）以来1200多年中，石鱼有72个年份露出水面的日期、尺度以及叙述出水情的诗文。这是古代人民为了掌握长江枯水规律，而

乌江天险

流传下来的宝贵水文资料，对于研究长江的水文规律，制订开发长江水利资源的规划，都有重要参考价值。

清代双鱼和唐代所见鱼残迹

乌江的自然形势险峻。它的上游，河道较宽，水流平缓，中下游奔流在崇山峻岭之间，两岸山势紧逼，峭壁耸立，溪壑深陷，谷深水急，多暗礁、险滩，自古有"天险"之称。

白鹤梁石鱼题刻历代枯水水位比较图

石鱼水标设在倾斜度为 14.5° 的江心岩石上。题刻中的尺寸，系用当时（唐、宋、元、明、清）所用的量制刻在石上的。表中的尺寸，是将旧尺换算为今尺，同时扣除岩石的倾斜度后所得的数据。

乌江成为天险，这是自然界长期演变的结果。它流经贵州高原，那里在近代地质史上是地壳强烈上升的地区。地壳上升，河流的向下侵蚀作用就相应加强。再加上这里气候温暖潮湿，河水丰富，使河流的切割作用更为激烈。此外，乌江穿行在石灰岩地区，地下水也对石灰岩进行着溶蚀作用，常常形成悬崖峭壁，峡谷深达一二百米。有些地方甚至河岸直上直下，成为特殊的箱状河谷。像乌江渡附近河谷就深达 200 多米。由于乌江流经的地区地

二、长江巡礼

形崎岖，河床坡度很陡，加之水量丰富，所以水流湍急而多激流。

由于乌江流域广泛分布着石灰岩，在地形上还显示出奇峰异洞的特点。这里有宽阔的岩溶槽谷，有溶沟、漏斗、石芽、峰丛、石林、天生桥和悠深的岩洞。乌江支流清水江上游的观音洞，洞的一端就在龙里县境，要是你能带足食物和灯火，就可以随向导进去，大约在洞里曲曲折折地摸索一个多星期，从洞的另一端出来时，你已经在都匀县境了。

神秘的溶洞是令人流连忘返的，但它更大的价值还在于：不少山洞里往往堆积着质量良好的砂金、磷矿等；一些高大宽敞得惊人的溶洞，则是建设备战厂房和仓库的良好场所。是轰不垮、炸不烂的；一些岩洞的暗河里往往长年流水，永不枯竭，是兴修水利的有利条件。

乌江流域的物产丰富。在上游，蕴藏着丰富的煤和铁，以及多种有色金属如铝、铅锌和铜等。其中以水城、郎岱为中心的煤田，有"黔西煤海"之称，为西南煤炭供应基地。乌江两岸的山坡上，梯田里盛产茶叶、稻米、玉米。遵义和湄潭附近是著名的柞蚕区；乌江下游的川黔交界处，是我国重要的桐油产区。乌江水力资源蕴藏量达 800 万千瓦，要占贵州全省水力资源蕴藏量的 60%。正在加紧建设中的乌江渡水电站，是我国西南岩溶地区目前最大的一座水电工程。

乌江谷深水急。这里流行的谚语中，有"走尽天下路，难达乌江渡"的说法。新中国成立前，只能分段行驶木船。当年工农红军长征时，就在这里打败敌军，突破天险，强渡乌江，夺取所谓"一夫当关，万人莫敌"的娄山关，使敌人丧胆。在乌江支流湘江上游的遵义，当时更举行了中国共产党中央政治局扩大会议，确立了毛泽东同志在党的领导地位。当年开会的地址，已辟为"遵义会议纪念馆"，陈列着许多革命历史文物。市内还建有"遵义会议纪念公园"和烈士陵园。

天险乌江，新中国成立后在息烽以北的乌江渡新修成的近代化桥梁，联系了两岸的交通。同时，乌江经过整治，已开拓了 500 多千米的机动船航道，实现了乌江中、下游日夜全程航行。

（五）长江三峡

1. 壮丽的风光

长江在重庆市辖区涪陵、万州以上，陆续汇集四川盆地里的岷、沱、嘉、黔诸水后，水量增加了一倍以上，江面也大为展宽。重庆附近，洪水期间江宽 800 米，枯水期间也有 400 米。

但是，当浩浩荡荡的江水进入万州后，"夔州诸山逼江来"，随着两岸山峰渐渐紧锁，江面也慢慢狭窄了。到达奉节的白帝城，"长江不受山约束"，它以气吞万里的雄姿，奔流向东，劈山凿石，切开巫山，于是，"万峰磅礴一江通，锁阴荆襄气势雄"形成举世闻名的长江三峡。

三峡西起重庆奉节白帝城，东到湖北宜昌南津关，是瞿塘峡、巫峡、西陵峡三段峡谷的总称。它地跨奉节、巫山、巴东、秭归、宜昌，全长 200 多千米。

三峡大都刻蚀在坚密的石灰岩地层中，悬崖峭壁高出水面常达 500 米以上，高的更达 700～800 米，而江面收缩到宽不过二三百米。这里山高水深（最深处达 110 米），江面狭窄曲折，江中滩礁密布，江底仿佛有万把火在燃烧着，把江水煮得沸滚翻动，涡旋泡翻，它们呼喊着、跳跃着，形势极其壮观。北魏大地理学家郦道元《水经注》一书中曾经这样写道："自三峡七百里中，两岸连山，略无阙处。重岩叠嶂，隐天蔽日，自非停午夜分，不见曦月。"意思是说，三峡两岸山连山，山叠山，不到正午和半夜，看不见太阳和月亮，逼真地写出了三峡的雄伟险峻。

长江三峡为什么这样险峻呢？

这是汇流作用与地壳运动的结果。

远在 1 亿多年以前，四川盆地本来是大海的一部分，后来由于地壳上升，逐渐变成了内陆湖，湖的东侧有一条很高的巫山，那时长江的上游就在巫山东麓。巫山西侧的水就流进内陆湖中。由于流水不断冲刷着地面，在巫山分水岭，沟壑一天天扩大、加深、延长，长江的上源也在不断向上发展，终于将巫山分水岭切割出一条通道，使长江和四川盆地内陆湖连接起来。后来巫山又不断上升，同下游地面的高差不断增大，江水从高处向下流，特别湍急，把江底切割得越来越深，使两岸显得异常险峻了。

不过，从整个三峡河段的地形特点来看，这里不仅有峡谷，也有宽谷。二者是相向排列的。宽谷段河谷比较开阔，谷坡比较平缓，沿岸有较宽的滩地，居民和耕地集中，三峡地区的县城都分布在这里。即使在峡谷段，悬崖峭壁的顶部，往往也有平坡，当地叫它"坪"，有村落和田地。正如古诗所云："田野纵横千嶂里，人烟错落半山中。"

在三峡地区，由于地形的影响，日照时间短，风向固定，云雾多。如巫峡南岸的青石镇，冬季日照时间只有一二小时，夏季也不过五六小时。峡谷里风力较强，几乎固定为东西向，与峡谷方向一致，木船上行多利用东风（上风），下行多利用西风（下风）。峡内湿气蒸郁不散，易成云致雨，常连绵数日，所以"濛濛峡雨"，又成为三峡的特有景色。

三峡不但以自然景色的秀丽、峻险、雄伟著称，而且峡内多历史文物。殷商旧城，巴国遗物，秦时栈道，楚国阳台，蜀汉古城，屈子故里，香君旧居，整个三峡简直是一座历史的画廊。几千年来，三峡成了不少诗人寻幽觅胜，破浪历险的处所，有不少人到过那里，或者在那里做过官。位于瞿塘山夹口的夔府（即今奉节），可以称得上是个全国唯一的古诗城。杜甫在这里住了两年，他的诗几乎有七分之二是咏吟三峡情怀的。刘禹锡在这里做过刺史，陆游在这里做过通判，他们都写过不少三峡的诗。其他如王维、李白、白居易、李商隐、苏轼、王山谷和范成大，都在这里留下了许多诗篇。

2. 雄伟险峻瞿塘峡

奉节以下 1000 米，左岸梅溪河入口处，有八阵图的遗址。据《奉节县志》记载：孔明入川时曾在此"垒石为阵，纵横皆八，八八六十四垒，外游兵二十四垒，垒高五尺；相去若九尺，广六尺。"历史上，人们曾称赞此阵是："奇才列石尽玲珑，锐比精兵十万雄，变化能参天地秘，纵横真与鬼神通。"如果在冬青枯水季节乘船来此，还可看到约有 1500 多米长、500 多米宽、20 多米高的扇形沙洲碛坝，梅溪激流穿坝而过，水绕石丛，石击浪群，使人想起当年行营布武的阵式。

瞿塘峡
（摘自《旅游天地》，1980年第1期）

白帝山和夔门。对岸绿树成荫的山
包是白帝山，白帝城就在那里。
城的右侧是瞿塘峡的夔门
（摘自《地理知识》，1979年第11期）

白帝庙
（摘自《旅游天地》，1980年第1期）

白帝山和八阵图
近景为白帝山，左侧为瞿塘峡夔门，
前景江宽处的洲是诸葛亮八阵图遗
址。新中国成立后为了航运安全，
此沙洲已被搬掉
（摘自《地理知识》，1979年第11期）

　　八阵图的前面就是瞿塘峡口。"见说瞿塘峡，斜衔滟滪根，难于寻鸟路，
险过上龙门。"白居易诗中说的滟滪，是一块巨大的礁石，它位于瞿塘峡
口，长40米、宽15米、高25米，形如燕的窝，当地人叫它燕窝。千百年
来，奔流的江水猛烈冲击着这只拦路虎，浪涛翻卷，雷霆吼啸，始终是无可
奈何。来往的船只稍有不慎，就会被汹涌的急流冲到滟滪滩上，撞得粉碎。
1959年冬天，航道工人用三吨半的炸药，一举炸平了滟滪滩。现在乘船过
此，已感到"不知滟滪在船底，但觉瞿塘如镜平"了。

白帝庙内观星亭，六角十二
柱，相传为诸葛亮观星赏月
之处
（摘自《地理知识》，1979
年第 11 期）

白帝庙旁的东瀼出口处由倾斜岩层构成的石丘，
丘上矗立着两根高六尺四寸的大铁柱，为南宋景
定五年（1264 年）所建
（摘自《地理知识》，1979 年第 11 期）

这时，抬头前望，便是瞿塘峡的西头入口。"两山夹抱如门阙，一穴大
风从中出。"北岸的山呈赤褐色，如战士袒胛，故名赤甲山；南岸的山色灰
白似盐，因名白盐山。杜甫诗称"赤甲白盐俱刺天""众水会涪万，瞿塘争
一门"，都是写的这里的形胜。的确，这里江岸绝壁陡立，紧束河道，最狭
的地方只有 100 米，犹如两扇大门，逼锁住汹涌的江水；发怒的长江，猛
叩山崖，雷鸣咆哮，白浪如雪，最后也只好前呼后拥，闯入"门"中。这
"门"，就是瞿塘峡口的夔门。夔门因奉节古称夔州而得名，瞿塘峡因此又称
夔峡。夔门之南，山岩上刻有"夔门天下雄"五个大字，意思是天下最雄伟
的景色莫过于夔门了，夔门之北，是古雅宏丽的白帝城。

白帝城由碧瓦红墙的古建筑群组成，相传最早为王莽时期在蜀自称"白
帝"的公孙述所建，三国时刘备"白帝托孤"的地方也是指的这里。当年，
蜀国的国王刘备亲自率兵征伐东吴，为义弟关羽、张飞报仇，不料彝陵一
仗，被东吴大将陆逊火烧连营七百里，大败而归。刘备退到白帝城，无脸
回成都见群臣，就在白帝城修了永安宫，安顿下来。不久忧郁而死。临死
前，他把国事和儿子刘禅托与诸葛亮。因为有这段故事，白帝城成了历代文
人喜欢游历的地方。李白、杜甫、刘禹锡等著名的大诗人，都在这里留下了
诗篇。

"朝辞白帝彩云间，千里江陵一日还。两岸猿声啼不住，轻舟已过万重山。"李白这首脍炙人口的七言诗，更使白帝城名传遐迩。你看，早晨从白帝城乘船出发，路远千里的湖北江陵，一天之内就到达了。顺水东行，确实很快。因为，三峡内水流急湍，最大流速为每秒 7～8 米，也就是每小时达 25～28 千米，差不多与汽车行驶一样快。但是，在当时条件下，"朝发白帝，暮到江陵"是不可能的，而且在险峻的三峡中行船，船工们冒着生命危险，他们只听到两岸荒山丛林中的凄厉的猿声，根本不存在诗人描写的那种轻快的心情。至于逆水西上，可就困难万分了，过去没有轮船，要过一个急滩，必须有很多人在岸上排起队来，用纤绳拉船，方得缓慢前进。

瞿塘峡自奉节县白帝城至巫山县黛溪镇（一名大溪镇），全长 8 千米，人在船上只有抽两支烟的工夫就经过了。然而，这一江段，却是三峡中最迂回曲折、险峻雄伟的地方，湍急的江水，蜿蜒于深邃的峡谷中，两岸悬崖峭壁，形同刀削斧砍，直立如樯。峰顶似剑锷刺指青天。江面最宽不过 150 米，狭窄处还不足百米，江水最大流速达到每秒 8 米，每小时 20 多千米，"扁舟落中流，活如一叶飘"。人在船上瞻望，只见云天一线，峰云相连，真有"峰与天关接，舟从地窖行"之感。有时远处壁崖排闼，迎面冲来，使人疑入绝境，但峰回路转，突然又一水相连，每当晴日窥照到江面之时，日蒸雾气，彩虹绚丽，阴霾之日，云铺深壑，紧掩危岩，滚滚白云，伸手可握。郭沫若在诗中这样描述过："若云风景异，三峡此为魁。"

瞿塘峡中的风景名胜比比皆是，主要有铁锁关、偷水孔、孟良梯与倒吊和尚、盔甲洞、犀牛望月、粉壁堂、风箱峡、黛溪文化遗址等。"七道门"溶洞奇景、"间隙泉"飞瀑奇观、"天梯津隶"石凿栈道，也都是引人入胜的佳景。

3. 山水画廊说巫峡

出瞿塘峡口东行，进入大宁河宽谷，这段宽谷长约 29 千米，可观赏的佳景中，南岸有错开峡——在龙洞修道成仙的巨龙，奔海走迷了路。因错开一峡被绑上锁龙柱，斩于斩龙台上；错开峡的半腰，远望有山突出如台，上有石峰耸立如龙足，与传说相应。北岸有楚阳台——战国时楚王西行避暑，在此修过行宫。再往下行，隔江相对，北面是古城巫山，远古时代是著名巫医巫咸的封地，死后葬于此，因名巫山，南面是"南陵羊肠"，宋代黄庭坚诗"一百八盘携手上，至今旧梦绕羊肠"，就是指的这里。如今，这里是"羊肠遗址仍可观，更有公路四百旋"了。

过大宁河宽谷，前去就是"一条迂回曲折的山水画廊"——巫峡。它横岭川、鄂两省，西起重庆巫山县大宁河口，东至湖北巴东县官渡口，绵延40千米，是三峡中最长、最整齐的峡谷。舟行巫峡中，时而大山当前，"石出疑无路"，忽而又峰回水转，"云开别有天"。眺望两岸山峦，峭壁上奇峰突兀，千姿万态，云雨变幻，须臾无穷，著名的巫山十二峰就在这"白壁苍岩无数重"之中。

"放舟下巫峡，心在十二峰"。进入巫峡不久，巫山十二峰就渐次舒展在眼前。往北看，依次可辨出六峰，即若巨龙飞天的登龙峰，常年倾吐清泉的圣泉峰，彩云时散时聚、缭绕不绝的朝云峰，亭亭玉立若一女郎遥望彩霞的望霞峰，古松葱郁、枝繁叶茂的松峦峰。众石排列如仙相聚的集仙峰。往南看，有一小溪深入长江，叫青石溪，溪之西有一山脊形似展翅欲飞的凤凰，名飞凤峰；溪之东有一小镇，曰青石村，村后有一峰耸翠如屏，名翠屏峰，下峙一峰，横空而出，时有白鹤栖聚，名聚鹤峰，另有净坛、起云、上升三峰，乘船不可前往，须随飞凤峰下的小溪寻径深探，所以陆游诗中有"十二巫山见九峰"之叹。

巫山十二峰都有美丽的传说。相传古时候有十二位天女悄悄到人间游玩，看见巫峡航道险阻，决定留在这里保护过往的船只。日久天长，十二位天女化成了十二座山峰。其中最为高峻绮丽的是望霞峰。

望霞峰，相传它是西王母的小女儿瑶姬化成的。当瑶姬腾云来到巫山上空时，看到一群孽龙在天空殴斗，骚扰百姓。她便停了下来，用雷劈死孽龙，为民除了害。后又帮助夏禹凿开三峡，疏通九水，为行船导航，为农民保丰收，为行船谋安全。老百姓为了供奉她，特地在望霞峰隔江相对的飞凤山腰，修建了一座神女庙；她为了报答老百姓的深情，就化成了山峰——望霞峰。她每天第一个迎来朝霞，又最后一个送走晚霞，缭绕的彩云恰似她身披轻纱，微微弯起的山势又似她俯首察看江面，当地人直呼她神女峰，毛主席在《水调歌头·游泳》词中的"神女应无恙，当惊世界殊"，这里的"神女"指的正是这座"神女峰"。

神女峰玉立在长江北岸的一个高峰旁边。从神女庙仰望神女峰是最好不过的地方。在这奇峰云集、雄江雪涛之间，在缥缈高远的山巅上，一石如俏丽的妙龄女郎临江而立，怎能不激起人们无穷的幻想呢，在民间，关于神女的传说至少也有几千年了。

巫峡

（摘自《旅游天地》，1980年第1期）

圣泉峰，笔立如削，似一个挂着银牌的狮子头。峰下有一清泉，长流不息，注入长江

（摘自《地理知识》，1974年第5期）

松峦峰近影

（选自《地理知识》杂志，1974年第5期）

集仙峰，位于长江北岸，形如一把张开的剪刀，又名剪刀峰

（摘自《地理知识》，1974年第5期）

二、长江巡礼

神女峰，峰中兀立的石柱是神女石　翠屏峰，位于长江南岸，形如一面苍翠的屏峰，
（摘自《地理知识》，1974年第5期）　　突起于平缓的山坡之上
　　　　　　　　　　　　　　　　　　　　（摘自《地理知识》，1975年第5期）

欣赏至"山水走廊"后，前面又是一条宽谷（香溪宽谷），长约45千米。宽谷东端的秭归，是战国时期楚国的伟大爱国诗人屈原的故乡。在香溪镇换乘当地班轮上行，入秭归县城，谒屈原故里牌坊、屈原故里碑，到文化馆观屈原石像和出土文物。再由县城乘车经香溪镇折向北行约十余千米，在三闾镇（因屈原曾经任三闾大夫官职而得名）前面，渡香溪上的余家渡口，穿过风景幽丽的七里峡，就到了屈原诞生地——乐平里。在乐平里附近，有不少关于屈原的遗迹，如读书洞、照面井、响鼓岩、擂鼓台、屈原庙、香炉坪、玉米三丘等。

此外，沿着香溪上行九十里，来到兴山县，便是汉妃王昭君的故乡。"群山万壑赴荆门，生长明妃尚有村"。杜甫诗中说的明妃村，当地叫昭君村，在城郊五里的城关乡宝坪新修复了楠木井、梳妆台等纪念昭君的古迹。

在长江南岸的巴东港，宋代爱国文官寇准及第时，以19岁的年纪在这里做过县令，曾在后山建秋风亭吟诗作赋，秋风亭至今仍在。

4. 滩多水急西陵峡

从秭归东边的香溪口顺流而下，直到宜昌市的南津关，全长76千米，滩险水急，属三峡中的最后一峡，人称西陵峡。

西陵峡（摘自《人民画报》，1977年9月）

西陵峡长约33千米。它被庙南宽谷（庙河到南沱），分成东西两段，西段俗称西陵上峡，东段俗称西陵下峡。

从香溪口进入峡中，很快就到了西陵第一景，即兵书宝剑峡。此景在峡谷北岸陡岩石缝里，看去好似放着一个像书卷的东西，相传为诸葛亮的"兵书"。"兵书"之下，又有一突出的长石，像一把宝剑直插江中，谓之"宝剑"。据说诸葛亮遗存二物在这里，是用来激励后人不畏艰险，上危岩取书操剑，练出超群本领的。还传说诸葛亮曾在这一带囤米粮，发军饷，所以兵书宝剑峡又叫米仓峡。其实，经人们实地考察后认为，那"兵书"不过是古代悬棺葬的遗物。"宝剑"则是石灰岩崩塌垮落而形成的剑状石块。

从兵书宝剑峡下行4千米，就到了著名的险滩——青滩。这里，乱礁麇集，航道弯窄，可通航处的宽度只有30～60米。这里水流湍急，落差甚大，滩长一里落差竟达8米。下滩如离弦飞箭，上滩却似爬"天梯"。过去，船只入川，全靠人拉纤，逆水上行。"血汗累干船打坏，要过青滩难上难，触礁沉船的事故层出不穷；北岸遗留的一座"白骨塔"，就是以堆积死难船工的尸骨而得名的。

往下不远处是西陵第二景：牛肝马肺峡。此景也在北岸，千仞绝壁间，东边悬挂着一团褐色的页岩，形似牛肝，西边垂挂着半堵肉色的巉岩，上生一株小树，形像马肺，牛肝马肺峡就是这样得名的。1900年帝国主义的侵略船打着"打通川江""开发天府"的旗号，闯进了西陵峡，开炮把"马肺"打掉了几叶，所以至今只存半堵巉岩。1961 年郭沫若游此，"兵书宝剑存形似，马肺牛肝说寇狂"的诗句，怒斥了侵略者践踏我国大好河山的罪行。

出牛肝马肺峡继续东下，只需十来分钟，便到了又一著名险关：崆岭峡。此峡因崆岭滩而得名。"青滩、泄滩不算滩，崆岭才是鬼门关"一块长达 200 多米名叫"大珠"的礁石纵卧江心，强将航道分割为南北两漕。航漕内，礁石犬牙交错，流水狂突，惊涛骇浪，轰隆作响。多少年来，船过这里时，总是人货下完，空船过滩，因而称为"空舲"。崆岭即由"空舲"二字转化而成的。

崆岭滩附近的南岸，有一脉岩石极像黑人牵黄牛，称为黄牛山。由于此段上行船尤为艰难，虽数日拉纤，黄牛山仍在视野之中，所以自古就有"朝发黄牛，暮宿黄牛，三朝三暮，黄牛如故"的民谚。李白也有"三朝又三暮，不觉鬓成丝"的哀叹。新中国成立后，青滩、泄滩、崆岭滩经过整治，数千吨的轮船都可以安稳地通过，"鬼门关"已经成为历史陈迹了。

崆岭滩以下是庙南宽谷。这段宽谷内有黄陵庙，现存禹王殿是供祀夏禹的所在，殿宇建筑美观，尚有碑刻题记等文物。

继续往下便是西陵下峡了。下峡段长约 24 千米，其间灯影峡景致异常，船行峡中，清幽超绝，而尤为奇妙的是南岸马牙山上的那四块玲珑的石头，形象很像神话小说《西游记》中的唐僧、孙悟空、猪八戒和沙和尚。孙悟空瞭望开路，猪八戒牵马过山，唐僧岸然端坐，沙和尚经书担肩上，形象逼真，栩栩如生。当晚霞透射峰顶，放眼望去，像灯影戏中的剧中人，所以叫"灯影峡"。

西陵峡出口的北岸，还有一个三游洞，洞高 5 米、宽 23 米、深 26 米，洞石褶皱起伏，断裂纵横，鲜艳玲珑，奇丽多姿，俨如一个宏华的洞府。北洞最先由唐代诗人白居易和其弟白行简，以及他的好友元稹所发现，畅游中咏诗作词于洞中，称为"三游"。宋代又有苏洵、苏轼、苏辙父子三人游洞咏诗，称之"后三游"。洞内壁刻密布，还有明万历年间夷陵（今宜昌）知州匡铎重刻的白居易《三游洞序》碑。由山洞登山远望，居高临下，可一览大江奔泻出峡，扑向江汉平原而去的壮丽景色。

三游洞（摘自《旅游天地》，1980年第1期）

5. 神农架搜奇

"我是1975年5月的一天看见野人的。那天，我刚刚爬到一个小平台的灌木丛旁，忽听右侧有声响，回头一看，一个巨人站在我跟前，浑身是毛，六七尺高。我当时被吓得魂飞天外，连呼救命。可是，深入密林之中，哪来救命之人呢？慌乱中，我想举起手中的棍子进行自卫，但这只是徒劳。当我把棍子刚举起来就被它抓住了。这时野人眯着眼睛笑起来。过了一会儿，我感到被踩着的左脚有些松劲，于是就慢慢地往回收，终于摆脱了它的威胁。我随即拔腿逃命……后来被村民扶回家，连服了半月中药，方才开口能语。"

一位饲养员于1975年5月的一天遇见"野人"时的情景

二、长江巡礼

这是一位平素为人诚实的饲养员，向前来神农架地区从事科学考察的科学工作者，讲述他遇见野人并被野人抓住棍子、踩住脚的情景。

在神农架发现野人这并非首次。1976年5月14日凌晨1时，一辆吉普车开到房县与神农架交界的椿树桠地方，车上是开会回来的林区党委的5位领导干部。突然，他们看到前方公路旁有只直立的动物在移动。司机小蔡开亮车灯，加快速度朝它开去。这只动物受惊后连忙往公路边的山崖上爬去，可是岩壁高陡，它没能爬上去而滑落下来，冲过来的车子嘎地一声停了下来，差点撞到它身上。这只"动物"一转身，以前肢着地，抬起头来，两只眼睛盯着车灯，形成前低后高，像人趴着的架势。

这时，小蔡在车内直按喇叭，放大车灯，其他5人赶忙下车，分两路包抄过去，就在相距一两米的位置，看得很清楚，是一头棕红无尾的奇异"动物"，谁也不敢走近它。

后来，一位老周同志在地上摸了块石头，打在它的屁股上，这只奇异"动物"转过头来，缓慢地顺沟而下，然后拐向左侧，爬上了斜坡，进入林中消失了。

此次遭遇后，中国科学院正式组织了"鄂西北奇异动物考察队"，成立了近十个考察小组和两个穿插考察支队，深入神农架一带的原始森林里，探查是否存在野人群体生活和繁殖的环境条件。历时八个月，考察队行程5000千米，走访目击者160人。目击者中，既有当地党政领导、基层干部，又有科技人员、社员和学生。既有被野人追赶过的，也有挨过野人一巴掌的。还有人曾用"套子"套住过野人，但聪明的野人却解开套子"不辞而别"了。在考察中，还有群众反映曾看到野人骑在野猪背上，一上一下，发出叫声，训斥、驾驭野猪的奇妙而有趣的情景。综合60多位目击者的叙述，野人的形象大体是：成体高约2米，身上长红色或棕黑色毛发，头部较人大，眼凹嘴凸，时常发笑，能模仿一些鸟兽的叫声，发出"呻——""吱那——"等简单联络信号，双脚直立行走，无尾，能攀援上树，多单独活动，不会使用天然工具。

科学工作者还在神农架一带获得了不少有价值的实物，如从几处获得了野人身上掉落的毛发，初步鉴定属于高等灵长类；发现几十个野人脚印，并拍成照片，已浇铸成石膏模型。据初步分析，这些脚印兼有人和猿的特点——前宽后窄，缺乏足弓，拇指略分。还找到了五堆野人粪便，证明它们以草杨梅、桑葚果、嫩树叶等为食。科学工作者根据已经获得的资料，对野人的生活习性、行为特点和联络方式进行了大胆的推测和设想，并在继续进行科学观察。

神农架一带有许多关于野人的传说，清代同治九年（1870年）的《郧阳府志》有这样的记载：房县的"房山在城南四十里，高险幽远，四面石洞如房，多毛人，修丈余，遍体生毛，时出山啮人鸡犬，拒者必遭攫"。不久前，考古工作者从房县红塔乡高碑汉墓群中，发现了铜铸的摇钱树九子灯的残片，其上刻画有"毛人"的形象，可以看出它带有粗重的眉嵴，有点像猿。顺便提一句，1971年，在山东曲阜孔庙里发现的一块"鱼、猿、人"汉画上，就有猿（毛人）的形象。

山东曲阜孔庙发现的"鱼猿人"汉画

再往上追溯，楚国的大诗人屈原在《楚辞·九歌》中有一首《山鬼》的辞，有人认为其中的"山鬼"就是野人。辞曰"若有人兮山之阿。被薜荔兮带女萝。既含睇兮又宜笑。子慕予兮善窈窕""山中人兮芳杜若。饮石泉兮阴松柏用水"等。据明末清初的王夫之注释：山鬼，"枭阳之类是也。昼依木以敝形……此盖深山所产之物，亦胎化所生，非鬼也。"按王夫之注，"若有人"意即仿佛像人、似人，"又宜笑"和"善窈窕"，乃指"山鬼多技而媚人"。将这段辞译成白话文，就是"它像人一样站立山梁，身披薜荔藤和松萝蔓，既羞怯含笑，又风韵多姿。""它欣赏杜蘅草。喝山中清泉，居住在松柏树荫之下。"屈原是楚国人，对湖北境内的野人颇为熟悉，因而对野人的形象和习性描述得既生动细微，又富有情趣。《山鬼》是历史上第一篇描写野人的文学作品。

屈原的故乡是秭归，就在神农架附近。在秭归改乘汽车沿香溪河谷北上，经兴山游昭君塞，出"昭君故里"不到10千米，就进入位于湖北省西部的神农架了。它的面积广达3253平方千米。区内群峰林立，由石灰岩、砂岩构成脊岭高耸，屈岭盘结的雄伟山体，一般海拔均在千米以上，有六座山峰海拔达3000米以上，被称为华中屋脊，分布着大面积的原始森林。

登上了海拔 3105 米的神农架主峰——神农顶，有人曾这样称颂眼前的绝妙风光："霎时，仿佛天变大了，地也宽阔了，我就像飘荡在一座海拔刺天的塔形巨岛上。看眼前，'碧波'滚动，浪抬'绿云'，动中显静，静中欲动。碧波滚动的是竹海，绿云幻变是杉林。竹海有万亩之阔，如麦似浪，稠无空隙，杉林，大片连千亩，小丛聚百株，如云似朵，奇形怪状：有的像搏雾虬龙，依岩蜿蜒曲卧；有的像下山猛虎，横坡摇头摆尾；也有的像绿绸飘绕，或灵芝放花、蘑菇撑伞……竹、杉相间，园景奇妙，峰峦狭映，蔚为壮观。

由近及远，举目遥望，只见眼抬一分，地增万里，向西，川陕在望，巴山蜀水、秦岭古川，微如墨纹。向东，江汉平原，似锦毡铺地，烟波浩渺。向南，赫赫长江三峡，曲如细绳，神女不知何往。向北汉水源头，山腾细浪，川布浮云。

收眼再看脚底，九焰山像巧手摆布：九岭环九坪，九坪嵌九池，池水映鹿影，总称九湖坪。传说昔日薛刚在这里安营扎寨，将九湖坪改名九焰山，至今寨痕残存。那香溪河水淙淙流淌，清澈见底。相传汉朝王昭君在此洗手，从此流水变清、变香、变甜了……

赏罢迷人的山景，穿过一丛丛的高山箭竹林，紧接着就进入挺拔翠绿，茂密参天的杉木林海了。 这里的冷杉如同一根根擎天的柱子，粗的要五人牵手才能合抱，高的可达 40 米。直至海拔 1700 米以下，杉林才为郁郁葱葱的阔叶林所替代。就树种来说，神农架林区不光有冷杉、杜伸、乌桕、核桃，还有特别细硬的紫荆、青檀，胸径达 2 米的枫杨，树冠覆盖面积达一亩多的刺木秋，稀少难寻的珂楠树，世界上濒于灭绝的"活化石"、被列为国家一类保护树种的香果树，花片洁白、形如飞鸽、号称"中国鸽子树"的珙桐。还有珍贵的紫檀、黄杉、生长快速的华山松，材质优良的楠木，气味芳香的樟树，质地柔软的白杨、泡桐，可供雕刻的黄杨木等，在这里也广泛分布。据初步估算，神农架

千年铁坚杉高 36 米，树身粗 7.5 米

地区共有植物 2000 种以上，其中，珍贵树种 30 多种。森林下面，生长着各种各样的奇花异草，有许多名贵的观赏植物，如报春、战敦草、叶上青。海拔 500 米的南垭山麓，有面积达 4000 亩的野生腊梅。只见一簇簇、一丛丛，从峭壁到溪边，有的倒挂险峰，有的横插巨石。我国腊梅品种较多，包括著名的鄢陵腊梅在内，均系人工栽培；像这样大面积的野生腊梅还是少见的。腊梅亦称香梅、黄梅、味香浓，是经济价值挺高的芳香植物，并可药用。

神农架山区还是一座天然的中药库。传说炎帝神农氏曾在这里遍尝百草，因此得名。初步统计，这里的药材近 1300 种，其中有人参、金柴、灵芝、太白参、田七、天麻、银耳、血耳、头顶一颗珠、九死还阳草等稀有名贵药材，至于当归、独活、黄连、川芎、黄芪、白术、杜仲，以及七叶一枝花、江边一碗水、文王一支笔等，那就更多了。

神农架山高谷深，海拔 3000 米的岭岗是北温带气候，海拔 500 米的地方是亚热带气候，竹茂林密，野果、野草丛生，适宜各种珍禽异兽生活、繁衍。20 世纪 50 年代初，当地人民曾在那里捕获过几头白熊。这种白色熊生活在海拔 1700 米以上的山上，主食竹笋、野果。它的外形与习性都与黑熊接近，同生活在北冰洋的北极白熊不是一个种。1977 年，进入神农架考察野人的鄂西北奇异动物考察队，又在那里发现了白色的松鼠和白色的雕，1980 年年初又发现了白色的麝和麂。科学工作者说，世界上一些地方出现过奇异的白色动物，如非洲的白狮、白人猿，印度的白虎，我国台湾地区的白猴等，种类甚少。我国面积仅 3200 多平方千米的神农架，都有这么多种类的白色动物，是世界上罕见的。他们认为，出现这种特异情况，可能与神农架的地质条件、气候环境和地球化学等有关，进一步探索其原因，在科学上将是很有价值的。

香溪河谷的一线天　　　　　　　　白麝

在神农架地区漫游，随时都可以听到一些有趣的地名：豹子沟、野鸡坪、麂子沟、青羊岩、熊爬坡、野马河、猴子石……可见这里动物之多。性情乖张的金丝猴，常年成群在树冠上纵横跳跃，来往嬉戏。毛茸茸的黑熊，机灵的狐狸，毛刺刺的豪猪，名贵的麝獐，珍贵的马鹿，都是这里的常住户。在林中穿行，还时而可见锦鸡闪动五光十色的羽毛扑扑飞过，飞鼠拖着比身体还长的尾巴在林间滑行，黄麂探出怯懦的脑袋一晃，又灵敏地钻进树丛，当傍晚到河沟边散步，常可听到娃娃的哭叫声——原来，这里盛产大鲵——娃娃鱼。据不完全统计，生活在神农架一带的野生动物达 4870 多种，其中珍贵、重点保护动物就有大约 80 种，有"天然动物园"之称。像金丝猴、灰金丝猴、短尾猴、毛冠鹿、麝獐、苏门羚、褐马鸡、锦鸡、水獭、大鲵、蟒蛇等，都是受到国家保护的珍贵动物。

神农架的岩层，以碳酸盐岩为主。这种岩石经风雨侵蚀，流水切割和溶蚀，形成了山川交错、谷深壁陡、奇峰突起的地形，同时也形成了许多溶洞。在长坪河一带，溶洞密集。据目前统计，较大的溶洞有 100 个左右，其中最大的可容纳数千人之多。这些溶洞。有的成为飞禽走兽的巢穴，如燕子洞内栖息燕子成千上万，人若入洞，扑面挡身，无法前进，群燕出洞，则罩天盖地，叫声不绝，历史上，人称"神燕"；有的岩洞挂冰常年不化，如冰洞山的冰洞，宛如水晶宫。有的岩洞泉水汹涌外流，成了部分河流的发源地。一些小山溪所经之地，因山势险峻，急流直下，百川飞泻，景色分外壮观。有的岩洞则成了鱼类的大本营，如清泉鱼洞、官封鱼洞等都是。每年农历三月，春雷响动，鱼群随泉水涌出，这便是一年一度的山区鱼汛。附近人民在这黄金季节，往往能捕捞成千上万斤鲜鱼。

神农架林区是湖北省西部长江干流和汉江的分水岭，是长江中游部分河流的河源区。直接流入长江的香溪河，注入长江最大支流汉江的南河、堵河等，都发源于此。有些小河很有趣，如潮水河发源于一大山洞。每天日出、日落、中午 12 点钟涨潮、落潮各一次，每次持续约 30 分钟，故叫潮水河。涨潮时，河水流量是原来的两倍。水清如故；平时不论天旱、雨涝，水位均无甚变化。还有妖水河，发源于两泉洞。传说唐代大将薛刚反唐，因兵败出逃，路过神农架一个干沟时，人困马乏，薛刚离鞍歇息。口渴的战马，舞动前蹄，掘地两穴，顿时泉水上涌，后人起名叫"要水喝"，人们一传十，十传百，传走了口，变成了现在的"妖水河"。由于神农架林区雨量充沛，河流交错，山泉广布，落差大，水利资源丰富，据估计，水力蕴藏量约有 13 万千瓦。

神农架的气候垂直变化大。主峰一带常年平均气温仅 6℃ 左右，从头年 9 月到第二年 4 月底，有半年的时间下雪。夏天最热的时间，这里夜晚睡觉离不开棉被，早晚得穿棉衣烤火。另外，这些山高云低雾缭绕，有时高山之巅明明被云底所掩没，可是山顶上的人都说，这里弥漫着浓密的大雾；当山腰为大雾所笼罩，山下的人都说，这是一条白云缠绕在山腰。在天门垭、燕子垭、巴东垭、猴子石、小龙潭等地，有时高山云遮雾漫，山下却阳光灿烂；有时，整个群山沐浴着阳光，瞬间云层凝聚，滚滚白云奔腾起伏，颇为壮观。

像神农架这样地貌奇观、气候变幻、生物罕特的天然原始古山，我国不多，世界少有。

6. 高峡出平湖

"更立西江石壁，截断巫山云雨，高峡出平湖，神女应无恙，当惊世界殊。"这是毛主席在《水调歌头·游泳》调中为我们开发长江三峡水利资源，建设现代化的社会主义祖国所描绘的宏伟蓝图。

为了实现"高峡出平湖"的宏伟理想，1994 年 12 月 14 日在长江三峡正式开工兴建三峡水利枢纽工程 [①]。它是建设长江、开发长江的主体工程，据报道，工程竣工后，将发挥防洪、发电、航运、养殖、旅游、保护生态、净化环境、开发性移民、南水北调、供水灌溉十大效益。是世界上任何巨型电站都无法比拟的。

长江三峡大坝是世界上最大的水坝，坝址地处长江干流西陵峡河段、湖北省宜昌市境内的三斗坪镇。三峡水库总面积约 1084 平方千米（范围包括湖北省和重庆市的 21 个县、市。2010 年，三峡拦河大坝全长约 2309 米，高程 185 米，水库蓄水位 175 米。双线五级连续通航船闸总长 1621 米，单

---

① 为了达到综合利用资源和根治水害的目的，在河流的某一段修建带有控制性的一群水利工程，包括拦河坝、引水闸、溢洪道、输水隧道、船闸、发电厂房等，这群水利工程总称水利枢纽，水利枢纽得到的效益是多方面的，既可以防洪，灌溉农田，发展农林渔业，又可以利用水力发电，沟通航运，发展工业和交通运输业。

项通过能力 5000 万吨。挡泄水建筑物按千年一遇洪水设计。三峡电站发电力可达 2250 千瓦，送至华中、华东和广东电网。

三峡水利枢纽好似一座雄关，"西控巴渝收万壑，东连荆楚压群山"，一举"截断巫山云雨"，拦蓄来自上游的洪水。由于长江的入海总水量将近一半来自宜昌以上，三峡水库等于牵住了长江洪水的"牛鼻子"，将对控制长江洪水发挥重大作用，是长江任何其他水库无法代替的。同时，由于三峡水库回水到重庆以上，川江一段的航行条件也可彻底改善；坝址以下，由于水库的调节，使枯水期流量加大，汛期洪峰流量减少，中下游航道能常年维持比较稳定的水位。重庆至上海之间万吨级的船队可终年畅通无阻，使我国内陆腹地与沿海之间水路运输直接相连。

我国南方水多，北方水少。毛主席很早就提出了"南水北调"的设想。通过三峡水利枢纽工程跨流域引水北上，将是我国南水北调的重要线路之一。

现在，"高峡出平湖"的宏图正在开始变成现实。宜昌上游建设的葛洲坝水利枢纽工程，坝址位于长江三峡出口处南津关至宜昌间的江道中，是一个江心岛。它的东南部还有一个江心岛——西坝。这一段江道宽 2200 米左右，汛期被葛洲坝和西坝从左到右分为三支汊道，即大江（宽约 800 米）、二江（宽约 200～300 米）、三江（宽约 300～400 米）。由于长江主流在大江，大江下切作用加强。而二江、三江下切减弱、堆积作用加强、汊道淤浅、以至现在枯水季节二江、三江出现断流。因此，从江势也可以看出，在这里兴建水利枢纽工程前，三江、二江只不过是汛期长江的一个溢洪水道。葛洲坝水利枢纽就是在葛洲坝横切长江而建立的一项综合利用长江水利资源的工程。随着葛洲坝水利枢纽、三峡水利枢纽工程的兴建，宜昌市成为著名的大水电城及华中的电网中心。

宜昌市区的名胜古迹以三游洞最著名，并有陆游泉、南津关、下牢溪、西陵公园、紫阳龙洞等名胜古迹，以及葛洲坝水利枢纽大坝和库区为主体的平湖风景区。

（六）江湖一家

1. 极目楚天舒

波涛滚滚的长江，穿过重岩叠嶂，越过了黄猫峡（又名宜昌峡）三峡最后一个峡向下，宽约300米的河道便突然折向西南，做90°的大拐弯。那为两岸石梁、岸嘴所紧束的滔滔巨流，原来翻腾咆哮在低于海平面39米的深漕（水深近70多米）之中，跃出三峡的东口南津关之后，水势就慢慢地变得和顺起来。随着巍峨耸立的高山的逐渐远去，便进入了山前红色砂砾岩组成的低山丘陵地带。碧绿的梯田夹杂着一丛丛、一簇簇的橘林梧桐，层铺在这海拔多在200米以下的和缓起伏的土地上。南津关以下，江面已扩展到2000多米。江轮绕过沸腾的葛洲坝工程基地，不久，被称为"川鄂门户"的宜昌港就在眼前了。

长江从源头奔流到宜昌港，便结束了上游长达4529千米的流程，紧接着又进入中游地区的两湖平原（湖南省的洞庭湖平原、湖北省的江汉平原），继续向东蜿蜒浩荡地流去了。

宜昌以下，不消两个小时的航程，南岸又出现了一个新兴港口——枝城。过了枝城，那起伏如浪的低山丘陵隐退了，长江像一条艳丽的彩绸，飘忽在广袤的江汉平原之上。这里，低平的地势，开阔的江面，逐渐平缓的水流，纵横交错的水网，繁星般的湖泊，与长江上游那种崎岖坎坷地势相比，其自然景色截然不同。登高远眺，真是"极目楚天舒"。

江汉平原在湖北省的中南部。东、北、西三面有山，形成半包围之势。南接洞庭湖平原，两者合起来叫两湖平原，是长江中下游平原的组成部分，地势低平，海拔一般只有三四十米。洪水期间，在江轮上向两岸看去，锦绣田园，从大堤背后一直展现到地平线的尽头；炊烟起处，千村万舍掩隐在绿树丛中；一座座工厂的烟囱，耸峙在蓝天之下；一道道拦河的闸门，就修在大江边上。多么美的一幅社会主义新农村的风景画！

这沃野千里的江汉平原之上，湖泊星罗棋布，所以素称"千湖之城"。仅湖北一省，大小湖泊就曾有1000余个。这个为数众多的湖泊群是古云梦泽的遗迹。远在 1 亿年的中生代燕山运动,造成相对低下的江汉凹陷,在这个基础上,由长江、汉水携带的泥沙长期冲积、淤塞变迁而成的。第三纪初(距今 6000 万年),云梦泽及其外围地壳再次凹陷,内陆湖盆地有很大的发展。第四纪初(距今约 100 万年),云梦泽四周入湖水系的流水很活跃,当时鄂西区急剧上升,河流侵蚀强,挟带了大量沉积物。在第四纪更新以来至全新世初(距今 25000 年),云梦区下沉特别强烈,此时江北的古云楼泽和江南的古洞庭湖连成一片,构成浩瀚的内陆湖。全新世以来,由于气候湿润,降水丰富,湖泊与河床发生强烈的淤积,逐渐形成江汉内陆三角洲,湖面不断缩小。在江汉三角洲发育过程中,随着长江和汉水及其支流的不断发展,两岸河滩增高,形成三角洲上的河涧洼地,演变为一系列大小不等的湖泊。

近两三千年来,由于人类经济活动的结果以及气候的变化,更是加强了云梦泽的淤积作用。据史书记载,在春秋时期,云梦泽和洞庭湖还是合而为一的巨大漫湖;战国以后,由于泥沙淤积,部分湖面变成了陆地。在公元 1000 年左右,湖盆仍有相当大的规模:大致东到武汉市,西至枝江县,北达应城、钟祥一带,南接湖南省的洞庭湖。

此后,随着长江等河流带来泥沙的继续淤积,内陆三角洲逐渐增长,这个大湖也逐渐被分割为许多较小的湖泊,现在的洞庭湖,以及江汉平原上的梁子湖、洪湖、东西湖、西凉湖、汈汊湖、网湖、黄盖湖、张渡湖、大冶湖、武湖、大同湖、大沙湖和三湖等,都是古云梦泽的遗迹。但江汉平原上原来的湖泊,由于泥沙的淤积和历代的围垦,大部分已堙没。新中国成立前,又因河道变迁和洪水泛滥等原因,一些相对低洼的地方,往往形成新的湖泊。新中国成立后,随着有计划地大量围垸筑堤、开垦湖荒,江汉平原湖群的面积越发缩小了,目前的湖泊面积只有新中国成立初期的 28%。这里已成为圩垸密布、水网纵横、湖泊遍布的富饶平原了。

江汉平原上有着辽阔的水面,适宜的水深和水温,良好的水质,丰富的饵料,加上长江和汉水提供数不尽的天然鱼苗(长江三峡为我国主要养殖鱼类的最大天然产卵场),因而成为天然的淡水养鱼场。我国特有的鱼种,青鱼、草鱼、鲢鱼和鳙鱼,都是成长快、肉质好、产量高。在生活习惯上,又互不干扰:青鱼栖底层,吃螺、蚬和幼蚌;草鱼、鳙鱼居中层,分别吞食水草和浮游动物;鲢鱼住上层,以浮游植物为食。劳动人民在长期的生产实践中掌握了这一规律，施行混合放养，充分利用了湖水，提高了养殖能力。著名的武昌鱼，在一些中型以上的湖泊中都有出产。

2. 荆江两岸

长江自湖北省枝城至湖南省城陵矶一段，因为流经古代的荆州地区，通常称为荆江。其实，枝城到藕池口叫上荆江，藕池口到城陵矶叫下荆江。

从川江入荆江，江水奔腾迅疾。由于对河床的猛烈冲刷，这一段江流略呈浑黄色，并在中下游逐渐淤垫成许多浅滩和沙洲。滚滚江水就在这些浅滩和沙洲旁迁回绕过，形成一处处弯道。

荆江的这一特色，在藕池口以下尤为明显。从藕池口到洞庭湖口的城陵矶，总长达 240 千米，而直线距离却只有 80 千米。因江水在这里绕了 16 个大弯，河道一下子弯向北面，一下子弯向南面，弯弯曲曲，有"九曲回肠"之称。

位于荆江上游北岸的沙市，地势低洼，全靠荆江大堤保护
（摘自《人民画报》，1977 年 10 月）

由于河道弯曲，水流不畅，来自长江上游的泥沙不断在荆江河岸里沉积下来，以致河床逐渐垫高，成为"半地上河"，全靠筑堤束水。据历史记载，荆江两岸的劳动人民筑堤防水，早在 1600 多年前的东晋时期就开始了，到了明代，人们又把荆江北岸的一些断断续续的江堤连接起来，并在以后一个长时期中不断加高，这就是长江中游的重要防洪堤段——荆江大堤。

荆江大堤上起湖北省江陵县枣林岗，下至监利县城南，全长 182 千米。堤身高出堤内地面 10 米左右，最高达 16 米。每当夏秋洪水期间，站在沙市堤内高楼上眺望，江上行船就像从屋顶上飞过一样。历史上，这段大堤对于保护荆江北岸江汉平原的广大农田和人民，曾经起过一定作用。

但是，历史上，荆江河道淤塞，大堤千疮百孔，成了"豆渣堤"。1931年长江全流域发生大水，荆江大堤多处溃口，江汉平原一片汪洋，生命财产损失无数。灾民们还没有来得及重建家园，1935年7月这里又遭受一次洪水的浩劫。

新中国成立以后，从1950年起，党和人民政府领导当地群众开始对荆江大堤进行全面修整，1954年，长江流域发生一次特大洪水，按洪峰频率来说，是五十年一遇的。当时，荆江洪峰流量达到71900秒立方米，而荆江的安全泄量只有50000多秒立方米；沙市最高水位达到44.76米，超过1931年最高水位一米多。但是，由于1952年对荆江北岸大堤进行了加宽、加高、加固，同时在南岸新修的荆江分洪工程发挥了作用，再加上洞庭湖的合理调蓄，终于抗住了大洪水的袭击，荆江大堤巍然不动。现在，经过三十年来的艰苦奋斗，荆江大堤已经面目一新。它以荆江历史上最高水位（1954年沙市最高洪水位）为标准，堤顶普遍加高到12～16米，堤面加宽到8～11米，最宽处达30米。同时，沿江堤还栽植了大量防浪护堤林和保护堤坡的绒绒绿草，使大堤既坚实牢固，又雄伟壮观，像一座"水上长城"。

由于在荆江上游的四川盆地，有一个长江流域范围最大的暴雨区，每年7—9月汛期，这个雨区的地表水注入岷江、嘉陵江和三峡河段，使长江流量骤然成倍增长。如果荆江下游的汉江、洞庭湖也同时出现洪峰，则将使荆江水位进一步壅高，从而大大超过荆江大堤的抗御能力。所以，仅仅加固堤防，还不足以抗御荆江的特大洪水。为了分泄过量洪水，降低荆江水位，减轻大堤压力，新中国成立以来还兴建了荆江分洪等一系列分洪和蓄洪工程。

荆江分洪区位于荆江大堤对岸的湖北省公安县境内，面积920平方千米，是我国第一个大型分洪工程。主要设施，包括两座共86孔的进洪闸和节制闸，200多千米的围堤和一段濒临长江的干堤。当特大洪水袭来时，分洪区内的居民和财产即迅速而有计划地疏散转移到安全地带，然后打开进洪闸，使这个地区变成一个能容纳60亿立方米洪水的临时性平原水库，以减轻荆江大堤的压力。1952年工程施工，第二年即全部竣工。1954年7月下旬到8月上旬，荆江连续出现三次大洪峰，但经过荆江分洪三次开闸放水，沙市水位迅速下降近1米，确保了荆江大堤的安全，也减轻武汉和长江中游其他主要保护区的洪水负担。

在和洪水作斗争过程中，对荆江河道也进行了根本性的整治，下荆江裁弯就是其中一项重要成果。下荆江弯曲的河道不断发展，由于主流冲刷凹岸，河湾的颈部往往越来越狭窄，最后几乎挨在一起。在这些蜿蜒弯道上，直线距离往往只有三四千米，而航行水程都常超过它的几倍，给航道带来极大的妨碍。同时，当汛期到来时，洪水不易下泄，而原有的弯曲老河道两端很快被淤死，中部遗留为弯月形的湖泊，一般称为"月亮湖"（或叫牛轭湖）。这种现象称为自然裁弯取直。每一次自然裁弯取直后的新河，在水流的冲刷作用下，又朝弯曲方向发展而形成新的弯道。

自然裁弯取直往往引起河床大规模地左右摆动。近一百多年以来，这种自然裁弯在下荆江河道就先后发生了四次，都引起上、下游河势的激烈变化。1909 年在尺八口河段发生自然裁弯后，在它的下游就出现两个新的河湾。自然裁弯后，又伴以崩岸和崩堤，使许多村庄和大片农田被卷入江心。

人工裁弯取直是按照河道发展变化的自然规律，在河道的上、下弯口之间，由人工开出一条新河，然后引河水冲刷，将弯道取直。经过调查、勘测和试验，广大水利工作者创造出适合荆江特点的裁弯方案，已先后在中洲子和上车弯施行，都得到了良好效果。由于这两处裁弯的成功，荆江河道的航程缩短了 58 千米；加速了荆江洪水下泄能力；一部分老河道逐渐淤积，可供围垦造田。同时，在老河弯道中残留下来的"月亮湖"，又是极好的"养鱼场"。

从荆江北岸大堤下的沙市，乘汽车向西北方向行驶 4 千米，便到达我国著名的古城江陵了。

江陵周围地势平坦，海拔仅 30 米左右。湖泊星罗棋布，河网纵横交织。较大的湖泊有长湖、海子湖、茨湖等，就像一把珍珠，撒在其周围。远在春秋战国时期，这里就成为楚国郢都的渚宫和官船码头；秦汉以后，是封建王朝封王置府的重镇，留下了许多珍贵的文物和著名的历史遗迹。

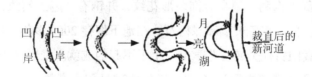

河曲演变（自然裁弯）方案图

来到江陵，最引人注目的，首先是那久历沧桑而保存完好的古城墙。东西长，南北短，呈多边形，整个城墙依地势而筑，由东向西逐渐降低，高差约2.5米。为了防止城墙因地处湖泊区要下沉，采用了糯米浆来粘合城脚处的条石，使之坚固。特别是下水道的建筑尤为精细，洞深2米多，天旱时可以引外水入城；大雨时，可很快将城内渍水排出城外。城门都可上闸，外间大水时，插上闸门，城墙又可作为防洪堤抵御洪水侵袭。现在，城墙里坡松柏挺秀，杉树成林；城墙外面柳垂桐茂，清澈的护城河紧紧环抱，构成一座风景优美的环城公园，成为人们休憩游乐的场所。

凝视着这蜿蜒如巨龙的江陵古城墙，不免使人追思起关于它的来历。公元前278年，秦将白起拔郢，纪南城变为一片废墟，楚王便在这郢都的渚宫和官船地设置南郡。到了汉朝，开始修建江陵城池。刘备借荆州后，守将关羽又在这城边筑起新城。晋朝守将桓温，又把旧城、新城合二为一。南宋，荆州安抚使赵雄为巩固其统治，挥资耗银，拉夫派款，于1197年建成砖墙，周长达10.5千米，建战楼千余间。元朝，忽必烈攻占江陵，下令拆除砖城，朱元璋建立明朝后，又重建砖城，但城周缩小到约9千米，城墙高二丈六尺五，设六个城门。后来，李自成拆城攻占江陵，清朝建立后又依明朝旧城基修复砖城，这就是留存至今的古城墙。

江陵城经过历代战争，不少名胜古迹受到毁坏，现今坐落在城西的开元观，史载为唐开元年间建造，故称开元观，保留下来的实为明代所建，已列为当地重点文物保护单位，现在是荆州博物馆馆址，这座古代建筑，结构坚固，外型优美，是我国劳动人民智慧的结晶。

新中国成立后，在开元观旧址旁，新建了1万多平方米的建筑物，内中陈列着解放后荆州地历年出土的3000多件文物。一套楚国宫庭乐器——彩绘石磬，共25块，全用石头雕绘而成，线条刚劲，图案别致，至今尚能演奏动听的古今乐曲。在那些令人眼花缭乱的文物中，有一件稀世珍宝——越王勾践剑，剑刃锋利、剑身装饰菱形花纹，并镌有"越王勾践，自作用剑"的鸟篆铭文，柄嵌三色玻璃和绿松石。在地下埋存2000多年，仍光泽鉴人，不能不说是我国古代金属工艺学上一个了不起的成就。难怪郭沫若同志高兴得要为这剑和银缕玉衣题诗了："越王勾践破吴剑，专赖民工字错金。银缕玉衣今又是，千秋不朽匠人心。"关于越王勾践剑如何来到楚地，是越王进贡于楚的贡礼，还是楚国破吴的战利品？考古学家为此继续考证。陈列在"天门"内的西汉古尸，更是震动国内外。时隔2000多年，古尸肌肉仍有弹性，大脑、五脏俱全，其医药、防腐技术真叫人惊叹。

江陵城北面的纪南城，是楚国的都城"郢"的旧址，土筑城墙保留较好。东西长 4.5 千米，南北宽 3.5 千米，有的地段高一两丈，总长约 15 千米，城址规模相当庞大，总面积达 30 余平方千米。据史书记载，楚国共有二十个王在此建都，历时 411 年之久。当时是我国南方的最大城市。当时，城里车碰车，人挨人，"朝衣鲜""暮衣敝"，一片繁华。至西汉时，城东南成为墓地。城址周围几十里范围内，有大量的楚墓群。地上、地下遍布古迹的纪南城，可以说是一处重要的文化宝库，国务院早已把它定为全国重点文物保护单位了。

江陵也有着不少楚汉年代的美丽的故事在民间流传，成为古今游人向往之地。除了伟大的爱国诗人屈原长期在此生活外，后世许多杰出的诗人名士如李白、杜甫、韩愈、罗隐、刘禹锡、张居正等，都到此游历，并作诗赋抒发情怀。江陵城外有座龙山，龙山有座落帽台，相传是晋朝的孟嘉重九登高，于此落帽，因此得名。唐朝李白游落帽台时，正好也是重阳菊花盛开时节，他饮酒观菊，触景生情，挥笔写诗，曰："九日龙山饮，黄花笑逐臣。醉看风落帽，舞爱月留人。"从此，后人对龙山落帽台更加心驰神往。现在的落帽台，栗树重叠簇拥，繁花点缀其间，已不再是"黄花笑逐臣"，而是"百花迎游人"了。

从荆江东端的城陵矶向南，便进入湖南省北部的一个大湖，这就是能容纳四水——湘、资、沅、澧，吞吐长江的"八百里洞庭"。

"洞庭一湖，衔远山，吞长江，浩浩荡荡，横无际涯……"北宋范仲淹在《岳阳楼记》中这样赞美过洞庭湖的壮丽阔大。岳阳楼在洞庭湖出口处的岳阳市以西。登岳阳楼凭栏，可以领略唐代刘禹锡诗句"遥望洞庭山水翠，白银盘中一青螺"的意境。原来，在岳阳楼四面连天的波涛之中，耸立着一座葱翠的小山，宛如"白银盘里一青螺"。这座山名叫君山，又叫洞庭山，洞庭湖就此得名。

面积广达 4620 平方千米（包括入湖洪道 1800 平方千米）的洞庭湖，仅次于江西省的鄱阳湖，为我国第二大淡水湖。它的四周有 17000 多平方千米的广阔平原，包括岳阳、泪罗、湘阴、华容、南县、安乡、常德、汉寿、益阳、津市等市（县区）。这一广阔湖区，在地质时代，原是一片陆地，而且是湖南省著名的雪峰山脉的一部分。后来这一部分地壳陷落成湖泊。春秋时期，它与江汉平原上的大小湖泊连成一片，这就是云梦泽。云梦泽经过河流泥沙长期冲积，大部分又淤积成为陆地，其余部分被分割成为许多大小不等的湖泊。洞庭湖便是其中最大的一个。

洞庭湖蓄储的大量湖水，主要来自两个方面：一是南水，即湖南境内的湘、资、沅、澧四水，一是北水，是指由松滋、太平、藕池口分流入湖的荆江水。三口四水汇合在洞庭湖之后，再经由城陵矶泄入长江。所以，洞庭湖不仅能够容纳四水，而且能够吞吐长江，成为调节长江水量的天然水库。

但是，由于长江和湘、资、沅、澧四水挟带着大量泥沙进入洞庭湖，便逐渐淤成许多湖渚、沙洲。加上新中国成立前地主豪绅霸占洲土，强围垸子[①]，使洞庭湖四分五裂，湖面越来越少，湖底日渐淤浅。据统计，1937年洪水时期，湖泊面积约有4700多平方千米，垸田面积约为3000平方千米，湖泊面积约为垸田洲土面积的1.5倍。可是到了1947年，洪水时期的湖泊面积只有3100平方千米，新淤洲土约达1600平方千米，加上原有垸田共约4600平方千米，这时垸田洲土的面积反而为湖泊面积的1.5倍了，仅仅是十年时间，湖泊面积就缩小了三分之一！1972年，洞庭湖面积更缩小到只有2800平方千米了，近年来还有继续缩小的趋势。而且，就湖泊的形势看，洞庭湖已不复是连成一气的大湖，而是被分割为东洞庭湖、南洞庭湖、西洞庭湖、北洞庭湖和大通湖五个部分。其中以东洞庭湖水面最宽。北洞庭湖包括大通湖和南县中鱼口、白蚌口等地以北的地区，由于大量浅沙在这里沉积，几乎都被淤积成为陆地了。

岳阳城畔洞庭湖
（摘自《地理知识》，1974年第1期）

历史上，由于洞庭湖面日渐分割、缩小，每逢长江洪水来临，尤其是长江与四水同时涨水的时候，洪水顶碰，泛滥成灾。1935年，滨湖90%堤垸被冲垮，受灾人口达300多万。新中国成立前夕，洞庭湖区溃垸400多个，受灾面

———————————

① 在陆州上围以堤防，堤内开垦农田，建立村舍。

积占当年耕地面积 73%，灾民达 120 多万。

新中国成立以后，国家根据统一规划，江（长江）湖两利的原则，兴建荆江分洪工程，减轻了长江洪峰对洞庭湖区的威胁。接着又在湖区建设了五个大的蓄洪垦殖区。湖区各县还建立分洪区，以备在特大洪水时分洪。与此同时，把新中国成立前的大小垸子合并为 150 多个大垸。防洪大堤从 6500 千米缩短为 3600 千米，大大提高了抗洪能力。在垸内平整土地，开挖沟渠，进行农田基本建设。20 世纪 60 年代，随着资江上的枯溪水电站的建成，湖区兴建了 1000 多个电力排灌站，使 70% 的农田实现了旱涝保收。20 世纪 70 年代，湖面进行园田化建设，使用更多的农业机械，兴建大型电力排灌站，提高了防洪、排涝能力。

洞庭湖区的洲土面积约有 1 万多平方千米，包括 16 个县市，人口为湖南全省的十分之一，耕地为全省的七分之一，但产粮占全省六分之一，棉花和鲜鱼的产量占全省五分之三。此外，还有一些著名的物产，如苎麻、君山茶，湘莲等。湖区真是一个富饶的鱼米之乡啊！

3. 湘江北去

流入洞庭湖的湘、资、沅、澧四条河流中，最大的一条是湘江。它从南到北，纵贯湖南省，全长 856 千米，流域面积 9.46 万平方千米，要占湖南全省面积的一半。湖南简称"湘"，就是从这里来的。

湘江发源于广西东北部的海洋山西麓。在白果树林覆盖的海洋山麓，有一块石壁上刻着四个大字"湘漓之源"。这就是湘江和广西漓江的源头。据说，石壁下有一个幽深的大岩洞，叫龙母岩。龙母岩下有条阴河，阴河里边有一块岩石，样子像鲫鱼背。阴河里的水，被这个鲫鱼背形的岩石一顶，分成了南北两股。往北流的那股水，进入湖南省境内，往南流的那股水，从广西进入广东境内。两股水在这里分手"相离"了。后来，人们把"相离"二字分别加上三点水作偏旁，成了"湘漓"。向北流的叫湘江，向南流的叫漓江。

湘江从广西进入湖南境内以后，一路奔涌，穿越峡谷，来到零陵。在零陵县城边，潇水自东南汇入湘江，所以这里被称为"潇湘"。潇水和湘江汇合的水面上，有一个地势比较高的地方，名叫"举州"。每当春水暴涨时，举州就在波涛汹涌之中时沉时浮，千姿百态，这就是有名的"潇湘"胜景。

湘江流到常宁以北，在松柏镇附近又接纳舂陵水，水量就逐渐增大了。向北去，沿岸丘陵起伏，苍山如画。江水时而流淌在山间盆地中，时而穿行在峡谷间。其中以熊黑岭峡谷最为著名。到了衡阳市的石鼓嘴，蒸水滔滔而来。人们称湘江与蒸水合流处为"蒸湘"。离蒸湘不远，来水又汇入其中。由此往北，洣水、渌水、涟水，以及著名的浏阳河等支流相继汇入。湘江奔驰在株洲、湘潭、长沙等大盆地，河床渐宽，泥沙也逐渐多了起来。特别在一些红土防地，沙滩较多，呈现出"白沙如霜雪，赤岸若朝霞"的动人景象。

出长沙，过靖港，湘江直赴芦林潭，然后进入洞庭湖。这就是湘江尾闾，属于洞庭湖滨湖平原。这里平畴万顷，港汊纵横，又是另一番壮丽风光。

湘江流域是一块土地肥美、物产富庶的地带。全流域居住着约占湖南全省一半以上的人口，耕地 2500 余万亩，其中水田占 90%，是湖南重要的稻谷产区。湘江历来盛产青、草、鲢、鳙四大家鱼。尖嘴鱼、银鱼、非洲鲫鱼等也在湘江水系中安了家。沿江一带所产的湘莲是传统出口商品之一。湘东和湘南又是江南的重要林区之一，其中茶陵和酃县，以及江华的杉木，都早已誉满园内；湘东还是湖南重要的油茶林区。流域内还产有著名的"江华毛尖"、长江"高桥银峰"和"沩山毛尖"等茶叶。矿产方面以铅、锌、钨、锰、铁、煤等蕴藏量较大。衡阳、株洲、湘潭、长沙等，都是湘江之滨的工业城市。

湘江是湖南省内河航运的重要水道，它联系着两岸大小城镇和广大农村。在"湘（江）漓（江）之源"不远的广西号安县，一条宽 10 多米、长 30 多千米的古渠道穿过县城，将相背而流的湘江和漓江连在一起。这是我国最早的一条人工运河——灵渠。它是秦始皇为南开五岭、统一中国，令史禄征集数十万人兴修起来的。已有两千多年历史了。它打开了长江流域与珠江流域之间的水上通道，与万里长城、都江堰、郑国渠并称为秦代四大工程。

坐落在湘、蒸、来三水会师之处的衡阳，是一座已有两千多年的历史古城。地处湘、桂、赣、粤的要冲，古代驿道纵横，现有京广、湘桂铁路相交，系华南、西南门户。三国时期，刘备联合孙权在这一带和曹操作战，蜀国的军师诸葛亮，当时就住在衡阳。唐末农民起义领袖黄巢也在这里驻过兵，如今市郊的黄茶岭，相传就是当年黄巢驻兵的地方，所以又叫黄巢岭。明末思想家王夫之晚年隐居这里，发奋读书，留下不少遗迹。中国共产党成立以后，设在衡阳的湖南三师很早就成立了党支部，夏明翰、蒋先云、黄静沅、罗荣桓、陶铸、滕代远、毛泽健等同志，都曾在这里学习、战斗过。毛泽健是毛主席的堂妹，1927 年在衡山县一带搞农民运动和武装斗争。1929 年 8 月在衡山县英勇就义，年仅 24 岁。新中国成立以后，在县城南面的紫金峰下为她建了陵园。

位于湘江之滨的南岳衡山，是我国著名的五岳之一。它绵延七十二峰，最高的祝融峰海拔 1360 米。山下的南岳庙，建于唐朝开元十三年（725 年），是湖南省规模最大的一座宫殿式建筑，内有 72 根石柱，象征南岳七十二峰。祝融峰顶建有祝融殿，石墙铁瓦，别有风格。祝融殿下现有观日台和望月台，是历代游客晨眺日出、夜看月升的好地方。

湘江傍城而过的长沙，现在是古迹如林的著名古城，又是重要的革命纪念地。"霜叶红于二月花"的岳麓山、爱晚亭，"长沙沙水水无沙"的白沙井，"扪着星斗落"的天心阁，"沙沉白浪头"的橘子洲……不仅留下了历代文人美妙的诗赋，而且留下了历代政治家和一大批无产阶级革命家的光辉事迹。单就近百年来说，戊戌变法代表人物之一的谭嗣同，曾在这里结社办刊物；毛泽东同志和他的许多战友们一道，在这里传播马列主义、组织工农运动、建立党的组织，更是永远闪烁着不灭的光芒。毛泽东同志重返长沙时所写的壮丽诗篇《沁园春·长沙》，深深地铭刻着历史前进的光辉里程。

如今，位于湘江之滨和京广铁路上的长沙，已由新中国成立前的消费城市，建成为以轻纺、机械、化工、冶金、食品工业为主的门类比较齐全的综合性工业城市，湘潭、株洲、衡阳已发展为新兴的工业城市。十分优越的水陆交通的枢纽地位，有力地促进了这些城市的发展和对地方工农业生产的支援。

长沙鸟瞰
（摘自《地理知识》，1975 年第 1 期）

二、长江巡礼

4. 岳阳天下楼

湘江北去，直入洞庭湖。洞庭湖出口处是湖南省北部的重镇岳阳市。北宋范仲淹的名篇《岳阳楼记》里写的岳阳楼，就耸立在岳阳市西门古城门之上。它和武昌的黄鹤楼、南昌的滕王阁合称为"江南三大名楼"。

岳阳，古称岳洲、巴陵。它之所以成为湖南北部的重镇，是因为它的地理位置非常重要。西边，是一望无际的洞庭湖；北面，是波涛滚滚的长江。古时候要想从北边进入湖南及其以南的两广（广东、广西）等地，非得乘船经过岳阳不可，所以它像人的咽喉一样，卡住了咽喉，上下就不通气了。近代，虽然交通工具大大发展了，但是岳阳的地位依然很重要。沟通我国南北交通的一条大动脉京广铁路，就从这里经过。

由于岳阳的地位重要，所以历来是兵家必争之地。早在东汉时代，这一带就曾建立巴邸阁，作为民兵储粮的驿站。三国时，吴国的孙权为了和刘备争夺荆州，派他的大将鲁肃带领一万名将士驻在这里，常在洞庭湖上训练水兵。第二年，他把巴邸阁扩建为巴丘城，并选择在背靠青山、面向洞庭湖的西门城上建立阅兵台，又名阅军楼。这就是岳阳楼的前身。到了500年以后，即唐开元四年（716年）的时候，中书令张说被贬职到岳阳，他在鲁肃阅兵台的基础上加以整修扩建，定名为岳阳楼。

随着时间的推移，岳阳楼的建筑面积越来越宽，建筑艺术越来越高，名声也越来越大。唐朝著名诗人李白、杜甫、韩愈、白居易、李商隐、刘禹锡、孟浩然等都先后来此把酒临风，吟诗作赋。李白在《与夏十二登岳阳楼》诗中写道："楼观岳阳尽，川迥洞庭开。雁行愁心去，山衔好月来。云间连下榻，天上接行杯。醉后凉风起，吹人舞袖回。"豪放流畅，生动奇特。杜甫在贫病交加、景况维艰的晚年，乘船由长江来到洞庭湖，慕名上岳阳楼，写下了不朽的诗句："昔闻洞庭水，今上岳阳楼。吴楚东南坼，乾坤日夜浮。"他在赞叹岳阳楼胜景的同时，不禁为自己飘零的身世而凄然欲绝："亲朋无一字，老病有孤舟。"同时，念念不忘北方的战乱："戎马关山北，凭轩涕泗流。"两年后（770年），杜甫就死在洞庭湖的一叶扁舟上。白居易的"岳阳城下水漫漫，独上危楼倚曲栏。春岸绿时连梦泽，夕波红处近安"；韩愈的"洞庭九州间，厥大谁与让？南江群崖水，北注何奔放"；孟浩然的"气蒸云梦泽，波撼岳阳城"；李商隐的"欲为平生一散愁，洞庭湖上岳阳楼"……都是歌咏岳阳楼的名句。

　　大约又过了300年，宋庆历五年（1045年）一个叫滕子京的人，同样被贬职到岳阳。他到岳阳第二年，又把岳阳楼重修一遍。修好以后，他把岳阳楼的建筑艺术、地理气候以及历代到过岳阳楼的人物都写了下来，连同一幅《洞庭晚秋图》，寄给了他在河南邓州的老朋友范仲淹。范仲淹看到岳阳楼是如此宏伟壮丽，洞庭湖又是这样气象万千，不觉感情奔放，提笔写了一篇抒情散文，这就是我们熟悉的《岳阳楼记》。由于这篇文章的深远影响，岳阳楼声名鹤起。历来有"洞庭天下水，岳阳天下楼"之称。

洞庭湖畔岳阳楼
（摘自《人民画报》，1977年11月）

　　来到岳阳楼公园门口，跨过一座古老门墙，穿过一条长廊，拾级而下，到达一块高地，抬头望去，雄踞在面前的就是金碧辉煌的岳阳楼。它是纯木结构建筑物，壮丽雄伟，是我国古代建筑杰作之一。全部建筑没用一道横梁，没用一颗铁钉。梁、柱、枋、檩，互相咬合、牵制，架稳脚实。三层主楼高达 15 米，仅以四根楠木柱子支撑全部重量。三层十二个飞檐，宛如群鹰展翅。楼顶状似古代将军头盔的盔顶，金碧辉煌。这座建筑对力学、美学的应用，引起了国内外参观者研究的兴起。楼的周围，绿树繁茂，郁郁苍苍。左旁有仙梅亭，右旁有三醉亭。这两个亭子和岳阳楼一起，组成一个"品"字形。楼下湖边，新建了一座"怀甫亭"，是 1962 年为纪念伟大诗人杜甫诞辰 1250 周年建的，朱德元帅亲自为它题写了匾额。这三座辅亭和岳阳楼一起，构成了一组气势磅礴的建筑群。

进入楼的一楼厅堂，迎面是一幅《岳阳楼记》的巨幅木刻，由十二块大紫檀木拼成，高 3.15 米，宽 4.135 米，是清代第一流书法家张照手迹，字体刚劲峭峻，圆转多姿，刻刀熟练有力。木刻两边，并排挂着几首赞美岳阳楼的诗词木刻。厅堂显得既高雅又朴实。

从一楼顺着木楼梯登上楼顶，凭栏远眺，横无际涯的洞庭湖面上，白浪连天，风帆飘动，渔歌对答，汽笛长鸣。沿湖两岸，一道道防护林，绿荫如盖，一直伸向远方。

如今，政府已对岳阳楼进行了全面修整，漆饰一新。如果是晴天，坐船从万顷平湖上向岳阳楼仰望，只见那黄瓦绿脊，画栋雕梁，沐浴着金色的阳光，和蓝天、绿水交相辉映，格外光彩夺目。岳阳市郊湖滨不仅建成了大片的果园和渔场，还开辟了风景秀丽的新游览区。

（七）武汉上下

1. 去洪湖

过洞庭湖口城陵矶，长江由西南折向东北，顺直流至湖北省会武汉市，行程约 250 多千米。这一江段中只有一个称为簰洲湾的特大弯曲。城陵矶和洪湖县新堤镇之间的江段，正好流在湘、鄂两省的交界线上。北岸堤后不远处的一片湖泊便是有名的洪湖。

洪湖，地处富饶的江汉平原南端，跨洪湖、监利，面积达 438 平方千米。它是古云梦泽的分割、解体、残留的一部分，它的外形恰似一个多边形几何体，四周港汊交错，墩台星罗棋布，到处芦苇蒿草。20 世纪 20 年代，贺龙同志在这一带领导的农民革命武装——洪湖赤卫队，曾经威震长江流域，《洪湖赤卫队》影片就是一幅记载洪湖人民革命斗争的历史画卷。

洪湖地处四湖——长湖、三湖、白露湖、洪湖地区的下游，并由内荆河将它们呈念珠状串联，历来就是纳蓄江汉洪水的"口袋"，承受着江陵、潜江、监利、洪湖四县及沙市等 1 万多平方千米的来水。加之洪湖与长江、东荆河脉络相通，每当汛期江河水位一旦超过洪湖水位，便倒灌入湖，致使洪湖"腹背受敌"，水位迅涨，洪水漫流，白浪滔天，汪洋一片。如长江发涨特大洪水。洪湖积水面积可广达数千平方千米，超过正常水位时期水面积几倍。

在旧社会，当夏秋两季，长江、汉水发生洪水，洪水漫流，田园淹没，一片凄凉，洪湖人民只有"身背三棒鼓，流落至他乡"。

在新中国，洪湖面貌不断得到了改变：随着洪湖县境内 178 千米的长江和东荆河堤防的加固，抗洪能力大大提高，湖水被湖边一道道围堤封锁住。新滩口排闸的修建，荆北防洪排涝工程规划的实施，大中小型电排站的相继建成，大大提高了洪湖抗洪排涝能力，洪湖水位得到了基本的控制，后来又修建了进洪闸、泄洪闸、隔湖堤等，以控制洪湖水位，提高洪湖蓄水能力。

洪湖气候温和，湖宽水深，水草茂盛，饵料充足，适合各种鱼类生长。常见鱼类有 60 多种，向有"鱼库"之称。青、草、鲢、鳙等主要鱼类，在

二、长江巡礼

长江产卵孵化成鱼苗，随水流入洪湖，在洪湖长大。常年产鱼量约达3000多万斤，还盛产大量鱼苗。

洪湖水面广阔，水草茂盛，鱼虾丰富，又是野鸭觅食过冬最理想的场所。这里野鸭约有18种之多。从北方飞向南方的青头鸭、黄鸭、八鸭等15种，每年春去秋归；而蒲鸭、黑鸭等已在洪湖"安家落户"。

2. 火烧赤壁

过洪湖不久，长江岸边出现蜿蜒的丘陵，从远方伸延到江边。船到眼前，只见一个赭色岩石组成的矶头直抵江边，高约50米，上面建有亭子，临江一面，石壁陡峭，这便是著名的古代"赤壁之战"的古战场赤壁。

据唐朝李吉甫《元和郡县志》载："赤壁山，在今蒲圻县西八十里，一名石头关，北临大江，其北岸乌林，与赤壁相对，即周瑜用黄盖策焚曹操舟船败走处。"曹操战船被烧，火光冲天，把岩壁映得一片通红，故名赤壁。

赤壁之战

公元208年（建安十三年），蜀、魏、吴三国鼎立的形势还没有形成，但曹操已经统一了黄河流域，并取得长江中游的军事要地荆州，挟优势兵力水陆军二十余万（号称八十万）大军顺流而下，准备一举消灭在长江下游的孙权势力和在江汉一带的刘备势力。

这年十月，孙权派大将周瑜率领三万人在赤壁迎击曹军，刘备也派出诸葛亮等率军一万多人，参加作战。曹操自恃势众，兵强马壮，产生了骄傲思想，孙、刘联军又充分利用曹军后防空虚、长途跋涉、不习惯水战等弱点。在前哨接触中取得了一系列的胜利。决战之前，诸葛亮判断近日必有东风大作，建议以火攻曹，获得采纳。发动进攻之日，周瑜令部将黄盖诈降曹操，他带领一支火攻船队，向曹操的水寨急速驶去。船上装满了浇了油脂的芦苇和干柴，外边围着布幔，加以伪装。黄盖的船队距离曹操水寨只有二里路了。黄盖命令："放火！"号令一下，所有的战船一齐放起火来，就像一条条火龙，顺风直扑曹营。大火延烧到曹军在江岸上的大营。曹军士兵被烧死的，被淹死的，不计其数。周瑜和诸葛亮在南岸望见火起，知道黄盖已经得手，立刻指挥快速战船，向曹军主力猛攻。这一仗，孙、刘联军把曹操的大部人马歼灭了，把曹军所有的战船都烧毁了。

在烟雾弥漫中，曹操率少数亲兵悍将，向华容（今湖北监利县西北）小道撤退，拼命北上。孙、刘联军获得胜利。

这就是历史上著名的赤壁之战。

赤壁在湖北蒲圻县（原属嘉鱼县）西北角。江边峭壁上镌有"赤壁"两个大字（每字长150厘米），相传为周瑜所书。还有摩崖石刻，刻有历代文人览胜怀古的诗赋。山顶临江有翼江亭，传为周瑜破曹时哨所故址。凭栏俯瞰，大江东去，惊涛拍岸，蔚为壮观。山顶还有碧瓦红柱，日辉水映的望江亭，登亭远眺，隔江乌林在望，不由得令人遐想当年孙刘联军与曹操军隔江对峙的情景，吟起李白"二龙争战决雌雄，赤壁楼船扫地空。烈火张天照云海，周瑜于此破曹公"的诗句。

与赤壁山相连的南屏山，相传为当年诸葛亮借东风的地方，这里青松参天，古柏环绕，有借诸葛亮、刘备、关羽和张飞塑像的"拜风台——武侯宫"。宫旁山顶还建有"东风阁"，陈列着出土的当年三国鏖战的两千多种文物，其中有箭簇、刀枪、斧钺、东吴铜币、旌旗插杆等。《据湖北通志》记载说，赤壁"至今土人耕地得箭簇，长尺余，或得断枪折戟，其为周瑜破曹兵处无疑"。这些文物为研究赤壁之战提供了重要的实物史料。

蒲圻赤壁山悬崖
（山上翼江亭相传为周瑜破曹时的哨所故
址。从这里可看到当年曹操步马军的驻地
乌林）

蒲圻赤壁石刻，壁立于长江之南

与赤壁山、南屏山相连的金鸾山，古木参天，青竹滴翠，"凤雏庵"古祠坐落在一棵千年大白果树下，相传这里是被称"凤雏"的庞统向东吴献连环计时披阅兵书的地方。还有离赤壁较远的蒲圻城、太平城，都是吴军屯粮草之处，现在土筑城墙尚存。长山的周郎嘴、陆口、吕蒙城等为当年吴军驻地。现在，赤壁山下，屋宇栉比，稻麦飘香，陆地有公路到蒲圻接京广线，水有轮船，南极潇湘，北通巫峡，即使在今天，也仍不失为战略要地。

武候宫
（在与赤壁山相连的南屏山，
相传为当年拜风台——诸葛亮
借东风的地方）

黄州东坡赤壁全景（从左至右：放龟亭、睡仙亭、
坡仙亭、酹江亭）
（摘自《地理知识》，1979 年第 12 期）

值得指出的是，在离蒲圻 200 多千米以外的武汉以下黄冈市的长江边上，另有一个赤壁。因山岩崚嶒，屹立如壁，色呈赭赤，故名，又名赤鼻。

北宋著名文学家苏轼（字子瞻，号"东坡居士"）把这里的赤壁误以为就是火烧赤壁的赤壁了，还写下了著名的前、后《赤壁赋》和《念奴娇·赤壁怀古》等名篇。后人为了纪念这位大作家，并避免与赤壁之战的赤壁相混淆，在清代重建赤壁时，定名为"东坡赤壁"，也叫"黄州赤壁"。

东坡赤壁的二赋堂（堂前嵌有苏轼《前赤壁赋》《后赤壁赋》的木刻和石刻）（摘自《地理知识》，1979年第12期）

东坡赤壁位于长江北岸，古黄州城西北山矶，山在黄州古城残留的汉川门外，唐宋时代就是著名的游览胜地。那时，赤壁矶上面的建筑物，如栖云楼、竹楼、月波楼、快哉亭、涵晖楼、横江楼等楼榭亭台，是著名文人如杜牧、王禹偁等人所构筑，并成为他们览胜题咏之处。

东坡赤壁的建筑物，新中国成立后经多次修缮整理，规模更胜往昔。在茂林修竹之中，就看到庭院大门上"东坡赤壁"的四字金色题额。院内花坛卉圃，阵阵幽香，院墙、瓦缝间的野花野草，袅娜多姿，檐下枝头，雀鸟腾飞，莺啼婉转，真是"花影动、莺声碎"的优美境地。

坡仙亭内的苏东坡草书《念奴娇·赤壁怀古》碑刻

二、长江巡礼

登上东坡赤壁的最高点"问鹤亭",可纵览赤壁全景:一堂(二赋堂)、一楼(挹爽楼)、二阁(留仙阁、碑阁)、六亭(坡仙、爵江、睡仙、喜雨、问鹤、放龟)以及剪刀峰、石塔、天泉等名胜,树木掩映,亭阁错落。在此放眼南眺,又是碧空万里,远眺如画,一匹白练似的长江铺在晴空之下,绿色的田畴翻着碧波,田间水渠纵横交错,令人心旷神怡。

3. 汉江行

当江轮驶过武汉长江大桥,向左岸码头停靠时,可以看见一条大支流从西边汇入长江。这就是长江最大的支流汉江,又称汉水。

汉江位居中原,是我国历史上经济和文化最发达的地区之一,因此自古以来,人们称大河必尊江、淮、河、汉,汉江居然和浩浩荡荡的长江和黄河并列,成为一条历史上久负盛名的河流。

汉江源远流长,它长达 1500 千米,流域广达 17 万多平方千米,遍及陕西、四川、河南、湖北四省。

汉江发源于秦岭南麓,陕西省宁强县嶓冢山,从秦岭和大巴山之间流过,上游叫沔水。沔水穿过汉中,到城固以东和另一条发源于秦岭主峰太白山的湑水会合。从此曲折东流,一直到达陕、鄂二省交界处的白河。从发源地直到陕、鄂交界,汉水奔流在北面的秦岭和南面的米仓山及大巴山之间,滋润着富饶的汉中、安康等盆地。

过白河后,汉江穿切鄂西北山地,经过丹江口奔流而下,至襄樊又承受唐、白河诸水。唐、白河在流入汉水时已经汇合为一,但它们的上游都是支流杂出,水道分歧,构成了河南省西南部富庶的南阳盆地。

襄樊以下,汉江折流向南,至钟祥后进入著名的江汉平原,水流大大缓和了。汉水在潜江以北改向东流,水道曲折,辗转于星罗棋布的湖泊之间,这些湖泊大都有水道和汉水相通,构成了一片水山景色,情况和太湖流域非常相似。最后,汉江在汉川以东接纳了支流涓水,从汉口和汉阳之间注入长江。

从源头至丹江口河段为汉江上游。上游两岸是高峻的秦岭巴山山地,秦岭最高峰太白山 4100 米,大部分地面在 600～2500 米,河床坡度甚大,河谷窄小,最窄处黄金峡只有 50 米,最宽处也不过 200 米。汉江被束缚于如此陡峻而狭窄的河谷中，再加上从秦岭南坡坡面上来的支流众多，水量大，水流湍急，有一泻千里之势。

丹江口至钟祥为中游。沿江一带逐渐出现许多平原，平原的边缘连接着冈地，冈地尽头是连绵的丘陵或山地。由于丘陵远离河岸，河谷地形突然开展，河床放宽至 2 千米以上，流速骤然降低，沉积作用旺盛，加上中游所接纳的支流唐白河，含沙量极大，使中游地区河床淤浅，形成许多沙洲，使河流经常改道，给沿江两岸带来严重的灾害。

钟祥至武汉为下游。两岸靠堤防束水，河道逐渐狭窄，至汉口附近仅 100 米左右。水势收束以后，水深流急，排泄不畅。同时汉江流域处亚热带湿润气候区，年降雨量多集中在夏秋两季，仅 7—10 月降水量就占全年的一半以上，又常以暴雨形式出现，一次降雨量常达 150 ～ 200 毫米。所以每到汛期，上游的洪水量很大，来势迅猛，而中下游河槽排泄不畅，加之汉江的发水期与长江相近，两江的洪峰相遇机会较多，汉江下游就常受长江水位的顶托，沿江两岸经常泛滥成灾。

据统计，从 1931 年到 1948 年的 18 年间，汉江两岸堤防就有 11 年溃口。1935 年 7 月的一次特大洪水，汉江干堤决口 14 处，从光化到武汉，16 个县、市尽成一片汪洋，670 万亩耕地被淹，8 万余人惨遭淹死，370 万人流离失所。当年汉江两岸流传着一首民谣："汉江发水浪滔天，十年就有九年淹，卖掉儿郎换把米，背上包袱走天边。"这就是汉江流域人民对当年情景的写照。

结束汉江灾害的历史，是多少年来人们梦寐以求的愿望。只有在中国共产党和人民政府领导下的社会主义新中国，这一愿望才能实现。新中国成立后，汉江流域人民以防洪为中心，对汉江进行了综合治理，连年加固两岸大堤，并于 1956 年在下游沔阳县境内修建了杜家台分洪工程，大大增强了中下游的防洪抗灾能力。1958 年又在湖北省均县境内的汉江和丹江口汇合处，兴建了丹江口水利枢纽工程。

丹江口水利枢纽是根治和开发汉江的关键性工程。整个枢纽由大坝、电站、通航建筑物及灌溉引水渠首组成，具有防洪、发电、灌溉、航运和水产养殖等综合效益。

丹江口水利枢纽的大坝

你一登上丹江口峰峦起伏的群山，放眼望去，宏伟的丹江口水利枢纽工程便历历在目了；一条长约 2500 米的巍峨大坝（坝高 97 米），锁住了奔腾不羁的汉江，来自上游的洪水被驯服在水库里，一座装机总容量 90 万千瓦的水力发电站建立在大坝下游，输变电铁塔耸入云天，条条银线伸向远方；一套国内第一次制造的升船机安装在大坝右岸，150 吨的驳船轻轻一提就越过坝顶，满载的船队繁忙地行驶在一望无际的人工湖面上；离大坝不远处，横卧着两座灌溉引水渠首工程——桃岔进水闸和清泉沟进水闸，引水总流量达 600 秒立方米；水阔凭鱼跃，点点渔帆映在平静的湖面上……好一幅巨大的锦绣画卷，雄伟壮丽，气象万千。

丹江口水利枢纽的建成，有效地控制了汉江上游的洪水，可拦蓄 190 多亿立方米的水量，使历史上最大的洪水灾害不再发生。这不仅保障了中下游人民的生命财产和武汉市的安全，而且还保障了农业丰收。如地处江汉平原腹地的沔阳县，地势低洼，新中国成立前十年九淹，人称"沙湖沔阳州，十年九不收"；新中国成立后年年要投入大批劳力维修堤防。自丹江口拦洪大坝建成以来，这个县再没有防过大汛，从而使大批劳力和资金用于农田基本建设。全县建成了自流灌溉和机电排灌相结合的水利体系，掌握了排灌的主动权，旱涝保丰收。

丹江口水电站发电以来，已成为湖北、河南省城乡的重要电源之一，有力地促进了这些地区的工农业生产。同时，这一水利工程在鄂西北、豫西南的万山丛中，形成一个大水库，使一些"水贵如油"的枯冈等地变成水田和水浇地。库区还发展了水产养殖事业。

"汉江千道湾，湾湾都有滩；走完剪子坳，还有月亮湾；船在江心行，如过鬼门关。"汉江在没有整治以前,上游礁石纵横,滩高水险,下游流沙多变,河道淤塞。仅湖北省境内 800 多千米的航道上,就有各类险滩 298 处。所以,新中国成立前除武汉到沔阳县仙桃镇 100 多千米可以季节性通行大小轮船外,其他均只能行驶小木船。加上行船没有航标,触礁翻船事故屡见不鲜。

如今,在古老的汉江航道上,一个又一个的险滩,已被航道工人制服了。还先后建立了通航信号台和绞滩站等助航设备,以保证船舶的安全航行。丹江口水库蓄水后,又使汉江的流量得到稳定的调节,四季航运畅通。滔滔汉江变通途,千吨级的船队在下游昼夜行驶。150 吨驳船可以从武汉溯江而上直达陕西白河,小型机动船还可直通汉中地区,大大促进了城乡物资交流。

4. 江城武汉

武汉是一座美丽的江城。它位于汉水入长江处,襟江带水,自然形成三镇:长江北岸的汉口,长江南岸的武昌,长江和汉水之间的汉阳。三镇鼎足而立,过去通称"武汉三镇",新中国成立后才合并为武汉市。由于城市依江而建,三镇又隔江相望,所以有"江城"之称。

在武汉三镇之间,江阔水深,顺江而下,终年可以通行五千吨级以下的轮船,夏季涨水时期还可通行万吨级以上的海轮。由于武汉地处我国南北,东西水陆交通要冲,自古号称"九省通衢"。

武汉三镇鸟瞰(摘自《人民画报》,1977 年 12 月)

一泻千里的长江，在武昌和汉阳之间，两岸有蛇山和龟山夹峙。两山高不及百米，但因雄踞江畔，逼使江面收缩，最窄处还不到 1200 米，形成"龟蛇锁大江"的险要形势。蛇山蜿蜒如长蛇，贯穿武昌城；西北端江边的黄鹄矶，是黄鹤楼遗址所在地。黄鹤楼是历史上有名的古代建筑，始建于三国时期，历代屡毁屡建，到清末被烧掉以前，一直是武汉著名的古迹。关于它有不少传说，加上前临大江，远山近水，一览无余，江上帆影历历在目，自古不知吸引多少游人！唐朝诗人崔颢曾以它为题写了一首诗，前面四句是："昔人已乘黄鹤去，此地空余黄鹤楼。黄鹤一去不复返，白云千载空悠悠"。这首诗被广泛传诵，因为诗中有"白云""黄鹤"字样，所以武昌（现泛指武汉）又被人们称为"白云黄鹤的地方"。

两千多年以前，龟山脚下的鹦鹉洲是停泊商船的一个港口。到三国时期，吴王孙权便在武昌开始建城。汉口发展成为一个商业镇市，也有一千多年的历史，一度出现过"十里帆樯依市立，万家灯光彻宵明"的繁荣景象，它与当时的河南朱仙镇、江西景德镇、广东佛山镇，合称为中国的四大名镇。

毛主席在第一次国内革命战争时期主办的农民运动讲习所在旧址
（摘自《人民画报》，1977 年 12 月）

一百多年前，帝国主义国家强迫清朝政府签订了一系列丧权辱国的不平等条约。汉口就是在 1858 年被迫辟为商埠的。1861 年以后，英、俄、法、德、日等帝国主义又争相在这里划分租界。直至新中国成立前后，这个城市也和上海、天津等沿海城市一样，充满着半殖民地色彩。

武汉是一座富有光荣革命传统的城市。在武昌东湖之滨，有为纪念太平军于 1853 年攻克武昌时牺牲的九位女英雄而修建的"九女墩"纪念碑。武昌又是 1911 年辛亥革命的策源地，在这里树有伟大的革命先行者孙中山先生的铜像。还有二七烈士纪念碑，这是为了纪念 1923 年京汉铁路工人大罢工时英勇牺牲的工人的。第一次国内革命战争时期，北伐军于 1926 年 10 月胜利攻占武汉时，一度把武汉作为革命政府驻地。毛主席于这年冬天来到武汉，第二年上半年在武昌主办了中央农民运动讲习所。新中国成立以后，毛主席多次来武汉，并在这里多次畅游长江。

新中国成立前，武汉三镇之间一直为大江所隔，来往行人、车辆全靠渡船；如今，已有铁路、公路桥梁将三镇连在一起。其中横跨武昌、汉阳两岸的武汉长江大桥，是 1957 年建成的万里长江上第一座桥梁，全长 1670 米，高 30 米，分为两层，上层公路可以并列行驶六辆汽车，下层双轨铁路，可以同时对开两列火车。同时，在汉口与汉阳之间还建成了汉水铁路桥、汉水公路桥。这三座桥梁使贯穿我国南北的京广铁路畅通无阻。在武汉长江大桥的东西两侧，有 40 座现代化码头，专用火车线路直通港口，车辆汇集，水陆连接。

武汉是中国东南部特大中心城市之一、长江沿岸著名港口、中国第二大河港、华中地区水陆交通枢纽。由武昌、汉口和汉阳三地组成的武汉三镇，面积 8494 平方千米，过去为商业城市，现已形成以冶金、机械、纺织为主，有食品、化工、轻工、电子、汽车、轮船、建材等门类的工业体系，是中国重要的工业基地。武汉农业主产稻谷、小麦、棉花、油菜籽，盛产鲜鱼、莲藕。武汉是国内重要的交通枢纽、长江航运中心和重要外贸口岸。京广、京九、汉丹、武九 4 条铁路干线纵横交织，公路干线有汉宜、汉沙、岱黄、武湘等线，水运以长江、汉水为主，武汉天河机场为国家一级机场，航空线直通全国各主要城市和中国香港。武汉还是国内的商业贸易中心。

由于武汉地势低洼，每年汛期，全靠堤防保护。可是在旧社会，全市堤防设施年久失修，1931 年 6 月中旬，长江洪峰尚未到达，江堤便相继溃决，全市一片汪洋，不过一百多万人口的城市，就有 4 万多人被夺去生命，78 万人严重遭灾。

1954 年 7 月，长江流域在普遍降水量 1000 多毫米以后，从湖北宜昌以下的江面上浊浪穿空，惊涛裂岸，水位以罕见的速度急剧上升。位于长江航道要冲的武汉三镇遭受着十倍于黄河、淮河和海河三河总流量的江流的威胁。7 月中旬，武汉江面的水位已经越过 1931 年溃口水位 28.28 米的红线。8 月 18 日，水位继续上开到 29.23 米，江汉关口处水位比 1931 年溃口水位高出 3 米左右。但是，在党和人民政府的领导下，全市人民英勇地投入了抗洪斗争，在连续三个月的洪水包围期中，数十万军民日夜奋战，使武汉三镇128 千米的沿江堤防始终迄立不动，堤外洪流滚滚，堤内工厂照常生产，机关照常办公，学校照常上课。

从那时以来，武汉堤防经过不断建设，已经形成了完整的防洪体系。长达 300 多千米的武汉大堤，按照 1954 年的防洪标准进行了培修和加固，堤身的宽度一般都扩展了三分之一到二分之一，堤身的高度普遍上升到 6 米以上。在水深浪急的险要地段，铺砌了 180 多万平方米的块石护坡；在水势凶猛的关键地带，新修了共长 26 千米的混凝土防水墙。130 多万株沿堤种植的高大乔木，组成了一道钢铁的防线，进一步提高了抗洪能力。

5. 话说武昌鱼

江轮自武汉而下，驶过一段呈"M"形的长江航道之后，就来到了湖北省的鄂城县。鄂城县位于长江的南岸，古时候称武昌。

在鄂城县的西北部，有一座樊口镇，它位于长江边，是梁子湖的通口。过去，江与湖直接沟通。新中国成立后，兴修水闸才将江湖拦截。所以，每当洪水期江水大量倒灌入湖，枯水期湖水又逐渐泄入长江时，许多鱼类乘机经过樊口出入江湖之间，其中就有不少鳊鱼。平静清澈的梁子湖内，有着各种鱼类所需的营养物质，而湖中的水草又特别丰盛。水草中的苦草，轮叶黑藻及眼子菜等，更是鳊鱼最喜欢吃的食料。幼鱼（体长 3.5 厘米以下）则以这里丰富的浮游动物为饵料。由于食物丰富，生活在梁子湖里的鳊鱼不仅长得快，而且特别肥嫩，特别好吃。因此，古时有"樊口鳊鱼甲天下"的说法。

武昌鱼（摘自《人民画报》，1978年5月）

鳊鱼在我国分布很广，南北都有，但以长江流域出产较多。在安徽，鳊鱼主要产于安庆地区的泊湖、黄湖、大官湖、龙湖及武昌湖。湖北省鄂城县附近的群众为了与其他地方所产的鳊鱼区别开来，特地把樊口一带所产的鳊鱼称作武昌鱼。

武昌鱼这个名称，最早见于《三国志·吴书·潘浚陆凯传》。吴主孙皓欲从建业（今南京）迁都武昌（今鄂城）。陆凯上疏反对，引用当时的民谣说："宁饮建业水，不食武昌鱼。"以后元朝的马祖常也有"南游莫忘武昌鱼"的诗句。

武昌鱼是鳊鱼的一种。身体侧扁，背部很高，整个形状呈现斜方形。因此，我们的祖先称它们为鳊鱼或鲂鱼。李时珍《本草纲目》中就有这样的记载："鲂、方也；鳊，扁也。"可见鳊鱼或鲂鱼都是由它们的外形而得名的。

据调查，我国常见的鳊鱼有三种：即三角鲂、团头鲂、长春鳊。它们的外形十分相似，但分布状况都有不同。三角鲂和长春鳊遍及全国江湖，唯有团头鲂才是樊口一带的特产，因此团头鲂才是名副其实的"武昌鱼"。

肉嫩味美是武昌鱼最大的特点。因此，它早就被我国劳动人民视为淡水鱼中的珍品。武昌鱼声誉虽高，但它的天然产量十分有限，难以适应人民日益增长的副食品需要。为了使这一人们十分喜爱的名贵品种，成为人民生活中的日常佳肴，新中国成立后，我国水产学家经过广泛的调查研究，不仅弄清了武昌鱼的来龙去脉，而且不断加以驯化。目前武昌鱼已同我国的青鱼、草鱼、鲢鱼、鳙鱼四大家鱼一样，成为一种优良的养殖品种。近年来，已在全国二十多个省、直辖市、自治区推广，普遍受到欢迎。

武昌鱼通常活动于底泥厚的敞水区中下层，特别是长有水草的地方，冬季集群在深水处过冬。由于武昌鱼以食草为主，饲料来源广，饲养方法与其他家鱼基本相同，生活上不需要特殊照顾，它身体素质好，不像其他家鱼那样娇嫩，平时很少生病，吃得多，长得快。放养当年一般可长到二三两重，第二年可达一斤以上。武昌鱼可以在池塘密放，可以大量喂草，不怕疾病损害，因此总产量很高。

武昌鱼两周岁达到成熟，产卵期自 4 月中旬到 6 月，水温在 20～28℃之间，三岁雌鱼一般可分批产卵 25 万粒左右，在鱼类中可称得上是多产的"妈妈"。幼鱼适应环境能力强，不仅能在一般淡水中生活，又能在含盐量较高的水体中生长；不仅适宜在鱼塘中精养，又能在江湖宅沟中粗放，很少讲究条件，并且乐于到各地"安家落户"。同时，武昌鱼体型高扁，起水率高，更容易被网具大批捕获。

另外，养鱼与种田一样，要使鱼塘高产，品种选育是十分重要的。由于武昌鱼有着那么多的优点，早已受到水产学家的重视。他们正努力将武昌鱼独具的品格与其他养殖鱼类的优点相结合。以取其长补其短，培育出各种新品种类。目前已成功地培育了草鳊杂交新品种。这种草鳊杂交种，既像草鱼，又有鳊鱼的特性，要比草鱼健壮。随着养鱼业的发展，武昌鱼的新品种将不断涌现，武昌鱼的优良品格在新的养殖品种中也将大大发扬。

（八）九江与湖口之间

1. 到湖口

会汉水，过武汉，越樊口，江轮顺流而下，经黄石，下九江，直驱江西省北部的鄱阳湖口而去。这一段流程约 300 余千米。

长江在武汉以下，江流浩荡，两岸田野平展，湖泊密集，但是，渐渐地可以见到，某些地段有浅丘蜿蜒至江边，使原野的景色格外多彩、明媚、怡人。船近黄石，峰峦逐渐逼近江岸了，只见南岸起伏的山丘之间，一座工业城市逐步映入眼帘。

这座工业城市就是黄石。境内的几十个山头连绵不绝：这就是闻名全国的大"铁仓"——大冶铁山。有的山上，大片的赤褐色矿体露出地表，闪着亮光。有的还夹杂着蓝绿色的铜矿，相映生辉。无烟煤和石灰石的藏量也很丰富。

早在三国时代，吴国孙权曾在此"作千口剑、万口刀"。唐、宋、明各个朝代，这一带冶炼事业历久不衰。20 世纪 60 年代发掘的铜绿山春秋战国古矿井遗址，又把矿区的开发历史向前推移了几个世纪。

1891 年，大冶铁山地区已开办铁矿（属于当时的汉冶萍煤铁公司）。后来，在石灰窑建立了两座高炉，当时算是全国最大的高炉，日产 450 吨生铁。还建起了煤矿、水泥厂和电厂等。但是，由于帝国主义和反动派的长期践踏，工业发展很缓慢。至新中国成立前夕，钢铁厂已成为一片废墟。整个黄石也是残败不堪。

新中国成立后，黄石回到了人民手中。大冶钢厂在 20 世纪 80 年代已建成为拥有炼钢、轧钢、锻钢、无缝钢管、耐火材料和钢铁研究等部门的现代化社会主义企业；钢的品种从新中国成立初的六种增加到近千种。大冶铁矿也已建成为一座现代化的大型露天铁矿，是我国第二钢铁工业圣地——武钢的"粮仓"。

离开黄石，经过湖北省东部一个小港武穴后，长江沿着湖北和江西两省边界流动，不久便到九江了。

二、长江巡礼

317

九江，古称江州和浔阳，它位于江西省北部长江南岸，距鄱阳湖的出口很近，一向为军事和交通要地。西汉初期，刘邦派大将灌婴在这里筑城驻守。三国时，这里是东吴的军事重镇，赤壁之战的主将周瑜曾在此设帐驻节。赤壁之战前夕，刘备派诸葛亮出使东吴，到柴桑会见吴主孙权，刘孙结盟共同对付曹操。柴桑的故城就在现在的九江西南 10 千米。

鸦片战争后，帝国主义经济侵略日益深入，九江于 1858 年被迫开放为通商口岸。此后的六七十年中，由于长江航运的便利，江西省的大米、茶叶，"瓷都"景德镇的瓷器，大都在九江集中转运，使它成了江西北部的门户。以后，随着赣江轮船航线的开辟，浙赣铁路的通车，九江的中转作用逐渐减少，便渐渐地下降为赣北的经济活动中心了。及至新中国成立前夕，经济停滞，市容衰落。

现在，九江是一个发展中的工业城市。九江港码头装卸实现了机械化。九江还有南浔铁路通到南昌，新中国成立后修筑的赣江铁路大桥，把这条铁路和全国的铁路网连成一气。九江成了水陆联运的重要港口，地位更加重要了。在由鄱阳湖水系冲积、湖积而成的平原上，河渠交织，大部分地区海拔 50 米以下。只是在平原北部边缘，由于幕阜山的余脉自西向东延伸，平地拔起一座奇特的断块山，飞峙在大江之滨，山水相映，峥嵘峻丽，云雾飞腾，这就是享有"奇秀甲天下"之称的庐山。

庐山出名于两千多年前。相传在公元前 600 多年的周朝时，有匡姓兄弟七人结庐隐居在山上，周宣王派人前去寻访，兄弟七人都早已隐去，只留下一间草庐。人们因此把这座山称为"匡山"或"庐山"。后来，陶渊明、李白、白居易、苏东坡等著名的大诗人，都相继登过庐山，并写下了许多著名的诗篇，这样，庐山就更加闻名了。

庐山山体不大，从东北向西南方向延展，长约 29 千米，宽约 16 千米。大部分山峰，海拔 1300～1400 米。最高的汉阳峰海拔 1543 米，相传月明风清之夜，从峰巅上可观赏汉阳灯火，"汉阳峰"由此得名。登汉阳峰观日落云霞，上至老峰顶欣赏日出朝晖，也倒有一番情趣。

大约在 8000 万年前，地球上曾发生过一次猛烈的地壳运动，我国长江、淮河各地普遍掀起褶皱的波涛，庐山就是由于地块上升而形成的。此后经过了很长时间，庐山又经历了地质史上的第四纪冰川。这些地质构造上的变化，使庐山山地周围产生了许多断崖陡壁和峡谷，出现了许多飞瀑、清泉。

庐山瀑布，姿态不一。如庐山东坡的三叠泉，上泉如"飘云拖练"，中泉如"碎玉摧冰"，下泉如"玉龙走潭"。元代著名画家赵子昂还给它起了个"水帘泉"的名字。庐山西南坡的石门瀑布，从长空奔腾而下，银丝四注，鸣声如雷。此外像乌龙泽、青龙潭、招隐泉和马尾泉等，也是庐山有名的瀑布。

　　从汉阳峰流出的好几条涓涓细流，向西成为康王碦、谷帘泉，向东则成为开发瀑布的水源。它经过黄岩洞，沿石壁倾泻而出，即成为有名的马尾泉。因为水流很快，在奔到鹅鸣、龟背两峰之间时，面临断层，而崖口狭窄，于是喷散成几百缕水流，随风飘拂，远远望去，很像一条马尾。马尾泉西边还有一个瀑布，它从双剑峰上飞流而下，高悬数十丈，为有名的瀑布水。李白写的"日照香炉生紫烟，遥看瀑布挂前川。飞流直下三千尺，疑是银河落九天"。就是指的瀑布水。瀑布水与马尾泉是同源分流的姐妹瀑布，二瀑合流后成为有名的青玉峡。

庐山三叠泉瀑布（摘自《人民画报》，1978年2月）

　　组成庐山的岩层，主要是坚硬的沙岩和比较松软的页岩、千枚岩。由于长期受到风和水等侵蚀，页岩和千枚岩变成了岩地，而砂岩地区往往实起成山。庐山仙人洞就因为在构成崖壁的砂岩中夹有页岩和千枚岩，这些松软而又平展的岩层，垂直裂隙较发育，久经风化侵蚀而形成了岩洞。庐山北部的大月山粗砂岩更为坚硬，所以形成了大月山、五老峰等。大月山高峻陡峭。五老峰峰岭，形如五老并坐。

五老峰，其西北坡较缓，东南面极陡峻。由于断层濒临鄱阳湖，从著名的风景区含鄱口流去，山回水抱，更其壮美。唐代诗人李白曾写下一首名诗："庐山东南五老峰，青天削出金芙蓉。九江秀色可揽结，吾将此地巢云松。"庐山的这类断崖，有的形成峭壁、峡谷，分外险胜。除仙人洞外，还有龙首崖、三叠泉、石门洞等都是。庐山南部，因为岩层松软，多形成浑圆状山峰，如仰天坪以南诸峰和汉阳峰等，它们与北部山形景色迥然不同。

庐山不仅风景秀丽，而且气候宜人。我们知道，长江中游是我国夏季最热的地区之一，如九江 7 月平均气温为 29.4℃。一上庐山，暑意顿觉消失。因为气温随高度上升而降低，同一时期它的平均气温不过 22.6℃，而且炎热的时间短暂。所以，庐山便成了炎热的长江中下游平原中著名的避暑胜地。在季节变化上，庐山表现为春来晚，秋去早、低温持续时间长。当山下桃红柳绿的时候，山上的柳树才刚刚从冬眠中苏醒，桃花则紧锁花蕾，还看不到一点春意。白居易的《咏桃花》写的就是

庐山天桥一带
（摘自《人民画报》，1978 年 2 月）

庐山的花径："人间四月芳菲尽，山寺桃花始盛开。常恨春归无觅处，不知转入此中来。"诗人想象春天从山下转到山中来了。造成这种开花较晚现象的原因，正是山中的温度比较低的缘故；春天姗姗来迟，花期也就相应地推迟了。

庐山气候的另一个特点是：降水多，云量大。山中年平均降水量高达 2229.9 毫米，比长江中下游的其他地区都要高得多。这一方面是由于山地挡住了海洋上来的湿润气流，同时，也由于庐山濒临的江湖在夏季水分蒸发较多，水汽沿山坡上升，因而常在高处结雾、凝云、致雨。尤其是夏季，空气对流旺盛，雷暴雨最多。

庐山云雾

　　庐山的春天，云雾特别多，凝云四起，常常对面不见人。有时候，从山下冉冉升起一股雾气，顷刻之间就弥漫山峰。从山下望山上，只见云雾茫茫，山头时隐时现；从山上望山下，只见云海一片，奔腾激荡。云雾，就像给庐山披上了一件薄薄的轻纱。所以，苏东坡写过一首游庐山的诗："横看成岭侧成峰，远近高低各不同。不识庐山真面目，只缘身在此山中。"这个"不识庐山真面目"，其中一个重要原因就是庐山多云雾。入秋，云雾渐少，丛丛红叶枫林点染着山峰幽谷，又给人以"丹枫别有春"之感。

　　人们要想观赏庐山云海，最好是到望江亭、大林寺、佛手岩、西林寺一带去看。那里地势较高，又较开朗，有时云如大海，彩云变幻，白云相逐；有时薄雾缕缕，时有时无，常常使游人流连忘返。

　　庐山，不仅以美丽的云海、凉爽的气候、奇峻的山峰和飞瀑流泉闻名于世，千红万紫的庐山植物园也为庐山增添了秀色。这座植物园位于含鄱岭北面山谷中，面积4400多亩，是一个以引种驯化为中心，发掘利用野生植物资源，培育植物新品种的综合性科学研究单位。这里有各种木本和草本植物3400多种，是长江中下游南北植物引种驯化的良好场所。在植物园的松柏区，可以看到被人称为"活化石"的水杉，我国特有的金钱松，还有冷杉、南洋杉等240多种针叶类植物。药物区里栽种着卫茅、党参、天麻等近500种药用植物。岩石园模拟亚高山的自然岩层精心布局，石中栽花，花中有石，数百种高山植物有条不紊地栽种在各自合适的位置。现在，庐山植物园不但与全国各地植物园交换良种，而且与世界五十多个国家或地区的植物有交往。

过去，庐山没有公路，只有几条登山小道，所谓"咫尺愁风雨，匡庐不可登"。1953 年建成了第一条由九江到庐山的山北公路，以后又相继建成了山南公路和环山公路。现在，山上十多个游览名胜，已经以牯岭为中心而联结起来了。上庐山，都以牯岭为终点；游庐山，又都从牯岭出发。

牯岭为庐山管理局所在地。它是一座奇特的园林式小山城。它的街道是在牯牛岭、日照峰的山腰、顺山势而建的。这里的一座座商店、餐厅和旅游服务部……都掩蔽在浓绿的梧桐树丛之中。街中央是布局别致的街心公园，从这里凭栏远眺，江天尽览，令人心旷神怡。

庐山空气清新，水源洁净，是高山天然疗养地。从 1885 年起，相继有英、美、俄、法、德、日等帝国主义者在这里占地皮，设租界，建别墅。如今，这些已经成为历史。目前已建成东谷和西谷两个疗养区、六所疗养院。同时在东西谷还各建成一个碧波荡漾的人工湖，分别称为芦林湖和花径湖。这两处平湖既为疗养区提供了充足的水源，又为庐山平添了新景色。此处，还改建和新建了公园、图书馆、电影院、历史博物馆等，主要名胜古迹也修缮一新，从根本上改变了庐山的面貌，真正成了劳动人民疗养休息的乐园了。

2. 鄱阳湖畔

春季千顷油菜分外香，夏季万亩莲花吐幽香，
秋季处处稻谷闪金光，冬季轻舟湖面捕鱼忙。

这是一首流传在鄱阳湖民间的歌谣，它赞美了鄱阳湖区的物产富饶，描绘了平原水乡的四季景色。

鄱阳湖位于江西省北部，略像一个大葫芦系在万里长江的腰带上，犹如一颗灿烂的明珠镶嵌的江湖原野。

鄱阳湖古名彭蠡。我国最早的地理书《禹贡》记载："嶓冢导漾……南入于江，东江泽为蠡。"《汉书》上叫彭泽。到了隋炀帝时，因湖中有座鄱阳山，始改名鄱阳湖。

鄱阳湖口的蛤蟆石和鞋山

　　烟波浩渺的鄱阳湖面，大致南起三阳，北至湖口，西到吴城，东抵波阳。南北长达 110 千米，东西宽约 70 千米，周长 600 千米左右，平水期湖面积约 2700 平方千米，最高洪水位时湖面积达 5100 平方千米，是我国第一大淡水湖。

　　鄱阳湖在都昌和吴城之间，湖面较狭，被分为南、北两湖。北湖也称落星湖、左蠡湖，又叫"西鄱阳"，它位于湖体的西北部，地跨星子、德安、都昌、九江、湖口五县，湖面狭窄，似葫芦上部的长"颈"，实际上是一条狭长的通江港道，南湖也叫官亭湖、族亭湖，又名"东鄱阳"，湖体的东南部，横跨新建、南昌、进贤、余干、万年、鄱阳、都昌、永修诸县，湖面宽广，形状像葫芦的下半部，是鄱阳湖的主要水域区。

　　鄱阳湖吐纳江西一境之水，是赣、抚、信、修、饶五大河及其他一些小河的总汇。这一条条晶莹绵长的河流与星罗棋布的湖、泊、塘、堰等，构成了一个辐辏江西全省的错综水网。这就是人们常说的鄱阳湖水系。由于鄱阳湖水域辽阔，容积量大，五河之水通过它调蓄后注入长江，可以大大缓和长江中下游的水势。1954 年洪水期五河入湖最大流量为 45800 秒/立方米，而经湖泊调蓄后由湖口注入长江的相应最大流量只有 22400 秒/立方米，约比入湖流量削减了一半。所以，鄱阳湖也是长江中下游的缓冲湖。

　　在水天一色的鄱阳湖周围，镶着一片坦荡的湖滨平原，叫作鄱阳平原。平原上湖泊星罗棋布，港汊纵横交错，河湖息息相通，沟渠稠密如网，天然构成了一幅四通八达的水运网。而在河湖港汊之间，良田美畴，阡陌纵横，尽是田园，鱼塘和莲湖，富有鱼稻之说，一向被称为鱼米之乡。

　　在鄱阳湖北面，有一条"瓶颈"般的港道。它是鄱阳湖今日的唯一外泄

二、长江巡礼

通道。通道长约 50 千米，宽 3.5～6.5 千米，东西两岸是夹水对峙的岗阜丘陵，高出湖面一般在 100 米上下，以江西省庐山市星子县东南的婴子口处形势尤为险要。

在港道的出口处，宽仅 804 米，左岸平坦，右岸有石钟山，犹如铁屏横峙。好像巨人扼守着卡口。更有趣的是，港道中常见有山丘受湖水冲刷造成的人工大坝式的湖蚀崖及其分割后所成的"湖柱"，如著名的大孤山与蛤蟆石等。大孤山，好似浮在雪浪表面的一只巨鞋，又称鞋山。蛤蟆石活像一只蛙（蛤蟆）。它顶波逆浪，迎扑着遥遥相对的鞋山，令人赞叹不已。

人们在饱览鄱阳湖风光的同时，不免会想了解一下它的来历。这是一个耐人寻味的课题。在湖的西岸，民间流传着这样的故事：现在望去一片湖水、草滩的地方，过去曾为繁华的海丰县，后来因陆沉，山洪暴发而冲毁。于是科学工作者就在传说曾是海丰县的草滩上打钻，而取得的都是天然的沉积物，并没有发现什么人类文化的遗迹。地理学家认为地壳是有升降和变动的，但是一个大规模的县城陆沉而变为湖泊，在这里并没有发生过。

原来，鄱阳湖是古彭蠡泽的残迹。

大约一亿二千万年前，彭蠡泽所在地区开始缓慢下降。后来由于强烈地壳运动，其东西两侧即今怀玉山与幕阜山、九岭山之间，产生了两条近南北方向的大断裂，断裂之间形成一个巨大的洼地，并在此基础上演化成为大型湖泊，这就是古书上所说的彭蠡泽。古彭蠡泽的范围远比现在的鄱阳湖大，后因注入湖内的河流挟带大量泥沙（每年大约有 1300 多万吨）不断淤积，渐渐将湖底填高，并在河流入口的地方形成三角洲。同时大部分地区，特别是湖区南岸地盘正在缓慢上升，发育成广阔的三角洲平原。这样，随着时间的推移，继续淤积下去，范围就越来越小了。

近年来，鄱阳湖畔的劳动人民采取了合理围垦、治山治水等措施，致力控制泥沙淤积与湖面缩小的速度，揭开了鄱阳湖演化史上新的一页。

3. 赣水奔流

在鄱阳湖水系中，赣江是最大的一条支流。这条全长 853 千米[①]的长江

---

① 赣江自河源至吴城入鄱阳湖，全长 764 千米，以湖口入长江为其终点，则全长为 853 千米。

支流，流域面积 8.3 万平方千米，几乎占江西全省面积的一半，故江西省简称"赣"。

赣江发源于江西、福建二省交界的武夷山黄竹岭。上游水道分歧，各分支从翠绿的山峦奔腾急下，一起向赣州集中，形成似扇状的水系；中游河段先入峡谷，中经盆地和低丘；其下游河道就浩浩荡荡进入鄱阳湖平原的圩区了。

赣江上源绵水自武夷山流出后，进入瑞金红色盆地。这里翠岗红岩，千姿万态，分外引人注目。这里，更是第二次国内革命战争时期的红色故都，中华苏维埃临时中央政府所在地。毛主席曾在这里生活战斗过。从瑞金沿江而下，常可看到两岸有一种独特的"丹寨"地形：由于砂岩垂直裂隙发育，形成奇峰耸立，危崖绝壁，丹崖映露，碧波绿林，秀丽动人。

到了会昌城外，绵水左汇湘水后，始称贡水。贡水穿行在低山丘陵间，河谷时而收缩，时而开阔。在于都接纳梅江后，进入于都盆地，这时河谷开朗，水流平缓，两岸平原广布，农业发达。1934 年 10 月 18 日，在于都县城上下十余千米宽的地带，红军南渡贡水誓师长征，毛主席就是在于都出发的。

过于都盆地，出"峡山"峡谷不远，就进入赣南最大的盆地——赣县盆地。来自老根据地兴国的支流平江，从右岸首先汇入，不久从左岸又有桃江流入后，就在赣州结束了上游河段 247 千米的流程。从赣州起才叫赣江。

赣州是一座古城，迄今已有两千多年的历史了。唐朝在城西北建的郁孤台，三层，登台可俯瞰全城。宋代在城关之北建的八镜台，分三层，登临远眺，山城水色，相互掩映，景致极佳；章、贡二水就在台下合流，滚滚北去，赣州其名及"赣"来历原来出于此。

赣州市，现在已建成现代化工业体系。园区内盛产竹木，还蕴藏有以钨为主的多金属共生矿床，钨矿的产量和储量一向居世界首位。以赣州为中心的赣县盆地则是赣南农业生产的精华地带。

从赣州北流的赣江，一出盆地就进入全江最险峻的"十八滩"。这里河谷狭窄，有时不足百米，"万堆顽石耸嶵峣，壅遏江流气如娇"，自古就有"鬼门关"之称。其中"黄泉滩"的 S 形航道宽仅 3 米，在旧社会是"十船经过九船翻"！新中和国成立后，经过逐年炸礁整治，如今百吨船队可直达赣州。

一过万安，河谷豁然开朗，在吉（安）泰（和）盆地中，先后接纳了遂川江、蜀水、禾水和泸水。之后便到了中游港口古城吉安。吉安以下，江面开朗，水流增大，一队队拖轮驳船，木排白帆，往来不绝。至新干县中游航程结束。自赣州至此，全长 310 千米。

行经新干以下，进入鄱阳平原区。这里地势坦荡，逢汛期，赣江暴涨，易成洪灾。在旧社会，每两三年就溃堤、漫堤一次，使两岸人民生命财产遭受巨大损失。新中国成立以来，彻底整治了大堤，又在西岸新修了泉港蓄洪垦殖工程，有效地保护了下游沿岸农田和人民的安全。

1974 年，在清江县吴城发现了商代遗址，大量文物证明远在三四千年前，这里和中华民族摇篮的黄河流域已有密切关系了。

清江以下，西来的大支流袁、锦二水先后汇入赣江。闻名的萍乡煤矿就在袁水源头。过锦江不久，英雄南昌便遥遥在望了。

南昌，这座南方古城，已有 2100 余年历史。1927 年 8 月 1 日，周恩来、朱德、贺龙、叶挺、刘伯承等同志在此领导了威震中外的"八一"起义。现在南昌已是江西全省综合性的工业中心。登高一瞥，宽阔的"八一"大道和井冈山大道纵贯市区，两旁高楼林立，工厂遍布；站在"八一"大桥上，南望港口，船舶穿梭往来，一派繁忙景象；抬眼北看，唯见烟水浩渺，千帆竞发，百舸争流。这种情景不由使人想起唐代王勃在《滕王阁序》中"落霞与孤鹜齐飞，秋水共长天一色"的名句，正是形容此处的绝妙风光。原来著名的唐代古迹滕王阁位于桥畔，可惜 1927 年为军阀焚毁。

赣江自"八一"大桥以下，就分四支呈鸟足状前延，构成现代三角洲冲积平原，并与修水、抚河的三角洲连成一片。自南昌起，沿着通长江的主航道西支前行，至吴城汇入鄱阳湖。自新干至此计 207 千米。

不过，赣江至此并未告终。因为习惯上仍把湖区枯水航道称作赣江。当你由吴城继续前行，湖中天水相接，碧波粼粼，鸥翔鱼跃，令人心旷神怡。进入鄱阳湖的"管道"后，庐山飞峙湖滨，雄伟俊秀。最后便来到了湖口的卡口，赣水至此奔入滚滚的长江了。

4. 江湖锁阴

"彭蠡之口，有石钟山焉。"这是晋人郦道元在他的著作《水经注》中所说的话。彭蠡，就是现在鄱阳湖的古称。"彭蠡之口"的石钟山，也就是宋代苏东坡所写的《石钟山记》中的石钟山。

由于石钟山地处"吴楚咽喉、江右冲要"（《九江府志》），加上"石钟山居大江之滨，上下两山屹然相对，以扼九江，以展半壁，以砥中流而雄"（《石钟山志》序），所以其地理形势十分险要，号称"江湖锁阴"。

"石钟之奇形势耳，兹则一扼湖水，一扼江水，一以独险要为奇乎？……以论形势，西扼楚蜀，东联吴会，北障新蔡，南捍豫章，襟带江湖，锁阴成镇，伟矣哉！"（《石钟山志》）所以这里向为战略要地。元代末年，朱元璋曾以此为据点，与陈友谅大战于鄱阳湖达十余年之久，至今下钟山尚有"英雄石"遗迹可寻。清代，英勇的太平军曾利用这里的有利地形坚守湖口，打退曾国藩湘军多次进犯，取得了著名的湖口大捷。

石钟山位于"彭蠡之口"的东侧，现属江西省湖口县。湖口县即因位于鄱阳湖口而得名。南朝刘宋（420—479年）最早在湖口设立的军事上的哨所，就叫"湖口戍"。南唐升元二年（1938年）开始置县。这是一座小小的东南背依低山，西北滨临江湖、南北两侧又有石钟山拱卫的"山城"。

"山城"两旁的石钟山，是两座低矮的石质小山，所以又合称"双钟山"。现在湖口县人民政府设在这里，又叫"双钟镇"。镇南，濒临鄱阳湖的小山，叫上钟山，面积只有0.34平方千米。镇北滨临长江的小山叫下钟山，面积也只有0.2平方千米。二山的海拔高度大约70米上下，相距不足1000米。但是，由于两山滨湖临江，所以具有"水分林下清冷浪，山峙云间峭峻峰"（伍齐《双石》）的秀丽景色。

"千尺危崖俯碧湾"。双钟山都以断崖临湖滨江，由船上仰视，危岩壁立，峰峦峻峭；在山顶远眺，则烟波浩渺、洲渚回合。江水、湖水会合之处，清浊界线分明。唐人王勃在《滕王阁序》一文中描写鄱阳湖的景色道："渔舟唱晚，响穷彭蠡之滨。"其后，唐彦谦《过湖口》也曾写道："云静山浮翠，风高浪泼银。"真是"江山如此多娇"！

上、下石钟山都由石灰岩构成。长期以来，构成山体的石灰岩受到含有二氧化碳的地表水及地下水的溶蚀，形成了奇特的岩溶地貌。在山体表面，有溶洞、石芽、溶蚀洼地（如梅坞）、溶洞（如桃花洞）等。山体虽然是受到人为的影响，但是，仍然显得突兀峥嵘，曲折迂回，丘壑起伏。

石钟山的下部，由于山体受到地下水及江水湖水的溶蚀冲刷，加上江湖水位变化的垂直溶蚀作用强烈，因而所形成的溶洞更为宽广、深邃。《石钟山志》中就记载："上钟崖与下钟崖，其下皆有洞，可容数百人，深不穷，形如覆钟。"当江湖之水浸灌洞内，水位未有上升到洞顶高度之上而低于洞顶时，风兴浪作，冲击洞顶，洞壁轰然发声，回声激荡。所以《水经注》里说："下临深潭，微风鼓波，水石相击，响若洪钟，因受其名。"

"金仙楼阁异人寰"。坐落在石钟山上的楼台亭阁，优美卓越，布局变化如画。下石钟山上的楼台亭阁，因势构筑，曲折迂回。"江天一览"楼面临大江，大雄宝殿雄踞山巅。锁江亭、沉香别墅、怀苏亭、听涛眺雨轩、芸芍斋、照夕亭及归云亭等，也都因地制宜、上下左右，错综散布。复有曲径长廊相连，花墙庭院穿插，处处引人入胜。

今天，人们登上石钟山远眺，不仅可以饱览"江山如画"的景色，而且，展现在眼帘之前的，还有一幅日新月异的社会主义经济建设的美丽图画：高耸的烟囱，巨大的厂房，繁忙的河（湖）港，成群的渔船，以及往来如梭的江轮……

（九）进入安徽以后

1. 古城安庆

江轮过了湖口，继续顺长江而下，由江西省北部进入安徽省。大江进入安徽以后，自西南向东北斜贯皖中，在和县以东出境，流程 397 千米。

长江在安徽的一段是属于其下游部分。江面宽达 2 千米左右。江中沙洲罗列，水流萦回曲折，奔放澎湃，含沙量小，终年不冻，常年可通航轮船。龙、黄、泊、武昌、升金、破岗、菜子、陈瑶、石白、丹阳等大小湖泊，宛如大地上的明珠，散落在长江两岸的辽阔原野之上。这里湖泊的周围，土地肥沃，圩田弥望，农产殷饶。大小湖泊又有水道和长江相通，所以对调节江水也能起一定作用。

安徽境内的长江支流在左岸，主要有发源于大别山区的皖河，发源于淮阳山脉的巢湖水系和滁河等。在右岸，主要有发源于黄山山区的秋浦河和青弋江，发源于天目山的水阳江等。这些河流上游迂回于山地、丘陵之间，蕴藏着丰富的水力资源，下游流贯平畴沃野，多数和沿江平原上的河湖港汊相通，哺育着两岸的万顷圩田，繁殖着鲜嫩的鱼虾菱藕，构成了四通八达的水运网，对皖中地区的经济发展十分有利。

长江在皖中先后流经安庆、铜陵、芜湖、马鞍山等中等城市。

安庆是长江沿岸的一座古城。2000 多年前，这里是古皖国所在地，安徽省简称"皖"即由此而来。安徽省的名称就是"安庆"和"徽州"首字的合称。安庆的箕盘山新石器时代遗址证明，大约在四千多年以前，我们的远古祖先就在安庆市箕盘山东北角一带，从事原始的农业、渔业和采集等生产活动。从春秋到五代的一千六百多年间，安庆由一个没有名称的渡口，随着人口增多和经济发展，逐步成为一个居民较多的集镇。宋理宗景定元年（1260 年）兴建古城。宋初改同安郡为舒州同安郡德庆军，宋高宗建炎十七年（1143 年）又改为安庆军。"安庆"这个名称可能是从同安郡、德庆军两个名称中提取一字而来的。

安庆又名"宜城"。按宋朝马祖光著的《建康志》上说，三国时，吴魏南北对峙，"尝设疑城于此"，"疑"和"宜"两字同音，以后就传称为宜城。东晋诗人郭璞登盛唐山（安庆市区旧名登云坡一带），曾说"此地宜城"，"宜城"的地名才开始散见史册。

安庆江边矗立着著名的振风塔。振风塔建于明穆宗隆庆四年（1570年）。塔高72米，八角七层，内有168阶盘旋而上。整个塔身为砖石结构，仅六层有一根一人怀抱的大木柱直通塔顶。塔门多变化，位置各异。一至六层外侧，都有石栏环卫，可以从不同的方向俯瞰安庆

安庆的振风塔
（摘自《人民画报》，1978年3月）

全景。塔内有砖雕佛像600余座，多数集中于三、四、五层，最多的四层有417座；还有碑刻50块，最多的三层有35块。每层檐角悬挂铜铃，微风吹动，叮当悦耳。振风塔重檐上仰，设计精巧，是长江沿岸现存的最雄伟的古塔，一向有"过了安庆不说塔"的美誉。

由于安庆地处皖河入长江处，北面又有陆路直通大别山区，自古以来就是南北交通的重要渡口和兵家必争之地。历史上，安庆地区的革命烽火越绕越旺：早在1358年，红巾军大破元军，一举攻下了安庆城；1861年，太平军在安庆进行过四次保卫战；1907年，这里爆发过革命志士徐锡麟刺杀清廷安庆巡抚恩铭的义举；1908年熊成基率领安庆炮队营起义……自从中国共产党在安庆建立组织（1927年）后，安庆人民反帝反封建的斗争，才进入新的历史时期。1949年4月23日，安庆喜获解放。

今天的安庆，公路、铁路、水运、民航等立体交通网络四通八达，距南京、武汉、南昌、合肥的旅程都在3小时以内。尤其是安庆还位于黄山、九华山、天柱山、庐山等旅游胜地的几何中心，是极佳的旅游中转站。

安庆又是全国重要的粮棉油、水产品和畜禽生产基地，为安徽省重要的石油化工、汽车零部件和纺织加工基地，社会经济事业有了突飞猛进的发展。

2. 直薄九华十王峰

过安庆，经贵池，遥望江南，可看见一片山峰直入云表，宛如九朵芙蓉环抱，这就是著名的九华山。

九华山又名九子山、陵阳山、天台山、云冠山、灵农山和魁山等。唐代大诗人李白因山有九峰如莲花削成，名之为九华，此后才易名为九华山。李白诗句："昔在九江上，遥望九华峰。天河挂绿水，秀出九芙蓉。"写出了他在临江遥望九华山时的感受。之后，唐代诗人刘梦得曾为九华山的"九峰竞秀、神采奇异"而惊叹，他写的《九华山歌》里，头一句就是："奇峰一见惊魂魄"。唐以后的不少文人，也相继登山吟诵，如苏辙："肖然九仙人，缥缈凌云烟"；王安石："峨然九女鬟，争出九镜奁""毅然如九官，罗立在堂廉"；等等。这些都是对九华山之奇峰伟境的真实写照。

九华山在安徽青阳县境内，方圆约 100 平方千米，山有九十九峰，以天台、天柱、罗汉、列仙、十王、莲花等九大主峰为最奇丽，峰峦之中遍布岩洞、怪石、山泉、深谷、碧潭、飞瀑，山上苍松如海，翠竹满坡，古刹林立，风格独具，景象万千，向为人们所向往的游览胜地。

乘汽车从青阳上山，沿着盘山公路，大约 40 分钟就可到达九华山脚的二圣殿。殿内有二神分列左右。相传为金地菩萨的两个舅舅，曾到九华来寻找外甥，落脚于此。这里是九华北麓的入山处。

过二圣殿，徒步上行，面前妙景纷呈，远处的岚影云光，飞爆流泉，红墙绿瓦，奇松巧石，尽入眼睑，沁人如醉。登一天门后，山路渐陡，拾级而上，经甘露寺（海拔 280 米）、二天门、龙池庵，到望江亭，登亭回首远眺，那滚滚东去的长江，似白色匹练，景色非凡。

攀行十里山路，登上三天门（海拔 650 米），山脊平缓，近处山岭多与此同高，地势豁然开朗。顺山脊大路而下，就到了九华街（海拔 500 米）。这是个群山拥抱的宽阔盆地，寺庙群集于此。盆地西部，有一片完整的建筑群体，总称祇檀林。祇檀林中有一座气宇轩昂的"大雄宝殿"，建在用青石铺垫的高台上。殿内，中央是佛祖释迦牟尼的约 3 米高的涂金塑像，两旁分别是观音菩萨和地藏王。左右墙壁上，是以海岛为背景的"十八罗汉"的各具情态的塑像。宝殿四周是一系列较低的搭配协调的厅、堂、阁，内部廊台多变。屋梁、重檐、门堂系纯木结构，有精致的浮雕、圆雕（有龙、狮、蛙、蟹等动物，也有人物，多半以佛教故事为内容）。这些雕刻以及建筑物的大部分构件，全部是料体的本来颜色，给人以朴素、宁谧和神秘感。长约1000米的九华街上，分布着五座像旃檀林这样的寺庙。全九华山上迄今保留的完整寺庙还有十多座，还有佛塔七座，僧尼一百多人。

九华街，号称"莲华佛国"　　　　　九华山佛教协会所在
　　　　　　　　　　　　　　　　地——旃檀禅林

　　早在1300多年前，佛教信徒选中了金华街这块地方，这里就开始建立庙宇。历经隋、唐、明、清各代，寺庙陆续增设。最盛时，庙宇多达二三百座，僧尼四五千人，香客遍及长江流域数省，并远及亚洲诸国。它曾同山西五台山、四川峨眉山、浙江普陀山并尊，称为中国四大佛山。

　　千百年来，九华山是作为地藏王菩萨的应化地，接受着佛门子弟的朝拜。相传唐至德年间，新罗国王子金乔觉来华求佛，见九华秀丽，隐修此间，若行数十年，九十九岁始行坐化。由于遗蜕安葬之后，出现了一些灵异景象，他的生前所行又合乎地藏古佛之愿，当时的居士僧众一致认为他是地藏古佛的化身，在他的葬地（神光岭）建立了肉身塔——金地藏肉（月）身宝殿，以供善男信女朝礼膜拜。殿前有石级八十四级，峻绝如悬梯，两旁有铁链，可扶之而上，仰望可见清乾隆皇帝亲笔手书"东南第一山"的金匾。该殿建筑宏伟，金碧辉煌，极其壮丽，四周有精美石柱和木刻画廊，佛像菩萨千姿百态，栩栩如生。殿内有佛教文物展览室，数以千计的展品，琳琅满目。这里有宋、元"聚红磁瓶"和"青蓝磁钵"，也有康熙、乾隆皇帝手谕真迹，塔内还珍藏有梵文书写的"印度贝叶真经"等珍贵文物。殿侧有一片保存较好的青栲、灯台树、枫香林。

肉身宝殿内的木刻画廊　　　　　　　肉身宝殿内的雕梁画栋

印度贝叶真经，已有一千多年的历史　　涂有金粉的无瑕和尚的真身

从神光岭以东的化城寺向东南行，经九莲禅林，可至回香阁（海拔760米）。再往东北，沿东岩山脊小路，穿过一片黄山松林，即到百岁宫。相传僧人明海玉（字无瑕，宛平人）于明万历年间来九华，在东岩岭石洞内奉佛修行百有二年，以野果为食，活到126岁，死前三个月点滴不食，盘腿坐化而终，圆寂后众僧将其尸骨放入和合缸中，用石灰封口，缸外放木炭，用文火烘烤数十日，形成江南罕见的"木乃伊"，身上涂金，而成真身菩萨。距今虽有350余年，但无瑕和尚遗蜕仍然完好。崇祯三年（1630年），敕封"应身菩萨"，赐造"百岁宫"。在百岁宫倚窗远眺，磨盘峰、五老峰、太古

岭、凤凰岭，皆历历在目。此
外，九华街附近尚有祇园寺和
上禅堂等名寺，其他庙、庵则
更多了。

由东岩岭走到回香阁，再
徐徐而下，路旁的树木花香碧
翠欲滴，泉溪似银铃般作响，
不觉工夫就到达中闵园（海拔
600米）了。这里是又一个风
光无限的小盆地。这边，林木

祇园寺

葱郁，对面山坡上，竹海茫茫。风回雾转，碧波荡漾，松声竹韵，溪水纵
横，置身其中，大有飘飘欲仙之感。回龙桥侧，有一株长在石隙内的黄山
松，已有千年历史了。它的顶部出一扇小枝，是半月形，像美丽的凤冠；枝
叶茂密的中部，恰似羽翼丰满的凤身；从身部沉甸甸下垂一枝，直逼地面，
酷似长长的凤尾；树干直、稍后倾，又颇似直立的凤脚。远远看去，简直
就是一只真的凤凰站在桥头，故名"凤凰松"。走过石桥为地藏庵。上行，
经华云庵、裴庆庵、吉祥寺，方抵半山中。游人至此，一般已感到精疲力
尽了。

"老鹰爬壁"峰

古拜经台

但是，"不上天台，等于白来"。天台是指天台峰，海拔 1300 米，仅次于十王峰（海拔 1342 米）。前面确实还有无限风光供人领略。继续拾级向"天台正顶"进发，攀上"天梯""渐入蓬莱"，道临深渊，悬崖千丈。西顾奇峰怪石，各显神姿，令人目不暇接。一步一抬头，可以看到观音峰、香炉峰和蜡烛峰，到了老鹰爬壁峰下面的"古拜经台"，又能左睹仙桃峰，右眺狮子峰，前看仙人打鼓峰，遥望金龟朝北斗峰。古拜经台内，有一巨大足迹印刻石上，相传是地藏王当年进山的遗迹。

回龙桥畔的凤凰松，生长于南北朝时代，已有 1400 多年历史

再往上，山势更其险峻。始建于明代，重修于清光绪年间的"天台正顶"巍峨建筑群，在天台峰顶的峭壁上耸然而起。这便是地藏禅林。寺后巨石屹立如屏，为玉屏峰。寺左为摩崖，上刻"非人间"三字。过仙桥，有一圆洞，洞上有"中天世界"四字。从万佛楼转到捧日台，这里海拔 1300 米，九华众峰一览无余。隔台相望，就是九华山的最高峰——十王峰，十块巨石隆起在峰顶。其中有两块巨石直立如门，下宽上窄，可仰望见天，故称"一线天"。巨石顶部即天台之绝顶。山风乍起时，天上乱云飞渡，山间雾海升腾，不禁令人想起唐代诗人刘禹锡的诗句："疑是九龙夭矫欲攀天，忽逢霹雳一声化为石。"

观音峰

右侧为天台峰

回到九华街，再至东岩下院前，便可一睹李太白书堂遗址。相传太白曾寓居于此，读书，创作。东岩上院，还留有明代阳明书院遗址。王阳明于弘治、正德年间，曾两上九华，畅游山水，宴坐讲学；他的所谓致良知学说，就是在这里发表的。由于王阳明出入烟雾，探奇寻幽，往复留连，因而，他为九华所写的四五十首诗篇中，字里行间均流露出了对九华山的挚爱深情。

然而在过去的漫长岁月里，九华山备受摧残。今天，一股时代的春风吹进了这座名山。它已被列为全国文物重点保护单位，多次拨款对全山主要寺院、道路进行整修，新辟的盘山小路，由二圣殿直抵九华街。同时，大力植树造林和封山育林，使九华山面貌焕然一新了。

3. 铜海春秋

从贵池乘船东去，途经大通，大江仍在皖南山地和大别山之间奔流。两岸青山遥遥在望，沿江平原范围稍宽。那九华山的风光才为人们津津乐道，而四五个小时以后，便又来到靠水近山的铜陵市了。

铜陵市区坐落在长江南岸，沿江地势平坦，江湖交错，东南群山绵延。大小铜官山蕴藏着丰富的铜矿，并伴有大量的铁、金、银和稀有金属矿床。这里还盛产一种中外驰名的珍贵药材丹皮。此外，这里交通也十分便利。城西有宽阔的长江，城东有通往芜湖市的铁路，公路也是四通八达，这些都为铜陵工业的发展提供了有利条件。

铜陵是一座新兴的工业城市，铜官山铜矿历史悠久。早在一千多年以前，古人就在这里开采铜矿。唐朝在这里设立了铜官场，专门管理采铜，据说"铜官山"这个名称就由此而来。宋朝在这里设立利国监；元明两代设立梅根监、宛陵监，每年出产的铜可铸钱五万贯。到了清朝，开采的规模更大了。中华人民共和国成立后，在铜陵的有些矿井里，发现了不少古人采矿的老洞。洞里有唐宋时代的铜钱、开山斧和盛饭的木盆，还在一个坑道里发现了古代的水车。可能当时的矿工就是利用这种水车抽出坑道内的地下水的。在长期的劳动实践中，铜陵人民为我国铜矿的开采积累了丰富经验。

1840年鸦片战争后，随着中国沦为半殖民地半封建社会，铜陵的矿产资源也成为帝国主义掠夺的对象。特别是抗日战争时期，日本侵占了铜陵，对这里的铜矿进行过破坏性的开采。抗日胜利后，国民党又长期不恢复生产，致使杂草丛生，铜矿区仅有的 200 米坑道也被地下水淹没。新中国成立后，经过恢复和建设，矿山面貌很快改观。目前，现代化的露天矿、井下矿和选矿车间，冶炼厂都建立起来了。这里除了采炼铜矿以外，钢铁、煤炭、化工、水电、纺织等地方工业也勃然兴起。

新兴的铜陵已成为我国主要的有色金属生产基地之一。

4. 芜湖一瞥

在芜湖上、下，长江逐渐进入了广阔的苏皖平原。位于长江和青弋江交会处的芜湖市，南面为青弋江流域，北面为巢湖流域的平原，二者都是安徽省的重要稻米产区。加上长江、青弋江和运漕河（均通巢湖和长江）等河流的水路运输又极便利，所以早在元明时期，芜湖就成为全国四大米市之一，著名的港口商品集散地之一。

芜湖市区有镜湖公园和九连塘等名胜。周围还有许多大大小小的山丘。其中最有名气的是赭山。《芜湖县志》上说："赭山丹朱，故郡名丹阳。"这说明赭山是过去丹阳郡名的来源。山中有广济寺，建筑于唐代。寺旁的滴翠轩为宋代诗人黄庭坚读书的地方。今天，赭山已辟为公园，坐落在山旁的有安徽师范大学。此外，像芜湖市北 7000 米的四褐山，古代叫作褐山。五代时杨行密曾在这里和赵锽发生激战，大败赵锽。宋朝绍兴二年（1132 年），曾经在褐山上设立了烽火台，燃烧起抗金的火炬。有趣的是，芜湖市有些山靠水，竟以水里动物做名字，像北郊的虋蛟山、化鱼山、脱甲山等。还有些山是以形状来命名的，如团山、猫儿山、牛角山、饭罗山、凤凰山等。更有一些山是以氏族聚居而得名，例如殷家山、邢家山、郑家山等。这许多山都如同一个个玲珑的绿岛，点缀在市区和郊野当中，把芜湖风光打扮得分外美丽。

值得一提的是，赭山以东有一座神山，当地有许多关于战国时干将造剑的传说。据《图经》记载："干将淬剑于此。"山上有磨剑地（俗名仙池）、砥剑石（俗名石卵）等遗迹。由神山经过二龙口，便到了赤铸山，《图经》说这就是"楚干将造剑之处，上有干将墓"。赤铸山东南还有大小火炉山两座，中间空的地方名叫铁门槛，"相传楚干将造剑设炉于此，因以为名"。（《芜湖县志》）。附近的破山，也说是因为"干将试剑于此"而得名，据说上面还有试剑石等古迹。

芜湖人记住干将不是没有道理的。"铁到芜湖自成钢",这句民谚反映了历史上芜湖炼钢技术的高超。南宋以及明朝中叶到清朝中叶这段时期,芜湖炼钢业曾盛极一时。铁锤锻成钢、铁制成画和芜湖刀剪等手工业品早已闻名。只是到了近代,由于芜湖被帝国主义辟为通商口岸,城市呈畸形发展,许多传统的生产事业都受到摧残,连制作著名手工业品"三刀"(剪刀、菜刀、剃刀)和传统手工艺品"铁画"的用铁,也要从外地运来。新中国成立后,纺织工业发展很快,食品、日用品等轻工业也有很大的发展,造船、机床工具、电器、仪表等机械工业迅速兴起。

现在,芜湖已发展成为拥有现代工业的城市了。全市能够成批生产重型机床,内河和沿海的拖轮、货轮,以及大屏幕电视投影管等多种产品。此外还建立了以生产"铁画"为主的芜湖工艺美术厂。这种"画",用的不是普通的画笔和颜料,而是按照画稿将铁条和铁片锤打成各种形状,然后再拼焊而成。在北京人民大会堂的安徽厅内,就悬挂着由这个工厂制作的巨幅铁画——《迎客松》,它线条苍劲,形象质朴,风格清新。

在交通方面,宁芜、芜铜、淮南铁路直达芜湖市区,皖赣铁路在本市南部与芜铜铁路衔接。正在兴建的芜湖长江大桥直通南北。公路有芜湖到南京、抚州、黄山、屯溪、铜官山、旌德、宣城、合肥等干线。水运有长江可通船大小客轮,上通武汉、安庆,下达南京、上海;万吨级以下的远洋船舶均可进出芜湖港口,内河还有轮船通往巢县、宣城、南陵、无为等地。芜湖,不仅是安徽省长江水运的最大枢纽,也是长江中下游沿岸的重要港口之一。

从1980年起,芜湖正式开辟为对外贸易港口。安徽省丰富的煤炭、矿石、钢材、轻纺产品、农副产品等物资可以就地装船运往国外。离芜湖市区不过15千米、隔江相望的煤港——裕溪口,还是我国第一个机械化的内河港口,一片繁忙景象。

铁画

5. 凌江采石矶

过了芜湖，江轮航行不远，但见东西两岸被两座山头夹峙，这便是东、西梁山。这里，江面收缩，水流湍急，形势险要，向为江防要地。

东西梁山以下，江轮向马鞍山市驶去。在马鞍山市西南部十多里处，有一座郁郁葱葱的山头，因山中林竹滴翠，形似蜗牛，故有"翠螺出大江"之称。这座山，即名翠螺山。山下有一个小镇叫采石。采石江边，有一高约50米的巨崖伸入江中，便是有名的采石矶①。

采石矶原名牛渚矶。据民间传说，在那久远的古代，曾经有一头金牛从长江里跳水而出，立于石矶之上，因而得名。牛渚矶改名采石矶则是三国孙权赤乌年间的事。当时山上有一座庙，名叫"石矶院"（后改名广济寺②），庙里的和尚在南坡"赤乌井"中取水，得一斑烂彩色石头，遂改矶名。这块石头后来被人凿成香炉，现在仍然放于此处，作为文物保管起来。

登上那突出江边的矶巅，眼前浩瀚的长江，在旭日光辉的映照下，宛如一条闪耀金光的巨幅飘带。矶脚下有一个柱状的石头，就是人们所说的采石矶头。大江从矶头的悬崖下流过，惊涛拍岸有声。

看罢矶头，沿着石径蜿蜒而下，很快就到了有名的三元洞。洞上建有楼阁，分上、中、下三层。从北门进入中层，由中层进入底层，只见洞口濒临大江，江水滔滔，但洞口水面平静无波。再由底层经中层登至上层。在有关此处的资料介绍中，有这样一段描述："洞口濒大江，洞遂岩腹，依山傍水，就洞筑楼。从大江而望，犹如天生，下落无地，给人以危楼之感！洞有石梯石壁，门墙神龛，多以自然凿成。楼上明窗净几……凭窗俯瞰江面，可见江中渔帆点点，洲渚野禽群集，或翔或栖，或游或立，神态百出。如遇风雨天气，江豚戏水，迎浪而出。"这段文字把三元洞的风光描写得可谓美不胜收了。

---

① 在长江中、下游两岸，常见基岩矗立江边，悬崖峭壁，如列屏障，有的石滩突出江中，三面环水，形似半岛，当地人民称它为"矶"。从岳阳附近的城陵矶算起，在湖南、湖北、安徽、江苏等省内，大大小小有十几个"矶"。矶，屹立江边，登高远望，江天一色，波涛澎湃，有山水兼得之美，天成佳境。又因地势险要，往往是古代重要渡口和要害，常为古战场，留下许多名胜古迹。有的矶现在已开辟为公园，如采石矶和燕子矶（江东）。
② 广济寺毁于兵火，清代光绪年间重修过，新中国成立后又多次得到修缮。

出三元洞南方，沿江边顺石阶而上，来到了蛾眉亭。蛾眉亭为北宋熙宁二年（1069年）张公壤创建。在这里遥望那东、西梁山，又是一番景致。陶安在《蛾眉亭记》里说："出大江而山日采石。昔人以其山川雄丽，建亭绝壁上，以尽登览之美。前望东、西梁山，夹江相对，宛如蛾眉，遂以亭名。"蛾眉亭边不远处是燃犀亭和联壁台。这联壁台原是一块临江突出的平坦巨石，立于峭壁之上，刻有苍劲有力的"联壁台"三字，据传为李白所书。联壁台下水深数十丈，波浪翻滚。立于台上，凭栏远眺，绮丽风光，美不胜收。

蛾眉亭至联壁台一带，前有清溪相抱，后有大江横阻；上有高峰耸立，下有峭壁相连，古时是兵家必争之地。南宋绍兴三十一年（1161年），虞允文在北方女真贵族大军南犯的形势下，在此率18000人的水兵，打败了40万之众，获得了采石大捷。元朝末年朱元璋部下大将常遇春，也是由采石矶登陆，大败元兵的。这个峭壁上有一个石脚印，民间传说为常遇春登陆时所踩。

采石矶一角（摘自《人民画报》，1978年3月）

采石矶的著名，不光是凭着她的巍峨多姿，天造奇观；而且在更大程度上，还借重于大诗人李白的声誉。李白曾两度游过采石矶。第一次是在他十载漫游的时期，后一次是在他生平最凄凉的晚年。两度游历，他都留下了不少有名的诗篇。后人为了纪念他，在这里修建了太白楼。新中国成立后，修整一新，并开辟了李白纪念室，成为马鞍山市幽美的公园之一。

太白楼建于唐元和年间（806—820年）。李白的挚友、诗人贺之章，在长安初会李白时，惊叹李白"笔落惊风雨，诗成泣鬼神"，誉称李白为"谪仙人"，故以太白楼又称谪仙楼。宋、明、清都修建过。清初雍正八年（1730年）重建改名太白楼。后来毁于战火。现存太白楼建于光绪三年（1877年）。主楼三层两院，两侧各有厢房庭院，内栽花木，郁葱芬香。进门两壁嵌有三块重修太白楼碑记。一层用青石垒成，拾级而上。二三层系木质结构，采用我国传统建筑的楼阁式样，雕梁画栋，斗拱重檐，金碧辉煌。二层楼上有雕柱回廊，凭栏远眺大江南北，横山之雄姿，青山之烟云，天门之峭壁，大江之浩波，俱呈眼前。后殿厅堂内有黄杨木雕李白立像一尊，仰头远眺，神采奕奕。还有太白"卧酒"木雕像一尊，他左手撑地，右手持酒杯，昂首前望，超然洒脱。壁间有郭沫若于1964年5月5日登楼草书的屏条："我来采石矶，徐坐太白楼。吾蜀李青莲，举杯犹在手。逊对江心洲，似思大曲酒。赠君三百斗，成诗三万首。红旗遍地红，光辉弥宇宙。"

出太白楼往西，再折向北，有一条岔路通到半山腰，可以看到李白的衣冠冢。这是一个巨大的土堆，周围用石砌台，前面立一块大石碑，上书"唐代诗人李白衣冠冢"，出自当代书法家林散之手笔。李白衣冠冢与远在安徽当涂县的青山李白墓[①]遥遥相对。

历来传说李白是"醉游采石，捞月而死"，并说"联璧台"就是李白跳江捉月的"舍身崖"。所以李白衣冠留采石，立冢纪念之。

其实，李白晚年是在安徽省当涂县令族叔李阳冰家养病而病逝的。在李白族叔李阳冰所写《草堂集序》和范传正（李白生前好友范伦之子，唐宣歙池州观察史）所写的李白新墓铭中，都说他在宝应元年（762年）冬十一月患腐胁炎、赋"临终歌"病死的。范传正在那篇墓铭里写道："至今尚疑其醉在千日，宁审乎寿终百年。"这样看来，关于李白捉月而死的传说，只不过是表明后人仰慕李白情怀高圣雅洁，借此以寄托对他的怀念与爱戴吧。

———————————

① 李白墓原址在当涂县龙山。新墓在今当涂青山镇，墓前有范传正所写的"翰林学士李公新墓碑"。这座新墓是范传正和李白孙女在他死后五十五年之际，从青山对面的龙山迁来的。

6. 江南一枝花

从采石镇乘公共汽车，东去不远，就到了马鞍山市了。马鞍山市，因附近有马鞍山而得名。

马鞍山在慈湖西南部。相传两千多年以前，在楚汉相争的年代里，有一天，一个老渔翁驾着小渔舟刚泊近乌江北岸，忽然，狂风大作，烟尘弥漫，战马嘶鸣，杀气腾腾。老渔翁举目望去，忽见一位身材魁梧的大将军，骑匹高头战马直奔江边而来，并急切地请求老渔翁帮助他渡江。当老渔翁知道此人就是楚霸王项羽时，立即请他上船。可是，因船小浪大，人马不能同渡。老渔翁十分惋惜地问霸王："先渡人还是先渡马？"霸王是非常爱他的骏马的，他犹豫了片刻，便把马送上船去。老渔翁把战马渡到长江南岸，急忙调转船头，准备再去渡霸王，不料这时刘邦的大批追兵已赶到江边，只听见霸王仰天长叹一声，无面再见江东父老，便拔剑自刎[1]，霸王的战马站在乌江对面的高山顶上，久久不见主人到，大声嘶鸣，伏地滚翻，缰绳挣断，马鞍坠落，疾驰而去。不知道又过了多长时间，老渔翁爬上了这座山顶，把坠落的马鞍，小心翼翼地埋藏在山顶之上，从此，人们就把这座山叫作"马鞍山"了。

马鞍山市位于安徽、江苏两省交界处，南北毗连芜湖南京，宁芜铁路纵贯市区、长江傍市北而过，可达沿江各港口，水陆交通十分方便。它是安徽省的一个新兴钢铁工业城市，也是我国重点钢铁基地之一，人称"江南一枝花"。

马鞍山市内，螺髻似的青山相联成行，湖塘星布，倚山傍水。西部长江如带，靠近江岸处为一狭窄的冲积平原。逼近平原的则由马鞍山、西山、九华山和翠螺山等，组成了一列狭长的山丘，海拔150米左右。中部，平原开阔，湖塘如镜，孤丘散布，并有长江的支流雨山河、慈湖河、采石河流转其间。东部和东南部，海拔200米左右的岗峦，蜿蜒起伏，景色秀丽。就在这些山丘的下面及其附近，蕴藏着丰富的铁矿资源，矿体埋藏较浅，大部分可露天开采。炼钢的其他辅助原料如石灰石、白云石、耐火黏土、锰矿等，在

---

[1] 项羽"乌江自刎"，这个乌江，其实是指安徽省和县的一个小镇叫乌江。有人往往把这里的乌江误认为一条河流，甚至将它和远隔重山的贵州省乌江混为一谈。这两者虽音同字同，却是一陆一水，相隔千里。

安徽及邻省附近都有相当储量。此外，这里还有丰富的硫铁矿和铁矿伴生的稀有元素，为钢铁工业的发展提供了良好的物质条件。

不仅如此，由于有宁芜铁路（南京—芜湖）纵贯市区，源远流长的长江终年可通船，与长江对岸的重要煤港裕溪口来往方便，并有小轮驶向和县等地，因此钢铁工业所需要的原材料和产品运输都很方便。如山东枣庄及安徽省内淮南、淮北所产的煤炭，可源源不断运来，满足钢铁生产的需要。另外，华东电力网就近供给工业中的大量用电。浩荡的长江还为工业及民用提供了充足的水源。

马鞍山的采矿、炼铁，新中国成立前就已开始。早在1909年，军阀、商人勾结外资在南山、繁昌、桃冲等地开采铁矿。1937年日本帝国主义侵华时期，就地开采矿石运往日本，又于1942年建造了几座简陋的小高炉，就地开采、炼铁。据不完全统计，到抗战胜利前，日本侵略者就攫取优质矿石700多万吨。抗战胜利后，国民党反动派遣散了工人，盗卖了设备，造成矿山荒芜，只剩下几个空炉壳。

新中国成立后，马鞍山回到了人民的手里。当家作主的马鞍山人民积极恢复炼铁生产，重建矿山。在较短的时间内，改造和兴建了六座小型高炉，投产不到半年，生铁产量就超过日伪统治时期马鞍山历年产量总和的一倍。1958年、1959年，毛主席先后视察了马鞍山，关心马钢的发展。马钢迅速建成初具规模的钢铁联合企业。今日马钢已发展成为拥有采矿、选矿、烧结、炼铁、炼钢、轧钢、焦化、耐火、铁合金和机修、动力等部门组成的现代化的钢铁联合企业了。

随着钢铁工业的发展，马鞍山城市面貌也发生了巨大变化。新中国成立前，马鞍山是当涂县的一个小村镇，名叫金家庄。那时，只有几十户居民，几十间草房、窝棚，范围只有1平方千米。新中国成立后随着生产的发展，于1957年设立马鞍山市，全市总面积为278平方千米。市区宽敞的街道纵横交错。长江边的一片芦苇荒滩，也已建成运输繁忙的机械化码头了。

（十）名城南京

1. 虎踞龙盘的地方

告别马鞍山，进入江苏省，江轮径向东北方向而去，只消一个来钟头，南京长江大桥的雄姿呈现在眼前，名城南京就快要到了。

南京，山川形势险要。这里江面开阔，水流浩荡，号称"天堑"。扼"天堑"的南京，坐落在丘陵错落相间的平原之上。巍峨的紫金山（又名钟山），雄峙于城东，远远瞭望，恰似一条"盘"曲在平畴沃野之上的巨"龙"。倚江而立的清凉山（古称石头山）威镇于城西，"江行自北来看"，从船上望去，宛如一蹲"踞"在水边的猛"虎"。城南雨花台一带，低岗绿阜，错落分布。城东北面的幕府山耸立江边。北临大江，断崖壁立，特别陡险，向来是江防要地。有名的燕子矶就在山的东端。

燕子矶由紫红色的砂岩和砾岩组成，峭拔俊丽，壁立江上，有如矫燕欲飞。有人形容它"一石吐红渍，三石悬壁粤绝，势欲飞去"，登矶远眺，"白云扫空，晴波漾碧，西眺荆楚东望海门""春夏水涨，浪涛轰鸣于足下"，颇为壮观。这里是古代南京北往南来的重要渡口。清乾隆帝南巡，就是从这里经过，建有"御碑亭"，石碑刻他当年经过燕子矶渡口的情景。与燕子矶紧连着的幕府山，沿江悬崖如削，岩壁内发育着许多岩洞，如头台洞、二台洞、三台洞等，给这里的景色增添了不少幽趣。

更为有趣的则是清凉山西北部的那座石头城，古老的石头城已经淹没无存，现在的城垣是明朝修建的。青灰色的城墙依山而筑，城基仍然是利用临江的悬崖峭壁。这里的岩层以砾岩为主，砾岩的颜色呈赭红色，紫一块黑一块的，看起来真是"面目可憎"。更巧的是在清凉门到草场门之间，在一处城墙下面，有一突出砾岩，长约 5～6 米，宽约 2～3 米，风化以后砾石剥落，坑坑凹凹，点点斑斑，仔细一看，确确实实是耳目口鼻齐全，颇有"鬼"样。这一丑恶的形象，仿佛是悬挂在石头城上的一张鬼脸，所以鬼脸城从此名闻遐迩了。

正面　　　　　　　　　　　　　侧面

石头城一角

　　至于人们常说的钟山或紫金山，东西长约 7 千米，南北宽约 3 千米，面积约 20 余平方千米。山势略呈弧形，弧口朝南。山脊的走向以北高峰为转折点，西段走向南西，经太平门入城，金脉向西断续延伸为富贵山、九华山，止于北极阁。东段走向南东，止于马群。沿着山脊耸立的悬崖峭壁，从远处望去好像一道蜿蜒逶迤的城墙，形势非常雄伟。山有三个山峰，东西并列如笔架。中间是主峰北峰，海拔 448 米；东边第二峰小茅山，海拔 350 米；西边是第三峰天堡山，海拔 250 米。其中的北峰是宁镇山脉中的最高峰。

侧面像　　　　　　　　　　　　正面像

鬼脸城的"鬼脸"

南京有山，也有平原、河流，三者有机地组成一体，真是气象万千。秦淮河像带子一样，从城市南郊绕流至西郊入江。玄武湖和莫愁湖像两面镜子，分别镶嵌在景色如画市区北面和西面。正是这些山山水水，构成了南京的天然屏障。三国时代的蜀国军师诸葛亮为了联吴攻魏，在出使东吴，观察了秣陵（南京）的山川形势，抵达当时东吴的都城京口（今江苏丹徒县治）以后，曾以"钟阜龙盘（同蟠），石头虎踞"来形容南京地势之险，以说服孙权攻打曹操。事实上，南京山川之险峻，形势之雄伟，面对八个字的评语也的确当之无愧。古人还评价：南京是"控制长江，呼吸千里，足以虎视吴楚，应接梁宋"；"外连江淮，内控湖海，东南形势，莫重建康"。所以，"龙蟠虎踞"的南京，很早就被认为是军事战略要地了。

南京市区主要在长江南岸，东距海口约 400 千米，江轮顺流而下，过一夜就可到达吴淞口。从南京溯江而上，到达华中的武汉不过 700 多千米，而且终年通航。南京以下，江面宽展，水深流缓，不但大型江轮终年通航，万吨海轮也可直达。加上津浦、沪宁、宁芜三铁路在此相交，因此它成了长江下游的重要水陆运输枢纽。

南京接近长江三角洲的顶部，和上海、抚州二市，成犄角之势，构成富饶的沪宁抚地区，它不但包括长江三角洲地区的大部分，而且掩有苏南和浙北的山地，工业生产都很发达。远在春秋时期就已开发，人口稠密，是我国重要的经济区域。

由于南京有优越的地理位置、良好的环境形势，因而它被历代统治王朝所看中，成为一个政治、军事、经济、交通和文化的中心。

2. 两千四百五十二年

1951 年以来，考古学家先后在南京发现新石器时代的原始社会遗址，共有 200 处左右。据现在的考证，距今大约 5000 年到 4000 年之间，即公元前 3000 年到 2000 年的时候，在南京城里，阴阳营以及江北大厂镇的庙山等地，已经有原始的人群定居栖息了。在那个时候，他们群居在高山傍水的地方，制造石器、陶器、玉器和骨器，在共同劳动和集体分享的漫长岁月里，逐渐发展成为以氏族部落为单位的原始社会。

在奴隶社会过渡到封建社会的期间，也就是公元前 770—前 476 年的春秋时代，南京是介于吴、楚两国之间的军事上的争夺要地。出于用岳称霸的需要，吴王夫差于公元前 495 年在现在朝天宫宫后山上建立了冶铁作坊，铸造兵器，取名冶城。这是南京发展为城市的胚胎。

大约是在公元前 472 年，越王勾践灭吴，在中华门外长干桥西南筑了一座土城，周长"二里八十步"，称为越城，因为是越国大夫范蠡所筑，所以又叫范蠡城。这是南京开始建有城堡的最早记载。越城的遗址据说在长千里的西南一带。从范蠡筑越城到 1980 年，南京已有整整两千四百五十二年的历史了。

第一个将南京建立为都城的朝代是东吴（229—280 年）。当时三国鼎立，吴国为了军事上的需要，自武昌迁都来此。其后是东晋（317—420年）和南朝的宋（420—479 年）、齐（479—502 年）、梁（502—557 年）、陈（557—589 年），这就是历史上有名的"六朝"时代。六朝以后，在这里建都的又有南唐（937—975 年）、明朝（1368—1644 年）和太平天国（1853—1864 年），中华民国成立以后的南京临时政府（1912 年）与国民政府（1927—1949 年）也先后设立于此。作为这十个朝代的都城来说，累计时间将近 450 年，差不多占了南京建城以来历史的五分之一。它和西安、洛阳、开封、杭州、北京一起，号称为我国的六大古都。

南京的名称是 1368 年明太祖朱元璋在这里称帝定都以后才正式见于记载的。此外，南京还用过金陵（楚）、秣陵（秦、汉）、建业（东吴）、建邺（西晋）、建康（西晋、东晋）、白下（唐）、升州（唐、宋）、江宁（西晋、南唐）、集庆（元）、应天（明）、天京（太平天国）等十几个名称。至于冶城、石头城也是南京的别名。名称之多，不但在我国历史上罕见，就是在世界上古老城市中也是少有的。

当上面说的十个封建王朝在南京建都时，除明代外，中国都是陷于南北分裂的局面，南方的小朝廷在这里凭借天险，偏安一隅，但在国力较强时，也可由此出兵，北征中原。南京这种进可攻、退可守的战略地位，对这些封建王朝来说，是最为适宜的了。

晋朝南渡以后，江南地区得到进一步开发，逐渐富庶。这些小朝廷的统治者就依靠这种经济力量，在他们的京城里，营造宫苑，沉迷声色。梁代所建的建康城，规模相当庞大，南部秦淮河两岸，因为航运的方便，发展成城市中最繁华的地区。梁代几个帝王都崇尚佛教，在城内大修寺庙，多达 500

余所。从 1370 年起，明王朝运用了长江中下游地区的人力和物力，费了四年时间，营造的南京城垣，在长度上至今仍号称"世界第一"。且坚固异常，迄今屹立无恙。

南京城虽然经历过几度雏形发展，但是，它又几度受到毁灭性的摧残。从吴到陈（229—589 年）改造成的"六朝金粉，秦淮歌舞"之地，到了隋文帝杨广灭陈时，化为废墟。明代朱元璋为了巩固都城，并使它繁荣，利用行政力量，迁走了原来的一部分居民，把全国各地的富户迁入，造成虚假的繁荣，迨到都城北迁，又骤然衰落。

1853 年天王洪秀全定都南京，改称"天京"，建立了长达十一年又四个月的农民革命政权。1864 年 7 月 19 日，在重兵进攻下，天京失陷。在天京保卫战中，太平军战士在外无援军内缺粮械的情况下，不顾力量对比悬殊，抱着与城共存亡的决心，殊死战斗到最后。城破后，南京城遭到恣意烧杀抢掠，火光烛天，七日不熄。全城化为瓦砾。

千百年过去了。南京虽然几经战火和变乱，但至今不论城内城外，还是有不少名胜古迹和历史文化被保留下来。这些古迹和文物，反映了各个时期南京在政治、经济、军事、文化以及宗教等各方面的情况。城西的石头城，就是当年东吴临江修建的军事要塞。东郊的六朝石刻和栖霞山的舍利塔，反映了我国古代劳动人民高超的石刻艺术。玄武湖曾是公元 463 年宋孝武帝大阅水师的地方。城中的天王府，是洪秀全的住所，后又成为蒋介石反动政权国民政府的伪总统府。1949 年 4 月，中国人民解放军解放了南京。城南的中华门，建于明初，有城门四重，瓮城三个，可藏兵三千，是我国古城门中规模最大者。孙中山先生的陵墓，坐落在紫金山南麓。中山陵左侧的明孝陵是明太祖朱元璋和马皇后的合葬墓，右侧的灵谷公园是著名的古迹。中华门外的雨花台，曾洒满了烈士们的鲜血。1950 年在这里兴建了雨花台烈士陵园，人民革命烈士纪念碑，并修建了烈士纪念馆。这里是进步人士和爱国者到南京来必定瞻仰之处。

新中国成立前，南京一直是一个消费型城市。当时消费型行业占全市工商业总户数的 44.15%。资本最大的是旅馆业，数量最多的是酒吧、饭店和一些杂货商店。那时工业基础极为薄弱，工厂少得可怜，现代工业更是稀罕，仅有一家较大的永利钸厂，也几乎不能维持生产。有悠久历史的织锦、缫丝等手工业更是一蹶不振，濒于破产边缘。

公元3世纪由吴国兴建的石头城城垣遗迹
（摘自《人民画报》，1978年4月）

现在的南京"中华门"，是明代修建的，
有四道城门，门内瓮城可藏兵三千
（摘自《人民画报》，1978年4月）

南京中山陵

新中国成立后，南京进行了大规模地社会主义建设，逐渐成了一个现代化城市。如今，南京是中国东部地区重要的综合性工业基地，电子、汽车、化工产品生产在全国有重要地位。南京是华东地区铁路、公路、空运、管道运输的枢纽，京沪、宁铜铁路在此交会，有60多条公路沟通境内外，南京港是全国最大的内河港。

　　南京名胜古迹众多，有石头城遗址、六朝古墓、栖霞山石刻等景观多处。南京是中国七大古都之一，又是国务院首批公布的 24 座历史文化名城之一。

（十一）寥廓江天

1.镇江纵横谈

南京以下，长江沿着宁镇山脉的外侧东流 80 千米，就来到江南的又一著名古城镇江市了。这里北濒大江，南倚群山，冈阜起伏，层峦叠嶂，雄伟逸秀，气象万千。

20 世纪 70 年代，考古学家在镇江附近不断发现有新石器时代原始人活动过的遗迹。据研究，居住这一带的荆蛮族，在经历了六千年原始社会的发展以后，和中原地区一样，相继进入了奴隶社会。周灭商后，这里是周康王所封宜侯的属地，所以"宜"应是镇江最早的地名，距今三千余年，春秋时名朱方，战国称谷阳，秦改为丹徒。丹徒之名沿用了两千多年。

三国时，孙权从苏州迁都来此，在北固山东南建了一座军事堡垒叫作"京城"，号称铁瓮城。因为城筑在高地上，前临江口，所以得名"京口"（古时"京"可解释为高平之地）。以后在东晋时镇江又称南徐，隋唐时期称润州。公元 1113 年的宋代（宋徽宗政和三年），开始将此地改名镇江。据说当时统治者认为镇江的地理位置优越，形势雄险，为镇守之地，故名。

"一水横陈，连冈三面，做出争雄势。"这是南宋名人陈亮在他写的一首词中对镇江地理形势所做的形象描绘。的确，镇江位于长江下游的南岸，三面环山，一面临水，襟山带水，江河交织，形胜天然。其周围山岭都属宁镇山丘，高度虽不大，但多半北坡陡峻，南坡和缓有的面江而立，有的屹立江心，形势颇为险要。江中还有大小不等的河洲，是以分设江防。市内有金山、焦山、北固山，不仅为镇江著名的风景胜地，而且足以控制江防。在镇江城东，约 25 千米的大港镇附近的圌山，是长江下游著名的军事要塞，圌山的北峰龟山头更为险要。大有一夫当关、万舰莫进之势。宋人汪藻说过"气概之雄，形势之险，实足以控制大江南北"。所以自古以来，镇江就是军事重镇和江防要地。

两千多年前，这里所谓"吴头楚尾"，为吴、楚两国必争之地。东汉末年的孙策、孙权都把镇江作为军事活动根据地。孙权一度建都于此。东晋末年孙恩领导的农民起义军，突袭京口，登陆蒜山，给予东晋都城（即南京）以严重威胁。东晋驻镇江"北府军"的大将刘裕，以京口为根据地，发展势力，起兵攻夺建康，取代东晋，建立了刘宋王朝。刘裕曾两次出兵北伐，收复了一些中原失地，对南方经济发展起过积极作用。南宋爱国诗人辛弃疾曾有词称赞："斜阳草树，寻常巷陌，人道寄奴曾住。想当年金戈铁马，气吞万里如虎。"刘裕乳名寄奴，其住宅就在现在的正东路寿丘山下。

唐、宋二代，镇江设置海东节度使。南宋偏安江南，重兵驻宋以为江防要隘。名将韩世忠曾在镇江痛击南侵的金兵，其夫人梁红玉击鼓金山助战的故事，至今仍流传民间。南宋末年，元蒙铁骑南下，也在焦山江南进行过一场水战。清初，民族英雄郑成功的大军，一度攻克了镇江与瓜州，同时进逼南京。

太平天国革命时期，镇江是天京（今南京）下游的重要屏障，重兵驻守。1840年（清道光二十年）鸦片战争爆发后，英帝军舰沿江而上，镇江军民英勇抵抗，给敌人以沉重的打击。为此，恩格斯在《英人对华的新远征》一文中，曾高度赞扬他们："驻防旗兵虽然不通兵法，可是绝不缺乏勇敢和锐气。这些驻防旗兵总共只有一千五百人，但都殊死奋战，直到最后一人。""如果这些侵略者到处都遇到同样的抵抗，他们绝对到不了南京。"1853年，镇江为太平军攻克，在那数年里，它一直是捍卫天京的门户。

镇江的水陆交通很发达，在这里，长江正和纵贯祖国南北、世界最长的人工河——京杭大运河相交。沪宁铁路通过它的西南部，镇句、镇澄、镇扬等公路穿越境内，构成了一个以镇江为中心的大江南北水陆交通网，负担着镇江、扬州、淮阴、盐城、南通五个地区三十多个县（市）的物资和旅客的中转任务。尤其是大运河的开通，对镇江的兴起和发展有更密切的关系。江南运河遂成为沟通长江与太湖流域、直至钱塘江水域的主要水道，从隋唐至明清的漕运，一般皆循此水道经镇江渡江北上，这时镇江成为江南漕粮北运的必经港口，大大加强了镇江的交通地位，并使大运河、淮河两岸的，以及南方各省的农土产品，都由镇江集散。这是镇江历史发展过程中的一个重要历史时期。自古以来镇江就是一个重要的渡口，为大江南北的水陆交通枢纽和物资集散中心。

不仅如此，镇江又恰处长江三角洲的顶点，与上海、杭州二市略成犄角之势，南京在镇江的西南方向，它把美丽富饶的沪、宁、杭地区连成一片。

镇江不仅是一个交通要道，而且也是长江下游的一个著名的山林城市。它的自然条件较好，气候温暖湿润，风景秀丽优美，向以金山、焦山、北固山驰名中外，被誉为"京口三山"。

金山位于市区西北，原在江心，清末才与南岸陆地相连。古名浮玉，相传因唐代僧人裴头陀开山而得名。著名的金山寺，相传建于东晋。寺庙依山而造，殿宇楼台，层层相接；红墙碧瓦，如云似锦，一层高似一层。山与寺混为一体，所以有"金山寺裹山"的谚语。进得江天禅寺，拾级而上，穿过回环曲折的长廊，来到慈寿塔下。这是清代建筑的砖木塔，八面七级，立在山巅之上，直指蓝天。上一层塔，转一圈回廊，又一番湖光山色，微风吹响塔铃，叮叮当当作响，清脆悠扬，十分悦耳。登顶四望，北面长江如飘带凌空飞舞；南面群山似卧龙蜿蜒起伏；俯首脚下，方方鱼池，工整如棋盘，波光粼粼。塔东妙高峰下有妙高台，"明月几时有，把酒问青天"，就是苏东坡在此中秋赏月所写的杰作《水调歌头》中的著名词句。令人神往的乃是白龙洞和法海洞。两洞一南一北，一上一下，与白娘子水漫金山的神话故事直接关联，游人最感兴味。

镇江名胜金山寺
（摘自《人民画报》，1978年6月）

焦山在镇江市区东北方向的江中，与南岸象山对峙。东汉末年，隐士焦光藏身于此地岩洞中，故名，今存三诏洞遗迹。又因其屹立江心，竹木蓊郁，宛如一块浮出白浪之上的碧玉，所以与昔日金山同有浮玉山之称。据说很早很早以前，这里叫荷叶山，像张大荷叶铺在江面上来回漂动，渔民无法安身。有个年轻渔民决心下江寻找荷叶根，并和妻

甘露寺祭江亭
（摘自《地理知识》，1980年第7期）

子约好北岸相会。渔民下江后，在深水中奋身搏斗，刚折好荷叶梗，天气骤冷，大雪纷飞，江上结了数尺厚冰，他不能出水了。妻子每日伫立江边，望着冰冻的江面，流泪不止。若干年后，长江开冻，丈夫跃出水面，急奔北岸，只见妻子已冻成冰人。他大哭一场，按妻子生前的嘱咐，又钻进江里，一手抓住上段荷叶梗，一手抓住下段荷叶梗，荷叶山永远不动了，就成了现在的焦山。

镇江焦山 　　　　　　　　　　　镇江北固山一角
（摘自《地理知识》，1980年第7期）　　（摘自《地理知识》，1980年第7期）

　　人们迈进山门，扑面迎来的是几株高大的古柏和一座1700年前的古庙深院，这是定慧寺。它建筑在古柏丛中，若隐若现，所以有"焦山山裹寺"的说法。

　　定慧寺，现已修缮一新。栩栩如生的高大佛像，使隐于翠柏中的古刹金殿，更添幽深、清雅。宝墨轩里四壁嵌着琳琅满目的古碑，达260余块。轩后正中亭内赫然嵌镶的是闻名中外的六朝古碑"瘗鹤铭"。传说，这是东晋大书法家王羲之所写。王羲之平生极爱养鹤，有年畅游焦山时，看到山上一对白鹤十分喜爱，数年后再游焦山，白鹤已死，心中十分悲伤，于是挥笔写了这篇著名的碑文以示悼念。虽因年久风化，仅剩下77个完整大字，但见字字结构严谨端正，笔笔挺拔浑朴遒劲，气势磅礴。宋代大书法家黄庭坚认为"大字无过瘗鹤铭"，确非过誉之词。

　　焦山的西麓沿江一带，全为陡岩峭壁，其间刻着历代名人题诗，犹如"峭壁书廊"，正草隶篆，丰富多彩，有的苍劲挺拔，有的清新秀逸，有的神采飞扬，有的古朴盎然，真是美不胜收。这里便是著名的摩崖题名石刻。

　　越题名石刻，过三诏洞，拾级而上，就到了山腰间的"壮观亭"。亭柱上镌刻一副集句诗联："金山共此一江水，王母来寻五色龙。"亭畔悬崖边有一株清奇古怪的"六朝柏"，青枝翠叶，千年不凋，挺拔潇洒，似伸长臂招呼着游人直上顶峰。山顶的"吸江楼"，楼上窗开四面，长江浩渺尽收眼底，也是与金山对景相观的佳处。后山别峰庵内有郑板桥读书处，尚留有手书楹联："山光扑面经新雨，江水回头为晚潮。"

北固山离镇江市区最近，是"京口第一山"。它与金、焦两山鼎足而立，由前、中、后三峰组成，由北向南、逶迤盘伏，后峰临江飞峙，山势陡峭，挺拔。后峰有古今传闻的甘露寺，为中唐著名政治家李德裕所创建。寺旁小园中有一座四层铁塔，系北宋元丰元年（1078 年）建成，虽不可攀登，然矗立山巅，别具风味。寺后有"多景楼"，两层，小巧玲珑。"百年戎马三分国，千古江山一倚楼。"相传刘备夫人、孙权妹妹的梳妆台就在这里。宋元以来，这里常为文人雅士宴会赋诗的场所。陆游有"连山如画佳处，缥渺著危楼"的词句，辛弃疾有"满眼风光北固楼"的妙语。晚年定居京口著《梦溪笔谈》的北宋大科学家沈括，也常到此游览作诗。最高处还有一座凌云亭，传说是孙夫人在此奠祭过刘备，俗称"祭江亭"。亭柱上刻有集杜诗一联："容光洗流水，荡胸生层云。"

"丹阳北固是吴关，画出楼台云水间。千岩烽火连沧海，两岸旌旗绕碧山。"李白写的这首七绝诗，完整而精炼地道出了京口的山水形胜。还有南部的鹤林、竹林、招隐三寺，被冈峦逶迤起伏的宁镇山脉环抱，林木清幽，颇负盛名。

社会主义建设时期的新镇江，已适当调整了旧市区的商店、居民点和工厂布局凌乱的状况，结合工矿企业的发展和交通运输的需要，进行合理的规划布局，并发展了机械、电子、仪表、电力、造船、化工等工业。同时，在改善对外交通联系方面，采取了一系列的措施：如整治、疏浚大运河和镇江的一段长江航道，从而提高江轮和内河运输能力。

在大港镇新建了万吨深水泊位，作为上海港的辅助港，以适应国际贸易的需要。如今，镇江市内人烟辐辏，码头上熙熙攘攘，一片繁忙。

2. 话说扬州

当晴空万里的日子，人们在"京口三山"上，可以隐隐约约地望见隔江的扬州。

扬州在古代离长江边较近，南面有渡口扬子津，西南部设扬子县，因此人们把这附近一段长江称扬子江，也有的把长江下游称为扬子江。近代，人们又把扬子江作为整个长江的别称。

扬州是我国的历史名城。远在2400多年前的春秋时期，吴王夫差筑邗城（这是扬州最早的城池），并从这里往北开凿了一条连结长江和淮河的运河——邗沟。隋朝时，沟通南北的大运河修成，扬州成了水陆通衢。唐朝时是国内重要的商业中心，最大的对外贸易港口。江淮一带的盐、茶、漕米（通过水道运输的米粮）和轻货，都在这里集散。不少的大食（今阿拉伯）和波斯（今伊朗）商人也长期居留这里做买卖。所谓"华馆十里""夜市千灯""腰缠十万贯，骑鹤上扬州"，都是描写当时扬州的繁荣。其繁荣之盛，仅次于当时的长安、洛阳，而成为全国第三大城市。

扬州还是中日交往的门户。距今1235年前，日本的"遣唐使"横渡东海后，主要在扬州登岸，然后取陆路前往长安。扬州大明寺（今法净寺）的高僧鉴真法师，当时受日本政府的邀请，"六次东渡"，就是在扬州城南十五里的扬子津发脚的。唐天宝二年（743年）末，鉴真由此扬帆东行，这是他第一次在扬子津畔留下足迹。到了天宝十年（751年），鉴真第四次经过扬子津时，他因辛劳过度，暑热熏蒸，以致双目失明了。到天宝十二年（753年）十一月十六日，鉴真五过扬子津，登上日本遣唐副使的船舶，从黄泗浦（今江苏沙洲县附近）开航了。才比较顺利地到达日本，完成了东渡的夙愿。

鉴真一行在日本国奈良创建了有名的唐招提寺，把中国的佛教、建筑学、医学、绘画艺术等介绍给日本。这位高僧在日本逝世后，被埋葬在唐招提寺院内树林中。寺内还有1200多年前建造的鉴真石雕像。现在这座寺院已被作为日本的"国宝"。中国人民在大明寺内仿照唐代建筑风格，新建了一座壮丽的鉴真纪念堂，以供人们瞻仰。

鉴真纪念堂在蜀岗上，和大明寺、平山堂、西园组成一个整体的风景区。平山堂前的琼花（古琼花的姊妹花聚八仙），洁白如玉，一花由数花构成，四周有大形五瓣不孕花八朵，形成一个银色的花环，花蕊是簇生的碎细的小花，宛如联珠。一树琼花，有千百个花环，仿佛枝头积雪，别具风韵。

鉴真纪念堂（摘自《百科知识》，1980 年第 7 期）

相传，隋炀帝为了看琼花开凿大运河，乘龙舟，由宫女拉纤，锦帆过处，香闻百里，结果丢了江山。这使人们想起唐诗人李商隐的《隋宫》诗，诗的后四句是，"于今腐草无萤火，终古垂扬有暮鸦。地下若逢陈后主，岂宜重问后庭花"。这几句诗包含好几个故事。一个是"萤火"。据《隋书》记载：大业十二年，"上（指皇帝）于景华宫征求萤火，得数斛，夜出游山，放之，光遍岩谷"。看来这个风流皇帝真会花钱，也真会玩。另一个是隋炀帝与陈后主的故事。陈后主是陈朝最后一个皇帝，荒唐透顶。宠幸张丽华，传说张丽华容色端丽，发光可鉴，能歌善舞。陈后主贪恋酒色，国亡被俘时，军中告急文书在床下还未开封。据《隋遗录》载，炀帝与陈后主梦中相遇，后主为炀帝举行欢宴，观看舞蹈，炀帝还请张丽华跳了一场《玉树后庭花》舞。诗中最后一句所指的就是这件事。

扬州西北角的瘦西湖是隋唐以来开辟的风景区。瘦西湖是当年开凿大运河时遗留下来的一段狭长河段。湖面弯曲多港汊，美丽多姿似西湖，但比起西湖显得苗条，所以得了个"瘦西湖"的名称。"两岸花柳全依水，一路楼台直到山"。这里的湖山巧妙地运用了我国造园艺术，亭台楼阁，水榭回廊，相互衬托，彼此借景。游人爱在湖心名叫"吹台"的亭子上留影。此亭三面都有一个圆洞，一洞衔住横卧波心的五亭桥，一洞尽收耸立湖畔的白塔，可见"借景"之妙。这个白塔在造型上是模仿北京"琼岛春阴"的白塔，而五亭桥则是扬州瘦西湖所独有。

五亭桥建于乾隆二十二年（1757 年），系拱形石桥。在十多丈长、二三丈宽的桥身上，矗立着五座亭子，中间一亭最高，南北各二亭互相对称，拱出主亭。亭顶黄瓦青脊，金碧辉煌；飞檐下画栋雕梁，彩绘典丽；周围石栏的柱端皆作狮形，雕凿精巧。桥下纵横有十五个卷洞，中一洞最大，其他参差相似，都可以通船。据说在皓月东升的夜晚，洞洞都能看到月亮，反映在湖面上则是金波荡漾，众月争辉，可与杭州的"三潭印月"媲美。

扬州瘦西湖（摘自《百科知识》，1980 年第 7 期）

今天的瘦西湖和扬州市区以东一带地方是古江阳县所在，也是鉴真的诞生地。扬州城南的既济寺是当年鉴真过往住宿之处。据清嘉庆《重修扬州府志·寺观志》记载，当年除既济寺外，还有好几座庙宇。至今还存有一座海外闻名的高旻寺坐落在对河西岸。这座庙始建于隋，之后历代屡有变迁。清康熙四十年（1701 年），两淮商人曾在寺内兴建行宫，供康熙巡幸时进驻。寺后面的水脚凉亭，据说是当时皇后的梳妆台，到现在还屹立在碧波之中。

此外，如扬州市郊的隋炀帝墓、市内的700 年历史的阿拉伯式建筑——普哈丁墓、墓园内元代遗留的阿拉伯文墓碑等，都吸引着不少中外游客。

宋、元、明直到鸦片战争前的清代，扬州一直是我国东南地区的商业、手工业和文化中心。1854—1858 年太平军三下扬州，秋毫无犯。但清兵却在太平军撤离期间，大肆抢掠，纵火焚烧，使古城遭到毁灭性的破坏。

五桥亭
（摘自《百科知识》，1980 年第 7 期）

旧中国，扬州是典型的消费型城市。新中国扬州已改造成为蓬勃发展的新兴工业城市。东北郊和西南郊的运河两岸，昔日的原野上出现了成批的新工厂。现在已能生产汽车、拖拉机、柴油机、机床，以及食品、钟表、纺织、冶金、石油、矿山等部门所用的机械产品。电子、化学和轻纺工业也发展很快。漆器、玉雕和剪纸等工艺品生产更是大放异彩。

3. 江水北上

从扬州出发，驱车向东南行，穿过一座又一座横跨在河网上的大型水闸，行十多千米，便来到了江都水利枢纽工程所在地。在这里，只见绿树丛荫，耸立着四座巍峨的建筑物，跨越在芒稻河与里运河之间。巨大的厂房内，整齐地排列着一台台特大型抽水机泵，一齐开动，马达轰鸣，顺着芒稻河流来的滔滔江水，涌入水泵，飞腾奔泻倾进里运河，滚滚北上。

江都水利枢纽工程是我国目前最大的电力排灌站。它由四座大型电力抽水机站、七个节制闸、三个船闸等工程组成。它既能自流灌溉，又能电力抽水灌溉。四座抽水机站的总抽水能力可达每秒 470 立方米，加上自流引江水，灌溉面积达到 1000 万亩。当苏北干旱时，它可以抽引江水北上，借道大运河等河流，然后进入苏北灌溉总渠，一直送到里下河地区，同时又可以使淮河和洪泽湖水的水源北上，支援淮北地区广阔农田的浇灌。遇到洪涝，江都抽水站又迅速把里下河地区的积水抽排入江，大大减轻这个地区的涝害。

里下河地区是苏北平原的一个低洼地区，总面积 18000 平方千米，耕地面积 1540 余万亩。整个地势四边高，中间低。中间最低处，比西面的淮河水位低 5 米多，比南面的长江水位低 2 米，比东面黄海汛期的高潮位也低了不少。新中国成立前，淮海连年闹灾，海潮顶托倒灌，这里的洪、涝、潮、旱交替为害。特别是淮河洪水，给这里人民带来深重灾难。新中国成立后，在党和政府的领导下，淮河流域人民夺取了一个又一个治淮的胜利，初步驯服了洪水，挡住了海潮的倒灌，使里下河地区的农业生产有了保障。

但是，随着农业生产的发展，淮河水满足不了北方地区灌溉的需要；由于里下河地区地势低洼，排水不畅，涝害问题仍未彻底根除。为了进一步除害兴利，江都水利枢纽工程于 1961 年动工兴建。

我国目前最大的电力排灌工程——江都电力排流站
（选自《人民画报》，1978 年 6 月）

  江都水利枢纽从 1963 年第一抽水站建成后，至 1977 年的十五年间，共累计抽引长江水 115 亿多立方米，自流引江水 300 亿立方米，并排除涝水 37 亿立方米，对于保证苏北地区的连年丰收发挥了很大的作用。由于江都水利枢纽工程建立了水闸和船闸，使苏北的内河航运事业也有了很大的发展，同时还可以利用淮河水发电。所以，它是一个灌溉、排涝、通航、发电综合利用的水利枢纽工程。

  江都水利枢纽还把长江和淮河流域联系起来，部分地实现了南水北调，它是今后进一步实行南水北调的起点。在里运河、三阳河、潲汀河三处抽引长江水，大体上沿着京杭大运河北上，沿途越过洪泽湖、骆马湖、马四湖、东平湖，穿过黄河，入位临运河、卫运河、顺南运河，直抵天津，输水干线长达 1150 千米。按照初步规划，从长江抽水 1000 个流量（1000 秒立方米），每年总调水量约 300 亿立方米。这个调水量相当于滚滚东流的长江年总水量的三十分之一，它等于搬动了大半条黄河或者两条海河的水量！

4. 长江天际流

悠悠的江水在辽阔的原野上奔驰。

镇江以下，长江两岸是一马平川，江面进一步展宽，壮阔的江流如同茫茫大海。正如大诗人李白曾经描绘的那样：

> 故人西辞黄鹤楼，烟花三月下扬州。
>
> 孤帆远影碧空尽，唯见长江天际流。

不过，现在这里的江面上，已不是"孤帆远影"，而是无数大大小小的船只日夜都在那里航行了。

从武汉以下的整个河道来看，江岸都在不断地变化着。许多河段，现在的江南岸正是昔日的江北岸，或者相反。据历史记载，北岸的海门市因为严重坍江，曾不止一次地废县为乡；南岸的南京水西门外，过去是热闹的江边码头，现在则是一大片陆地了。"三山半落青天外，二水中分白鹭洲"的古诗，说明现在南京城西的白鹭洲过去是在江心。所以，目前的江岸是几经变迁，并经劳动人民长期开发和筑堤设防之后而形成的，而且，至今它仍在不断地变化中。

为什么江岸会不断变化呢？

这是由于长江流动在自身冲积的平原上，土质松软，不耐冲刷，在那奔腾江流的不断冲击下，致使江岸崩坍，冲刷下来的泥沙又会在另一些地方淤积起来，使江岸变动。

有趣的是，长江江岸的变迁，河道的弯曲，往往发生在一定的地区之间。这是因为这段长江河道宽窄相间，犹如藕状。窄段的一岸或两岸为山岭基岩构成的矶头，如江苏段长江的下三山、下关、乌龙山、斗山、五峰山和萧山等；或者是经人工防护，使江面束狭成为坚固的控制点。这些控制点附近，河道较为顺直或微弯，水深流急，航道和江岸比较稳定。而在江面的宽段，流速减慢，江中洲滩丛生，河道形成分汊。分汊最多的可达三四支。分汊后产生曲流，造成两岸北淤彼坍，主流线时南时北摆动，航道经常在改变。

在南京下关的上游潜洲两侧，长江主流线位置曾在十三年间改变几次。八卦洲 1937 年以前，主流线在北面，此后便转到南面。如今南汊分流量已达到 70% 以上，从而引起燕子矶一带坍江，对航道影响很大。

在镇江港上下，据历史记载，1865 年以前，长江主流线弯曲的形式恰与今日相反。当时镇江位于曲流凹岸，为深水良港。而今天，由于主流线北偏，使港区成了曲流凸岸的淤积区。现在下水的船只驶过镇江港前面，由于浅滩横亘，不能立即靠岸，必须从东边的焦山外侧绕过来。大港（镇江东面的江边小镇）一带江面较窄，但紧接着江中又出现一个相当大的沙洲，即扬中县所在的太平洲。轮船驶过它的西北端时，在北岸可以看到一条较宽的河流汇入长江，这就是宋代以来淮河的入江水道。东边那个小镇叫三江营。到了江阴，因为受到黄山基岩的控制，江面又收缩到 1200 米左右。这里形势险胜，是从长江口入内的第一道江防要地。

过了江阴，江面豁然开朗，愈来愈宽，南通附近已宽展到 18 千米，至长江口则宽达 91 千米，形成一个喇叭形的巨港，这就是长江的河口段。眺望远处，只见江流浩瀚，水天相连，船影幢幢，望不到山，也望不到岸，所以人们干脆称它"海"，再不叫它"江"了。

长江口附近，劳动人民千百年来修建起千里海塘，一层叠一层，一排挤一排，望之犹如无数黄龙卧伏河滩，与横卧江口以外的崇明岛一起，如"天兵神将"镇守着大江。

（十二）大江入海

长江三角洲的顶点在镇江附近，往东沿着通扬运河，这是它的北界；从顶点向南，直到杭州湾北岸，是它的南界。它的面积有五万多平方千米。这一带依山连海，空旷辽阔，坦荡如砥。原野上河渠纵横，湖塘星罗棋布。还有不少的山丘，或散布在江湖之滨，或兀立在湖荡之中。

长江三角洲是由长江带来的泥沙堆积而形成的。

大约在距今两三千万年前，长江口地区还是一个三角形的港湾。长江自镇江以下的河口，像一只向东张口的喇叭，水面辽阔，潮汐很强。长江带来的泥沙要向大海倾注，上涨的潮水却把它顶住，使大部分泥沙沉积下来，在南北两岸各堆积成一条庞大的沙堤。

长江北岸沙堤，大致从扬州附近向东延伸到南通。南岸沙堤，大致从江阴附近开始向东南延伸，直到上海金山区的漕泾附近，同杭州湾北岸的一条沙堤相连接。这样，就构成了一个包围圈，把三角形港湾围成一个潟湖，只有一些缺口与海洋相通，这就是古太湖。

后来，因为泥沙不断淤积，陆地不断扩大，古太湖日益缩小、分化，现在的淀山湖、阳澄湖等许多小湖，都是从古太湖分出来的。同时，长江的泥沙又在沿海一带继续堆积，形成新的三角洲。今天上海市区西部，北起嘉定县的外冈，经上海市闵行区的马桥，到金山区的漕泾，还可以找到一条断续的古贝壳沙带，这就是五六千年前的古海岸线。这一线以东的土地，就是五千年以来泥沙淤积成的新三角洲的一部分。

长江东移并形成今日三角洲的过程并没有终止。如今在崇明岛东端，特别是上海市东部的南江嘴还在增长，海岸线以每年大约 50 千米的速度向外延伸。

从长江三角洲的成长历史可以看出：大江南岸以太湖为中心的太湖平原，是长江三角洲的主体。这个平原一般海拔只有 3～5 米，中间较低，四周较高，恰似一只大盘碟。古沙堤及其以东的陆地，是盘碟的边缘，地势比较高亢，海拔一般 4～6 米；在古太湖基础上淤积的陆地和残留下来的大小湖泊，是盘碟的底部，海拔仅 2～3 米，有的还不到 2 米，地势十分低洼。

长期以来，劳动人民在太湖平原上从事渔猎耕垦，开挖人工河渠，排干沼泽，修圩建闸，改造洼地，使这里形成了沟渠相连的稠密水网。据统计，这里每平方千米水道平均长度达 4800～6700 米，是我国也是世界上河网最稠密的地区。平原上大小湖泊有 250 多个，其中最大的就是太湖，面积达 2250 平方千米，还有数百条河道同长江相通。

太湖风光
（摘自《人民画报》，1978 年 6 月）

苏州著名园林拙政园一角
（摘自《人民画报》，1978 年 6 月）

在太湖平原地区的河湖港汊之间，尽是稻田、桑林、竹园、鱼塘，三三两两的村舍，散布其中。这里的人民都习惯临河而居，因此船多、桥多、渡口多成为当地一大特色。甚至苏州、无锡这些中等城市里，也都是河渠纵横，上面架设着各种各样的拱形石桥。这种桥不仅桥身坚固经久，并且桥顶与水面保持一定的空间高度，使满载船只能在桥下自由通行。乘船在这里旅行，只见一路烟村竹树、清地曲流，处处呈现一派浓郁的江南风光。

长江三角洲气候湿润，土地肥沃，历来是祖国的"鱼米之乡""丝绸之府"。这里水稻产量高，质量好，吴县、常熟一带所产粳稻，碾出的米粒大、洁白，煮成饭香味扑鼻，是大米中的上品。太湖沿岸又是我国著名的蚕桑和丝绸产地，尤其是苏州的刺绣，具有很高的工艺价值。苏州以东直到上海郊区，棉田分布也很广，所产棉花俗称"上海棉"，和长江北岸南通、启东各县所产"通州棉"并称。此外，太湖的银鱼和白虾、阳澄湖的河蟹、洞庭山的碧螺春茶和白沙枇杷、无锡的水蜜桃等，都是驰名远近的特产。

长江三角洲地区有许多著名的城市。例如无锡，现为江苏省仅次于南京的第二大工业城市，市内有棉织、缫丝、机器、面粉、碾米、榨菜等六大工业。附近的惠山、锡山、梅园、鼋头渚等处，以及苏州的天平山，常熟的虞山、南通的狼山、杜江的余山、天马山等，都是风景胜地。又如苏州，历史上与杭州齐名，是个有名的消费城市，向称"上有天堂，下有苏杭"；现在这里的各项生产和城市建设事业都发展极快，已成为一座新兴的工业城市了。

（十三）长江的咽喉

长江的咽喉就在那江海连接的地方，这一带江中明洲暗沙毗连，水下地形千姿万状，深槽浅滩纵横交织，而且至今还处于沧桑变化之中。

当滔滔而下的巨量江水进入长江口以后，就被崇明岛、长兴岛和九段河分割，分别由北支、北港、北槽、南槽出海了。据历史资料记载，那崇明岛的北岸淤长迅速，新中国成立后的 20 年里就围垦了 30 余万亩；长兴岛由后头沙、潘家沙、鸭窝沙、金带沙、圆圆沙等小岛逐渐合并而成；浏河沙形成后已下移了十余千米；南水道口门内先后出现了铜沙、江亚、鸭窝沙浅滩；北港上口水道已几经兴衰；九段沙切开后，南港下段出海被分为两股汊道。许多的沙岛、隐沙、串沟和汊道，也同样处在纷繁变化中。这种变化永远不会终止。

这些纷繁变化的现象是有其自然规律的。一是地球自转偏向力，使长江主流向南偏移，这样就造成了北岸的沙岛并岸。其次，水流挟带的泥沙，在江口落淤堆积，土地向外伸展，其中以南汇边滩延伸较快。与此同时，江面不断缩窄，据研究，口门宽度为 180 千米，而现在的启东嘴与南汇嘴之间只有 91 千米。南偏、外伸、缩窄、这就是长江口变化的主要特征。

长江口是河流和海两种力量相互作用、相互消长的区域，既有河流的径流，又有海洋的潮汐，还有沿岸流、风吹流、波浪的影响。这些动力因素本身又有很大的可变性。河流又有洪季，枯季的年变化。潮汐有以 15 日为周期的大潮、寻常潮、小潮的变化。又有以一个潮为周期的涨潮，落潮的变化。这些动力因素在时空上的叠加、组合，使得长江口复杂多变了。

最引人注目的，由于长江口又宽又深，又呈喇叭形，为海潮的涌入大开方便之门。海水每昼夜有两次向长江倒灌。海水倒灌，迫使江水上涌、倒流、直接影响可达江阴。大汛高潮时，溯江潮更可深入到镇江附近。再往里，潮水虽然停止倒灌，但因江水被阻塞壅高，潮波继续深入。通常芜湖以下为感潮河段，最远甚至可波及离长江口 650 千米的安徽大通镇。

由于海水倒灌，使长江下游的水位增高，增加的高度叫潮差。愈接近河口，潮差愈大。如在芜湖，潮差一般是 1 米，南京是 1.6 米，南通港达 3.1 米，长江口更可达 5 米。海水倒灌使长江下游，特别是河口段能经常保持较高水位，对航行非常有利。

但是，海水倒灌大大减弱了长江水流的速度，越近河口，流速越小。流速减慢，泥沙容易沉积。加上含盐的海水和江水混合在一起，就像豆浆加进了盐卤一样，本来不易沉积的极其微细的胶体也相互凝聚在一起而沉淀下来。所以，在潮水影响下，长江从中上游带来的泥沙，陆续在下游地段，尤其在靠近河口段沉积下来，淤塞河道，并且常常在江心形成累累沙洲。南京的八卦洲、镇江东面的中兴沙、扬中沙，以及上海的崇明岛等，都是这样形成的。

又由于海水倒灌，江水上涌，江岸受到浸润和冲刷，常常造成坍江现象。例如镇江的金山，古时候是江心的一个小岛，明、清两代，画家们的金山寺图，还是水环四周的。可是由于坍江的缘故，现在的金山寺峙立在长江的南岸，只是夏季洪水期间，每天潮水上涨时，才与镇江市区暂时分开。又如启东、海门两县属于长江河口三角洲段，变化更大。17世纪的七八十年代，长江主流线在此，尚无启东县，海门县也因为严重坍江只剩下三十九顷五十四亩土地，不得不废县为乡。到18世纪初，主流线向南，江面沙洲大涨，不仅扩大了海门县，还淤出了启东地区。但在1940年后，崇明岛在潮流作用下向西北方向伸展，把江流逼向北岸，又引起了启东、海门两县江岸连续坍江，现在崇明岛北边的芦滩线正是1940年时北岸青龙港江岸。江水在海潮的影响下，不断涨落，宽阔的江面风浪又大，所以今天在长江两岸上与江中沙洲上，各地人民仍要大力维修堤岸。

长江航道也需要整治。上海港开埠后，河口拦门沙（铜沙浅滩）航道最浅自然水深在5.5～6米。利用高潮，便可供近万吨船舶通航。为使长江口成为一条经济、稳定、适航性好的航道，当地正在进一步加以整治。

长江入海口

（十四）上海：中国第一大城市

位于长江口南岸的上海，是长江流域的门户，江海的枢纽，中国第一大城市。土地面积 6340 多平方千米，人口有 2400 多万（2019 年）。

上海这块土地是经历了多次海陆变迁形成的。

大约在 6000 万年前，上海和我国东部其他地区，发生了强烈地壳运动。古老陆地底下岩浆沿着地壳破裂处涌出地面。后来就在这种地方形成了一些山丘。以后，上海地区的地壳下沉，海水给这里堆上了一层层泥沙。直到 16000 年前的冰期，世界洋面下降，上海地区才重新露出洋面。待到气候转暖、冰川消融，洋面渐渐上升，上海地区的大片陆地又被海水淹没了。

到了距今五六千年以前，在今太仓、外冈、漕泾一线以东地区仍被海水所淹没。由于长江泥沙的淤积，以及波浪、潮汐等作用，形成了长江南岸的沙嘴，并与杭州湾北岸沙嘴相连接，围成一个古太湖。这条沙带的外缘就是当时的海岸线。佘山和天马山等大小山丘，当时都是太湖中的孤岛。这个沙嘴不断延伸，并被泥沙、贝壳填高，成为如今人们所称的"冈身"。

冈身以西和冈身地带，也就是一般所说的上海西部地区。从冈身地带的马桥遗址中所发现的房屋遗迹、墓葬、大量石制工具、陶器，以及石、玉、装饰用品等，证明四千五百年前，我们的祖先就在这里定居了。在青浦崧泽遗址中发现的新石器时代的马家浜文化遗物，其中古代木炭等实物进行测定，又证明距今五千八九百年前，先民已在崧泽一带从事生产活动了。

冈身以东，也就是一般所说的上海东部地区，人们在南汇县黄路邬家路地区出土了宋代木船，在川沙县北蔡东南地区出土了唐代木船，在奉贤三团港出土了宋人堆积在海滩上的近千只成捆的瓷碗等，都说明东部地区至迟在唐宋以前已成陆地，那时大部分陆地上有我们祖先劳动、生息了。

几经沧桑的上海这块陆地，至今仍在不断地向海中增长。从公元 713 年（唐开元元年）重筑捍海塘（南起海盐，往北经新场、下沙至今庆宇寺一带）以后，在 1200 多年中，陆地向东海方面伸展了 30 多千米，同时在长江口出现了一系列的新沙岛。浦东半岛和崇明岛北部的新涨滩地日益增多，而且有先民定居。

早在春秋时期，上海是吴国东境，那时叫"华亭"，后来楚相黄歇被封为春申君，封地在江东，包括上海在内。相传黄歇疏凿黄浦江，所以黄浦江又称春申江，上海市则别称为春申或申。到了晋，今吴淞江（苏州河）和滨海一带的居民多以捕鱼为主。他们用竹子编制成一种工具叫"扈"，把它插在水中，潮来时淹没，潮退后露出，用以捕鱼。后"扈"演变为"沪"，江流入海处称为"渎"，所以今吴淞江下游一带又称"沪渎"，也称沪海，以后改"沪"为"沪"，这就是上海简称沪的来历。

上海这一名称源于上海浦。上海浦是古代吴淞江南岸的一条支流，位于今外滩以东至十六铺附近的黄浦江中。唐代天宝年间，今上海市青浦县东北的吴淞江南岸的青龙镇，曾是繁华一时的港口，后因吴淞江日益淤浅，船舶改走上海浦，青龙镇自此衰落，上海镇应运而生。南宋咸淳年初（1265—1267 年）正式设镇。元代至元二十八年（1291 年），上海成了县城。随着江南地区经济的勃兴，上海一带经济也不断发展。因上海地处长江入海口，运输便利，遂逐渐发展为一个繁忙的贸易港口。清康熙年间，设立上海海关（1685 年），已成为"商贾云集，海艘大小以万升，城内外无隙地"的繁华的城市了。

上海，鸦片战争后在帝国主义强迫下开辟为商埠，英、法、日等相继占地设"租界"。1930 年改为上海市。具有光荣革命历史，1921 年 7 月 1 日中国共产党在此诞生，1925 年的五卅运动在此兴起，1926—1927 年上海工人三次举行武装起义。

上海在新中国成立前，经济操纵在帝国主义和官僚资本手中，工业产品以消费品为主，原料大部分依赖进口。新中国成立后，工业结构明显改变，从以经济工业畸形发展而变成为工业门类较齐全，以轻纺与重工业并重，化工、仪表等均有一定基础的综合性工业城市。如今汽车制造、通信设备制造、钢铁生产、石油化工及精细化工、电站成套设备及成型机电设备制造、实用电器制造等支柱产业，产品质量可靠，远销国内外。

上海是我国沿海南北航线的中枢和对外贸易港，江宽水深，终年不冻，万吨海轮可常年候潮进出港口，多艘海轮可同时停泊装卸，与一百多个国家和地区有海上贸易往来。为长江流域出海门户，内河轮船可通武汉、重庆等地。陆路方面，京沪线、沪杭线连接南北，公路网沟通各地。以浦东国际机场为枢纽的航空业发达，可直达国内外近 100 多个城市。

上海的自然、人文旅游资源得天独厚，有江海六胜、湖岛之美，名城之壮、水乡之秀、人文荟萃之优、古今中外文明融合的独特优势。蜿蜒的黄浦江和吴淞江（苏州河）纵横交接贯穿全境。青浦区境内的淀山湖和淀浦河一线，湖荡成群，极尽水乡之美，王马山、凤凰山等，山清水秀，美不胜收。

上海的革命纪念地和故居与文物，有中国共产党第一次全国代表大会会址、孙中山故居、鲁迅故居与纪念馆和墓地等。名胜古迹有龙华寺、大观园、万寿寺、真如寺、豫园、古猗园、汇龙潭、玉佛寺等。

（十五）后记

大江入海了。入海口处，浩瀚无极。这里已不能给人以江的概念了，因为最大的江也不能看不到岸。这是长江的奇特处，也显示长江是那样雄浑宏大，源远流长！

这条哺育着我们千秋万代，灌溉出青藏、巴蜀、南韶、楚吴等地辉煌文化、滋润我们伟大祖国五分之一土地的大江，从上游到中游，那急滩险流，惊涛万千，挟江吞湖、万川归流，流至下游，才逐渐形成那数百里、浩无边际的江的奇观。

我们回览长江，三角洲的锦绣田园，江汉平原的千里沃野，鄱阳、洞庭湖的渔火月影，川江两岸的旖旎风光，金沙江上险峻的河谷，通天河畔丰饶的草原，源头雪山的冰川、冰塔林……历历如在目前。这着实是一派壮丽的景色！而且，长江的两岸，又有说不尽物产阜盛，文采风流，历史悠久，光荣盛事。从很早的古代起，我们中华民族的祖先就在这广袤而连绵的江岸休养生息，艰难创业，开辟锦绣河山，孕育了祖国最早的文明。

沿着长江的两岸，说不尽晔晔文事、赫赫武功，看不完千古陈迹、江山胜境。为了长江流域的茂林丰草，春华秋实，漠漠平原，山丘水泽，我们祖先用尽了智慧和才能。面对长江两岸的不朽功业，历史上有多少人慨叹过"大江东去""一江南北，消磨多少豪杰"！他们曾有过悲惨的往事。他们憧憬着更加美好的未来。

长江，流到了人民的新世纪，她的两岸被装扮得格外光辉起来。江岸蓦地涌起了一座座新兴的城市、矿山，华灯万千，黑夜如同白昼；烟囱林立，彩烟飘入蓝天。一个个蓝色水库，星罗棋布，在平原上，在山岭间，闪闪发光。新河渠，穿平原，上高山，交织成网。新电站，发出充足的电力，把城市、山村照得透亮。青翠的树木，茂盛的果园，染绿了山冈、原野。一条又一条钢铁运输线，向森林，向矿山，向农村，向城镇伸展。起宏图，天堑变通途，在雄江雪涛上架起一座座彩虹，火车似长龙，穿梭般往来不息。昔日处处是"鬼门关"的三峡，现在也成为"阳关道"，昼夜通航了。

如今，第一座横断长江的三峡大坝也在建起。当高峡出平湖，发出强大的电力，照亮神州大地，还能控制长江上游的特大洪水。长江的航运条件也进一步改善了。长江流域丰富的水源，又将引向祖国的北方，灌溉辽阔的沃野、绿洲。我们的时代啊，飞速地向着文明、富裕、强大、幸福、繁荣的社会主义迈进。

"长江巡礼"这一部分，顺着大江东去的流程，依次地介绍了那些古往今来使人仰慕的山水形胜、自然风光、历史遗址、古都名城、奇闻轶事、风土人情。同时把一般的考古、历史、地理、地质等方面的知识也综合起来加以叙述。从地质、地貌到气候、水文，从丰饶物产到珍禽异卉，从水利建设到经济发展，从城市到交通，从如诗似画的景色到历尽沧桑的春秋，都有所涉及。这是地理科普读物，又可以作为旅游的参考。

需要说明的是，本部分编写于1980年，后来又陆续做了修改、补充，由于时间和业务水平的限制，许多资料仍没有来得及收集、整理，其错漏之处，一定不少。敬请广大读者给予批评指正。

本部分在编写过程中，曾得到了长江流域一些部门的大力支持和热情帮助。同时，参考了前人的有关论著，吸收了他们的一些研究成果。其中引用的照片，主要选自《人民画报》《地理知识》等杂志。谨在此一并表示深深的感谢。

三

科学谜语

谜语，是广大劳动人民多少年来所创造的一种口头文学，有丰富的想象和生动活泼的语言。它把自然界和社会生产生活中各种常见事物的形态、性质、动作、功能等特征，通过拟人、比喻、提问等方式表现出来，供人们猜测。它是一种形象化的解说，含有丰富的趣味和悬疑，又有优美的节奏和韵律。

　　猜谜语是一种有趣的娱乐，同时又是一种生动活泼的文化教育活动。它可以促使人们认真观察事物、开动脑筋想问题，也有助于培养人们联想、推理和判断的能力。就在猜谜语的一问一答之间，人们不仅能从中获得一些文化科学知识，巩固对某种事物的本质和现象的认识，而且能增长智慧、发展想象力[①]。

---

① 本章内容收集于 1985 年。

（一）自然现象

（1）

棋子多，

棋盘大，

只能看，

不能下。

（2）

青石板，

石板青，

青石板上钉银钉，

夜里发光亮晶晶。

（3）

远看像个大水勺，

就是伸手抓不着，

成年累月守岗位，

指引方向胜灯塔。

（4）

横空一条江。

入夜白茫茫，

不见鱼儿游，

没有船来往。

喜鹊不搭桥，

织女望牛郎。

（5）

劳动英雄面孔红，

天一亮来就出工，

从东到西勤劳动，

直到傍晚才收工。

（6）

天上一姑娘，

无光爱借光，

夜来高处走，

铺下满地霜。

（7）

天上有一位，

相貌常在变：

有时像银盘，

有时像蛾眉。

正面光灿灿，

背面永不见。

（8）

不速之客游天外，

偶尔闯进大气来；

熊熊烈火烧不尽，

长留人间几千载；

别看铁石几小块，

却与太阳是同胎。

（9）

一条带子长又长，

弯弯曲曲闪银光。

一头钻进大海里。

一头搭到高山旁。

（10）

大气里，四兄弟。

天天生活在一起，

别看模样很相似，
各有各的怪脾气：
老大是个大胖子，
体积占了五分之四，
不会燃烧能造肥，
各种庄稼都爱吃；
老二自己不燃烧。
火姑娘时刻离不了，
植物能把它"制造"，
动物没它要死掉；
老三不仅不燃烧，
还是灭火好材料，
动物把它排出来，
植物靠它长得好；
老四最小也最轻，
它是气体好燃料，
节日用它充气球，
带着标语天上飘。

（11）

脚踏千江水，
手扬满天沙，
惊起林中鸟，
折断园里花。

（12）

身体轻又柔，
逍遥漫天游；
有时像棉花，
有时像鱼钩；
风来它就躲，
雨来它带头。

（13）

空中银光一条线，
划过宇宙一瞬间，
霎时跑了千万里，
眨下眼睛看不见。

（14）

天上有面鼓，
要打先冒火，
声音震山谷，
人把耳朵捂。

（15）

又像轻纱又像烟。
飘飘荡荡在身边，
谁也别想抓住它，
太阳一出就不见。

（16）

千根线，
万根线，
落到地上，
一根不见。

（17）

小溪中散步，
池塘里睡觉，
江河中奔跑，
海洋里舞蹈。

（18）

刀砍不会死，
风吹皱纹起，
遇热变气体，
天冷像玻璃。

（19）

小珍珠，
真可爱，
只能看，
不能戴。

（20）

看上去，
亮晶晶；
摸上去，
冷冰冰；
走上去，
滑溜溜；
烧热了，
水淋淋。

（21）

上去一团烟，
下来一条线，
大刀砍不断，
冷了就要变，
变，变，变，
变成玻璃片。

（22）

一夜北风万花开，
我从天宫降下来，
今宵人间借一宿，
明朝日出升天台。

（23）

弯弯一张弓，
高高挂天空。
七月八月常常有，

十冬腊月无影踪。

（24）

一条长桥架天空，
太阳在西桥在东，
数数颜色有多少，
紫蓝靛绿黄橙红。

（25）

热天看不见，
冷天才出现，
要问是什么，
就在你嘴边。

（26）

一棵大树半天高，
不怕斧头不怕刀，
也没枝杈也没叶，
只怕风来吹断腰。

（27）

山里姑娘爱唱歌，
一身洁白下山坡，
踏遍人间不平路，
化作滔滔万里波。

（28）

一粒红皮谷，
半两还不足。
堂前摆一摆，
装满三间屋。

（29）

有个朋友伴你走，
或左或右或前后。
见光他就自动来，

黑暗来临便分手。

（30）

巧夺天工一幅画，

有树有草又有花；

别处花木向上长，

这里花木全朝下；

风吹画动看不清，

风停又是一幅画。

（31）

泥塘有串水葡萄，

咕嘟咕嘟往上冒。

用它照明又做饭，

大人小孩都说好。

（二）植物

（1）

一个小孩生得妙，
衣裳穿了七八套，
头上戴着红缨帽，
身上满是珍珠宝。

（2）

一棵小树没多高，
小孩爬在半中腰，
怀中藏有珍珠宝，
头上长着一团毛。

（3）

红梗子，
绿叶子，
开白花，
结黑子。

（4）

条条紫线坡上爬，
把把绿伞岭上插，
地上长叶不开花，
地下结串大甜瓜。

（5）

麻屋子，
红绸被，
胖娃娃，
被里睡。

（6）

皮儿薄，

壳儿脆，
四姊妹，
隔墙睡；
从小到大背靠背，
裹着一层疙瘩被。

（7）

长得像竹不是竹，
又是紫来又是绿，
周身有节不太粗，
只吃生来不吃熟。

（8）

青枝绿叶红根芽，
一树开了两种花：
先开金花结青果，
后开银花收回家。

（9）

圆圆脸儿像苹果，
又酸又甜营养多，
既能做菜吃，
又能当水果。

（10）

紫色树，开紫花，
紫花落了结紫瓜，
紫瓜又像紫色瓶，
紫色瓶里装芝麻。

（11）

不长枝来不生权，
叶子顶上开白花，
脑袋在底下，
胡子一大把。

（12）

兄弟五六个，
抱着柱子坐，
如果要分开，
衣服都扯破。

（13）

头戴尖尖帽，
身穿节节衣，
年年二三月，
出土笑嘻嘻。

（14）

亭亭玉立气节高，
不像软骨墙头草，
岁寒含霜犹翠绿，
春到儿孙又露梢。

（15）

头戴青丝发，
身披鱼鳞甲，
霜雪浴英姿，
喜迎大风刮。

（16）

水上一个铃，
摇摇没声音，
仔细看一看，
满脸大眼睛。

（17）

头戴大圆凉帽，
身在水底泥中，
有丝不能织绸，
有洞不生蛀虫。

（18）

茎儿许多根，
果子泥里存，
没花也没叶，
没枝也没根。

（19）

有根不沾泥，
有叶不开花，
东漂又西荡，
从来不回家。

（20）

叶如翡翠，
形似马蹄；
一根长柄，
托浮水面；
秋季开花，
花朵洁白；
午后绽放，
傍晚合闭。

（21）

四季绿，
花期短，
摊开一只手，
满手爬毛虫。

（22）
小小伞兵随风飞，
飞到东来飞到西，
飞到路边田野里，
安家落户扎根基。

（23）
粉妆玉琢新世界，
头戴金钗冒风来，
岁寒为报春来早，
姊妹亲朋喜开怀。

（24）
小小刺猬住沙家，
爱美戴朵喇叭花
不怕干来不怕旱，
花落抱个刺娃娃。

（25）
一个小姑娘，
身穿绿衣裳，
碰碰就低头，
一副羞模样。

（26）
空心树，叶儿长，
挺直杆子两三丈；
到老满头白苍苍，
光长穗子不打粮。

（27）
一个小娘娘，
坐在水中央，
身穿粉红衣，
撑船不用桨。

（28）
青枝绿叶长得高，
砍去压在水里泡，
剥皮晒干供人用，
留下骨头当柴烧。

（29）
一脸都是毛。
蜜糖装满包，
包装还欠好，
露出缝一条。

（30）
冬天蟠龙卧，
夏天叶展开，
龙须往上长，
珍珠往下排。

（31）
圆圆身体没有毛，
不是橘子不是桃；
云里雾里过几夜，
脱去绿衣换红袍。

（32）
一间房子圆滚滚，
四扇屏风两扇门，
不敲不打不见人，
敲敲打打才出门。

（33）
第一层针店，
第二层皮店，
第三层纸店，
第四层肉店。

（34）
小小红坛子，
装满红饺子，
吃掉红饺子，
吐出白珠子。

（35）
青藤结青瓜，
青瓜包棉花，

棉花包梳子，
梳子包豆芽。

（36）
蓬蓬松松，
飞舞天空，
远看像雪花，
近看一团绒。

（三）动物

（1）
年纪并不大，
胡子一大把，
不论遇见谁，
总爱喊妈妈。

（2）
耳朵大，
眼睛小。
身体胖，
鼻子翘。
虽是懒家伙，
全身都是宝。

（3）
一物生来力量强，
又有爹来又有娘，
有爹不和爹一姓，
有娘不和娘一样。

（4）
一朵芙蓉头上戴，
锦衣不用剪刀裁，
果然是个英雄汉，
一唱千门万户开。

（5）
头戴红帽子，
身穿白袍子，
走路摆架子，
说话伸脖子。

（6）
长相俊俏，
爱舞爱跳，
春花一开，
它就来到。

（7）
有个小姑娘，
穿件黄衣裳，
你要欺侮她，
她就戳一枪。

（8）
团结互助同做工，
百花丛中勤劳动，
飞来飞去忙不停，
幸福的歌声唱不完。

（9）
一架小飞机，
飞来又飞去，
身子虽小眼睛大，
苍蝇蚊子都怕它。

（10）
说鸟不是鸟，
躲在树上叫，
自称啥都懂，
其实全不晓。

（11）
身穿绿衣裳，

家住百花庄，
年纪虽然小，
人人叫她娘。

（12）
肚子大，脑袋小，
胸前挂对大镰刀，
别看样子长得笨，
捕捉害虫本领高。

（13）
身穿酱色衣，
头戴黑铁帽，
家住石板村，
好斗自家人。

（14）
小小诸葛亮，
独坐军中帐，
不拿地下兵，
单捉飞来将。

（15）
是兽不像兽，
是鸟不像鸟，
夜晚穿密林，
空中展技巧；
身上有部"活雷达"，
目标全凭耳朵找。

（16）
身穿花花绿绿，
走路弯弯曲曲，
莫看外表花俏，
口中含着毒汁。

（17）
举起两把大砍刀，
专为果树来放哨。
硬壳小虫也叫"牛"，
专蛀树心啃木头。
白白翅膀惹人爱，
小时却要啃蔬菜。
打洞翻地爱劳动，
中药铺里叫地龙。

（18）
细细长长一条龙，
天天躲在沃土中。
没手没脚会劳动，
钻来钻去把土松。

（19）
远望芝麻撒地，
近看黑驴运米，
不怕山高道路远，
只怕跌进热锅里。

（20）
小时黑又黄，
长大白又胖，
日夜忙纺线，
织个丝绸帐。

（21）
爱穿绿色花袄，
爱到池塘蹦跳，
爱吃田间害虫，
爱唱一个音调。

（22）

说它是头牛，
不会拉犁头，
说它力气小，
背着房屋走。

（23）

有甲没有盆，
有眼没有眉，
无腿会行走，
长翅不会飞。

（24）

尖尖牙齿大盆嘴，
短短腿儿长长尾，
捕捉食物流眼泪，
人人知它假慈悲。

（25）

头戴将军帽，
身穿水晶袍，
走进汤家港，
换件大红袄。

（26）

钳子一双，
尖刀八把，
身披铠甲，
横行天下。

（27）

没头没腿没心脏，
体内柔软甲似钢，
别看泥里沙里住，
肚中却把珍珠藏。

（28）

青瓦房屋，
弯弯门楼，
姑娘出门，
扇子遮头。

（29）

身上黑糊糊，
赤脚走江湖，
嘴上把鱼叼，
天天吃不饱。

（30）

穿件硬皮袄，
缩头又缩脑；
水面四脚划，
岸上慢慢跑。

（31）

一身黑色羽毛，
尾巴像把剪刀；
衔来泥草做新巢，
捉住害虫吃个饱。

（32）

天上飞，
排成行，
出门远行纪律强，
南去北来忙。

（33）

有位"大夫"本领高，
树木患病它治疗：
尖嘴笃笃凿树皮，
叼出蛀虫一条条。

（34）

脑袋像猫不是猫，
身穿一件豹花袄，
白天睡觉夜里叫，
田鼠野兔见它跑。

（35）

千里奔驰爱热闹，
常在晴空打唿哨，
光送信，不送报，
见谁都把姑姑叫。

（36）

海鸟当中它最大，
连续能飞几百里，
起飞巧借波浪力，
落到陆地难飞起。

（37）

一身白衣多健美，
湛蓝大海四处飞，
喜欢与船结伙伴，
主要食物是鱼类。

（38）

虽有翅膀飞不起，
快步如马真稀奇；
非洲沙漠多踪迹，
鸟中体重数第一。

（39）

尖尖嘴，
细细腿，
狡猾多疑，
拖只大尾。

（40）

一身毛，
四只手，
坐着像人，
爬着像狗。

（41）

不是狐，
不是狗，
前面架铡刀，
后面拖扫帚。

（42）

身穿皮袄黄又黄，
呼啸一声万兽慌，
虽然没率兵和将，
也称山中一大王。

（43）

小货郎，
不挑担，
背着针，
满地窜。

（44）

走路踩出梅花，
很会护院看家，
见了熟人摇尾，
遇见生人龇牙。

（45）

鹿马驴牛它都像，
就难肯定像哪样，
四种相貌集一体，
说像又都不大像。

（46）

脸上长钩子，

头上挂扇子，

四根粗柱子，

一条小辫子。

（47）

八字须，

往上翘，

说话总是妙妙妙；

只洗脸，

不梳头，

夜行不用灯光照；

穿虎皮，

爱吃荤，

厨房粮库它放哨。

（48）

家住湾里湾，

大门不用关，

虎豹都不怕，

只怕猫下山。

（49）

形状像老鼠，

生活像猴子，

爬在树枝上，

忙着采果子。

（50）

红眼睛，

白皮袄，

耳朵长，

尾巴小，

胆子如老鼠，

身体真灵巧，

爱吃萝卜爱吃草，

走起路来蹦又跳。

（51）

山上的马儿骑不得，

草里的棍儿拾不得，

倒挂的莲蓬采不得，

花边的草鞋穿不得。

（四）农业技术

（1）
大蟒蛇，
田里游，
喝河水，
满身漏，
哗啦啦，
雨淋头。

（2）
一头牛，
真奇巧；
喝黑水，
不吃草；
不用缰绳不用套，
干起活来突突叫。

（3）
吃进麦穗一堆，
洒下金雨一片，
粮库囤满如山，
它都不知疲倦。

（4）
大口朝天，
小口朝地，
吞进黄金，
吐出白玉。

（5）
石家姑娘，
怪模怪样，

牙齿长在肚里，
肚脐生在背上。

（6）
有条大牯牛，
喝水不抬头，
一边喝进去，
一边往外流。

（7）
身体圆圆像只桶，
田间果园来劳动，
喷云吐雾本领大，
害虫见它把命送。

（8）
长长一条街，
家家挂门牌，
落雨没水吃，
天旱水满街。

（9）
一个铁龙本领大，
一个水库能容下；
庄稼见它扬脸笑，
天旱水涝都不怕。

（10）
像糖吃不甜，
像盐味不咸，
撒到田里去，
禾苗笑开颜。

（11）

一人站在田中央，

不吃不喝不开腔，

十冬腊月穿单衣，

三伏天气晒太阳。

（12）

一块明镜大，

挂在高山洼，

照见棉粮海，

映出丰收画。

（五）工业技术

（1）

看是星，
不是星，
阳光照得亮晶晶；
行路多，
跑得快，
没腿游遍全世界；
会说唱，
能摄影，
科学天地显本领。

（2）

身体像陀螺，
头生六只角，
角上长眼睛，
能把风雨测。

（3）

说是波，
无水纹，
说是声，
又没音；
医生用它找病源，
渔民用它探鱼群。

（4）

房间只有豆粒大，
万千弟兄住得下，
电子器件新一代，
生来追求小型化。

（5）

名字叫人不是人，
不吃不喝手脚勤，
能开机器会下棋，
干活听话负责任。

（6）

四四方方指挥台，
红橙黄绿点将牌，
胸中自有兵百万，
手指一按答案来。

（7）

千束万束梨花飞，
不见花树与花蕾，
银光闪闪耀人眼，
裁钢缝铁显神威。

（8）

方方头，
扁扁嘴，
腰里一只眼，
眼里一条腿；
干活总爱把头点，
木头见它就咧嘴。

（9）

两个翅膀一颗牙，
不会飞来只会爬，
生来好管不平事，
口吐千层一色花。

（10）
一条乌龙牙齿多，
树上来往像穿梭，
牙齿咬得咯咯响，
阵阵雪花往下铺。

（11）
一屋隔开两家住，
隔墙有扇小窗户，
一家开的黑染坊，
一家开的麻绳铺。

（12）
千锤万凿出深山，
烈火焚烧若等闲，
粉骨碎身全不惜，
要留清白在人间。

（13）
不是水，
哗哗流，
不是泉，
喷个够，
地下有，
海底有。

（14）
薄薄如纸亮晶晶，
各种颜色似透明，
常和水晶来作伴，
绝缘材料顶有名。

（15）
晶莹明亮一个宝，
用途广泛储量少，

自然界中最坚硬，
它和石墨是同胞。

（16）
看看，像没有，
摸摸，却碰手，
像冰，晒不化，
似水，不能流。

（17）
你嫌热来我降温，
屋外飘雪室内春，
有我四季都一样，
性格温柔任调匀。

（18）
像布不是布，
家家有用处；
透光不透水，
能把秧苗护。

（19）
双手横握大铁铲，
声音隆隆朝前赶，
土木工程它开路，
能填大海能移山。

（20）
巨人吼声响亮，
胳膊又粗又长，
万斤不在话下，
轻提轻放便当。

（21）
红身体，
小嘴巴，

一年四季墙上挂；
用它时，
头朝下，
嘴吐泡沫白花花。

（22）
铁大汉，地里钻，
腰缠钢丝力无边，
专用吊锤来钻地，

层层泥浆往外翻。

（23）
形似长颈鹿，
力气赛大象；
吃了电和油，
搬运献力量。

（六）交通运输

（1）

不是神仙能上天，
腾云驾雾若等闲，
高山峻岭闪身后，
百里行程一瞬间。

（2）

屋连屋，
一条龙，
腿脚多，
非蜈蚣，
头上乌云滚滚，
脚下雷声隆隆。

（3）

双辫朝着天，
上面搭着线，
马达嗡嗡响，
行驶很方便。

（4）

充气橡皮腿，
喝油也喝水，
送人又载货，
城乡常来回。

（5）

水上有个大别墅，
嘴巴朝天吐烟雾，
没有双脚会走路，
说起话来："呜！呜！呜！"

（6）

楼房宽又长，
烟囱屋顶装，
有时过江湖，
有时进海洋。

（7）

驼背公公，
力大无穷，
爱驮什么？
车水马龙。

（8）

身穿漂亮衣裳，
常在马路奔忙，
一路挥汗如雨，
行人顿觉凉爽。

（9）

小铁牛，不用拴，
两个角儿往里弯，
能驮东西能驮人，
肚皮擦地跑得欢。

（10）

兄弟一般高，
出门就赛跑，
二人差一步，
总是追不到。

（11）

无病常住院，

急病又出院，
出院就怪叫，
还得回医院。

（12）
没嘴会说"滴滴答"，
没腿能够跑天下，
有啥话儿让它捎，
眨眨眼睛就送到。

（13）
嘴巴里吃进去，
肚子里掏出来，
连着东南西北，

通向五湖四海。

（14）
一棵大树没丫杈，
不长叶子不开花，
白白果子上面长，
黑黑树藤到处爬。

（15）
中间有画，
四边长牙，
有它漂洋过海，
有它走遍天下。

（七）兵器装备

（1）

边防线上千里眼，
身在地面望天边，
敌机胆敢窜入境，
讯号传出把它歼。

（2）

肚子大，尾巴小，
垂直上下很灵巧，
背上有个大翅膀，
上天不须修跑道。

（3）

四个兄弟真稀奇，
听我一一说仔细：
老大登天打先锋，
背上背个大背包，
里面充满氢或氦，
行动起来轻飘飘；
老二登天追上去，
个子虽小把哥超，
头上安个大风车，
一路转来一路叫；
老三登天鼓干劲，
空气定要吞个饱，
肚子里面变热能，
屁股后头废气冒。
老四登天昂着头，
全程需要跳三跳，

一次更比一次快，
一次更比一次高。

（4）

天上宝箱，
触角异向，
观察敌情，
掌握动向。

（5）

一物爆炸天地震，
天空升起蘑菇云，
它的威力实在大，
保卫和平做后盾。

（6）

颈子粗长本领高，
望着天空放岗哨，
敌机若是来侵犯，
叫它冒烟往下掉。

（7）

钢铁胸膛长嘴巴，
扛在肩上不说话，
手指一动就发言，
打仗放哨不离它。

（8）

一串瓜，
腰间挂，
抽掉筋，
就开花。

（9）

一生不爱发言，

说话动地惊天，

谁要惹它发火，

大山掀掉半边。

（10）

铁西瓜，圆又大，

不长叶，埋地下，

敌人一碰轰隆响，

脑袋胳膊分了家。

（11）

水中一西瓜，

浑身长疙瘩，

敌船如碰上，

海底喂鱼虾。

（12）

一个大莲蓬，

倒挂在天空，

莲蓬落了地，

跳出飞英雄。

（13）

一对圆眼黑娃娃，

眼睛能够起变化，

万物被他瞧一瞧，

远变近来小变大。

（14）

小小东西腹中空，

生就一副好喉咙，

唱起山歌声嘹亮，

千军万马它调动。

（八）文化教育

（1）

祖宗多姓柴麻，
从小农村安家，
长大嫁到工厂，
又换一身衣裤，
生得一白二净，
能描最美图画。

（2）

身体生来瘦又长，
五彩衣裳黑心肠，
嘴儿尖尖会说话，
只见短来不见长。

（3）

硬舌头，
尖尖嘴，
不吃饭，
光喝水。

（4）

身穿白色衣，
爱走黑泥地，
为了传知识，
粉身碎骨也愿意。

（5）

一道彩虹，
落在盒中，
若再飞出，
柳绿桃红。

（6）

远看山有色，
近听水无声，
春去花还在，
人来鸟不惊。

（7）

像画不是画，
却在墙上挂，
你若得到它，
大家把你夸。

（8）

有位好老师，
平时不说话，
有字不认识，
请你去问它。

（9）

高山不见一寸土，
平地不见半亩田，
五湖四海没有水，
世界各国在眼前。

（10）

不大不小是个球，
有山有湖有河流，
亚非拉美在眼前，
世界各地在上头。

（11）

有个朋友好心肠，

有方有圆又有长，
发现作业有错误，
牺牲自己来帮忙。

（12）
两脚尖尖，
一走一颠，
看看脚印，
尽是圈圈。

（13）
像表不是表，
不报分和秒，
千里去野营，
它是好向导。

（14）
圆圆筒，
小小孔，
筒里花儿千万种，
快来看呀快来瞧，
千朵万朵各不同。

（15）
常年戴个玻璃帽，
常喝浓酒醉不倒，
沾点火星发脾气，
头上呼呼火直冒。

（16）
玻璃身子玻璃肠，
尖嘴长在头顶上，
在你身上叮一口，
防治疾病保健康。

（17）
橡皮管，挂耳旁，
小圆块，贴心房，
它能告诉"白大衣"，
心脏跳得怎么样。

（18）
一家分两院，
两院子孙多，
多的倒比少的少，
少的则比多的多。

（19）
顽皮娃娃，
学人说话，
你说得轻，
他声音大。

（20）
一物上下两只轮，
一放一收便发声，
眼前现出千万景，
或悲或喜动人情。

（21）
或长或方一座城，
没有车马没人行，
忽然城里亮绿灯，
有说有笑喜盈盈。

（22）
小小胡同没多长，
家家户户开天窗，
轻轻一阵风吹过，
悦耳乐曲传四方。

（23）
一物生来两面坡，
坡顶好像马蜂窝，
对准蜂窝吹吹气，
陪我唱起动人歌。

（24）
七长八短一大捆，
十个小孩抱着啃，
越啃越叫唤，
越叫越要啃。

（25）
一排牙齿真整齐，
黑的少来白的多，
牙齿上面按一按，
唱出"多来米法梭"。

（26）
要玩它，
才买它，
买了来，
吊它又打它。

（27）
万紫千红鲜花开，
每逢佳节放光彩，
百花园中找不到，
九天仙女撒下来。

（28）
一个小淘气，
身上穿红衣，
辫子着了火，
跳到半空里。

（29）
千层褥子千层被，
黑衣小孩被里睡，
红头小孩来叫门，
蹬破褥子踢破被。

（30）
小小戏台闪闪亮，
几个演员走进场，
不打锣鼓不唱歌，
熄掉灯火戏散场。

（31）
一个坛，
两个口，
一朵红花开里头，
每逢佳节夜里有。

（32）
一个公公精神好，
一天到晚不睡觉，
身体虽小力气大，
千人万人推不倒。

（33）
一个娃娃白又胖，
只怕见到太阳光，
坐在风里不怕冷，
太阳出来把汗淌。

（34）
一只蝴蝶轻飘飘，
摇摇摆摆上九霄，
一心只想云外去，
可惜绳子拴在腰。

（35）

四四方方一座城，

驻着红黑两国兵，

司令率部打冲锋，

军旗插在大本营。

（36）

两方兵力一般强，

作战计划无限广，

炮轰无声河无水，

胜败只看擒住王。

（37）

十人两只筐，

场上抢瓜忙，

明知筐没底，

漏掉还要装。

（38）

圆圆像西瓜，

人们爱玩它，

没到手，抢它，

抢到手，扔它。

（39）

一物生得巧，

有毛不是鸟，

无翅空中飞，

一打两头跑。

（40）

看看，又滑又圆，

摸摸，又硬又软，

拍它，它跳得高，

踢它，它逃得远。

（41）

两边摇，

中间跳，

小朋友，

哈哈笑。

（42）

是马不吃草，

有腿不走道，

天天在操场，

人人把它跳。

（43）

地上一座桥，

稳稳当当不动摇，

不见桥下流水过，

只见桥上人蹦跳。

（44）

一匹马儿两人骑，

这边高来那边低，

马儿虽然不走路，

两人骑得笑嘻嘻。

（45）

大如西瓜，

轻如鹅毛，

不生翅膀，

飞得老高。

（46）

池中碧波荡，

两头架"渔网"；

不捉鱼和虾，

"西瓜"往里装。

（九）日常生活

（1）
岁数越来越大，
身体越来越小，
面貌日新月异，
家家不可缺少。

（2）
一件东西真稀奇，
身穿三百六十五件衣，
每天都要脱一件，
最后只剩一张皮。

（3）
铁笼关铁鸟，
光飞不能跑，
天热刮凉风，
冷时睡大觉。

（4）
黑黑一间房，
轻易不开窗，
窗户一打开，
景物送进房。

（5）
轧轧响，轧轧响，
一根钢针点头忙，
嘴里吃进五彩布，
吐出件件花衣裳。

（6）
屋里一座亭，

亭里有个人，
天天打秋千，
日夜不肯停。

（7）
两只耳朵供人提，
弯弯嘴儿挂东西，
配上一个硬拳头，
铁面无私有力气，
身上金星会说话，
公平合理做交易。

（8）
肩挑担子坐台中，
待人接物只讲"公"，
一天到晚埋头干，
偏心事情它不懂。

（9）
白天是只银梨儿，
晚上变只金梨儿，
不香不甜没味儿，
中间有颗亮核儿。

（10）
藤上结个水晶瓜，
一到天黑开金花，
谁说金花花不大，
几间屋子装不下。

（11）
打开时半个月亮，

收起时兜里可藏，
它来时清明已过，
它去时菊花开放。

（12）
远看像把大雨伞，
伞顶朝上亮闪闪，
仰头望着太阳笑，
能烧水来能做饭。

（13）
肚子玻璃造，
全身铁皮包，
身外冰凉心里热，
家家户户不可少。

（14）
一只没脚鸡，
立着从不啼，
吃水不吃米，
客来敬个礼。

（15）
又圆又扁腹中空，
有面镜子在当中，
老少用它都低头，
搓手擦脸又鞠躬。

（16）
楼台接楼台，
层层叠起来，
上面云雾起，
下面红花开。

（17）
远看一座亭，

近看能远行，
亭下人在走，
亭上雨淋淋。

（18）
头戴一帽，
身穿花衫，
清早起来，
口吐白蚕。

（19）
远看像砂糖，
能用不能尝，
见水起白泡，
去油又去脏。

（20）
头戴玻璃面罩，
身穿筒式长袍，
专往暗处探头，
瞪着独眼细瞧。

（21）
小小物件脾气躁，
动它尾巴脑袋翘，
牙齿咬得吱吱响，
火星点点头上冒。

（22）
方方一座城，
城里兵一营，
每开一次门，
兵就少一名。

（23）
满屋娃娃，

黑绿脑瓜，
出门一滑，
开朵红花。

（24）
无头无脚又无手，
只生一张扁铁口，
张着铁口不咬人，
人却找它来咬手。

（25）
盘着一条龙，
嘴里一点红，
飞虫见它怕，
一夜无影踪。

（26）
两只小船，
没有帆篷；
十个客人，
坐在其中；
不走水路，
陆路畅通；
日间行路，
来去匆匆；
夜深人静，
客去船空。

（27）
两只胶皮船，
航行在水中，
晴天无人坐，
雨天客不空。

（28）
十个外面裹，
十个里面躲，
冬天人人爱，
夏天箱里锁。

（29）
两条铁路一样长，
整整齐齐配成双，
只见一辆小车过，
两行自动变一行。

（30）
一物肚大脖子长，
麻子长在嘴巴上，
屋里屋外走一趟，
遍地都是水汪汪。

（31）
不用刀，
只用篾，
撕碎风，
划破月。

（32）
白白珍珠不发光，
家家户户都收藏，
散出奇香自身灭，
驱虫防蛀保衣裳。

（33）
没人时，
用到它；
有人时，
不用它；

出去时，
不带它；
回来时，
打开它。

（34）
三角二寸长，
珍珠里面藏，
想尝珍珠味，
解带剥衣裳。

（35）
身上洁白如玉，
心里花花绿绿，
白沙滩上打滚，
清水池中沐浴。

（36）
两个瘦子细又长，
扭在一起下池塘，
有人拿叉救起来，
瘦子变得胖又黄。

（37）
土里生，水里捞，
石头缝里走一遭，
摇身一变白又净，
没有骨头营养高。

（38）
生在水中，
偏怕水冲，
一到水里，
无影无踪。

（39）
一个黑小孩，
自小口不开，
偶然一开口，
吐出舌头来。

（40）
生在山中，
一色相同，
到了水里，
有绿有红。

（十）人体生理

（1）

高山上一蓬草，
草底下一对宝，
宝底下一个墩，
墩底下开大门。

（2）

一个山头七眼井，
七眼井儿暗相连，
五个有水两个干，
所有井口不朝天。

（3）

早上开箱子，
夜里关箱子，
箱里一面小镜子，
镜中一个小孩子。

（4）

一个住在这边，
一个住在那边，
说话声音都听见，
从小到老不见面。

（5）

红门楼，
白院墙，
里头躺个红衣郎。

（6）

三十二个老头，
做事一齐动手，
切肉不用菜刀，
舂米不用石臼。

（7）

兄弟整十个，
高矮不一般；
左右排两行，
五人成一班；
只要团结紧，
倒海又移山。

（8）

不是溪流不是泉，
不是雨露落草间，
冬天少来夏天多，
日晒不干风吹干。

（十一）谜底

1. 自然现象

（1）星空

（2）星空

（3）北斗星

（4）银河

（5）太阳

（6）月亮

（7）月亮

（8）陨石

（9）江河

（10）氮气、氧气、二氧化碳、氢气

（11）风

（12）云

（13）闪电

（14）雷

（15）雾

（16）雨

（17）水

（18）水

（19）露水

（20）冰

（21）水汽、雨、水、冰

（22）雪

（23）虹

（24）虹

（25）水汽

（26）烟囱冒烟

（27）山泉

（28）烛光

（29）人影

（30）水中倒影

（31）沼气

2. 植物

（1）高粱

（2）玉米

（3）荞麦

（4）红薯

（5）花生

（6）蓖麻

（7）甘蔗

（8）棉花

（9）西红柿

（10）茄子

（11）葱

（12）蒜

（13）笋

（14）竹

（15）松树

（16）莲蓬

（17）藕

（18）荸荠

（19）浮萍

（20）睡莲

（21）仙人掌

（22）蒲公英

（23）梅花

（24）仙人球

（25）含羞草

（26）芦苇

（27）荷花

（28）麻

（29）桃子

（30）葡萄

（31）柿子

（32）核桃

（33）板栗

（34）橘子

（35）柚子

（36）柳絮

3. 动物

（1）山羊

（2）猪

（3）骡子

（4）公鸡

（5）鹅

（6）蝴蝶

（7）蜜蜂

（8）蜜蜂

（9）蜻蜓

（10）蝉

（11）纺织娘

（12）螳螂

（13）蟋蟀

（14）蜘蛛

（15）蝙蝠

（16）毒蛇

（17）螳螂、天牛、菜粉蝶、蚯蚓

（18）蚯蚓

（19）蚂蚁

（20）蚕

（21）青蛙

（22）蜗牛

（23）鱼

（24）鳄鱼

（25）虾

（26）螃蟹

（27）河蚌

（28）螺蛳

（29）鱼鹰

（30）乌龟

（31）燕子

（32）大雁

（33）啄木鸟

（34）猫头鹰

（35）信鸽

（36）信天翁

（37）海鸥

（38）鸵鸟

（39）狐狸

（40）猴

（41）狼

（42）虎

（43）刺猬

（44）狗

（45）麋鹿，也叫四不像

（46）象

（47）猫

（48）老鼠

（49）松鼠

（50）兔

（51）老虎、毒蛇、蜂窝、蜈蚣

4. 农业技术

（1）人工降雨机

（2）拖拉机

（3）脱粒机

（4）打米机

（5）石磨

（6）抽水机

（7）喷雾器

（8）水车

（9）水泵

（10）化肥

（11）稻草人

（12）水库

5. 工业技术

（1）人造卫星

（2）气象卫星

（3）超声波

（4）集成电路

（5）机器人

（6）电子计算机

（7）电焊

（8）斧

（9）刨子

（10）木锯

（11）墨斗

（12）石灰

（13）石油

（14）云母

（15）金刚石

（16）玻璃

（17）空气调节器

（18）塑料薄膜

（19）推土机

（20）起重机

（21）泡沫灭火机

（22）打井机

（23）吊车

6. 交通运输

（1）飞机

（2）火车

（3）无轨电车

（4）汽车

（5）轮船

（6）大轮船

（7）桥

（8）洒水车

（9）自行车

（10）自行车

（11）救护车

（12）电报

（13）信箱

（14）电线木杆

（15）邮票

7. 兵器装备

（1）雷达

（2）直升机

（3）飞艇、螺旋桨飞机、喷气式飞机、三级火箭

（4）军用卫星

（5）原子弹

（6）高射炮

（7）步枪

（8）手榴弹

（9）炸药

（10）地雷

（11）水雷

（12）降落伞

（13）望远镜

（14）军号

8. 文化教育

（1）白纸

（2）铅笔

（3）钢笔

（4）粉笔

（5）水彩

（6）山水花鸟画

（7）奖状

（8）字典

（9）地图

（10）地球仪

（11）橡皮

（12）圆规

（13）指南针

（14）万花筒

（15）酒精灯

（16）注射器

（17）听诊器

（18）算盘

（19）扩音器

（20）电影放映机

（21）收音机

（22）笛子

（23）口琴

（24）笙

（25）钢琴

（26）锣

（27）焰火

（28）爆竹

（29）爆竹

（30）走马灯

（31）灯笼

（32）不倒翁

（33）雪人

（34）风筝

（35）军棋

（36）象棋

（37）篮球比赛

（38）篮球

（39）羽毛球

（40）皮球

（41）跳绳

（42）木马

（43）平衡木

（44）跷跷板

（45）氢气球

（46）打水球

9. 日常生活

（1）日历

（2）挂历

（3）电扇

（4）照相机

（5）缝纫机

（6）挂钟

（7）秤

（8）台秤

（9）电灯

（10）电灯

（11）折扇

（12）太阳灶

（13）暖水瓶

（14）茶壶

（15）脸盆

（16）蒸笼

（17）雨伞

（18）牙膏

（19）洗衣粉

（20）手电筒

（21）打火机

（22）火柴

（23）火柴

（24）指甲刀

（25）蚊香

（26）布鞋

（27）雨鞋

（28）手套

（29）拉锁

（30）喷壶

（31）竹帘

（32）樟脑丸

（33）锁

（34）粽子

（35）元宵

（36）油条

（37）豆腐

（38）盐

（39）瓜子

（40）茶

10. 人体生理

（1）头发、眼睛、鼻、嘴

（2）头

（3）眼睛

（4）耳朵

（5）舌

（6）牙齿

（7）手指

（8）汗